职业教育“十三五”
数字媒体应用人才培养规划教材

Premiere Pro CC 2019 实例教程

第5版　微课版

王晓彤 / 编著

人民邮电出版社
北京

图书在版编目（CIP）数据

Premiere Pro CC实例教程 / 王晓彤编著. -- 5版
. -- 北京 : 人民邮电出版社, 2021.4 (2022.12重印)
职业教育“十三五”数字媒体应用人才培养规划教材
ISBN 978-7-115-55467-3

Ⅰ. ①P… Ⅱ. ①王… Ⅲ. ①视频编辑软件－职业教育－教材 Ⅳ. ①TN94

中国版本图书馆CIP数据核字(2020)第241549号

内 容 提 要

本书全面系统地介绍Premiere的基本操作方法及影视编辑技巧，内容包括Premiere Pro CC 2019基础，影视剪辑技术，视频转场效果，视频特效应用，调色、抠像与合成，字幕制作，加入音频效果，文件输出和综合设计实训。本书既注重基础知识的讲解，又突出实践性应用。

本书以实际案例为主线，通过学习案例中的具体操作，读者可以快速熟悉软件功能和影视后期编辑思路。通过学习书中的软件功能解析部分，读者能够深入了解软件功能及影视编辑制作技术。部分章节后设有课堂练习和课后习题，用于拓展读者的实际应用能力。综合设计实训可以帮助读者快速地掌握商业影视设计的设计理念和设计元素，顺利达到实战水平。

本书可作为职业教育“数字媒体艺术”类课程的教材，也可作为Premiere自学人员的参考用书。

◆ 编　　著　王晓彤
责任编辑　刘　佳
责任印制　王　郁　彭志环

◆ 人民邮电出版社出版发行　　北京市丰台区成寿寺路11号
邮编　100164　　电子邮件　315@ptpress.com.cn
网址　https://www.ptpress.com.cn
三河市君旺印务有限公司印刷

◆ 开本：787×1092　1/16
印张：15.25　　2021年4月第5版
字数：396千字　　2022年12月河北第8次印刷

定价：49.80元

读者服务热线：(010)81055256　印装质量热线：(010)81055316
反盗版热线：(010)81055315
广告经营许可证：京东市监广登字20170147号

FOREWORD 第5版前言

Premiere 是 Adobe 公司开发的影视编辑软件。它功能强大、易学易用，深受广大影视制作爱好者和影视后期编辑人员的喜爱，已经成为这一领域最流行的软件之一。目前，我国很多院校的数字媒体艺术专业都将 Premiere 作为一门重要的专业课程。为了帮助教师全面、系统地讲授这门课程，使学生能够熟练地使用 Premiere 进行影视编辑，我们几位长期从事 Premiere 教学的教师与专业影视制作公司中经验丰富的设计师合作，共同编写了本书。

我们对本书的编写体系做了精心的设计，按照“课堂案例→软件功能解析→课堂练习→课后习题”这一思路进行编排，力求通过课堂案例演示，使学生快速熟悉软件功能和网页设计思路；通过软件功能解析使学生深入学习软件功能和制作技巧；通过课堂练习和课后习题，拓展学生的实际应用能力。在内容编写方面，我们力求通俗易懂、细致全面；在文字叙述方面，我们力求言简意赅、重点突出；在案例选取方面，我们强调案例的针对性和实用性。

为了便于教师教学，本书配备了全书案例的素材及效果文件；详尽的课堂练习和课后习题的操作步骤、PPT 课件以及教学大纲等丰富的教学资源，任课教师可到人邮教育社区（www.ryjiaoyu.com）免费下载使用。本书的参考学时为 60 学时，其中实训环节占 30 学时，各章的参考学时见下面的学时分配表。

章　序	课程内容	学时分配	
		讲授	实训
第 1 章	Premiere Pro CC 2019 基础	2	
第 2 章	影视剪辑技术	4	4
第 3 章	视频转场效果	4	4
第 4 章	视频特效应用	4	4
第 5 章	调色、抠像与合成	4	4
第 6 章	字幕制作	4	4
第 7 章	加入音频效果	4	4
第 8 章	文件输出	2	
第 9 章	综合设计实训	2	6
学时总计		30	30

编　者

2020 年 8 月

视频列表

教学辅助资源

资源类型	数量	资源类型	数量
教学大纲	1 套	课堂实例	26 个
电子教案	9 个单元	课后实例	8 个
PPT 课件	9 个	课后答案	8 个

配套视频列表

<table>
<tr><th>章</th><th>视频微课</th><th>章</th><th>视频微课</th></tr>
<tr><td rowspan="5">第 2 章
影视剪辑
技术</td><td>秀丽山河宣传片</td><td rowspan="2">第 5 章
调色、抠像
与合成</td><td>花开美景写真</td></tr>
<tr><td>新鲜蔬菜写真</td><td>美好生活赏析</td></tr>
<tr><td>音乐节节目片头</td><td rowspan="5">第 6 章
字幕制作</td><td>音乐节宣传广告</td></tr>
<tr><td>健康生活宣传片</td><td>海鲜火锅宣传广告</td></tr>
<tr><td>篮球公园宣传片</td><td>夏季女装上新广告</td></tr>
<tr><td rowspan="6">第 3 章
视频转场
效果</td><td>陶瓷艺术宣传片</td><td>化妆品广告</td></tr>
<tr><td>时尚女孩电子相册</td><td>节目预告片</td></tr>
<tr><td>美食创意混剪</td><td rowspan="5">第 7 章
加入音频
效果</td><td>影视创意混剪</td></tr>
<tr><td>儿童成长电子相册</td><td>时尚音乐宣传片</td></tr>
<tr><td>旅拍 Vlog 短视频</td><td>动物世界宣传片</td></tr>
<tr><td>自驾网宣传片</td><td>自然美景赏析</td></tr>
<tr><td rowspan="5">第 4 章
视频特效
应用</td><td>峡谷风光创意写真</td><td>休闲生活赏析</td></tr>
<tr><td>涂鸦女孩电子相册</td><td rowspan="9">第 9 章
综合设计
实训</td><td>花卉节目赏析</td></tr>
<tr><td>跨越梦想创意赏析</td><td>烹饪节目</td></tr>
<tr><td>起飞准备工作赏析</td><td>牛奶广告</td></tr>
<tr><td>健康出行宣传片</td><td>环保宣传片</td></tr>
<tr><td rowspan="5">第 5 章
调色、抠像
与合成</td><td>古风美景赏析</td><td>音乐歌曲 MV</td></tr>
<tr><td>怀旧影视赏析</td><td>设计玩具城纪录片</td></tr>
<tr><td>海滨城市写真</td><td>设计儿童电子相册</td></tr>
<tr><td>淡彩铅笔画赏析</td><td>设计汽车宣传广告</td></tr>
<tr><td>折纸世界栏目片头</td><td>设计环球博览节目</td></tr>
</table>

CONTENTS 目录

目录 CONTENTS

CONTENTS 目录

目录 CONTENTS

第1章 Premiere Pro CC 2019基础

本章对 Premiere Pro CC 2019 进行概述性的介绍，并对其基本操作进行详细讲解。读者通过对本章的学习，可以快速了解并掌握 Premiere Pro CC 2019 的入门知识，为后续章节的学习打下坚实的基础。

课堂练习目标

- ✔ 了解 Premiere Pro CC 2019
- ✔ 熟练掌握 Premiere Pro CC 2019 的基本操作

1.1 Premiere Pro CC 2019概述

Premiere Pro CC 2019 是由 Adobe 公司基于 Mac 和 Windows 操作系统开发的一款非线性编辑软件，被广泛应用于电视节目制作、广告制作和电影制作等领域。初学 Premiere 的读者在启动 Premiere Pro CC 2019 后，可能会对用户操作界面或面板感到束手无策。本节将对其用户操作界面、“项目”面板、“时间轴”面板、监视器窗口和其他面板及菜单命令进行详细的讲解。

1.1.1 认识用户操作界面

Premiere Pro CC 2019 的用户操作界面如图 1-1 所示。从图中可以看出，Premiere Pro CC 2019 的用户操作界面由标题栏、菜单栏、“效果控件”面板、“时间轴”面板、“工具”面板、预设工作区、“节目”/“字幕”/“参考”面板组、“项目”/“效果”/“基本图形”/“字幕”等面板组成。

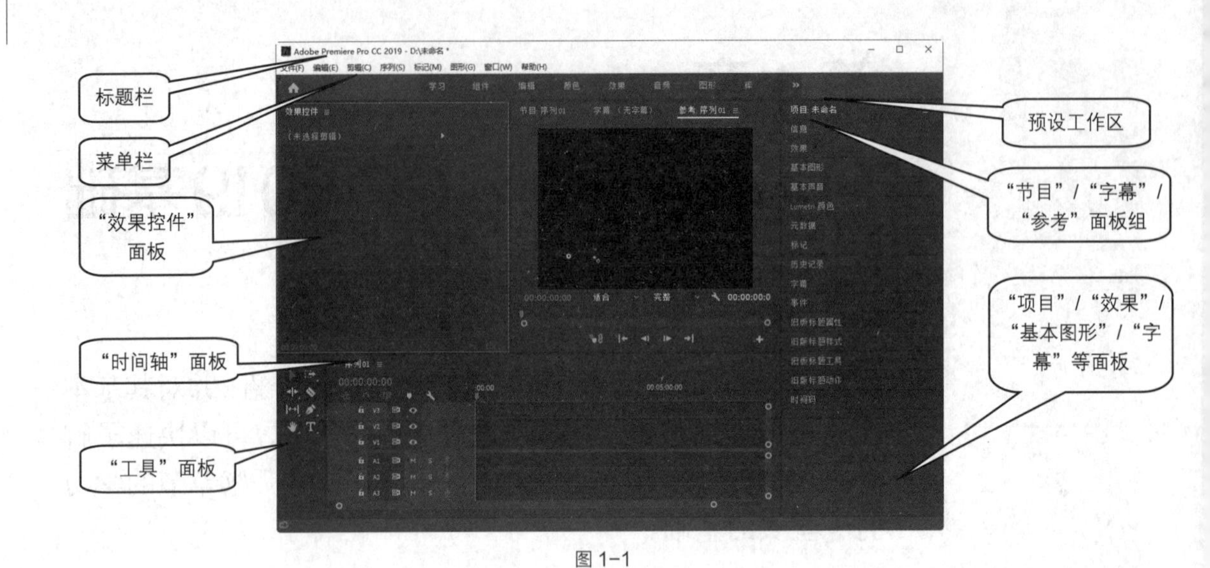

图 1-1

1.1.2 熟悉"项目"面板

"项目"面板主要用于导入、组织和存放供"时间轴"面板编辑合成的原始素材，如图 1-2 所示。按 Ctrl+PageUp 组合键，可将素材切换到列表的状态，如图 1-3 所示。单击"项目"面板右上方的 按钮，在弹出的菜单中可以选择面板的显示方式及控制相关功能的开启与关闭，如图 1-4 所示。

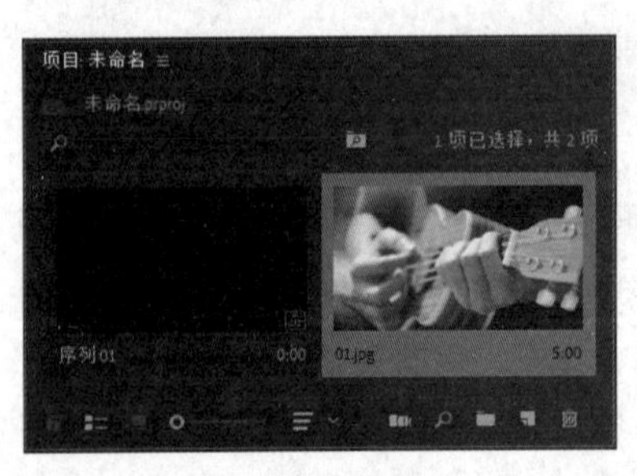

图 1-2

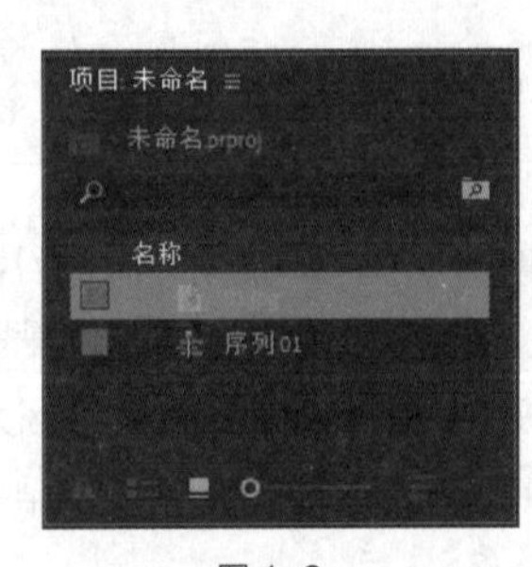

图 1-3

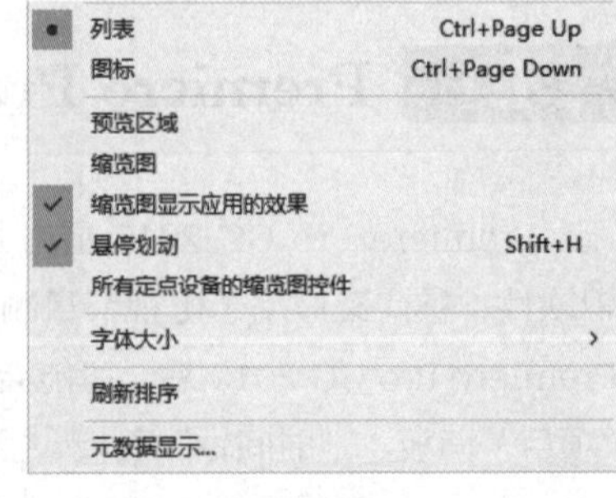

图 1-4

在图标状态下，将鼠标指针置于视频图标上左右移动，可以查看不同时间点的视频内容。

在列表状态下，可以查看素材的基本属性，包括素材的名称、媒体格式、视频与音频信息、数据量等。

在"项目"面板下方的工具栏中共有 10 个功能按钮，从左至右分别为"项目可写"按钮 /"项目只读"按钮 、"列表视图"按钮 、"图标视图"按钮 、"调整图标和缩览图的大小"滑动条 、"排序图标"按钮 、"自动匹配序列"按钮 、"查找"按钮 、"新建素材箱"按钮 、"新建项"按钮 和"清除"按钮 。各按钮的含义如下。

"项目可写"按钮 /"项目只读"按钮 ：单击此按钮可以将"项目"面板设置为可写或只读模式。

"列表视图"按钮 ：单击此按钮可以将素材以列表形式显示。

"图标视图"按钮 ：单击此按钮可以将素材以图标形式显示。

“调整图标和缩览图的大小”滑动条：拖曳滑块可以将“项目”面板中的图标和缩览图放大或缩小。

“排序图标”按钮：单击此按钮可在图标状态下将项目素材根据不同的方式排序。

“自动匹配序列”按钮：单击此按钮可以将素材自动调整到“时间轴”面板中。

“查找”按钮：单击此按钮可以按提示快速查找素材。

“新建素材箱”按钮：单击此按钮可以新建文件夹，以便管理素材。

“新建项”按钮：单击此按钮弹出命令菜单，可以创建新的素材文件。

“清除”按钮：选中不需要的文件，单击此按钮，即可将其删除。

1.1.3 认识“时间轴”面板

“时间轴”面板是 Premiere Pro CC 2019 的核心部分，在编辑影片的过程中，大部分工作都是在“时间轴”面板中完成的。通过“时间轴”面板，用户可以轻松地实现对素材的剪辑、插入、复制、粘贴、调整等操作，如图 1-5 所示。

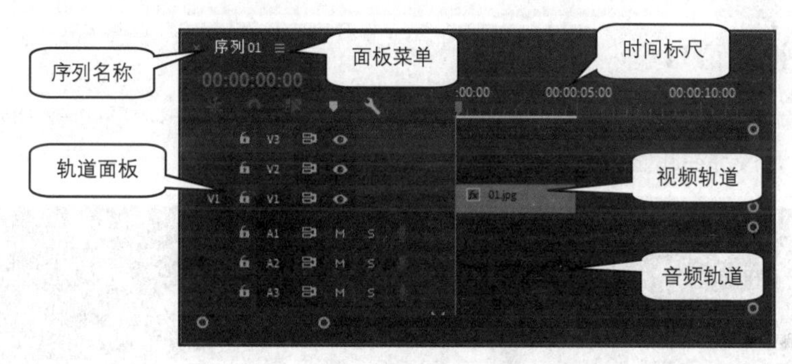

图 1-5

“将序列作为嵌套或个别剪辑插入并覆盖”按钮：单击此按钮，可以将序列作为一个嵌套或单独的剪辑文件插入“时间轴”面板中并覆盖其他文件。

“对齐”按钮：单击此按钮可以启动吸附功能，这时在“时间轴”面板中拖曳素材，素材将自动粘合到邻近素材的边缘。

“链接选择项”按钮：单击此按钮，可以链接所有开放序列。

“添加标记”按钮：单击此按钮，可以在当前帧的位置设置标记。

“时间轴显示设置”按钮：可以设置“时间轴”面板中的显示选项。

“切换轨道锁定”按钮：单击该按钮，当按钮变成形状时，当前的轨道被锁定，处于不能编辑状态；当按钮变成形状时，可以编辑当前轨道。

“切换同步锁定”按钮：默认为启用状态，当进行插入、波纹删除或波纹剪辑操作时，编辑点右侧的内容会发生移动。

“切换轨道输出”按钮：单击此按钮，可以设置是否在监视器窗口中显示当前影片。

“静音轨道”按钮：单击该按钮，可以静音，反之则是播放声音。

“独奏轨道”按钮：单击该按钮，可以设置独奏轨道。

“折叠－展开轨道”操作：双击右侧的空白区域，或滚动鼠标滚轮，可以隐藏或展开视频轨道工具栏或音频轨道工具栏。

“显示关键帧”按钮：单击此按钮，可以选择显示当前关键帧的方式。

“转到下一关键帧”按钮：将时间指示器定位在被选素材的下一个关键帧上。

“添加－移除关键帧”按钮：在时间指示器所处的位置，或在轨道中被选素材的当前位置添加或移除关键帧。

“转到上一关键帧”按钮：将时间指示器定位在被选素材的上一个关键帧上。

滑块：放大或缩小轨道中的素材。

时间码 00:00:00:00：在这里显示影片的播放进度。

序列名称：单击相应的标签可以在不同的序列间相互切换。

轨道面板：对轨道的切换、锁定等参数进行设置。

时间标尺：对剪辑的组进行时间定位。

窗口菜单：对时间单位及剪辑参数进行设置。

视频轨道：对影片视频进行剪辑的轨道。

音频轨道：对影片音频进行剪辑的轨道。

1.1.4 认识监视器窗口

监视器窗口分为“源”监视器窗口和“节目”监视器窗口，分别如图 1-6 和图 1-7 所示，所有编辑过或未编辑的影片片段都在此显示效果。

图 1-6

图 1-7

“添加标记”按钮：为影片片段添加标记。

“标记入点”按钮：设置当前影片的起始点。

“标记出点”按钮：设置当前影片的结束点。

“转到入点”按钮：单击此按钮，可将时间指示器移到起始点位置。

“后退一帧（左侧）”按钮：此按钮是对素材进行逐帧倒播的控制按钮，每单击一次该按钮，影片就会后退一帧；按住 Shift 键的同时单击此按钮，影片后退 5 帧。

“播放－停止切换”按钮/：编辑监视器窗口中的素材的时候，单击此按钮会从监视器窗口中时间指示器的当前位置开始播放；在“节目”监视器窗口中，在播放时按 J 键可以进行倒播。

“前进一帧（右侧）”按钮：此按钮是对素材进行逐帧播放的控制按钮，每单击一次该按钮，影片就会前进一帧；按住 Shift 键的同时单击此按钮，影片前进 5 帧。

“转到出点”按钮 ：单击此按钮，可将时间指示器 移到结束点位置。

“插入”按钮 ：单击此按钮，当插入一段影片时，重叠的片段将后移。

“覆盖”按钮 ：单击此按钮，当插入一段影片时，重叠的片段将被覆盖。

“提升”按钮 ：用于将轨道上入点与出点之间的内容删除，删除之后仍然留有空隙。

“提取”按钮 ：用于将轨道上入点与出点之间的内容删除，删除之后不留空隙，后面的素材会自动连接上前面的素材。

“导出帧”按钮 ：可导出一帧的影视画面。

“比较视图”按钮 ：可以进入比较视图模式查看视图。

分别单击“源”监视器窗口和“节目”监视器窗口右下方的“按钮编辑器”按钮 ，弹出图 1-8 和图 1-9 所示的面板。

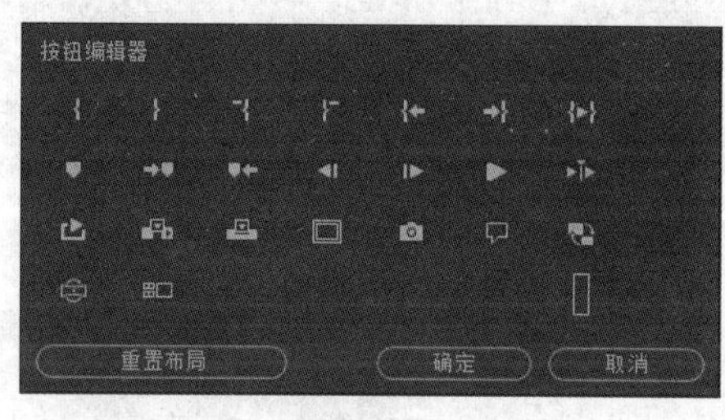

图 1-8

图 1-9

“清除入点”按钮 ：清除设置的入点。

“清除出点”按钮 ：清除设置的出点。

“从入点到出点播放视频”按钮 ：单击此按钮，在播放素材时，只播放定义的入点与出点之间的素材。

“转到下一标记”按钮 ：将时间指示器移动到当前位置的下一个标记处。

“转到上一标记”按钮 ：将时间指示器移动到当前位置的上一个标记处。

“播放邻近区域”按钮 ：单击此按钮，将播放时间指示器 当前位置前后两秒的内容。

“循环播放”按钮 ：控制循环播放的按钮，单击此按钮，监视器窗口中会循环播放素材，直至单击“停止”按钮。

“安全边距”按钮 ：单击该按钮可以为影片设置安全边界线，以防影片画面太大而播放不完整，再次单击可隐藏安全边界线。

“隐藏字幕显示”按钮 ：可隐藏字幕显示效果。

“切换代理”按钮 ：单击此按钮，可以在本机格式和代理格式之间切换。

“切换 VR 视频显示”按钮 ：单击此按钮，可以快速切换到 VR 视频显示。

“切换多机位视图”按钮 ：打开或关闭多机位视图。

“转到下一个编辑点（向下）”按钮 ：单击此按钮，转到同一轨道上当前编辑点的下一个编辑点。

“转到上一个编辑点（向上）”按钮 ：单击此按钮，转到同一轨道上当前编辑点的上一个编辑点。

“多机位录制开/关”按钮 ：设置多机位录制的开与关。

“还原裁剪会话”按钮：单击此按钮，可以还原裁剪的会话。

“全局 FX 静音”按钮：单击此按钮，可以打开或关闭所有视频效果。

“贴靠图形”按钮：单击此按钮，可以将图形贴靠在一起。

直接将监视器窗口中需要的按钮拖曳到下面的显示框中，如图 1-10 所示，松开鼠标左键，按钮将被添加到监视器窗口中，如图 1-11 所示。单击“确定”按钮，所选按钮将显示在监视器窗口中，如图 1-12 所示。可以用相同的方法添加多个按钮，如图 1-13 所示。

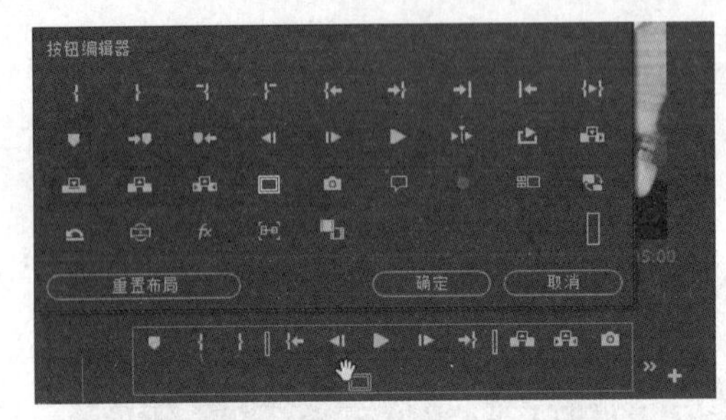

图 1-10

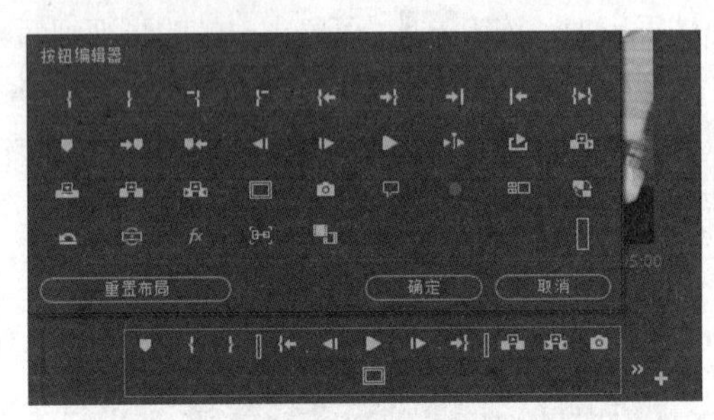

图 1-11

图 1-12

图 1-13

若要恢复默认的布局，再次单击监视器窗口右下方的“按钮编辑器”按钮，在弹出的面板中单击“重置布局”按钮，再单击“确定”按钮即可恢复。

1.1.5　认识其他功能面板

除了以上介绍的面板，Premiere Pro CC 2019 中还提供了其他一些方便进行编辑操作的功能面板，下面逐一进行介绍。

1.“效果”面板

“效果”面板存放着 Premiere Pro CC 2019 自带的各种音频、视频效果和预设的特效。这些特效按照功能分为六大类，包括预设、Lumetri 预设、音频效果、音频过渡、视频效果及视频过渡，每一大类又按照具体效果细分为很多小类，如图 1-14 所示。用户安装的第三方特效插件也将出现在该面板相应类别的文件夹中。

2.“效果控件”面板

“效果控件”面板主要用于进行对象的运动、不透明度、切换及特效等设置，如图 1-15 所示。

3.“音轨混合器”面板

“音轨混合器”面板可以更加有效地调节项目的音频，可以实时混合各轨道中的音频对象，如图 1-16 所示。

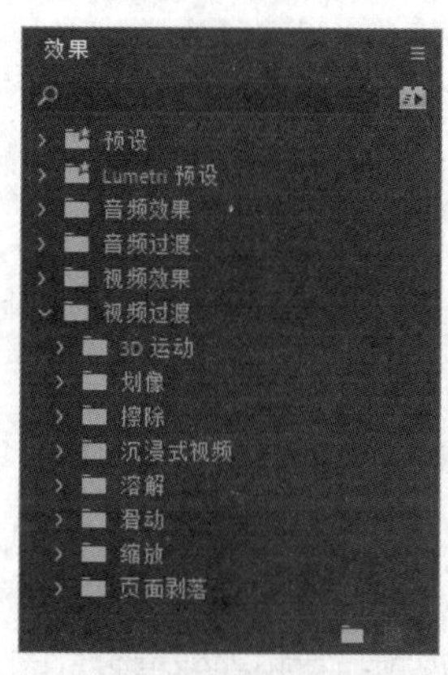

图 1-14

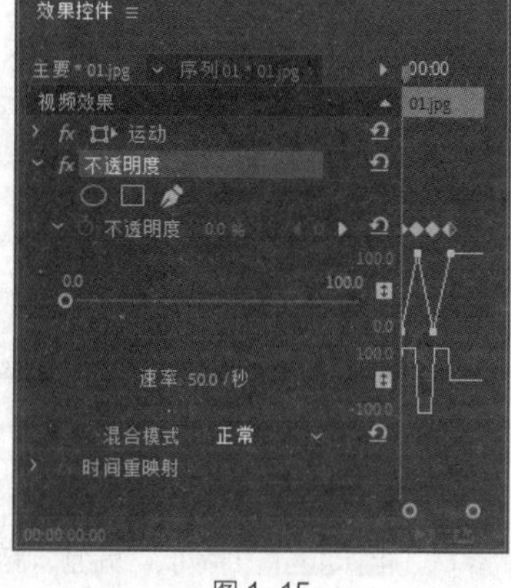

图 1-15

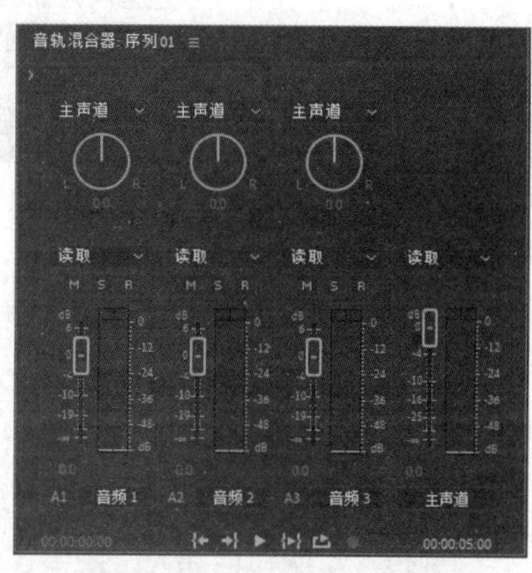

图 1-16

当为某一段素材添加了音频、视频或转场特效后，就需要在该面板中进行相应的参数设置和添加关键帧。画面的运动特效也在这里进行设置，该面板会根据素材和特效的不同来显示不同的内容。

4.“历史记录”面板

“历史记录”面板可以记录用户从建立项目以来进行的所有操作。如果执行了错误操作，选择该面板中相应的命令，即可撤销错误操作并重新返回到执行错误操作之前的某个状态，如图 1-17 所示。

5.“信息”面板

在 Premiere Pro CC 2019 中，“信息”面板作为一个独立面板显示，其主要功能是集中显示所选素材的各项信息。素材不同，“信息”面板中的内容也不相同，如图 1-18 所示。

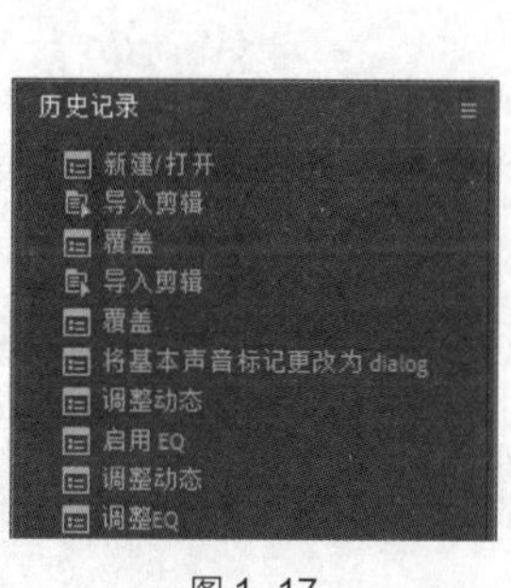

图 1-17

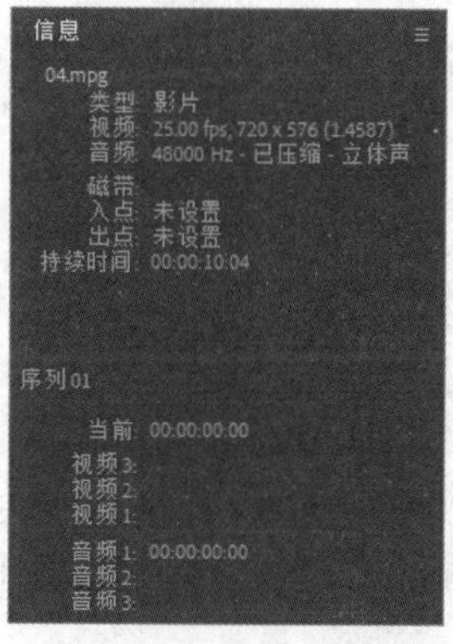

图 1-18

在默认设置下，“信息”面板是空白的。如果在“时间轴”面板中放入一个素材并选中它，“信息”面板中将显示选中素材的信息；如果有过渡，则显示过渡的信息。如果选中的是一段视频素材，“信息”面板中将显示该素材的类型、持续时间、帧速率、入点、出点等信息；如果是静止图片，“信息”面板中将显示素材的类型、大小、持续时间、帧速率、入点、出点等信息。

6. “工具”面板

“工具”面板主要用来对“时间轴”面板中的音频、视频等内容进行编辑，如图 1-19 所示。

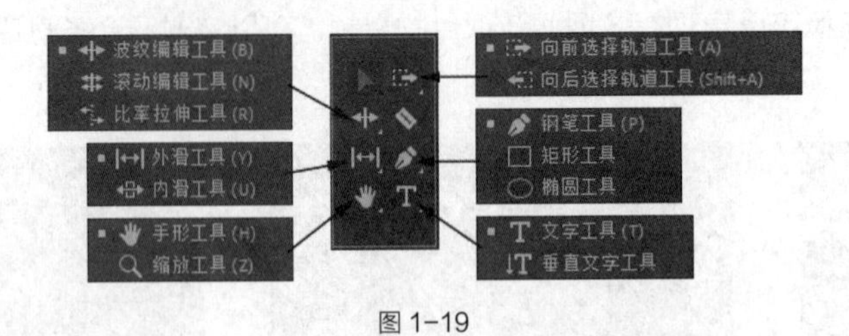

图 1-19

1.1.6 菜单命令介绍

“文件”菜单包括新建、打开、保存、导入、导出、序列设置、采集视频、采集音频、查看影片属性、打印内容等命令。

“编辑”菜单包括复制、粘贴、剪切、撤销、清除等命令。

“剪辑”菜单包括插入、覆盖、替换素材、自动匹配序列、编组、链接视频与音频等剪辑影片的命令。

“序列”菜单主要用于在“时间轴”面板中对项目片段进行编辑、管理和设置轨道属性等操作。

“标记”菜单主要用于对“时间轴”面板中的素材进行标记和监视器窗口中的素材标记进行编辑。

“图形”菜单主要用于新建和选择文本与图形。

“窗口”菜单主要用于管理用户操作界面中的各个面板，包括工作区、“历史记录”面板、“工具”面板、“效果”面板、“源”监视器窗口、“效果控件”面板、“节目”监视器窗口和“项目”面板等。

“帮助”菜单主要用于帮助用户解决遇到的问题。

1.2 Premiere Pro CC 2019 基本操作

本节将详细介绍项目文件的处理，如新建项目文件、打开现有项目文件等；还将介绍素材的操作，如素材的导入、移动、删除和对齐等。这些基本操作对于后期的制作至关重要。

1.2.1 项目文件操作

在启动 Premiere Pro CC 2019 开始进行影片制作前，必须先创建新的项目文件或打开已存在的项目文件，这是 Premiere Pro CC 2019 最基本的操作之一。

1. 新建项目文件

新建项目文件的具体操作步骤如下。

（1）选择“开始 > 所有程序 > Adobe Premiere Pro CC 2019”命令，或双击桌面上的 Adobe Premiere Pro CC 2019 快捷图标，打开软件。

（2）选择“文件 > 新建 > 项目”命令，或按 Ctrl+Alt+N 组合键，弹出“新建项目”对话框，如图 1-20 所示。在“名称”文本框中设置项目名称。单击“位置”选项右侧的 浏览 按钮，在弹出的对话框中选择项目文件的保存路径。在“常规”选项卡中设置视频渲染和回放、视频、音频及捕捉格式等，在“暂存盘”选项卡中设置捕捉的视频、视频预览、音频预览、项目自动保存等的暂存路径，在“收录设置”选项卡中设置收录选项。单击“确定”按钮，即可创建一个新的项目文件。

（3）选择“文件 > 新建 > 序列”命令，或按 Ctrl+N 组合键，弹出“新建序列”对话框，如图 1-21 所示。在“序列预设”选项卡中选择项目文件格式，如“DV-PAL”制式下的“标准 48kHz”，在右侧的“预设描述”选项组中将列出相应的项目信息。在“设置”选项卡中可以设置编辑模式、时基、视频帧大小、像素长宽比、音频采样率等信息。在“轨道”选项卡中可以设置视、音频轨道的相关信息。在“VR 视频”选项卡中可以设置 VR 属性。单击“确定”按钮，即可创建一个新的序列。

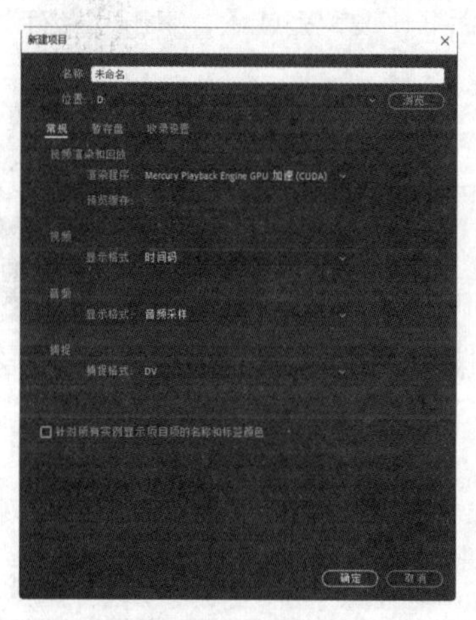

图 1-20

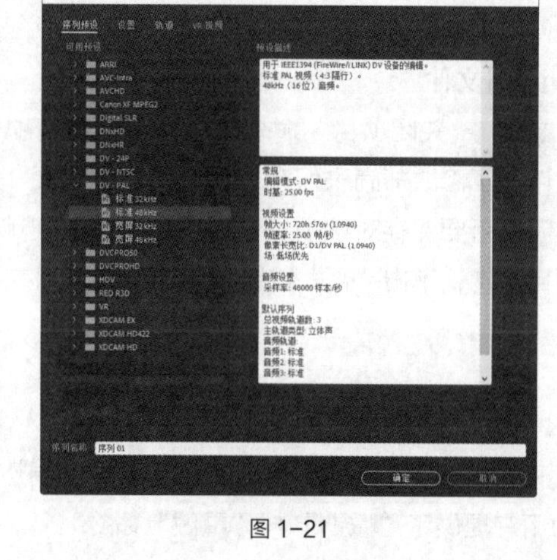

图 1-21

2. 打开项目文件

选择“文件 > 打开项目”命令，或按 Ctrl+O 组合键，在弹出的对话框中选择需要打开的项目文件，单击“打开”按钮，如图 1-22 所示即可打开已选择的项目文件。

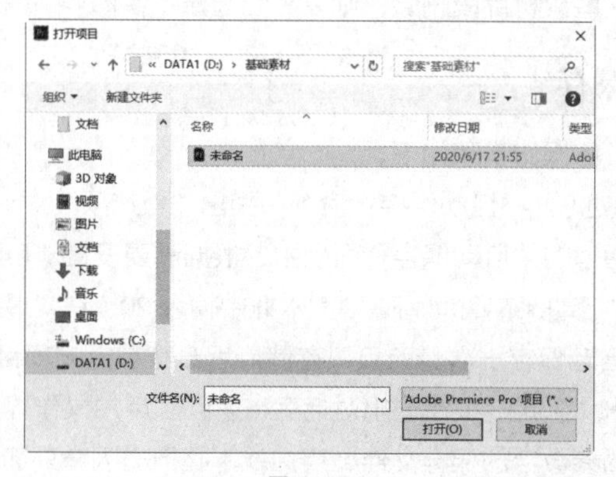

图 1-22

选择“文件 > 打开最近使用的内容”命令，在其子菜单中选择需要打开的项目文件，如图 1-23 所示，即可打开所选的项目文件。

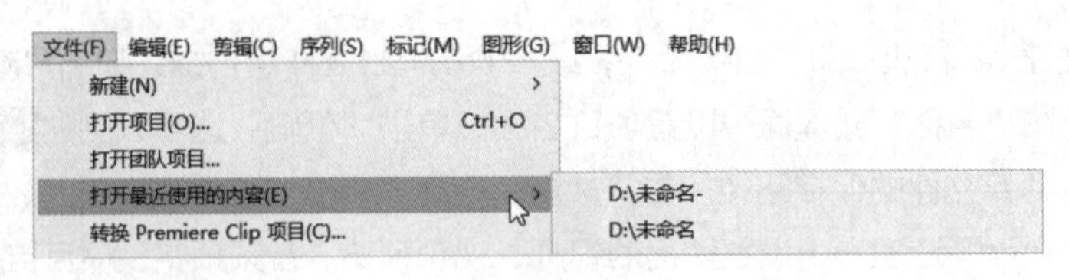

图 1-23

3. 保存项目文件

刚启动 Premiere Pro CC 2019 时，系统会提示用户先保存一个设置了参数的项目，因此，对于编辑过的项目，选择“文件 > 保存”命令或按 Ctrl+S 组合键即可直接保存。另外，系统还会隔一段时间自动保存一次项目。

选择“文件 > 另存为”命令（或按 Ctrl+Shift+S 组合键），或者选择“文件 > 保存副本”命令（或按 Ctrl+Alt+S 组合键），弹出“保存项目”对话框，设置完成后，单击“保存”按钮，可以保存项目文件的副本。

4. 关闭项目文件

选择“文件 > 关闭项目”命令，即可关闭当前项目文件。如果对当前项目文件做了修改却尚未保存，系统将会弹出图 1-24 所示的提示对话框，询问是否要保存对该项目文件所做的修改。单击“是”按钮，则会保存项目文件；单击“否”按钮，则不保存项目文件并直接退出项目文件。

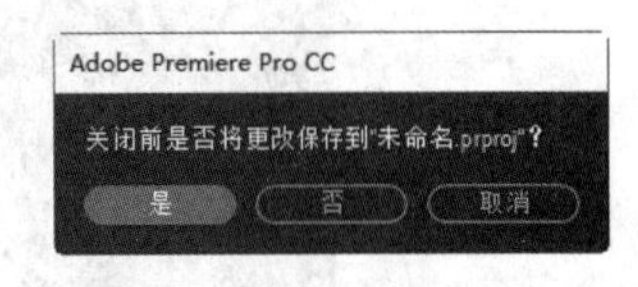

图 1-24

1.2.2 撤销与恢复操作

通常情况下，一个完整的项目需要经过反复的调整、修改与比较才能完成，因此，Premiere Pro CC 2019 为用户提供了“撤销”与“重做”命令。

在编辑视频或音频时，如果用户的上一步操作错误，或对操作后得到的效果不满意，选择“编辑 > 撤销”命令即可撤销该操作。如果连续选择此命令，则可连续撤销前面的多步操作。

如果要取消撤销操作，可选择“编辑 > 重做”命令。例如，删除一个素材，通过“撤销”命令撤销操作后，如果还想将这些素材片段删除，则只需要选择“编辑 > 重做”命令即可。

1.2.3 设置自动保存

设置自动保存功能的具体操作步骤如下。

（1）选择“编辑 > 首选项 > 自动保存”命令，弹出“首选项”对话框，如图 1-25 所示。

（2）在“首选项”对话框的“自动保存”面板中，根据需要设置“自动保存时间间隔”及“最大项目版本”的数值，如在“自动保存时间间隔”文本框中输入 20，在“最大项目版本”文本框中输入 5，即表示每隔 20 分钟将自动保存一次，而且只存储最后 5 次存盘的项目文件。

（3）设置完成后，单击“确定”按钮退出对话框，返回到用户操作界面。这样，在以后的编辑过程中，系统就会按照设置的参数自动保存文件，用户就不必担心因意外而造成工作数据的丢失。

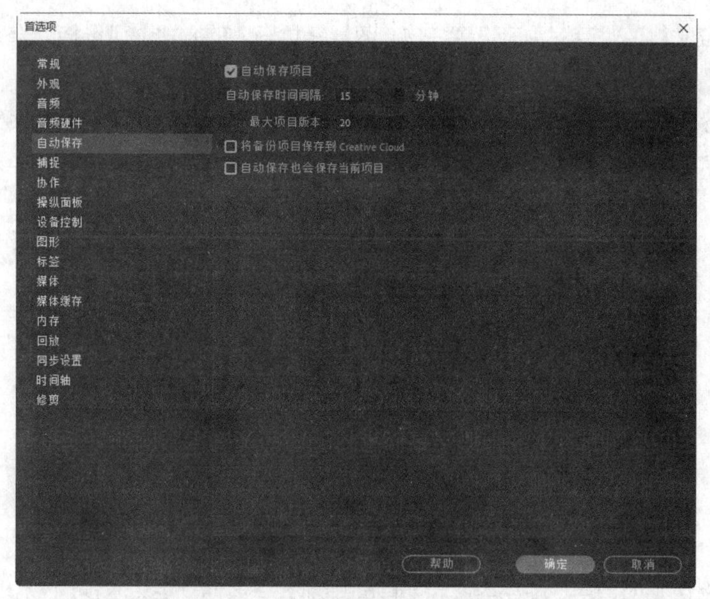

图 1-25

1.2.4 导入素材

Premiere Pro CC 2019 支持大部分主流的视频、音频及图片文件格式，一般的导入方式为选择“文件 > 导入”命令，在“导入”对话框中选择需要的文件格式和文件，如图 1-26 所示。

1. 导入图层文件

以素材的方式导入图层的方法：选择“文件 > 导入”命令，在“导入”对话框中选择 Photoshop、Illustrator 等含有图层的文件格式，再选择需要导入的文件，单击“打开”按钮，会弹出图 1-27 所示的对话框。

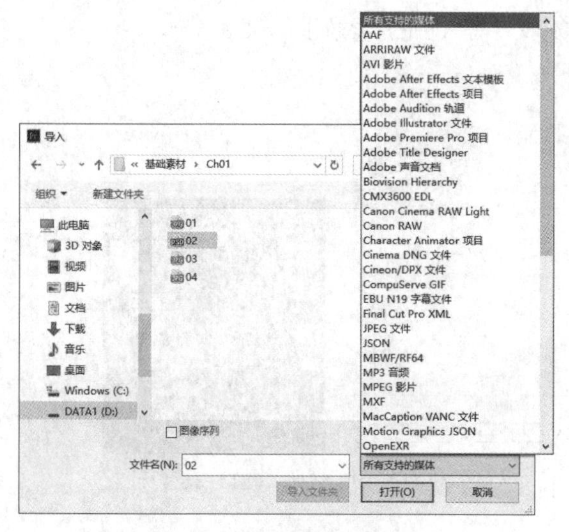

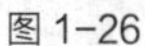
图 1-26

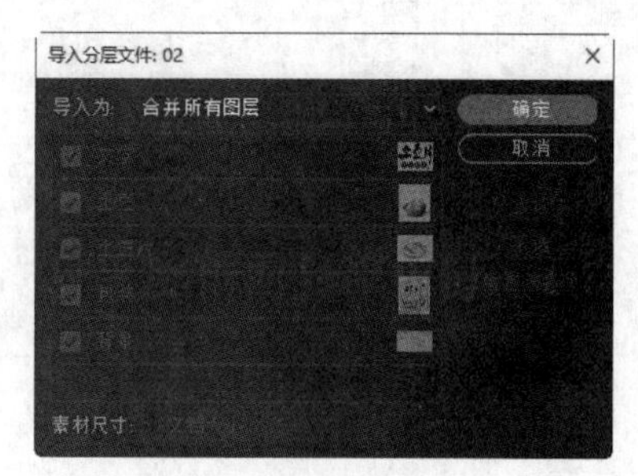

图 1-27

在“导入分层文件”对话框中可设置 PSD 图层素材导入的方式，可选择“合并所有图层”“合并图层”“单层”或“序列”。

本例选择“序列”选项，如图 1-28 所示。单击“确定”按钮，在“项目”面板中会自动生成一个文件夹，其中包括序列文件和图层素材，如图 1-29 所示。

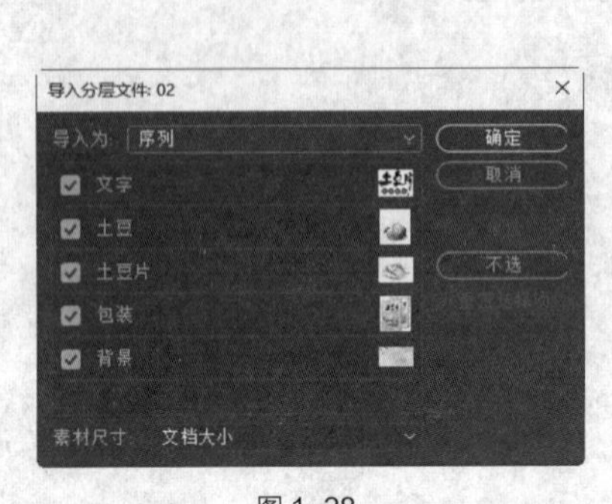

图 1-28

图 1-29

以序列的方式导入图层后，软件会按照图层的排列方式自动产生一个序列，可以打开该序列设置动画并进行编辑。

2. 导入图片

序列文件是一种非常重要的源素材。它由若干张按序排列的图片组成，多用来记录活动影片，每张图片代表一帧。通常，可以在 3ds Max、After Effects、Combustion 等软件中生成序列文件，然后导入 Premiere Pro CC 2019 中使用。

序列文件以数字序号为序进行排列。导入序列文件时，应在“首选项”对话框中设置图片的帧速率；也可以在导入序列文件后，在“修改剪辑”对话框中改变帧速率。导入序列文件的方法如下。

（1）在“项目”面板的空白区域双击，弹出“导入”对话框，找到序列文件所在的目录，勾选“图像序列”复选框，如图 1-30 所示。

（2）单击“打开”按钮，导入素材。序列文件导入后的状态如图 1-31 所示。

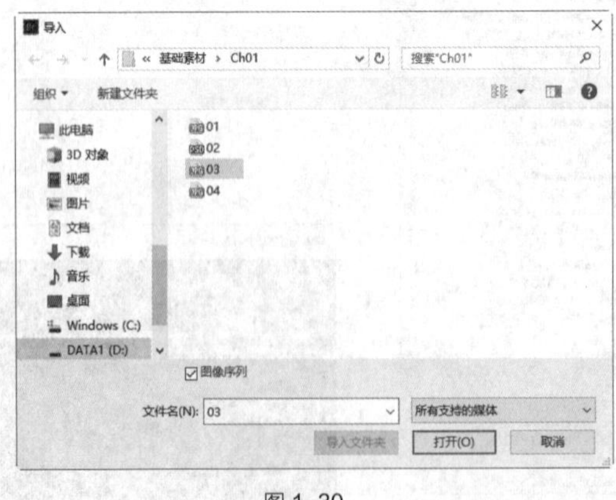

图 1-30

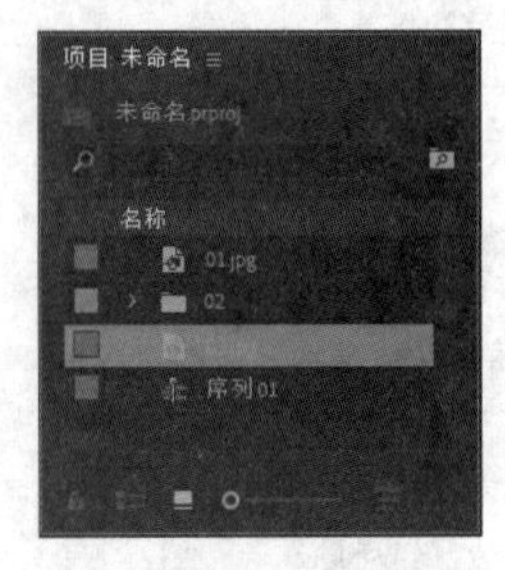

图 1-31

1.2.5 解释素材

对于项目的素材文件，可以通过解释素材来修改其属性。在“项目”面板中的素材上单击鼠标右键，在弹出的快捷菜单中选择“修改 > 解释素材”命令，弹出“修改剪辑”对话框，如图 1-32 所示。“帧速率”选项组可以设置影片的帧速率；“像素长宽比”选项组可以设置选中文件的像素长宽比；“场序”选项组可以设置选中文件的场序；“Alpha 通道”选项组可以对素材的透明通道进行设置；“VR 属性”选项组可以设置文件的投影、布局、捕捉视图等属性。

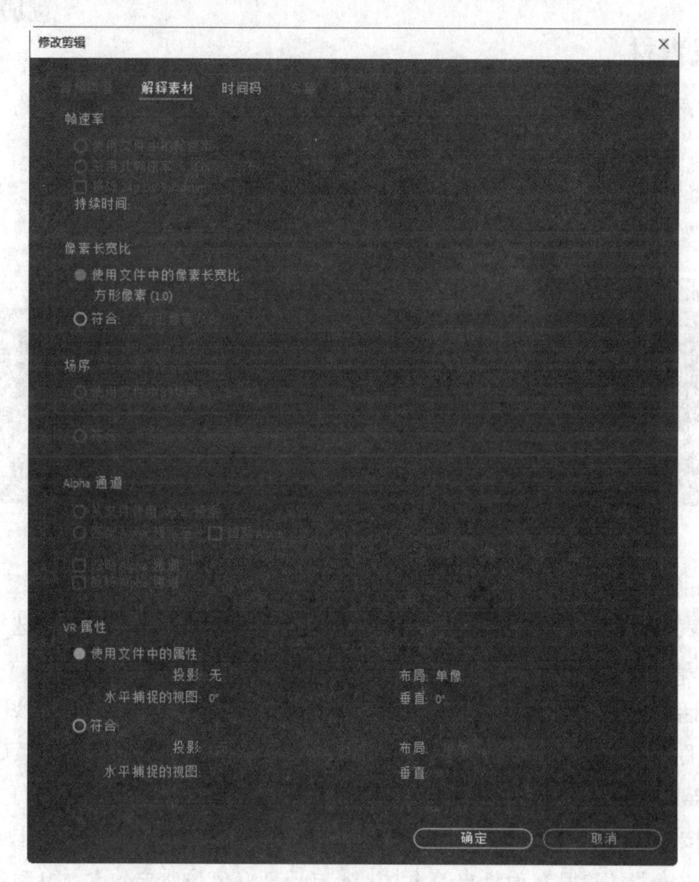

图 1-32

1.2.6 改变素材名称

在“项目”面板中的素材上单击鼠标右键，在弹出的快捷菜单中选择“重命名”命令，素材名称会处于可编辑状态，输入新名称即可，如图 1-33 所示。

用户可以给素材重命名以改变它原来的名称，这在一部影片中重复使用一个素材或复制了一个素材并为之设定了新的入点和出点时极其有用。给素材重命名有助于在“项目”面板和序列中查看重复的素材时避免混淆。

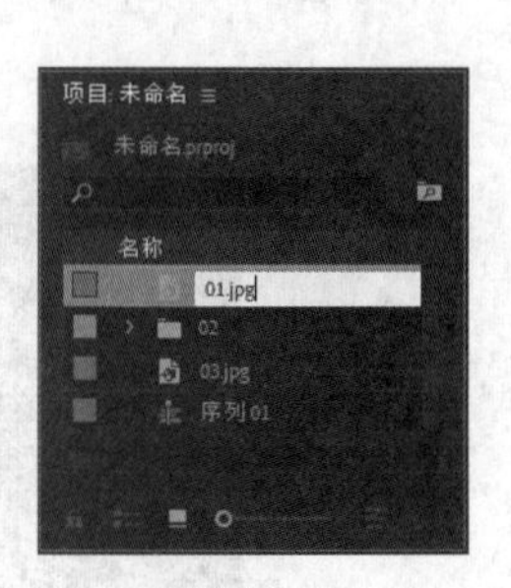

图 1-33

1.2.7 利用素材库组织素材

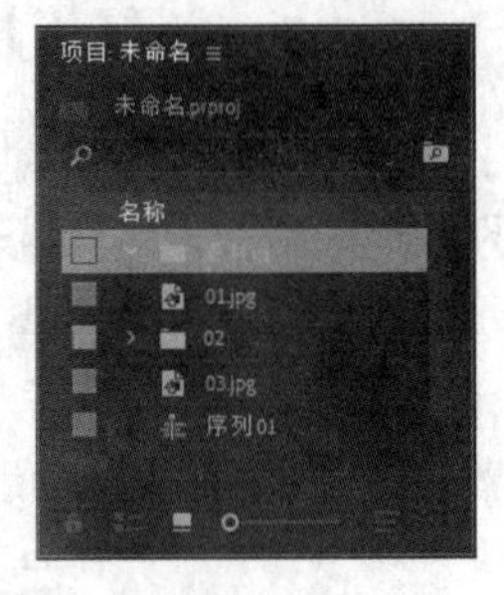
图 1-34

可以在“项目”面板中建立一个素材库（即素材文件夹）来管理素材。使用素材文件夹，用户可以将项目中的素材分门别类、有条不紊地组织起来，这在组织包含大量素材的复杂项目时特别有用。

单击“项目”面板下方的“新建素材箱”按钮，会自动创建一个新文件夹，如图 1-34 所示。

1.2.8 查找素材

可以根据素材的名字、属性或附属的说明和标签在 Premiere Pro CC 2019 的“项目”面板中查找素材，如可以查找所有文件格式相同的素材（如.avi 和 mp3）等。

单击“项目”面板下方的“查找”按钮，或单击鼠标右键，在弹出的快捷菜单中选择“查找”命令，弹出“查找”对话框，如图 1-35 所示。

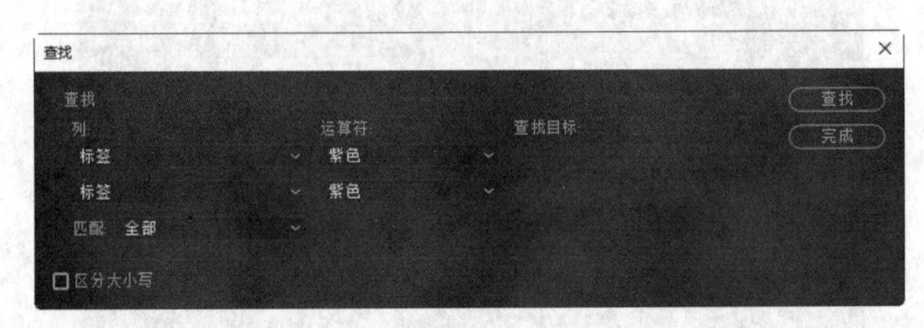

图 1-35

在“查找”对话框中选择查找素材的属性，可按照的素材名称、媒体类型和标签等属性进行查找。在“匹配”下拉列表中，可以选择查找的关键字是全部匹配还是部分匹配。若勾选“区分大小写”复选框，则必须将关键字的大小写输入正确。

在“查找”对话框右侧的文本框中输入查找素材的属性关键字。例如，要查找图片文件，可选择查找的属性为“名称”，在文本框中输入“JPEG”或其他文件格式的后缀名，然后单击“查找”按钮，系统会自动找到“项目”面板中符合条件的图片文件。如果“项目”面板中有多个图片文件，可再次单击“查找”按钮查找下一个符合条件的图片文件。单击“完成”按钮，可退出“查找”对话框。

提示：除了可以查找“项目”面板中的素材，用户还可以使序列中的素材自动定位，找到其项目中的源素材。在“时间轴”面板中的素材上单击鼠标右键，在弹出的快捷菜单中选择“在项目中显示”命令，如图 1-36 所示，即可找到其在“项目”面板中的相应素材，如图 1-37 所示。

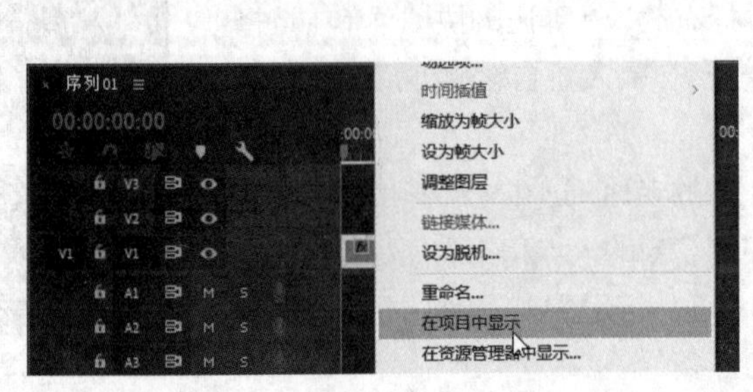

图 1-36

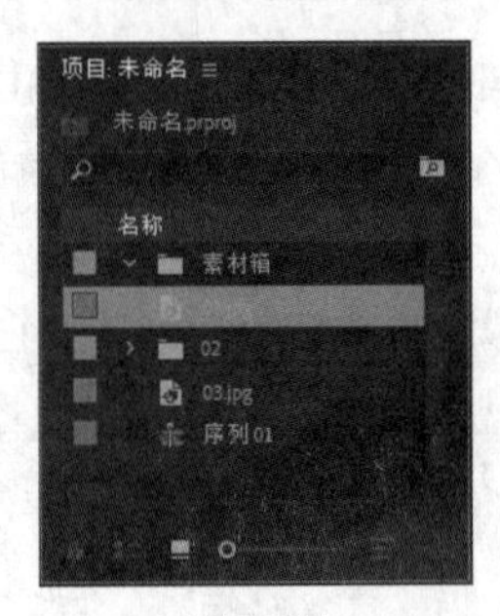

图 1-37

1.2.9 离线素材

当打开一个项目文件时，系统若提示找不到源素材，如图 1–38 所示，这可能是源素材被改名或在磁盘上的存储位置发生了变化造成的。可以直接在磁盘上找到源素材，然后单击“选择”按钮，也可以单击“脱机”按钮，建立离线素材代替源素材。

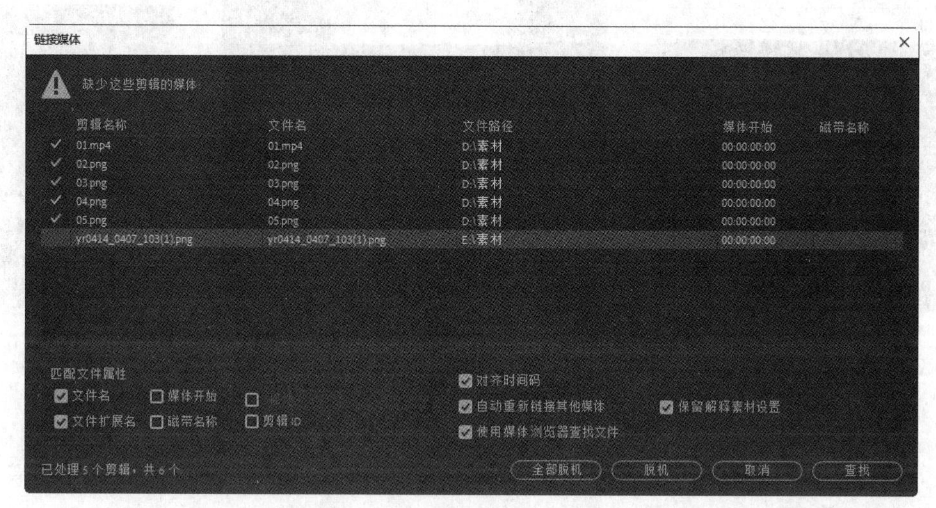

图 1–38

由于 Premiere Pro CC 2019 使用直接方式进行工作，因此如果磁盘上的源素材被删除或者移动，就会发生在项目中无法找到其磁盘源素材的情况。此时，可以建立一个离线素材。离线素材具有和其所替换的源素材相同的属性，可以对其进行与普通素材完全相同的操作。当找到所需素材后，可以用该素材替换离线素材，以进行正常编辑。离线素材实际上起到一个占位符的作用，它可以暂时占据丢失素材所处的位置。

在“项目”面板中单击“新建项”按钮，在弹出的列表中选择“脱机文件”选项，弹出“新建脱机文件”对话框，如图 1–39 所示。设置相关的参数后，单击“确定”按钮，弹出“脱机文件”对话框，如图 1–40 所示。

在“包含”下拉列表中可以选择建立含有音频和视频的离线素材，或者仅含有其中一项的离线素材。在“音频格式”下拉列表中设置音频的声道。在“磁带名称”文本框中输入磁盘卷标名称。在“文件名”文本框中指定离线素材的名称。在“描述”文本框中可以输入一些备注。在“场景”文本框中输入注释离线素材与源素材场景的关联信息。在“拍摄/获取”文本框中说明拍摄信息。在“记录注释”文本框中记录离线素材的日志信息。在“时间码”选项组中可以指定离线素材的时间。

如果要以实际素材替换离线素材，则可以在“项目”面板中的离线素材上单击鼠标右键，在弹出的快捷菜单中选择“链接媒体”命令，在弹出的对话框中指定文件并进行替换。“项目”面板中离线素材的显示如图 1–41 所示。

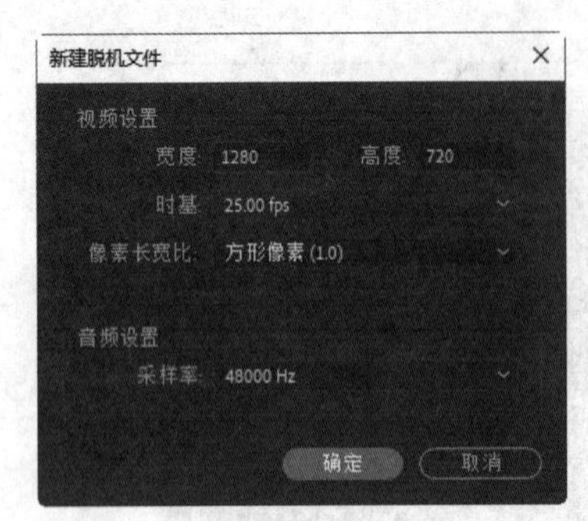

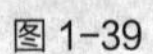
图 1-39

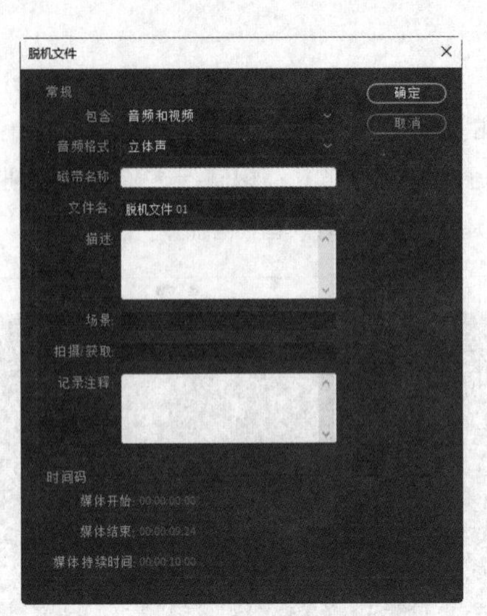

图 1-40

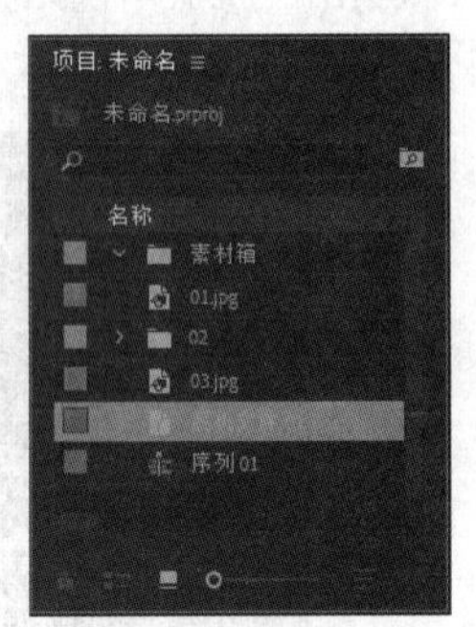

图 1-41

第 2 章 影视剪辑技术

本章主要对Premiere Pro CC 2019中剪辑影片的基本技术和操作进行详细介绍，包括剪辑素材、分离素材、群组、采集视频、创建新元素等。通过本章的学习，读者可以掌握剪辑技术的使用方法和应用技巧。

课堂学习目标

- 熟练掌握剪辑素材的方法
- 掌握分离素材的方法
- 了解素材的群组
- 了解采集视频
- 掌握创建新元素的方法

2.1 剪辑素材

Premiere Pro CC 2019 中的编辑过程是非线性的，用户可以在任何时候插入、复制、替换、传递和删除素材片段，还可以采取各种各样的顺序和效果进行试验，并在合成最终影片或输出到磁盘前进行预演。

用户在 Premiere Pro CC 2019 中使用监视器窗口和“时间轴”面板编辑素材。监视器窗口用于查看素材和完成的影片，设置素材的入点、出点等；“时间轴”面板用于建立序列、安排素材、分离素材、插入素材、合成素材、混合音频等。用户使用监视器窗口和“时间轴”面板编辑影片时，还会使用一些相关的其他窗口和面板。

在一般情况下，Premiere Pro CC 2019 会从头至尾地播放一个音频素材或视频素材。用户可以在剪辑窗口或监视器窗口中改变一个素材的开始帧和结束帧或改变静止图像素材的长度。Premiere Pro CC 2019 中的监视器窗口还可以对原始素材和序列进行剪辑。

2.1.1 课堂案例——秀丽山河宣传片

【案例学习目标】学习导入视频文件，并使用入点和出点剪辑视频。

【案例知识要点】使用“导入”命令导入视频文件，使用入点和出点在“源”监视器窗口中裁剪视频，使用“效果控件”面板编辑视频文件的大小。秀丽山河宣传片效果如图2-1所示。

【效果所在位置】Ch02/秀丽山河宣传片/秀丽山河宣传片.prproj。

图2-1

（1）启动Premiere Pro CC 2019，选择“文件 > 新建 > 项目”命令，弹出“新建项目”对话框，如图2-2所示，单击“确定”按钮，新建项目。选择“文件 > 新建 > 序列”命令，弹出“新建序列”对话框，单击“设置”选项卡，具体参数设置如图2-3所示，单击“确定”按钮，新建序列。

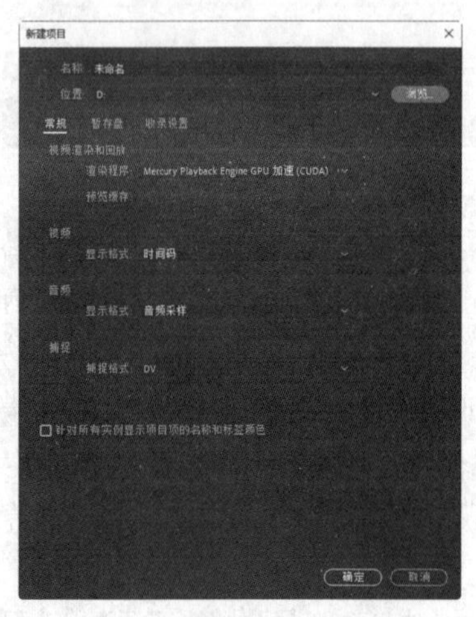

图2-2

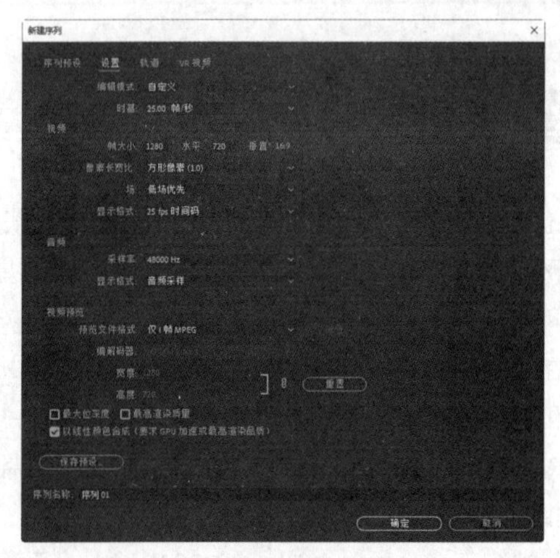

图2-3

（2）选择“文件 > 导入”命令，弹出“导入”对话框，选择本书云盘中的“Ch02/秀丽山河宣传片/素材/01~05”文件，如图2-4所示。单击“打开”按钮，将素材文件导入“项目”面板中，如图2-5所示。

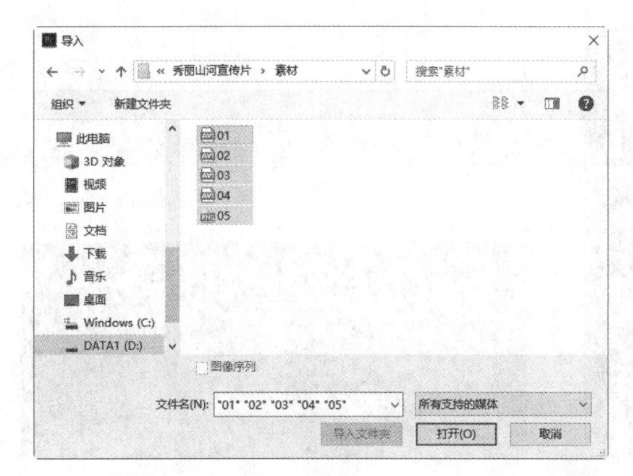

图 2-4

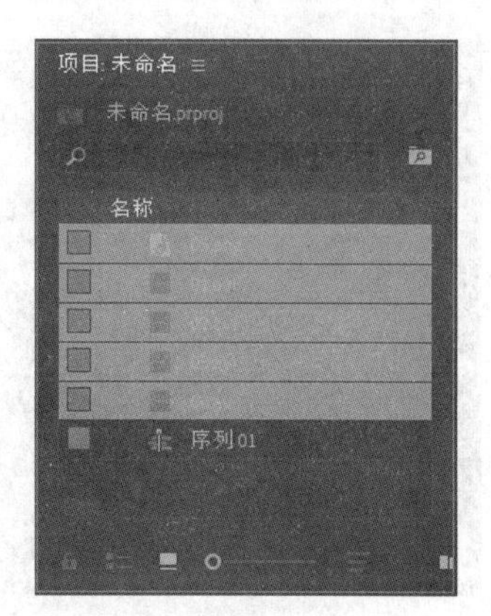

图 2-5

（3）双击“项目”面板中的“01”文件，在“源”监视器窗口中打开“01”文件，如图 2-6 所示。将播放指示器放置在 02:24s 的位置，按 O 键创建出点，如图 2-7 所示。

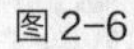

图 2-6

图 2-7

（4）将鼠标指针放置在“源”监视器窗口中的画面上，选中“源”监视器窗口中的“01”文件并将其拖曳到“时间轴”面板中的“视频 1”轨道中，弹出“剪辑不匹配警告”对话框，如图 2-8 所示，单击“保持现有设置”按钮。将“01”文件放置到“视频 1”轨道中，如图 2-9 所示。

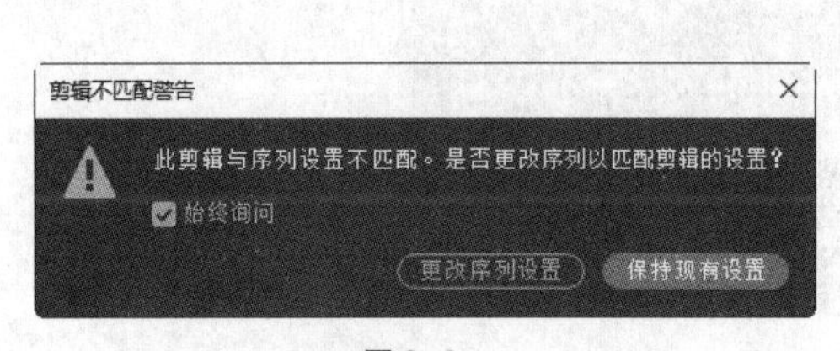

图 2-8

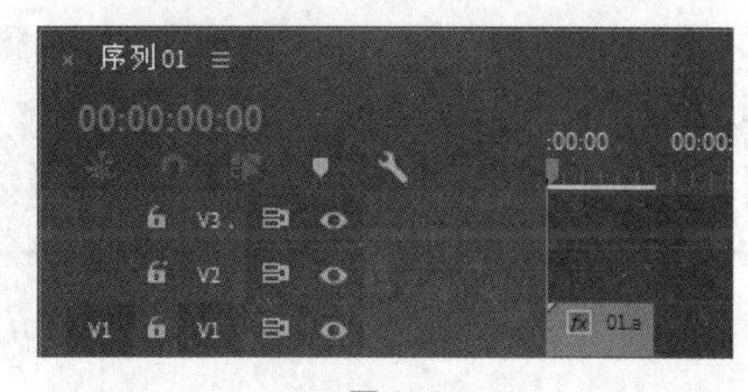

图 2-9

（5）双击“项目”面板中的“02”文件，在“源”监视器窗口中打开“02”文件。将播放指示器放置在 0:15s 的位置，按 I 键创建入点，如图 2-10 所示。将鼠标指针放置在“源”监视器窗口中的画面上，选中“源”监视器窗口中的“02”文件并将其拖曳到“时间轴”面板中的“视频 1”轨道中，如图 2-11 所示。

图 2-10

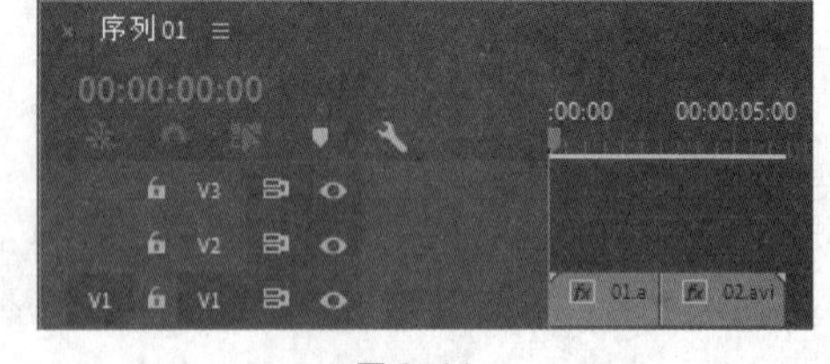

图 2-11

（6）双击“项目”面板中的“03”文件，在“源”监视器窗口中打开“03”文件。将播放指示器放置在 01:00s 的位置，按 I 键创建入点，如图 2-12 所示。将播放指示器放置在 02:14s 的位置，按 O 键创建出点，如图 2-13 所示。

图 2-12

图 2-13

（7）将鼠标指针放置在“源”监视器窗口中的画面上，选中“源”监视器窗口中的“03”文件并将其拖曳到“时间轴”面板中的“视频 1”轨道中，如图 2-14 所示。

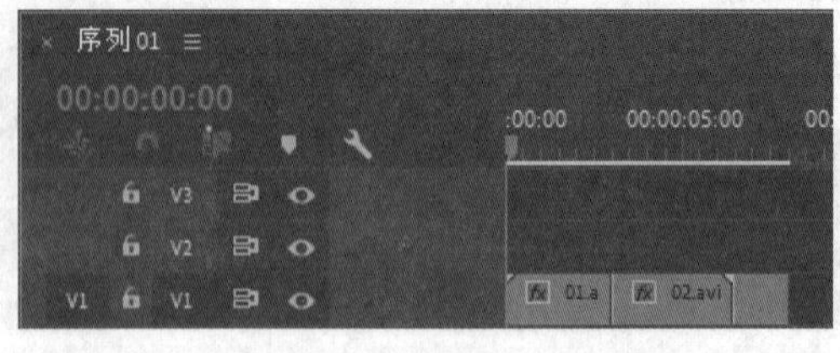

图 2-14

（8）双击“项目”面板中的“04”文件，在“源”监视器窗口中打开“04”文件。将播放指示器放置在 0:10s 的位置，按 I 键创建入点，如图 2-15 所示。将播放指示器放置在 03:09s 的位置，按 O 键创建出点，如图 2-16 所示。

图2-15

图2-16

（9）将鼠标指针放置在“源”监视器窗口中的画面上，选中“源”监视器窗口中的“04”文件并将其拖曳到“时间轴”面板中的“视频1”轨道中，如图2-17所示。

图2-17

（10）选中“时间轴”面板中的“01”文件，如图2-18所示。选择“效果控件”面板，展开“运动”选项，将“缩放”选项设置为163.0，如图2-19所示。用相同的方法选中其他文件并调整“缩放”选项。

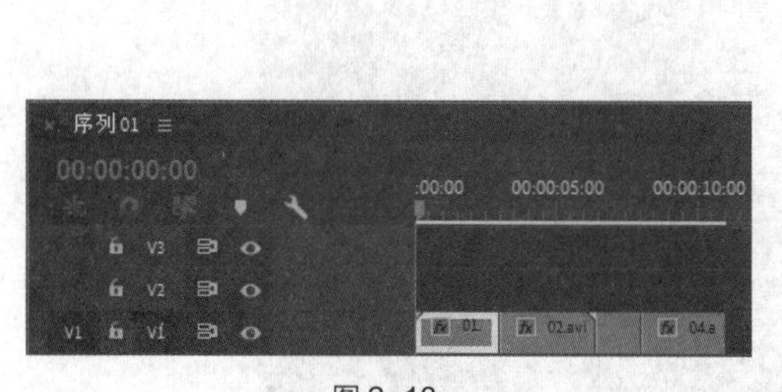

图2-18

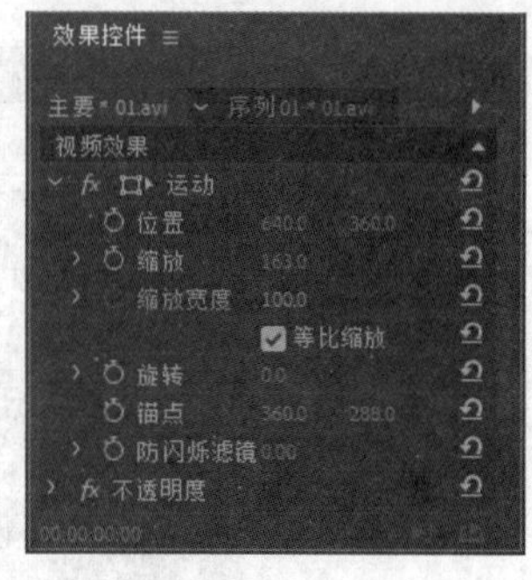

图2-19

（11）在“项目”面板中选中“05”文件并将其拖曳到“时间轴”面板中的“视频2”轨道中，如图2-20所示。秀丽山河宣传片制作完成。

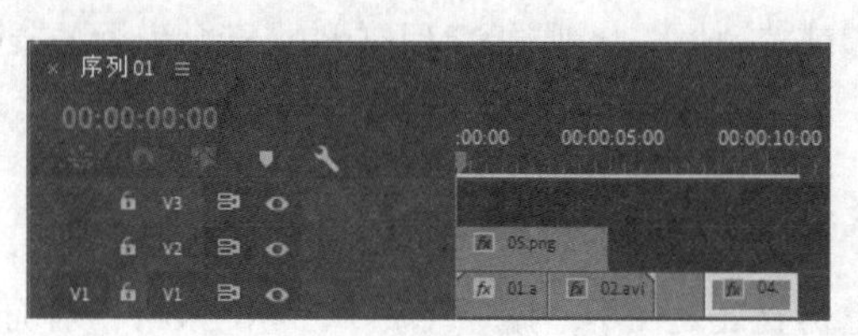

图2-20

2.1.2 认识监视器窗口

监视器窗口如图 2-21 和图 2-22 所示。Premiere Pro 中有两个监视器窗口：“源”监视器窗口与“节目”监视器窗口，分别用来显示素材与作品在编辑时的状况。图 2-21 所示为“源”监视器窗口，用于显示和设置项目中的素材；图 2-22 所示为“节目”监视器窗口，用于显示和设置序列。

图 2-21

图 2-22

用户可以在“源”监视器和“节目”监视器窗口中设置安全区域，这对输出为电视机播放的影片非常有用。

电视机在播放视频图像时，屏幕的边缘会裁剪部分图像，这种现象叫作“溢出扫描”。不同的电视机溢出的扫描量不同，所以，要把图像的重要部分放在“安全区域”内。在制作影片时，需要将重要的场景元素、演员、图表放在“运动安全区域”内；将标题、字幕放在“标题安全区域”内。位于工作区域外侧的方框为“运动安全区域”，位于内侧的方框为“标题安全区域”，如图 2-23 所示。

图 2-23

单击“源”监视器窗口或“节目”监视器窗口下方的“安全边距”按钮，可以显示或隐藏监视器窗口中的安全边界线。

2.1.3 在“源”监视器窗口中播放素材

不论是已经导入项目的素材还是使用“打开”命令查看的素材，系统都会将其自动在素材视窗中打开，用户可以在素材视窗中播放和查看素材。

在“项目”和“时间轴”面板中双击要查看的素材，素材都会自动显示在“源”监视器窗口中。用户使用该窗口下方的工具可以对素材进行播放控制，方便查看剪辑，如图 2-24 所示。

图 2-24

在不同的时间编码模式下，时间数字的显示模式会有所不同。如果选择“无掉帧”模式，各时间单位之间用冒号分隔；如果选择“掉帧”模式，各时间单位之间用分号分隔；如果选择“帧”模式，时间单位显示为帧数。

拖曳鼠标指针到时间显示的区域并单击，可以直接输入数值来改变时间显示，影片会自动跳到输入的时间位置。

如果输入的时间数值之间无间隔符号，如“1234”，则 Premiere Pro CC 2019 会自动将其识别为帧数，并根据所选用的时间编码模式，将其换算为相应的时间。

窗口右侧的持续时间计数器显示了影片入点与出点之间的长度，即影片的持续时间，显示颜色为黑色。

缩放列表在“源”监视器窗口或“节目”监视器窗口的正下方，可改变窗口中影片的大小，如图 2-25 所示。可以放大或缩小影片进行观察，若选择“适合”选项，则无论窗口大小，影片都会匹配窗口，完全显示影片内容。

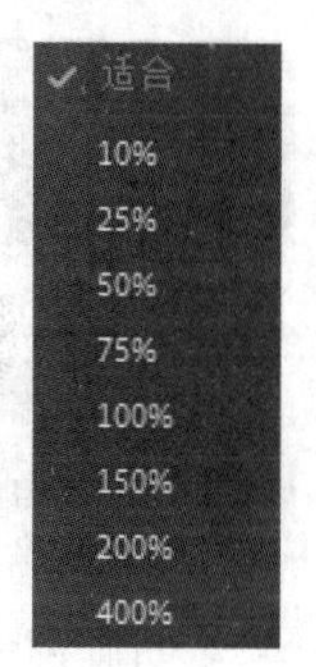

图 2-25

2.1.4 在其他软件中打开素材

Premiere Pro CC 2019 具有在其他软件中打开素材的功能，用户可以利用该功能在其他兼容软件中打开素材进行查看或编辑。例如，用户可以在 QuickTime 中观看 MOV 影片，也可以在 Photoshop 中打开并编辑图像素材。在其他应用程序中编辑该素材并存盘后，该素材会在 Premiere Pro CC 2019 中自动更新。

要在其他应用程序中编辑素材，必须保证计算机中安装了相应的应用程序并且有足够的内存来运行该应用程序。如果是在“项目”面板中编辑的序列图片，则在应用程序只能打开该序列图片第 1 幅图像；如果是在“时间轴”面板中编辑的序列图片，则打开的是时间指示器所在时间的当前帧画面。

使用其他应用程序编辑素材的方法如下。

（1）在“项目”面板或“时间轴”面板中选中需要编辑的素材。

（2）选择“编辑 > 编辑原始”命令。

（3）在打开的应用程序中编辑该素材并保存结果。

（4）返回到 Premiere Pro CC 2019 中，修改后的结果会自动更新到当前素材中。

2.1.5 裁剪素材

素材开始帧的位置被称为入点，素材结束帧的位置被称为出点。用户可以在“源”或“节目”监视器窗口和“时间轴”面板中裁剪素材。

1. 在监视器窗口中裁剪素材

在“节目”监视器窗口中改变素材入点和出点的方法如下。

（1）在“节目”监视器窗口双击要设置入点和出点的素材，将其在“源”监视器窗口中打开。

（2）在“源”监视器窗口中拖曳时间指示器或按空格键，找到要使用的片段的开始位置。

（3）单击“源”监视器窗口下方的“标记入点”按钮或按 I 键，“源”监视器窗口中会显示当前素材入点画面，“素材”监视器窗口右上方会显示入点标记，如图 2-26 所示。

（4）播放影片，找到使用片段的结束位置。单击“源”监视器窗口下方的“标记出点”按钮或按 O 键，窗口下方会显示当前素材出点。入点和出点之间显示为深色，两点之间的片段即入点与出点之间的素材片段，如图 2-27 所示。

图 2-26

图 2-27

（5）单击“转到上一标记”按钮可以自动跳到影片的入点位置，单击“转到下一标记”按钮可以自动跳到影片的出点位置。

当声音同步要求非常严格时，用户可以为音频素材设置高精度的入点。音频素材的入点可以使用高达 1/600s 的精度来调节。对于音频素材，入点和出点指示器出现在波形图相应的点处，如图 2-28 所示。

当用户将一个同时含有声音和影像的素材拖曳到“时间轴”面板时，该素材的音频和视频部分会被放到相应的轨道中。

用户在为素材设置入点和出点时，相关设置对素材的音频和视频部分同时有效；也可以为素材的视频或音频部分单独设置入点和出点。

为素材的视频或音频部分单独设置入点和出点的方法如下。

（1）在“源”监视器窗口打开要设置入点和出点的素材。

（2）在“源”监视器窗口中拖曳时间指示器或按空格键，找到要使用的片段的开始位置。选择“标记 > 标记拆分”命令，弹出子菜单，如图 2-29 所示。

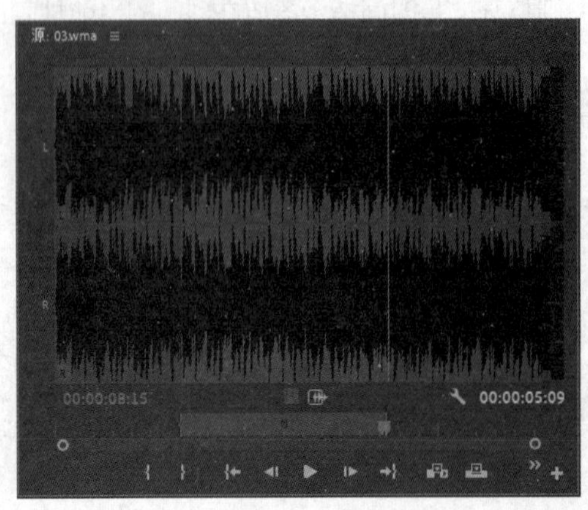

图 2-28

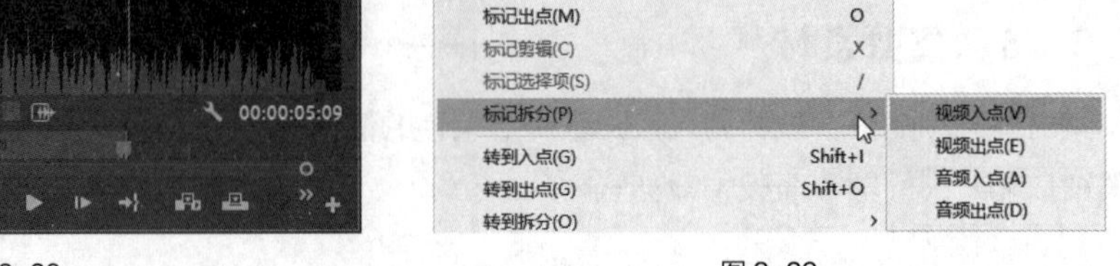

图 2-29

（3）在弹出的子菜单中选择“视频入点/出点”命令，即可在两点之间的视频部分设置入点和出点，如图 2-30 所示。继续播放影片，找到要使用音频片段的开始或结束位置，选择“音频入点/出点”命令，即可在两点之间的音频部分设置入点和出点，如图 2-31 所示。

图 2-30

图 2-31

2. 在“时间轴”面板中剪辑素材

Premiere Pro CC 2019 提供了多种编辑片段的工具，下面介绍这些编辑工具的具体使用方法。

（1）选择“选择”工具，在“时间轴”面板中单击可以直接选中剪辑素材，如图 2-32 所示。按住 Alt 键的同时单击，可以单独选中剪辑的音频或视频部分，如图 2-33 所示。按住 Shift 键的同时单击要选择的素材，可以同时选中多个剪辑素材，如图 2-34 所示。

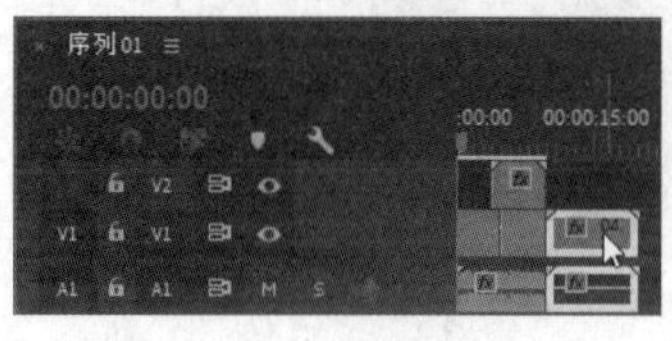

图 2-32

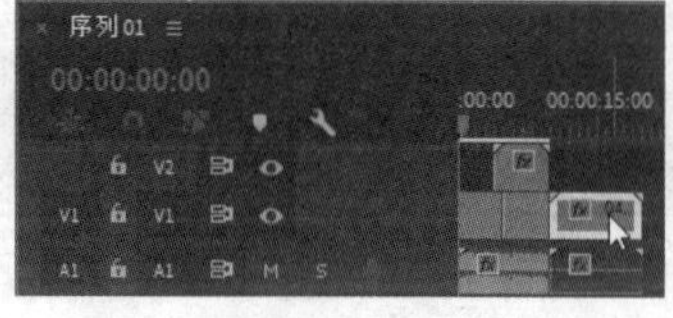

图 2-33

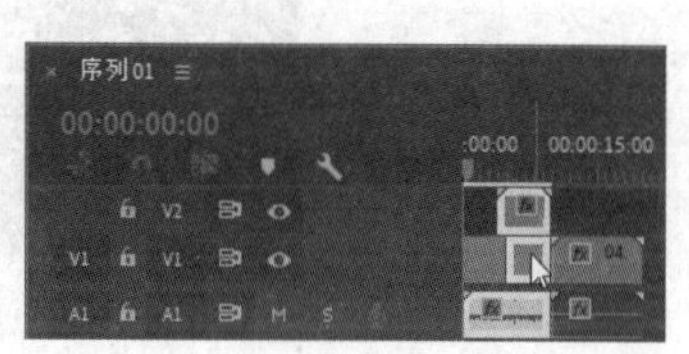

图 2-34

将鼠标指针放置在素材文件的开始位置，当鼠标指针呈形状时单击，显示编辑点，向右拖曳鼠标指针到适当的位置，如图 2-35 所示。将鼠标指针放置在素材文件的结束位置，当鼠标指针呈形状时单击，显示编辑点，向左拖曳鼠标指针到适当的位置，如图 2-36 所示。

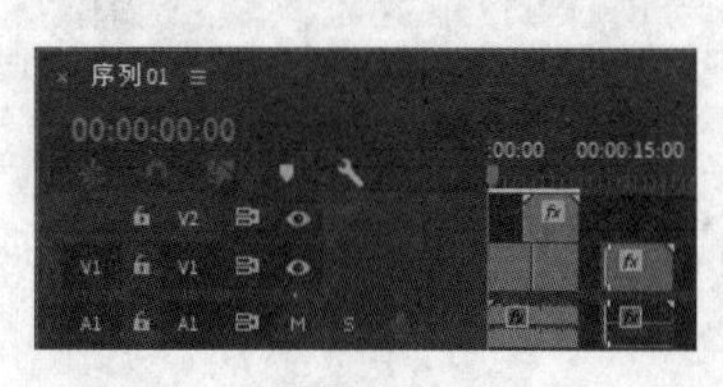

图 2-35

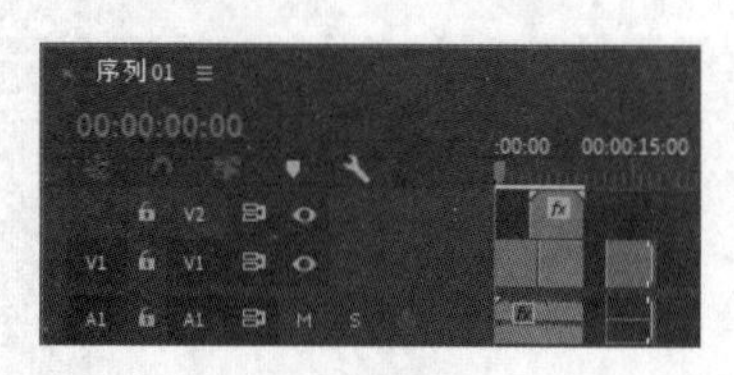

图 2-36

（2）选择“向前选择轨道”工具，在“时间轴”面板中单击可以选中鼠标指针右侧的所有剪辑，如图 2-37 所示。按住 Shift 键的同时单击，可以选中当前轨道中鼠标指针右侧的所有剪辑，如图 2-38 所示。

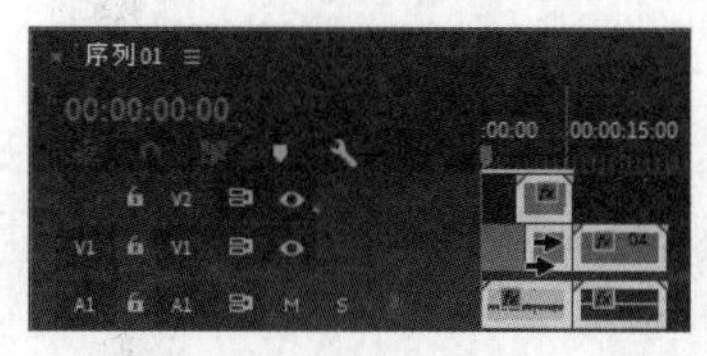

图 2-37

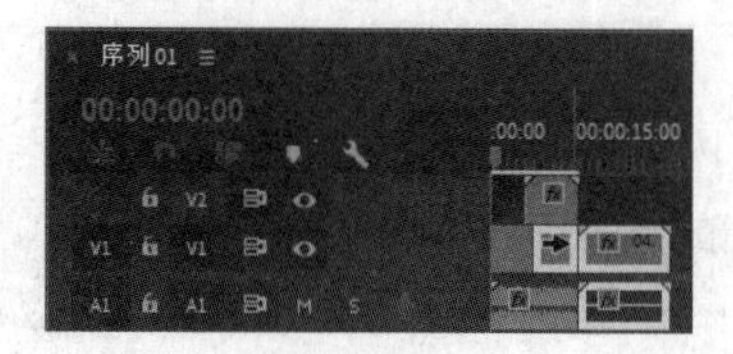

图 2-38

（3）选择“向后选择轨道”工具，可以选中鼠标指针左侧的所有剪辑。具体操作与“向前选择轨道”工具相同，这里不再赘述。

（4）选择“波纹编辑”工具，将鼠标指针放置在素材文件的开始位置，当鼠标指针呈形状时单击，显示编辑点，向右拖曳鼠标指针到适当的位置，如图 2-39 所示，右侧的剪辑素材发生位移。将鼠标指针放置在素材文件的结束位置，当鼠标指针呈形状时单击，显示编辑点，将鼠标指针向左拖曳到适当的位置，如图 2-40 所示，右侧的剪辑素材发生位移。

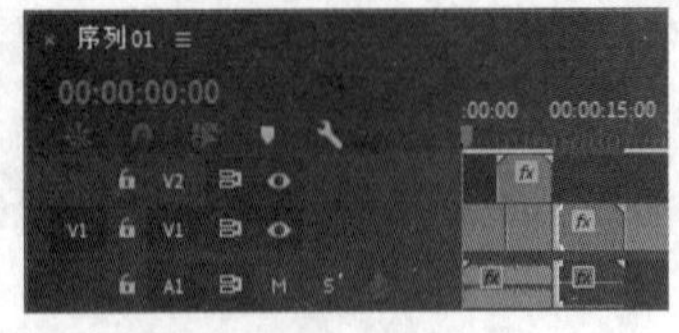

图 2-39

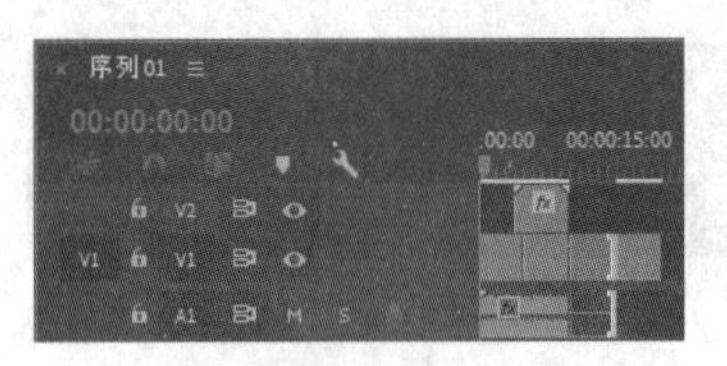

图 2-40

（5）选择“滚动编辑”工具，在“时间轴”面板中将鼠标指针置于两个剪辑之间并单击，将鼠标指针向左拖曳调整素材，如图 2-41 所示。按住 Alt 键的同时单击，向右拖曳鼠标指针，只影响链接剪辑的视频部分，如图 2-42 所示。

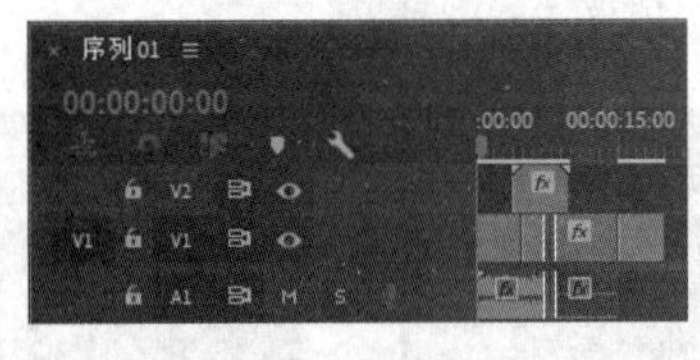

图 2-41

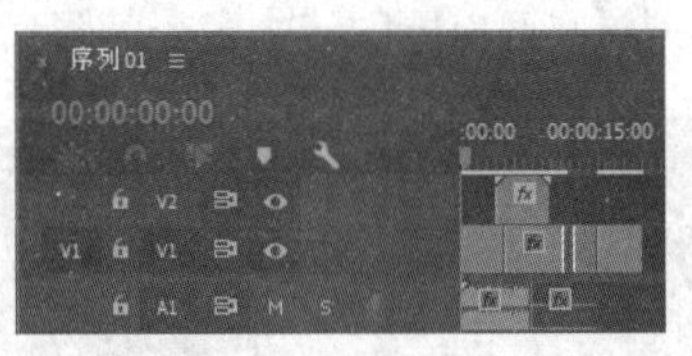

图 2-42

（6）选择“外滑”工具，将鼠标指针置于要调整的剪辑之上，向右拖曳可以将剪辑的入点和出点前移，如图 2-43 所示，“节目”监视器窗口如图 2-44 所示。向左拖曳可以将剪辑的入点和出点后移。

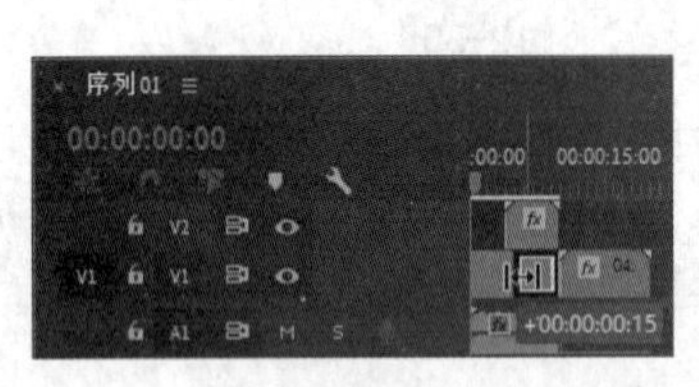

图 2-43

图 2-44

（7）选择“内滑”工具，将鼠标指针置于要调整的剪辑之上，向左拖曳可以将前一个剪辑的出点和后一个剪辑的入点前移，如图 2-45 所示，“节目”监视器窗口如图 2-46 所示。向右拖曳以将前一个剪辑的出点和后一个剪辑的入点后移。

3. 导出帧

单击“节目”监视器窗口下方的“导出帧”按钮，弹出“导出帧”对话框，在“名称”文本框中输入文件名称，在“格式”下拉列表中选择文件格式，“路径”选项用于选择保存文件的路径，如图 2-47 所示。设置完成后，单击“确定”按钮，导出当前“时间轴”面板上的单帧图像。

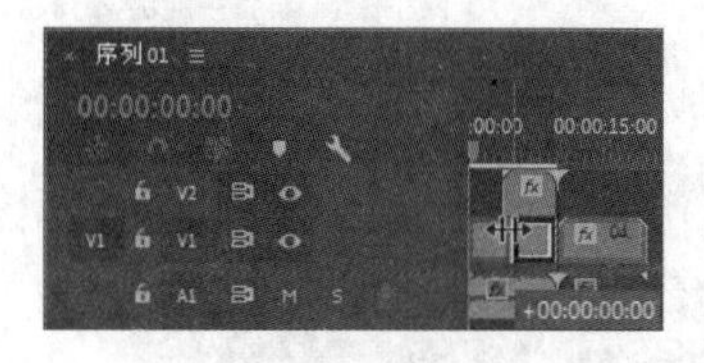

图 2-45

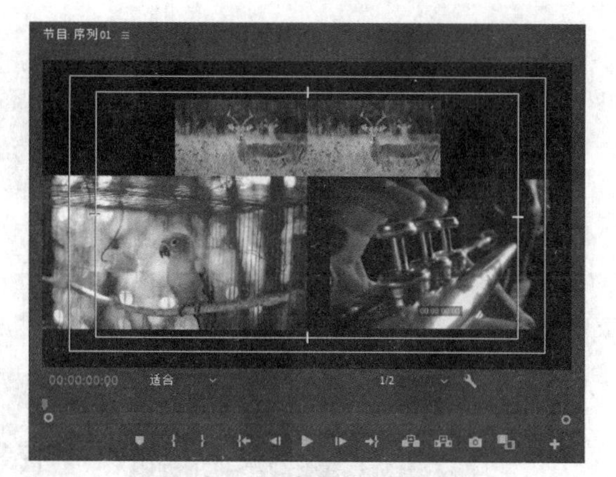

图 2-46

4. 改变影片的速度与持续时间

在 Premiere Pro CC 2019 中，用户可以根据需求随意更改片段的播放速度，具体操作步骤如下。

（1）在“时间轴”面板中的某一个文件上单击鼠标右键，在弹出的快捷菜单中选择“速度/持续时间”命令，弹出图 2-48 所示的对话框。设置完成后，单击“确定”按钮，完成更改任务。

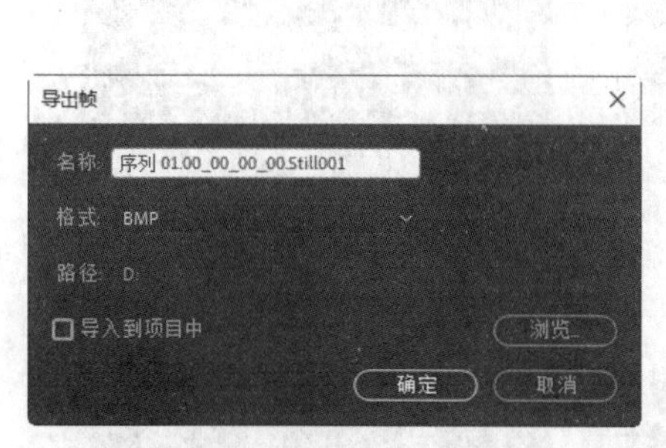

图 2-47

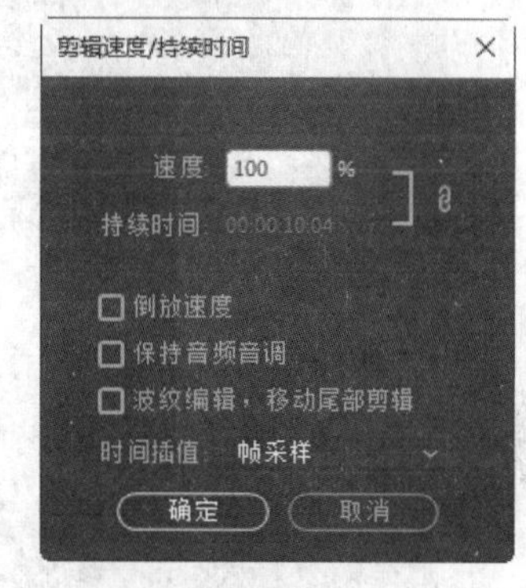

图 2-48

“速度”：在此设置播放速度的百分比，以此决定影片的播放速度。

“持续时间”：单击右侧的时间码，修改时间值；时间值越大，影片播放的速度越慢；时间值越小，影片播放的速度越快。

“倒放速度”：勾选此复选框，影片片段将向反方向播放。

“保持音频音调”：勾选此复选框，将保持影片片段的音频播放速度不变。

“波纹编辑，移动尾部剪辑”：勾选此复选框，编辑素材后，其后的素材将保持跟随。

“时间插值”：选择速度更改后的时间插值，包含帧采样、帧混合和光流法。

（2）选择“比率拉伸”工具，将鼠标指针放置在素材文件的开始位置，当鼠标指针呈形状时单击，显示编辑点，向左拖曳鼠标指针到适当的位置，如图 2-49 所示，调整影片的播放速度。当鼠标指针呈形状时单击，显示编辑点，向右拖曳鼠标指针到适当的位置，如图 2-50 所示，调整影片的播放速度。

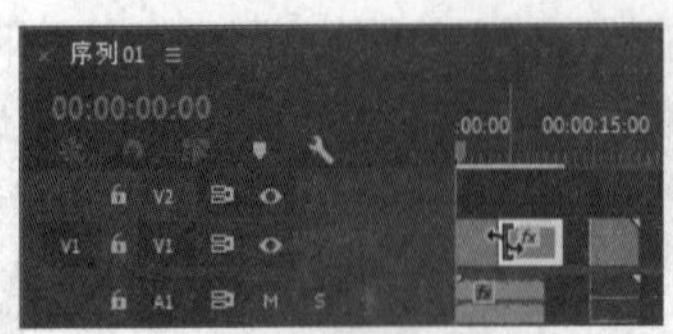

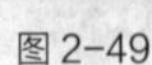
图 2-49

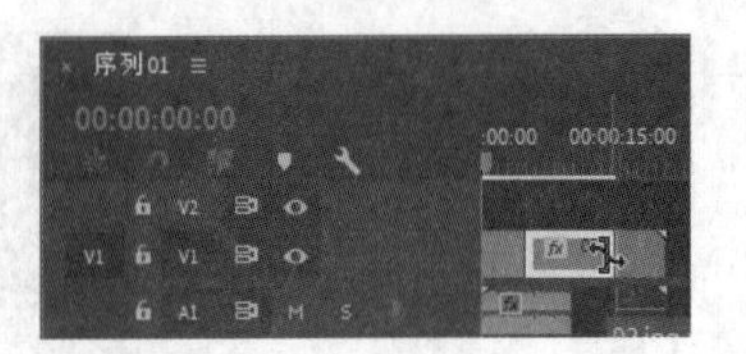

图 2-50

（3）在“时间轴”面板中选中素材文件，如图 2-51 所示。在素材文件上单击鼠标右键，在弹出的快捷菜单中选择“显示剪辑关键帧 > 时间重映射 > 速度”命令，结果如图 2-52 所示。

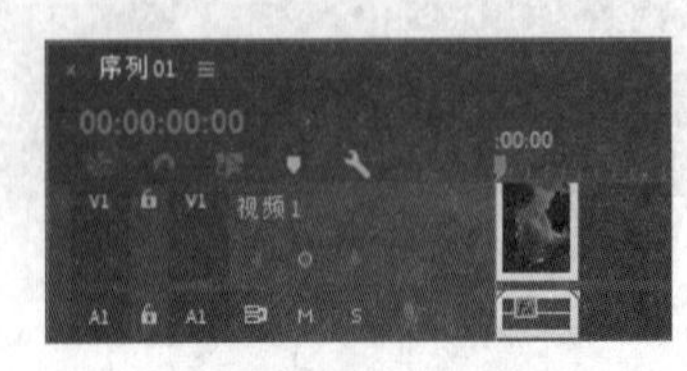

图 2-51

图 2-52

向下拖曳中间的速度水平线，调整影片的播放速度，如图 2-53 所示。松开鼠标左键，结果如图 2-54 所示。

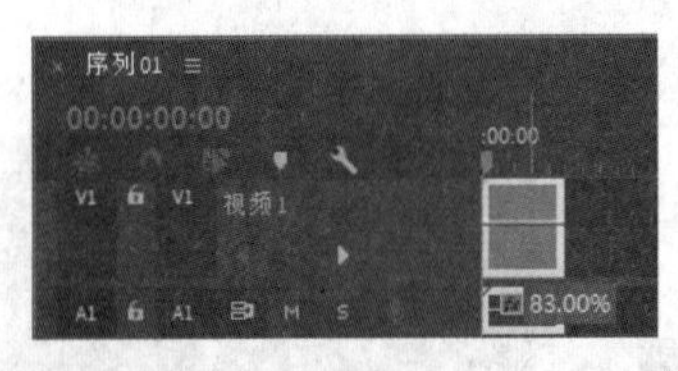

图 2-53

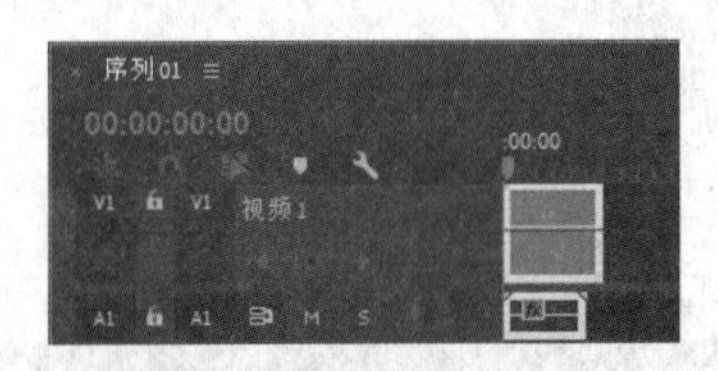

图 2-54

按住 Ctrl 键的同时在速度水平线上单击，生成关键帧，如图 2-55 所示。用相同的方法再次添加关键帧，结果如图 2-56 所示。

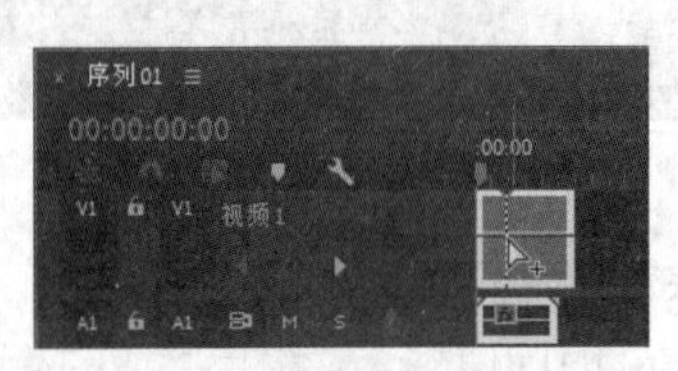

图 2-55

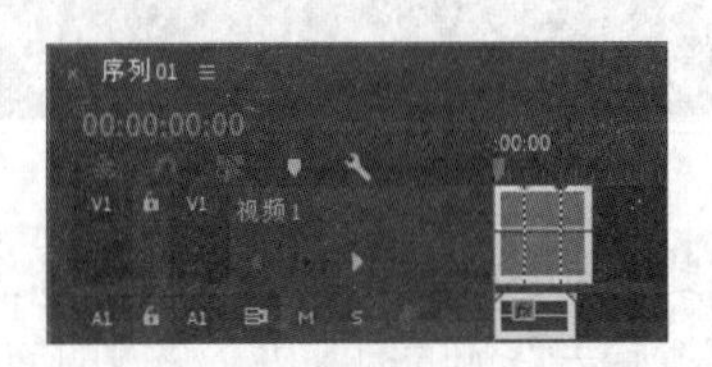

图 2-56

向上拖曳关键帧中间的速度水平线，调整影片的播放速度，如图 2-57 所示。拖曳第 2 个关键帧的右半部分，拆分关键帧，如图 2-58 所示。

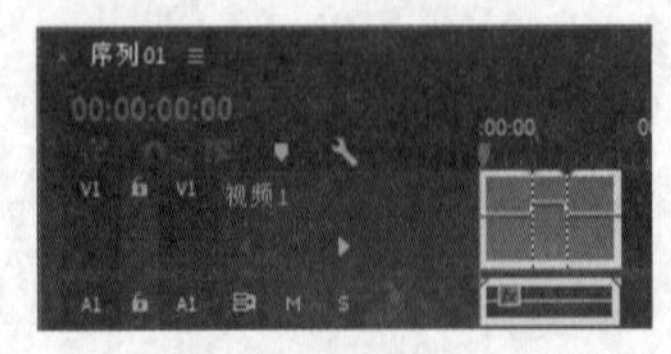

图 2-57

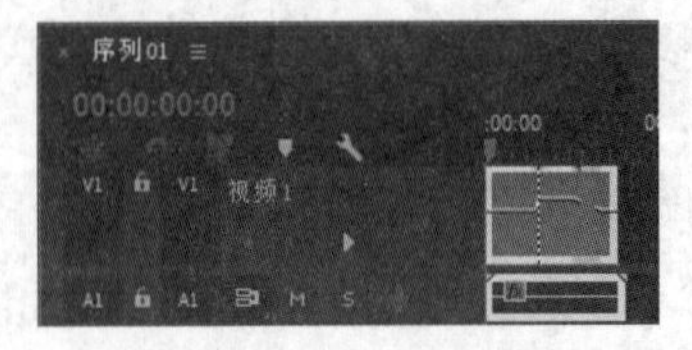

图 2-58

5. 创建静止帧

冻结素材片段中的某一帧，则会以静帧方式显示该画面，就好像使用了一张静止图片，被冻结的帧可以是片段开始点或结束点。创建静止帧的具体操作步骤如下。

（1）单击“时间轴”面板中的某一个素材片段。移动时间标尺到需要冻结的某一帧处，如图 2-59 所示。

（2）确保片段仍处于选中状态，单击鼠标左键，在弹出的快捷菜单中选择“帧定格选项”命令，弹出图 2-60 所示的对话框。

（3）勾选“定格位置”复选框，在右侧的下拉列表中根据源时间码、序列时间码、入点、出点或者播放指示器的位置选择帧，如图 2-61 所示。

（4）勾选“定格滤镜”复选框，可以使冻结的帧画面依然保持使用滤镜后的效果。

（5）单击“确定”按钮完成创建。

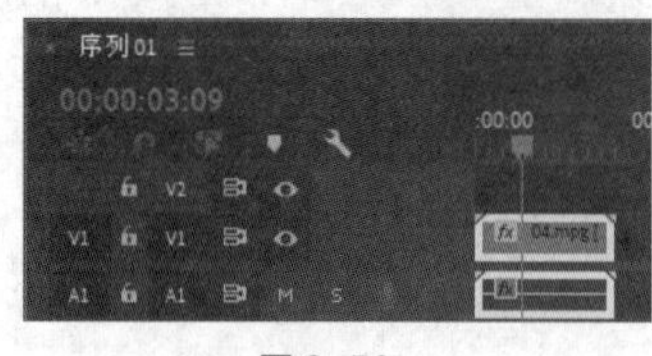

图 2-59

图 2-60

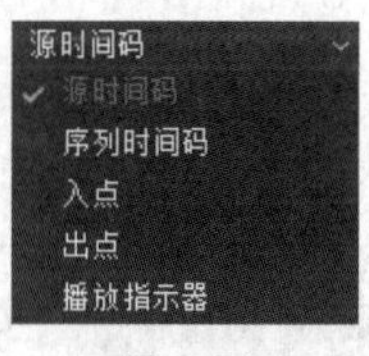

图 2-61

6. 在“时间轴”面板中粘贴素材及属性

Premiere Pro CC 2019 提供了标准的 Windows 编辑命令，用于剪切、复制和粘贴素材，这些命令都在“编辑”菜单下。

使用“粘贴插入”命令的具体操作步骤如下。

（1）在“时间轴”面板中选中素材，选择“编辑 > 复制”命令。

（2）在“时间轴”面板中将时间指示器移动到需要粘贴素材的位置，如图 2-62 所示。

（3）选择“编辑 > 粘贴插入”命令，复制的素材被粘贴到时间指示器所在位置，其后的影片等距离后移，如图 2-63 所示。

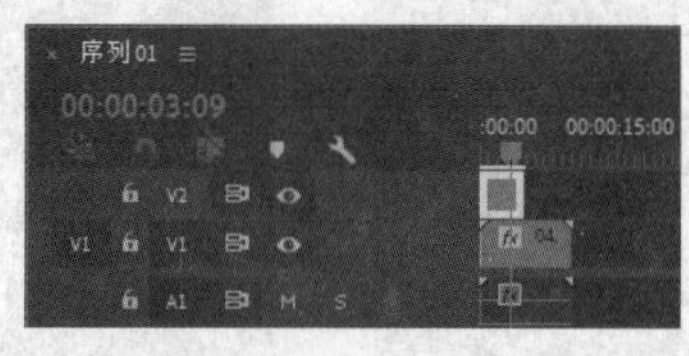

图 2-62

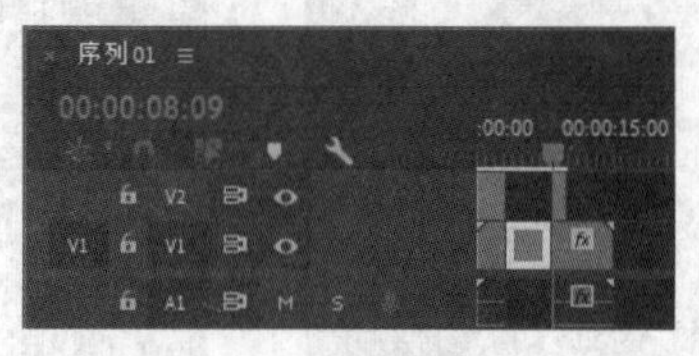

图 2-63

使用“粘贴属性”命令的具体操作步骤如下。

（1）在“时间轴”面板中选中素材，设置“不透明度”选项，并添加视频效果，如图 2-64 所示。在素材上单击鼠标右键，在弹出的快捷菜单中选择“复制”命令，如图 2-65 所示。

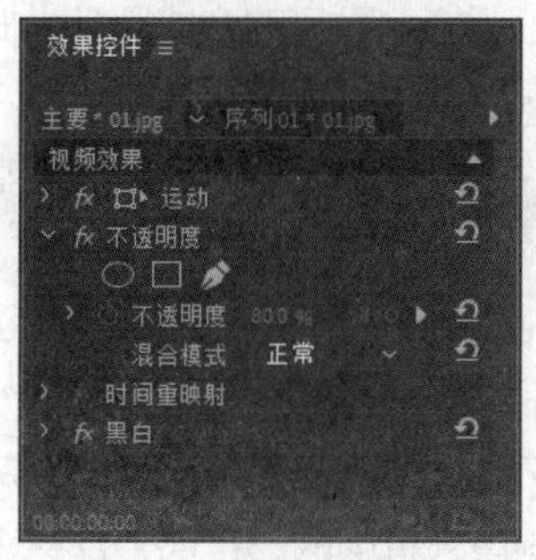

图 2-64

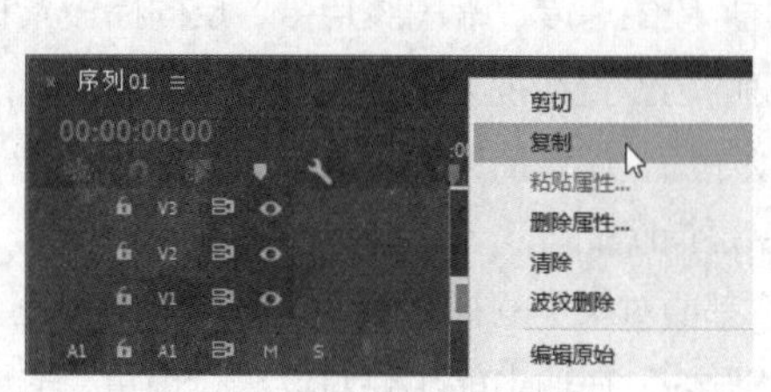

图 2-65

（2）用框选的方法选中需要粘贴属性的素材文件，如图2–66所示。在素材上单击鼠标右键，在弹出的快捷菜单中选择“粘贴属性”命令，如图2–67所示。

图2–66

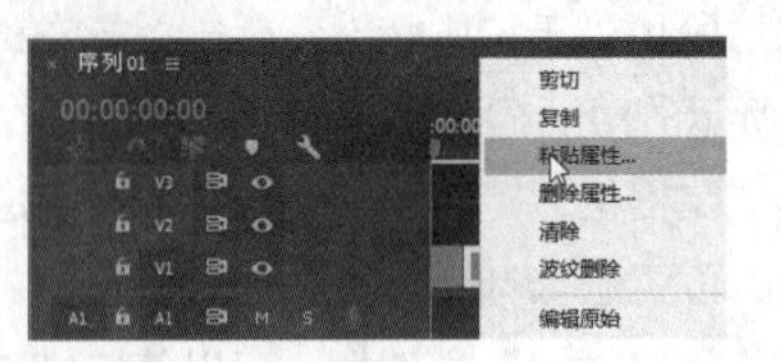

图2–67

（3）弹出“粘贴属性”对话框，如图2–68所示。可以将其视频属性（运动、不透明度、时间重映射、效果）以及音频属性（音量、声道音量、声像器、效果）粘贴到选中的素材文件上，如图2–69和图2–70所示。

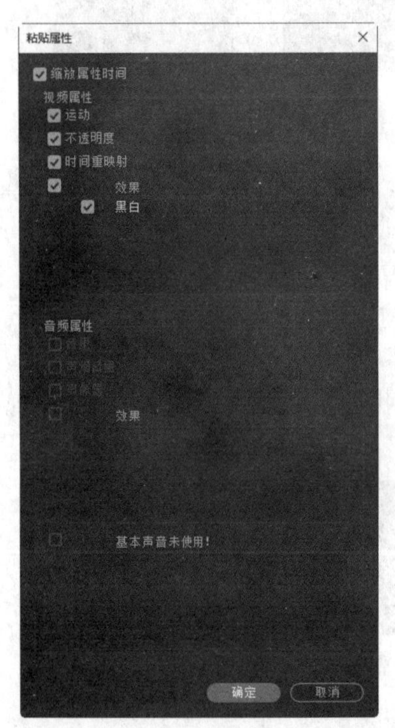

图2–68

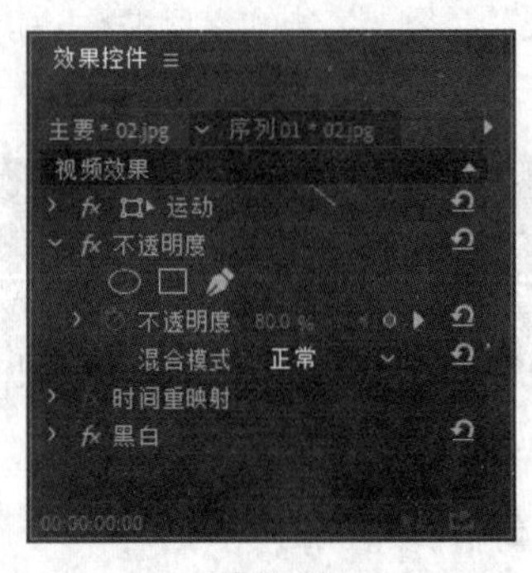

图2–69

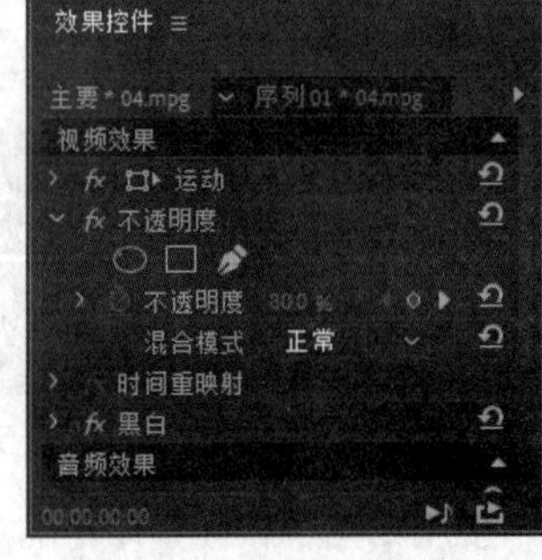

图2–70

7. 场设置

在使用视频素材时，会遇到交错视频场的问题，它会严重影响最后的合成质量。根据视频格式、采集和回放设备不同，场的优先顺序也是不同的。如果场顺序反转，运动就会僵持和闪烁。在编辑过程中，改变素材片段的速度、输出胶片带、反向播放素材片段或冻结视频帧，都有可能遇到场处理问题，所以，正确的场设置在视频编辑中是非常重要的。

在选择场顺序后，应该播放影片，观察影片是否能够平滑地进行播放，如果出现了跳动的现象，则说明场的顺序是错误的。

一般情况下都要对采集的视频素材进行场分离设置。另外，如果要将在计算机中完成的影片输出到电视机播放的领域，在输出前也要对场进行设置，输出到电视机中的影片都是具有场的。用户也可以为没有场的影片添加场，如使用三维动画软件输出的影片，在输出前为其添加场，用户可以在渲染设置中进行设置。

一般情况下，在新建项目的时候就要指定正确的场顺序，这里的场顺序一般要按照影片的输出设备来设置。在“新建序列”对话框中单击“设置”选项卡，在“视频”选项组中的“场”下拉列表中指定编辑影片所使用的场方式，如图 2-71 所示。在编辑交错场时，要根据相关的视频硬件显示奇、偶场的顺序，选择“高场优先”或者“低场优先”选项。在输入影片的时候，也有类似的选项设置。

如果在编辑过程中得到的素材场顺序有所不同，则必须将其统一，并符合编辑输出的场设置。调整方法是：在“时间轴”面板中的素材上单击鼠标右键，在弹出的快捷菜单中选择“场选项”命令，在弹出的“场选项”对话框中进行设置，如图 2-72 所示。

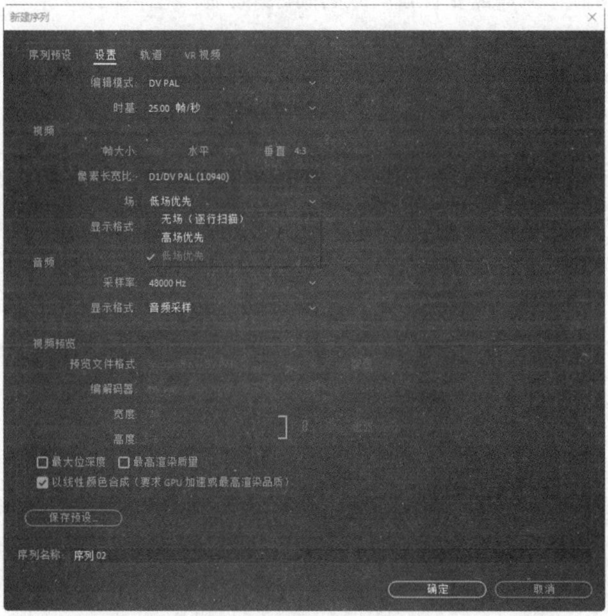

图 2-71

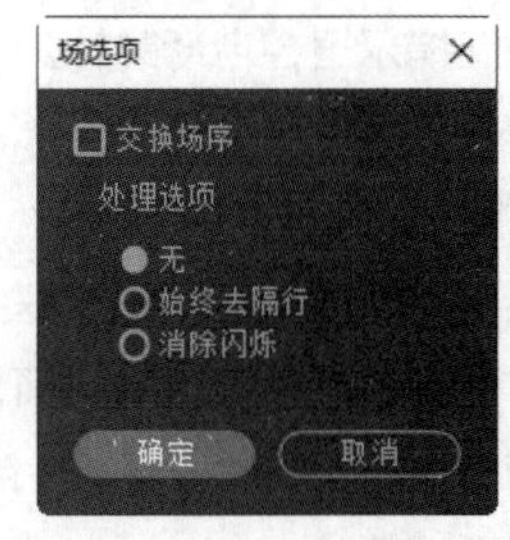

图 2-72

“交换场序”：如果素材的场顺序与视频采集卡顺序相反，则勾选此复选框。

“无”：不处理素材场控制。

“始终去隔行”：将非交错场转换为交错场。

“消除闪烁”：该选项用于消除细水平线的闪烁。当该选项没有被选择时，如果一条只有一个像素的水平线只在两场中的一场出现，则在回放时会出现闪烁；选择该选项将使扫描线的百分值增加或降低以混合扫描线，使一个像素的扫描线在视频的两场中都出现。在播出字幕时，一般都要选择该选项。

8. 删除素材

如果用户决定不使用“时间轴”面板中的某个素材片段，则可以在“时间轴”面板中将其删除。从“时间轴”面板中删除的素材并不会从“项目”面板中删除。当用户删除一个已经运用于“时间轴”面板中的素材后，在“时间轴”面板轨道的该素材处会留下空位。用户也可以选择波纹删除，即在删除后将该素材轨道上的内容向左移动，覆盖被删除素材留下的空位。

删除素材的方法如下。

（1）在“时间轴”面板中选中一个或多个素材。

（2）按 Delete 键或选择“编辑 > 清除”命令。

波纹删除素材的方法如下。

（1）在“时间轴”面板中选中一个或多个素材。

如果不希望其他轨道上的素材移动，可以锁定该轨道。

（2）用鼠标右键单击素材，在弹出的快捷菜单中选择“波纹删除”命令。

2.1.6 设置标记点

为了查看素材帧与帧之间是否对齐，用户需要在素材或时间标尺上做一些标记。

1. 添加标记

为素材添加标记的具体操作步骤如下。

（1）将“时间轴”面板中的时间指示器移到需要添加标记的位置，单击面板左上角的“添加标记”按钮，该标记将被添加到时间指示器停放的地方，如图2-73所示。

（2）如果“时间轴”面板左上角的“对齐”按钮处于选中状态，若将一个素材拖曳到轨道标记处，素材的入点将会自动与标记对齐。

2. 跳转标记

在“时间轴”面板中的时间标尺上单击鼠标右键，在弹出的快捷菜单中选择“转到下一个标记”命令，时间指示器会自动跳转到下一个标记；选择“转到上一个标记”命令，时间指示器会自动跳转到上一个标记，如图2-74所示。

3. 删除标记

如果用户在使用标记的过程中发现有不需要的标记，可以将其删除。具体的删除步骤如下。

在“时间轴”面板中的时间标尺上单击鼠标右键，在弹出的快捷菜单中选择“清除所选的标记”命令，如图2-75所示，可清除当前选中的标记；选择“清除所有标记”命令，可将“时间轴”面板中的所有标记清除。

图2-73

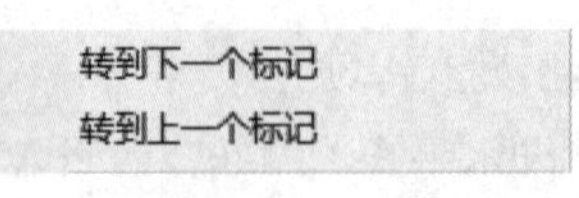

图2-74

图2-75

2.2 分离素材

在“时间轴”面板中可以将一个单独的素材切割为两个或更多个单独的素材，还可以使用插入工具进行三点或者四点编辑；也可以将链接素材的音频或视频部分分离，或者将分离的音频和视频素材链接起来。

2.2.1 课堂案例——新鲜蔬菜写真

【案例学习目标】学习使用“导入”命令和“插入”按钮编辑视频素材。

【案例知识要点】使用“导入”命令导入视频文件，使用“插入”按钮插入视频文件，使用“效果控件”面板调整视频文件的大小。新鲜蔬菜写真效果如图 2-76 所示。

【效果所在位置】Ch02/新鲜蔬菜写真/新鲜蔬菜写真. prproj。

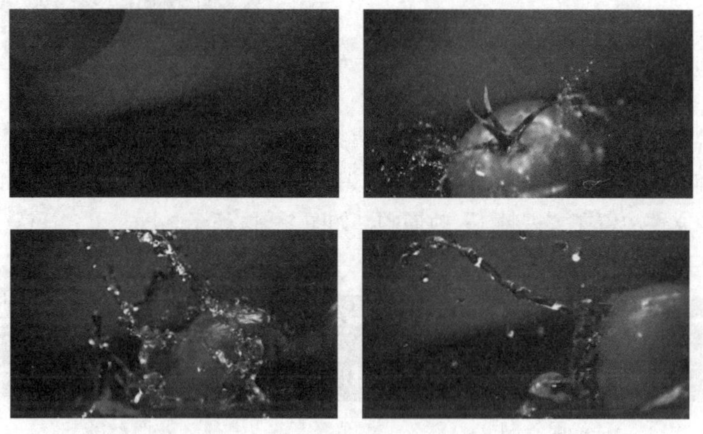

图 2-76

（1）启动 Premiere Pro CC 2019，选择“文件 > 新建 > 项目”命令，弹出“新建项目”对话框，如图 2-77 所示，单击“确定”按钮，新建项目。选择“文件 > 新建 > 序列”命令，弹出“新建序列”对话框，单击“设置”选项卡，具体参数设置如图 2-78 所示，单击“确定”按钮，新建序列。

图 2-77

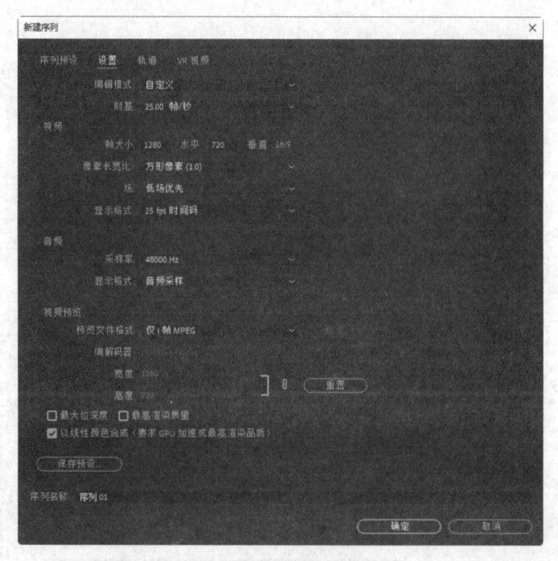

图 2-78

（2）选择“文件 > 导入”命令，弹出“导入”对话框，选择本书云盘中的“Ch02/新鲜蔬菜写真/素材/01 和 02”文件，如图 2-79 所示。单击“打开”按钮，将素材文件导入“项目”面板中，如图 2-80 所示。

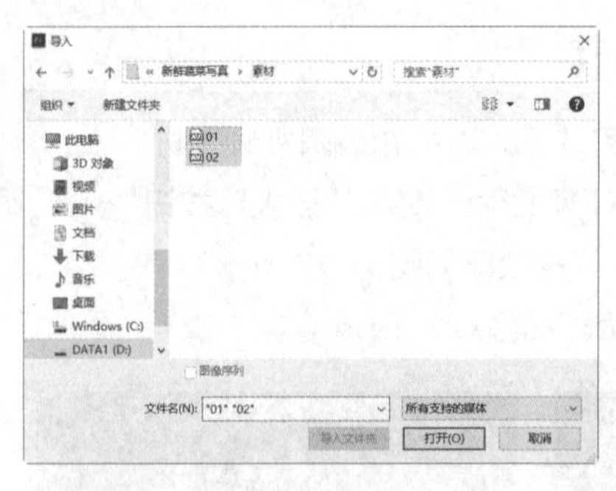

图 2-79

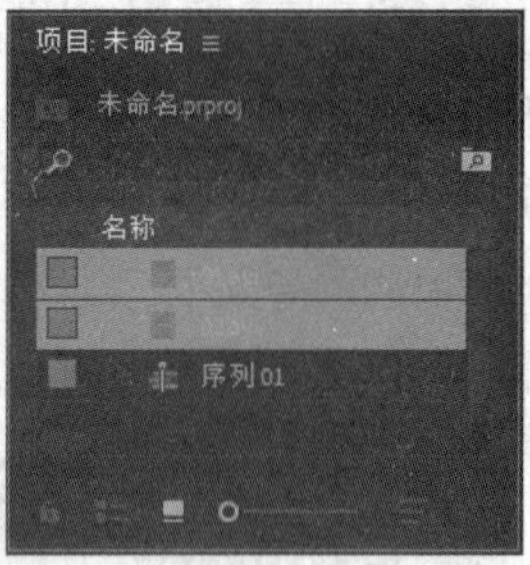

项目: 未命名
未命名.prproj
名称
序列 01

图 2-80

（3）在“项目”面板中选中“01”文件并将其拖曳到“时间轴”面板中的“视频 1”轨道中，弹出“剪辑不匹配警告”对话框，如图 2-81 所示，单击“保持现有设置”按钮，在保持现有序列设置的情况下将“01”文件放置在“视频 1”轨道中，如图 2-82 所示。

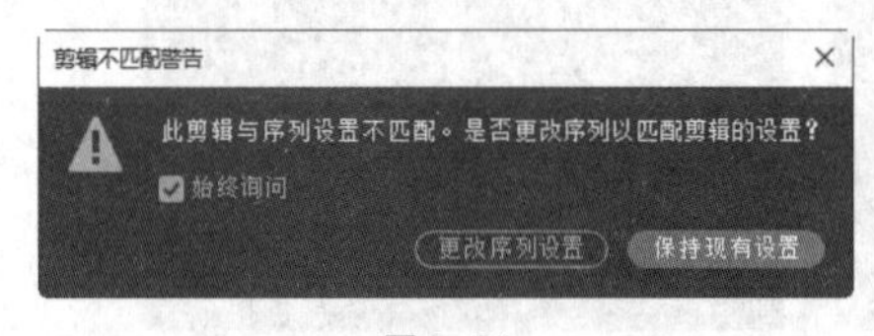

图 2-81

图 2-82

（4）选中“时间轴”面板中的“01”文件，如图 2-83 所示。选择“效果控件”面板，展开“运动”选项，将“缩放”选项设置为 167.0，如图 2-84 所示。

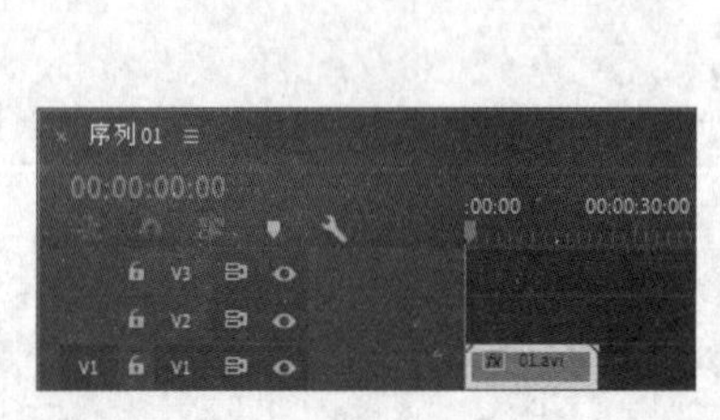

图 2-83

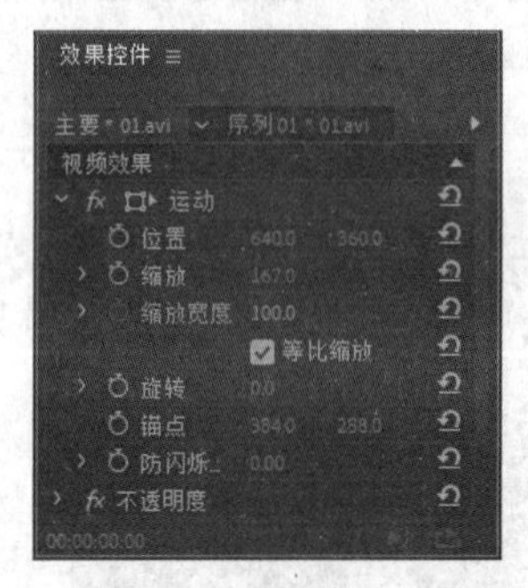

图 2-84

（5）将时间指示器移动到 06:00s 的位置，如图 2-85 所示。在“项目”面板中双击“02”文件，将其在“源”监视器窗口中打开，如图 2-86 所示。

图 2-85

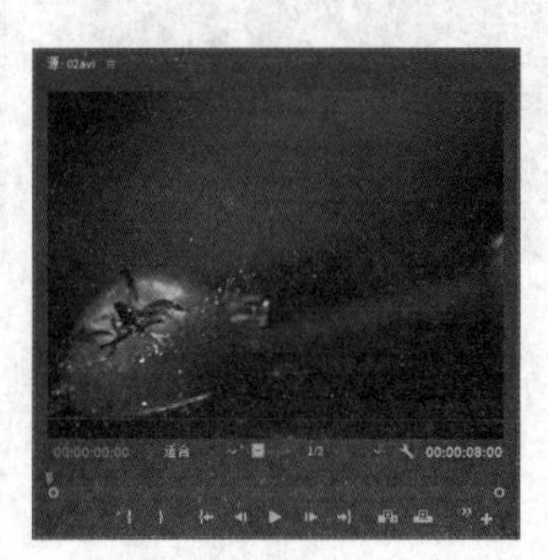

图 2-86

（6）单击“源”监视器窗口下方的“插入”按钮，将“02”文件插入“时间轴”面板中，如图 2-87 所示。将时间指示器移动到 25:00s 的位置，在“视频 1”轨道上选中“01”文件，将鼠标指针放在“01”文件的结束位置，当鼠标指针呈形状时，向左拖曳鼠标指针到 25:00s 的位置，如图 2-88 所示。

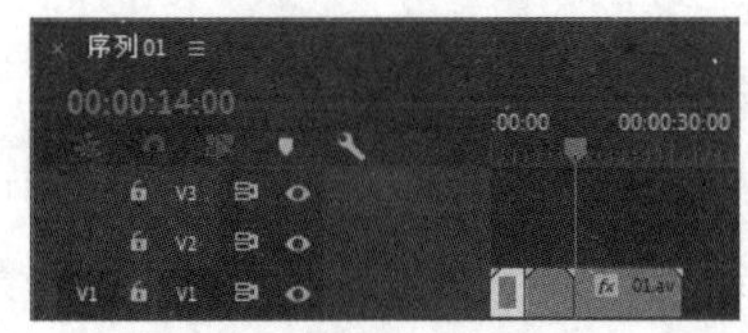

图 2-87

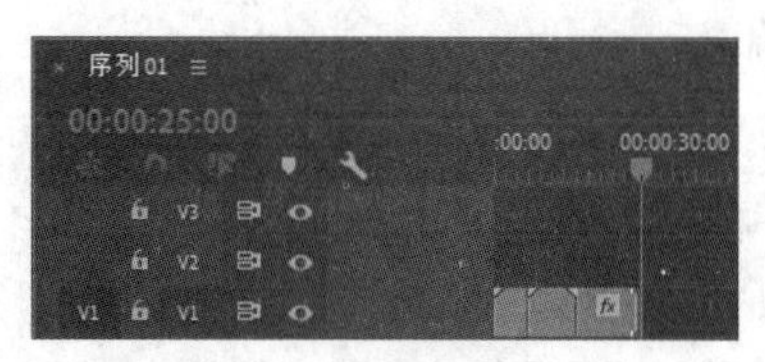

图 2-88

（7）选中“时间轴”面板中的“02”文件，如图 2-89 所示。将时间指示器移动到 09:00s 的位置，选择“效果控件”面板，展开“运动”选项，将“缩放”选项设置为 167.0，如图 2-90 所示。新鲜蔬菜写真制作完成。

图 2-89

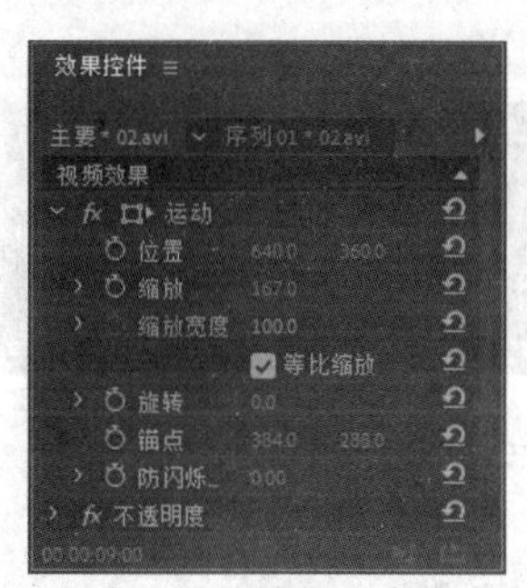

图 2-90

2.2.2　切割素材

在 Premiere Pro CC 2019 中，当素材被添加到“时间轴”面板的轨道中后，必须对此素材进行分割才能进行后面的操作，可以使用“工具”面板中的“剃刀”工具来完成。具体操作步骤如下。

（1）选择“剃刀”工具。

（2）将鼠标指针移到“时间轴”面板中的某一素材上并单击，该素材即被切割为两个素材，每一个素材都有独立的长度及入点与出点，如图 2-91 所示。

（3）如果要将多个轨道上的素材在同一点分割，则只需按住 Shift 键，就会显示多重刀片，轨道上所有未锁定的素材都在该位置被分割为两段，如图 2-92 所示。

图 2-91

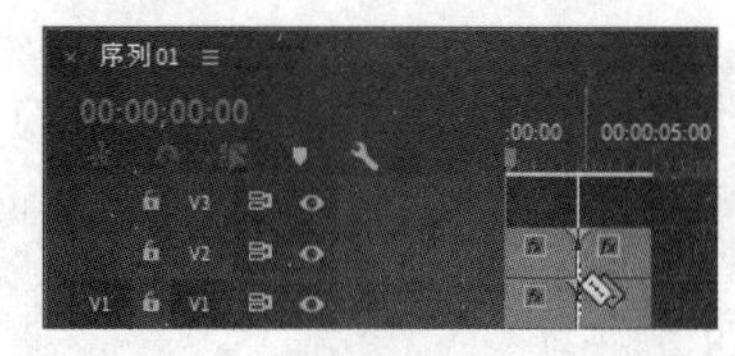

图 2-92

2.2.3　插入和覆盖编辑

用户可以选择插入和覆盖编辑，将“源”监视器窗口或者“项目”面板中的素材插入“时间轴”

面板中。在插入素材时，可以锁定其他轨道上的素材，以避免引起不必要的变动。锁定轨道非常有用，如可以在影片中插入一个视频素材而不改变音频轨道。

“插入”按钮和“覆盖”按钮可以将“源”监视器窗口中的片段直接插入“时间轴”面板中的时间指示器所在位置的当前轨道中。

1. 插入编辑

使用“插入”按钮插入片段时，凡是处于时间指示器之后的素材都会向后推移。如果时间指示器位于轨道中的素材之上，插入的新素材会把原有素材分为两段，直接插入其中，原有素材的后半部分将会向后推移，接在新素材之后。使用“插入”按钮插入素材的具体操作步骤如下。

（1）在“源”监视器窗口中选中要插入“时间轴”面板中的素材并为其设置入点和出点。

（2）在“时间轴”面板中将时间指示器移动到需要插入素材的时间点，如图 2-93 所示。

（3）单击“源”监视器窗口下方的“插入”按钮，将选中的素材插入“时间轴”面板中，新素材会直接插入其中，把原有素材分为两段，原有素材的后半部分将会向后推移，接在新素材之后，效果如图 2-94 所示。

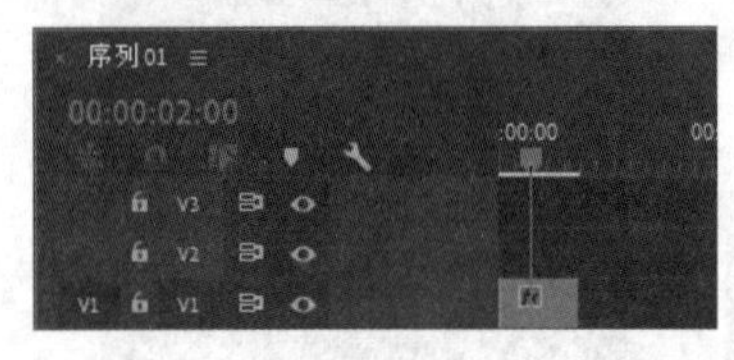

图 2-93

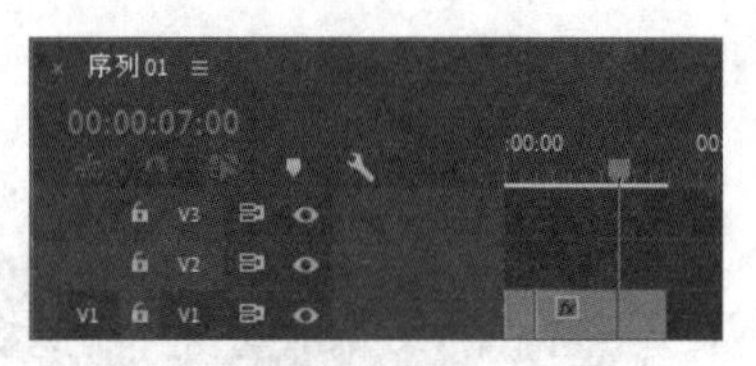

图 2-94

2. 覆盖编辑

使用“覆盖”按钮插入素材的具体操作步骤如下。

（1）在“源”监视器窗口中选中要插入“时间轴”面板中的素材并为其设置入点和出点。

（2）在“时间轴”面板中将时间指示器移动到需要插入素材的时间点，如图 2-95 所示。

（3）单击“源”监视器窗口下方的“覆盖”按钮，将选中的素材插入“时间轴”面板中，加入的新素材在时间指示器处将覆盖原有素材，如图 2-96 所示。

图 2-95

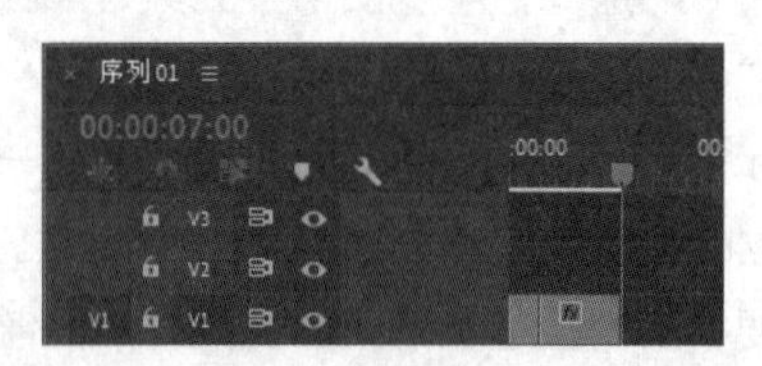

图 2-96

2.2.4 提升和提取编辑

使用“提升”按钮和“提取”按钮可以在“时间轴”面板的指定轨道上删除指定的一段素材。

1. 提升编辑

使用“提升”按钮对素材进行删除修改时，只会删除目标轨道中选定范围内的素材片段，对其前、后的素材及其他轨道上的素材都不会产生影响。使用“提升”按钮的具体操作步骤如下。

（1）在“节目”监视器窗口中为素材需要提升的部分设置入点、出点。设置的入点和出点将同时显示在“时间轴”面板中的时间标尺上，如图 2-97 所示。

（2）在“时间轴”面板中选择提升素材的目标轨道。

（3）单击“节目”监视器窗口下方的“提升”按钮，入点和出点之间的素材被删除，删除后的区域留下空白，如图 2-98 所示。

2. 提取编辑

使用“提取”按钮对素材进行删除修改时，不但会删除指定的目标轨道中指定的片段，还会将其后面的素材前移，填补空缺。与此同时，会将其他未锁定轨道之中位于该选择范围之内的片段一并删除，并将后面的所有素材前移。使用“提取”按钮的具体操作步骤如下。

（1）在“节目”监视器窗口中为素材需要提取的部分设置入点、出点。设置的入点和出点同时显示在“时间轴”面板中的时间标尺上。

（2）单击“节目”监视器窗口下方的“提取”按钮，入点和出点之间的素材被删除，其后面的素材自动前移，填补空缺，如图 2-99 所示。

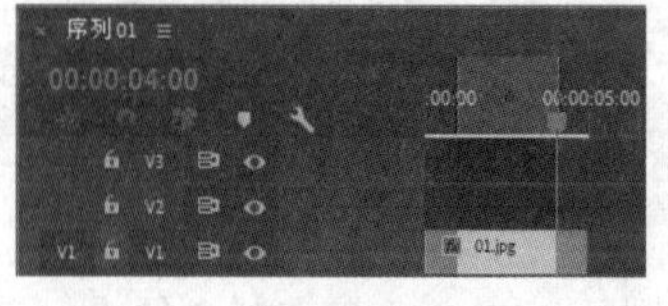
图 2-97

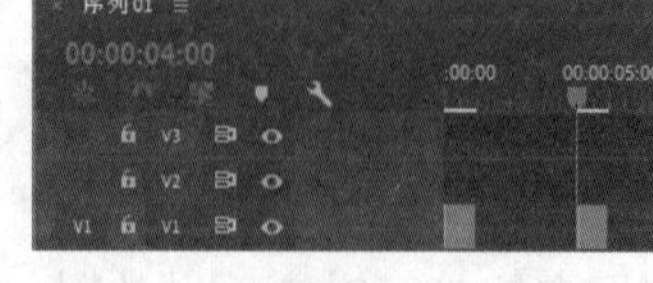
图 2-98

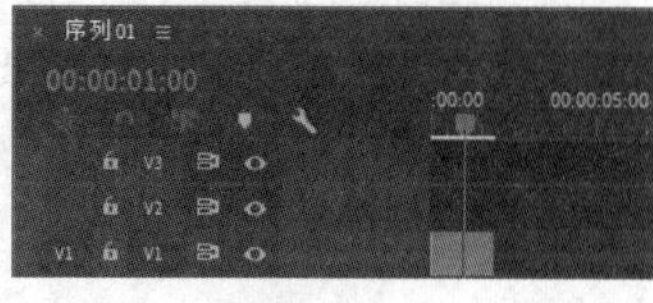
图 2-99

2.2.5 分离和链接素材

使用素材建立链接的具体操作步骤如下。

（1）在“时间轴”面板中框选要进行链接的视频和音频片段。

（2）单击鼠标右键，在弹出的快捷菜单中选择“链接”命令，片段就被链接在一起了。

分离素材的具体操作步骤如下。

（1）在“时间轴”面板中选中视频链接素材。

（2）单击鼠标右键，在弹出的快捷菜单中选择“取消链接”命令，即可分离素材的音频和视频部分。

链接在一起的素材被分离后，分别移动音频和视频素材使它们错位，然后再将它们链接在一起，系统会在素材上标记警告符号并标识错位的时间，如图 2-100 所示。负值表示向前偏移，正值表示向后偏移。

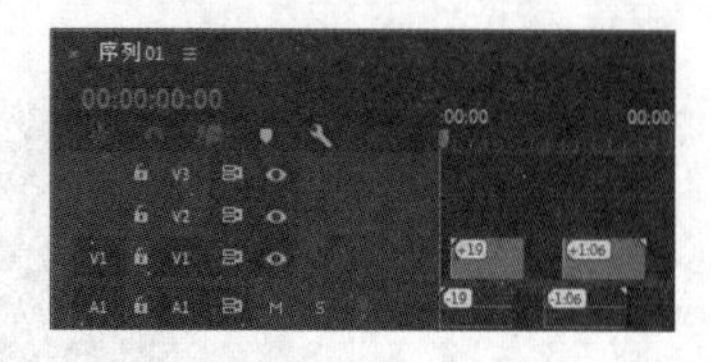
图 2-100

2.3 群组

在项目编辑工作中，经常要对多个素材进行整体操作。这时候，使用群组命令可以将多个片段组合为一个整体来进行移动和复制等操作。

建立群组素材的具体操作步骤如下。

（1）在“时间轴”面板中框选要编组的素材。按住 Shift 键再次单击，可以加选素材。

（2）在选中的素材上单击鼠标右键，在弹出的快捷菜单中选择“编组”命令，选中的素材被编组。

素材被编组后，在进行移动和复制等操作的时候，就会作为一个整体进行操作。如果要取消编组，可以在编组的对象上单击鼠标右键，在弹出的快捷菜单中选择“取消编组”命令。

2.4 采集视频

用户可以使用两种方法采集满屏视频：一是用硬件压缩实时采集，二是使用由计算机精确控制帧的录像机或者影碟机实施非实时采集。一般使用硬件压缩实时采集视频。

非实时采集方式是每次抓取硬盘的一帧或一段，直到采集完所有的影片。这种方式需要一个原始录像上有时间码和用于执行非实时采集的第三方设备控制器。非实时采集方式一般不会得到较高质量的素材。

数字化音频的质量和声音文件的大小取决于采样的频率和位深度，这些参数决定了模拟音频信号被数字化后的状态。例如，以 22kHz 和 16 位精度采样的音频比 11kHz 和 8 位精度采样的音频质量明显要高。CD 音频通常以 44kHz 和 16 位精度数字化，而数码音频则可以达到 48kHz。同时，高的采样频率和量化指标会使数据量增大。

使用 Premiere Pro CC 2019 采集视频时，它先将视频数据存储到硬盘中的一个临时文件中，直到用户将该视频存储为一个.avi 文件。用户需要为采集文件在硬盘中预留足够的空间，以便存放采集时产生的临时文件。另外，用户必须在采集视频后将采集的视频存储为.avi 文件，否则，数据将在下一个采集过程中被重写。

使用 Premiere Pro CC 2019 采集视频的具体操作步骤如下。

（1）确定设备已正确连接，打开 Premiere Pro CC 2019，选择“文件 > 捕捉”命令（或按 F5 键），弹出“捕捉”面板，如图 2-101 所示。

（2）对捕捉设备进行设置，单击面板右侧的“设置”选项卡，切换至对应的面板，如图 2-102 所示。

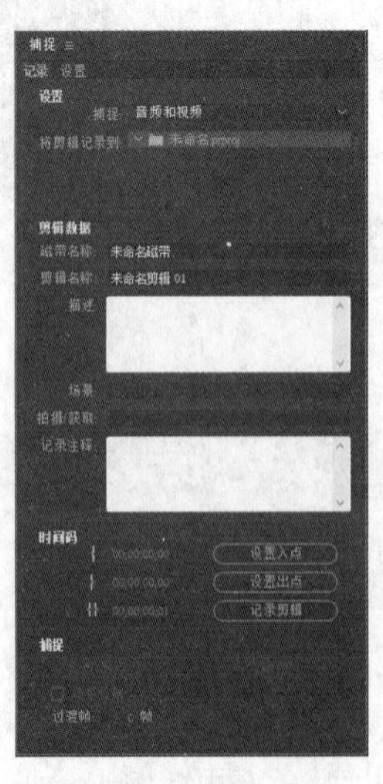

图 2-101

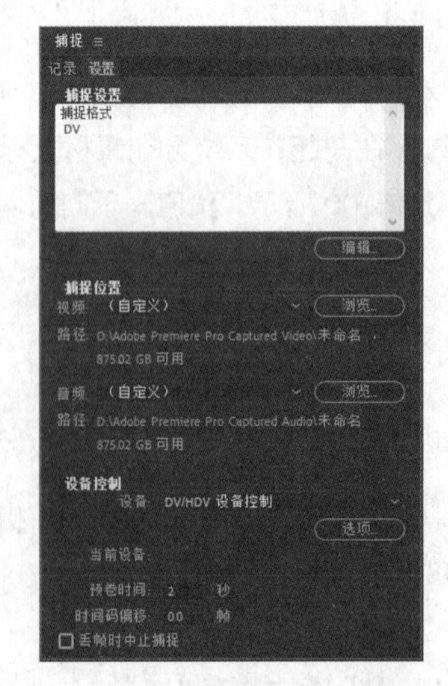

图 2-102

（3）“捕捉设置”用于显示当前可用的采集设备，单击“编辑”按钮，弹出图 2-103 所示的“捕捉设置”对话框。在对话框中设置捕捉格式，单击“确定”按钮，返回到“捕捉”面板中。

（4）在“捕捉位置”选项组中设定采集要用的暂存盘，如图 2-104 所示。分别在“视频”和“音频”下拉列表中指定采集用的暂存盘。从原则上讲，应该指定计算机中的 SCSI 硬盘作为暂存盘。如果没有高速视频硬盘，可以选择剩余空间较大的硬盘作为暂存盘。

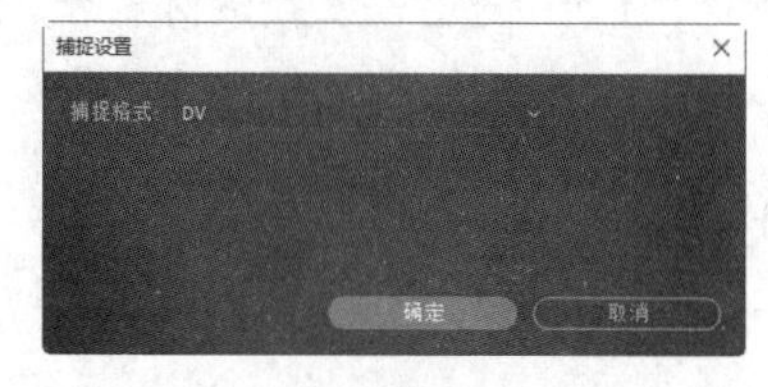

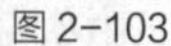
图 2-103

图 2-104

（5）在“设备控制”选项组中对采集控制进行设定，如图 2-105 所示。在“设备”下拉列表中可以指定采集时使用的设备遥控器。单击“选项”按钮，可以在弹出的对话框中对控制设备进行进一步的设置，如图 2-106 所示。

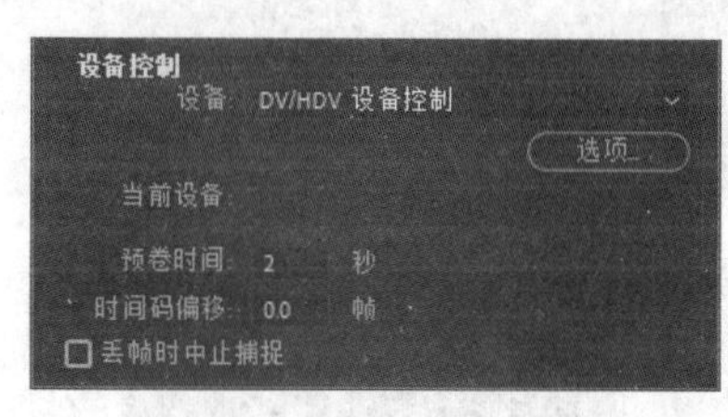

图 2-105

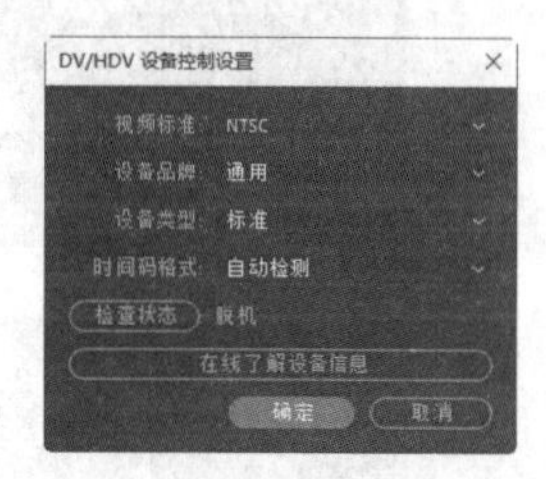

图 2-106

“预卷时间”和“时间码偏移”文本框用于设置影片播放的偏移时间，一般情况下都设为 0，不让时间码发生偏移。

如果数字卡或者其他硬件有问题，有可能会在采集的时候发生丢帧情况。如果丢帧情况严重，可能会导致影片无法流畅播放。勾选“丢帧时中止捕捉”复选框，如果在采集素材的过程中出现丢帧情况，采集会自动停止。

（6）图 2-107 所示的“记录”选项卡中的“剪辑数据”选项组用于对采集的素材进行备注设置，主要用于填写一些注释信息。在素材比较多的情况下，加入备注是非常有用的，可以方便管理素材。“时间码”选项组比较重要，可以在该选项组中设置采集影片的开始（入点）和结束（出点）位置。因为具有遥控录像机功能的设备可以精确控制时间码，所以使用打点采集非常方便。在“捕捉”选项组中单击“入点/出点”按钮可以采集在“时间码”选项组中设定的入点与出点之间的片段。单击“磁带”按钮则可以采集整个磁带。

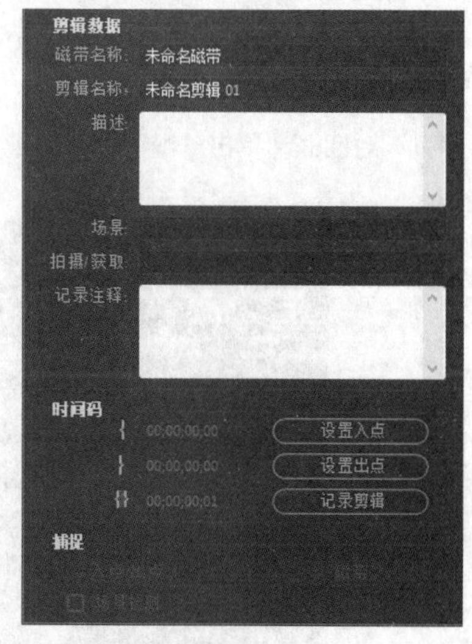

图 2-107

（7）设置完成后，开始采集素材。用控制面板遥控录像机进行采集，录像带开始播放后，单击“采集”按钮开始录制采集，按 Esc 键可中止采集。

采集完毕后，所采集的影片片段在“项目”面板中可以找到。

2.5 创建新元素

Premiere Pro CC 2019 除了可以使用导入的素材，还可以建立一些新素材元素。本节将对此内容进行详细介绍。

2.5.1 课堂案例——音乐节节目片头

【案例学习目标】学习制作通用倒计时片头。

【案例知识要点】使用“导入”命令导入视频文件，使用“通用倒计时片头”选项制作通用倒计时片头。音乐节节目片头效果如图 2-108 所示。

【效果所在位置】Ch02/音乐节节目片头/音乐节节目片头. prproj。

图 2-108

（1）启动 Premiere Pro CC 2019，选择“文件 > 新建 > 项目”命令，弹出“新建项目”对话框，如图 2-109 所示，单击“确定”按钮，新建项目。选择“文件 > 新建 > 序列”命令，弹出“新建序列”对话框，单击“设置”选项卡，具体参数设置如图 2-110 所示，单击“确定”按钮，新建序列。

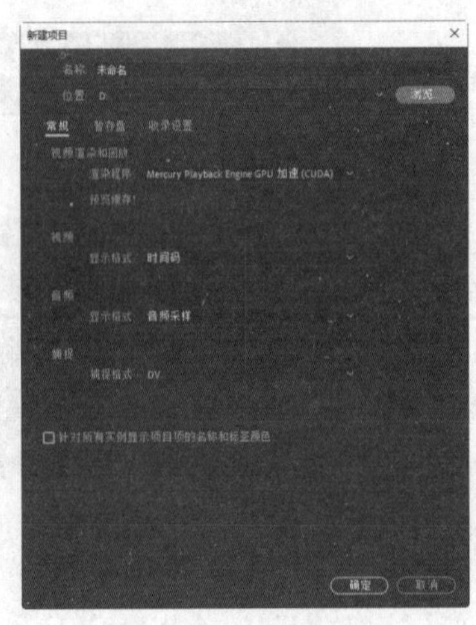

图 2-109

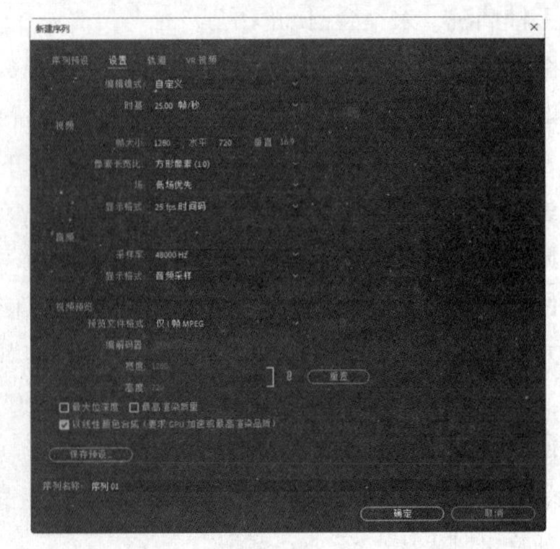

图 2-110

（2）选择“文件 > 导入”命令，弹出“导入”对话框，选择本书云盘中的“Ch02/音乐节节目片头/素材/01”文件，如图 2-111 所示。单击“打开”按钮，将素材文件导入“项目”面板中，如图 2-112 所示。

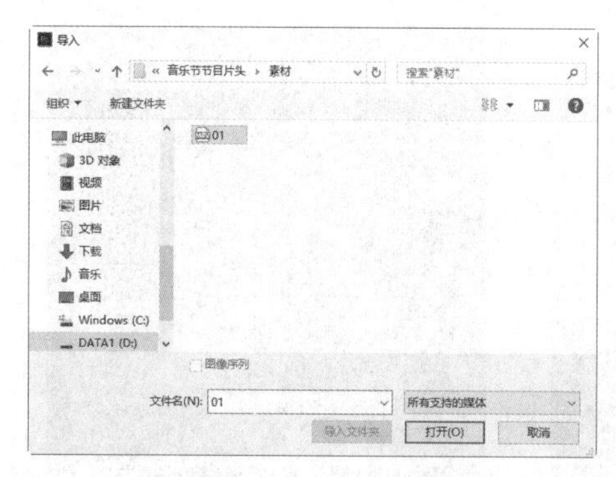

图 2-111

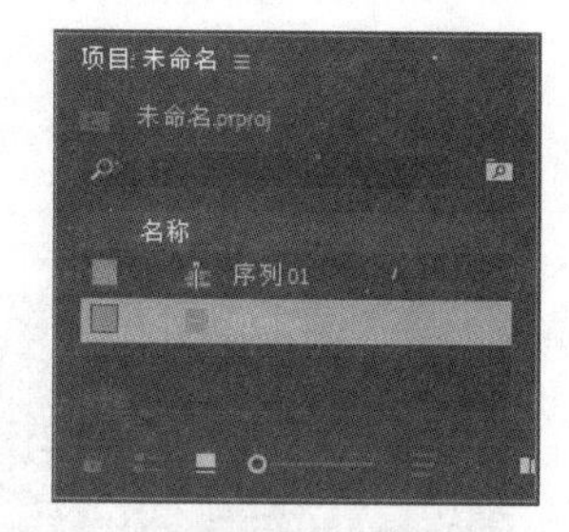

图 2-112

（3）在“项目”面板中单击“新建项”按钮，在弹出的列表中选择“通用倒计时片头”选项，弹出“新建通用倒计时片头”对话框，如图 2-113 所示，单击“确定”按钮。弹出“通用倒计时设置”对话框，将“擦除颜色”设置为橙色（227，176，0）、“背景色”设置为红色（217，14，14）、“线条颜色”设置为黑色、“目标颜色”设置为白色（240，240，240）、“数字颜色”设置为黑色，其他选项的设置如图 2-114 所示，设置完成后单击“确定”按钮。

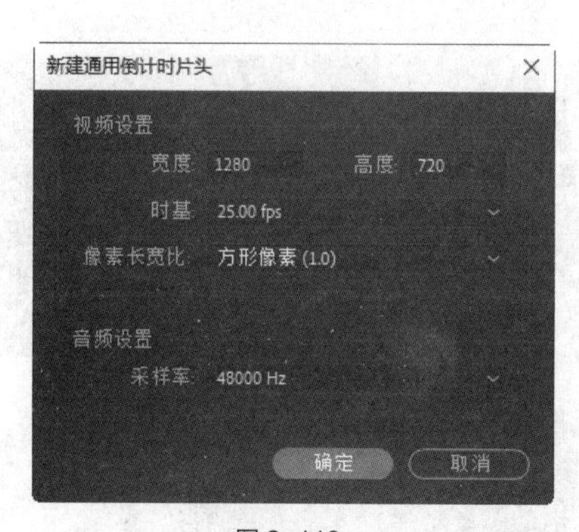

图 2-113

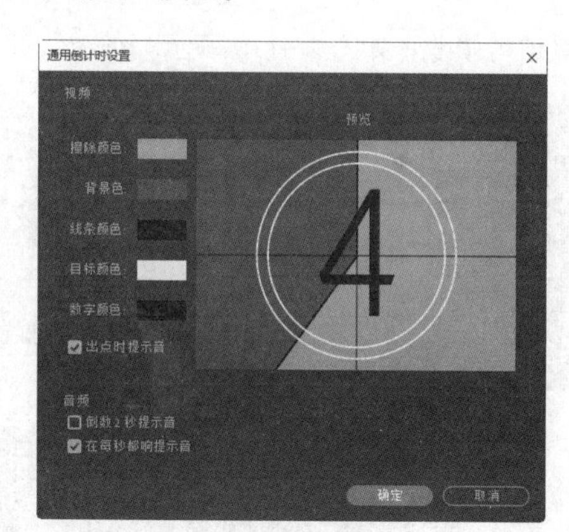

图 2-114

（4）在“项目”面板中生成“通用倒计时片头”文件，如图 2-115 所示。选中“通用倒计时片头”文件并将其拖曳到“时间轴”面板中的“视频 1”轨道中，如图 2-116 所示。

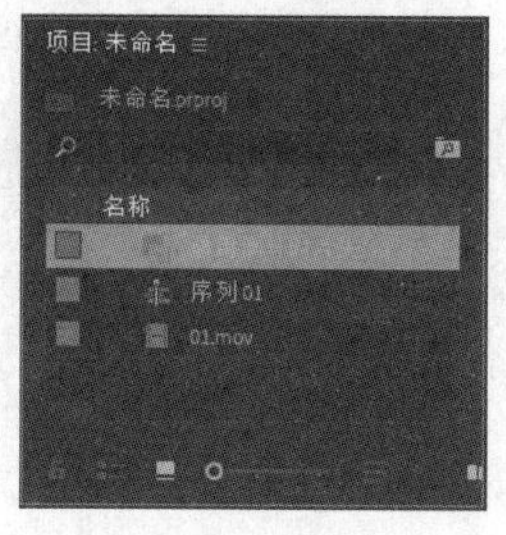

图 2-115

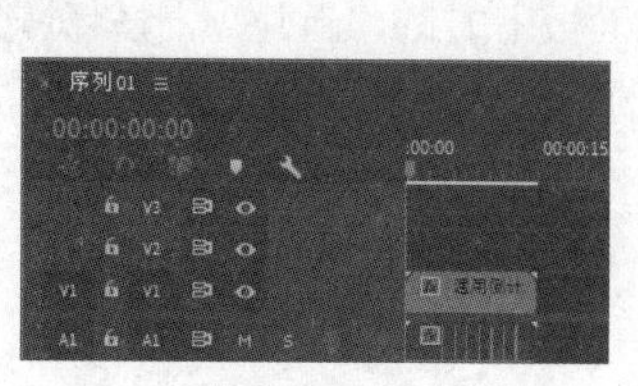

图 2-116

（5）选中“02”文件并将其拖曳到“时间轴”面板中的“视频 1”轨道中，如图 2-117 所示。选中“时间轴”面板中的“01”文件。选择“效果控件”面板，展开“运动”选项，将“缩放”选项设置为 67.0，如图 2-118 所示。音乐节节目片头制作完成。

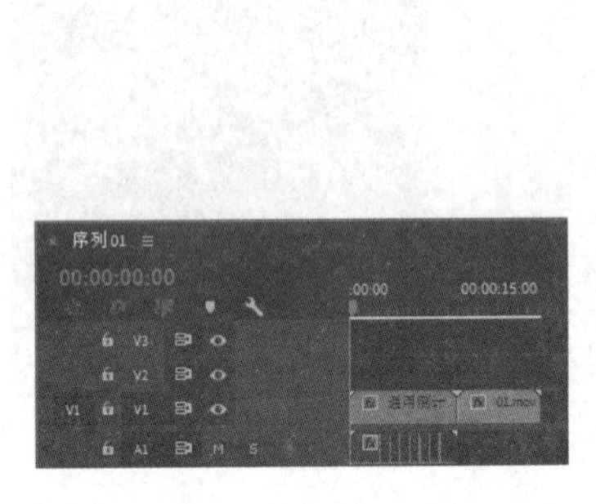

图 2-117

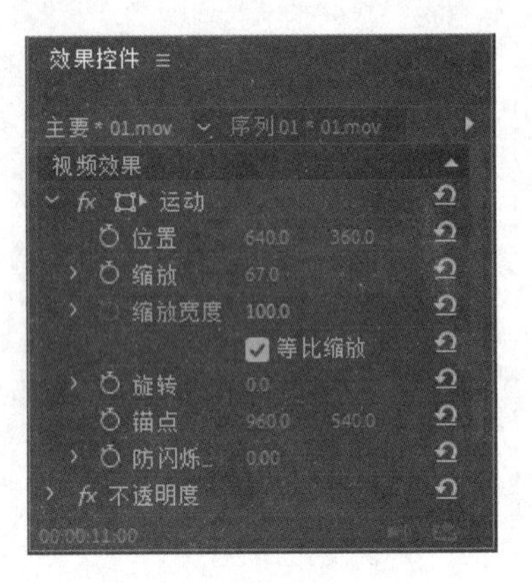

图 2-118

2.5.2 通用倒计时片头

通用倒计时通常用于影片开始前的倒计时准备。Premiere Pro CC 2019 为用户提供了现成的通用倒计时素材，用户可以用其非常简便地创建一个标准的倒计时素材，并可以在 Premiere Pro CC 2019 中随时对其进行修改，如图 2-119 所示。创建倒计时素材的具体操作步骤如下。

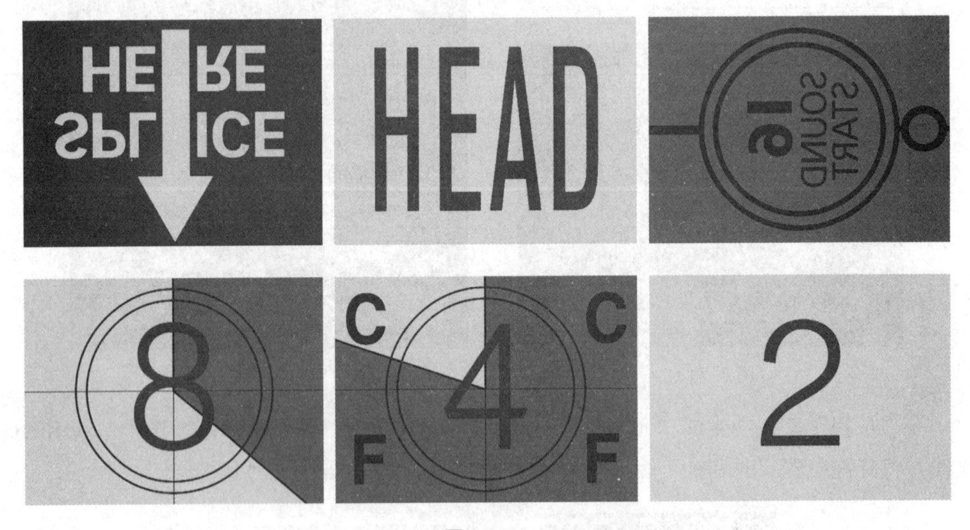

图 2-119

（1）单击“项目”面板下方的“新建项”按钮，在弹出的列表中选择“通用倒计时片头”选项，弹出“新建通用倒计时片头”对话框，如图 2-120 所示。设置完成后，单击“确定”按钮，弹出“通用倒计时设置”对话框，如图 2-121 所示。

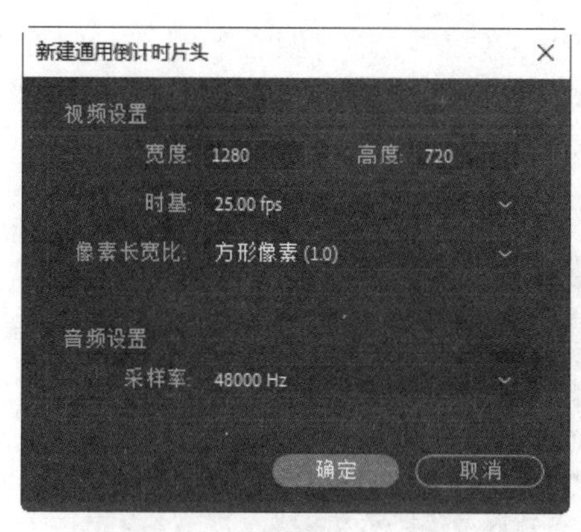

图 2-120

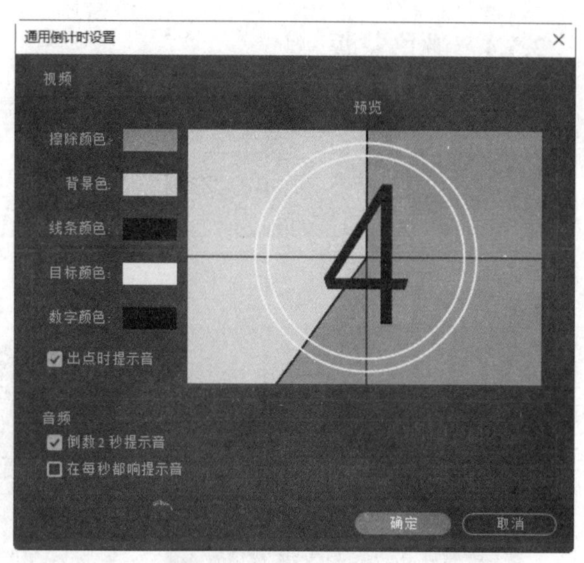

图 2-121

“擦除颜色”：播放倒计时素材时，指示线会不停地围绕圆心转动，该颜色为指示线转动方向之后的背景颜色。

“背景色”：背景颜色，指示线转换方向之前的颜色为背景色。

“线条颜色”：指示线颜色，固定十字及转动的指示线的颜色。

“目标颜色”：指定圆形线框的颜色。

“数字颜色”：指定倒计时素材中 8、7、6、5、4 等数字的颜色。

“出点时提示音”：结束提示标志，勾选该复选框后，在片头的最后一帧显示提示圈。

“倒数 2 秒提示音”：2 秒处时提示音标志，勾选该复选框后，在显示“2”的时候发出声音。

“在每秒都响提示音”：每秒提示音标志，勾选该复选框后，在每秒开始的时候发出声音。

（2）设置完成后，单击“确定”按钮，Premiere Pro CC 2019 自动将该段倒计时影片加入“项目”面板中。

用户可在“项目”面板或“时间轴”面板中双击倒计时素材，打开“通用倒计时设置”对话框进行修改。

2.5.3 彩条和黑场

1. 彩条

Premiere Pro CC 2019 可以为影片在开始前加入一段彩条，如图 2-122 所示。

图 2-122

在“项目”面板下方单击“新建项”按钮，在弹出的列表中选择“彩条”选项，即可创建彩条。

2. 黑场

Premiere Pro CC 2019 可以在影片中创建一段黑场。在“项目”面板下方单击“新建项”按钮，在弹出的列表中选择“黑场”选项，即可创建黑场。

2.5.4 颜色蒙版

Premiere Pro CC 2019 还可以为影片创建一个颜色蒙版。用户可以将颜色蒙版当作背景，也可利用“不透明度”选项来设定与它相关的色彩的透明度，具体操作步骤如下。

（1）在“项目”面板下方单击“新建项”按钮，在弹出的列表中选择“颜色遮罩”选项，弹出“新建颜色遮罩”对话框，如图 2-123 所示。进行参数设置后，单击“确定”按钮，弹出“拾色器”对话框，如图 2-124 所示。

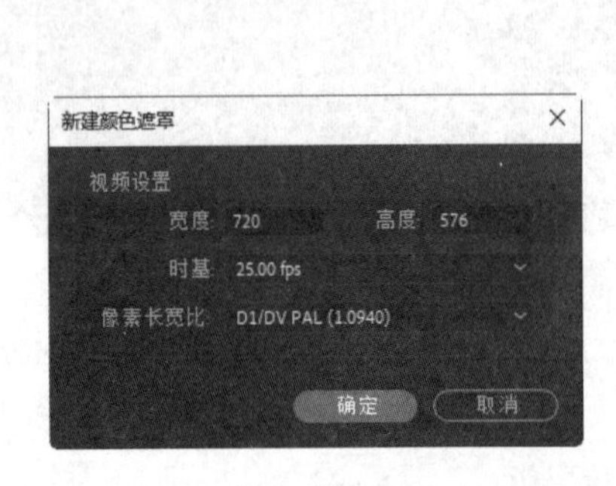

图 2-123

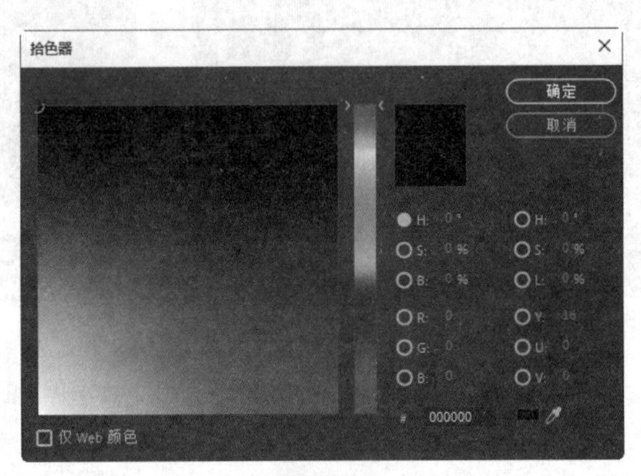

图 2-124

（2）在“拾色器”对话框中选择蒙版所要使用的颜色，单击“确定”按钮。用户可在“项目”面板或“时间轴”面板中双击颜色蒙版，打开“拾色器”对话框进行修改。

2.5.5 透明视频

在 Premiere Pro CC 2019 中，用户可以创建一个透明的视频层，它能够将特效应用到一系列的剪辑中而无需重复地复制和粘贴属性。只要应用一个特效到透明视频轨道上，特效将自动应用在下面的所有视频轨道中。

课堂练习——健康生活宣传片

【练习知识要点】使用“导入”命令导入视频文件，使用“剃刀”工具切割视频素材，使用编辑点拖曳剪辑素材，使用“插入”命令插入素材文件。健康生活宣传片效果如图 2-125 所示。

【效果所在位置】Ch02/健康生活宣传片/健康生活宣传片. prproj。

图 2-125

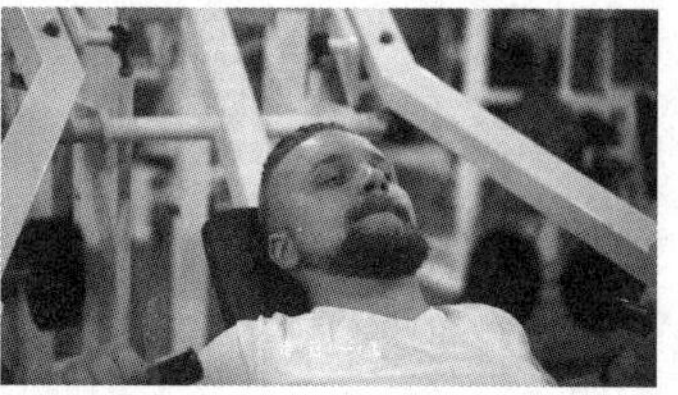

图 2-125（续）

课后习题——篮球公园宣传片

【习题知识要点】使用“导入”命令导入视频文件，使用“剃刀”工具切割视频素材，使用“插入”命令插入素材文件，使用“新建”命令新建彩条。篮球公园宣传片效果如图 2-126 所示。

【效果所在位置】Ch02/篮球公园宣传片/篮球公园宣传片. prproj。

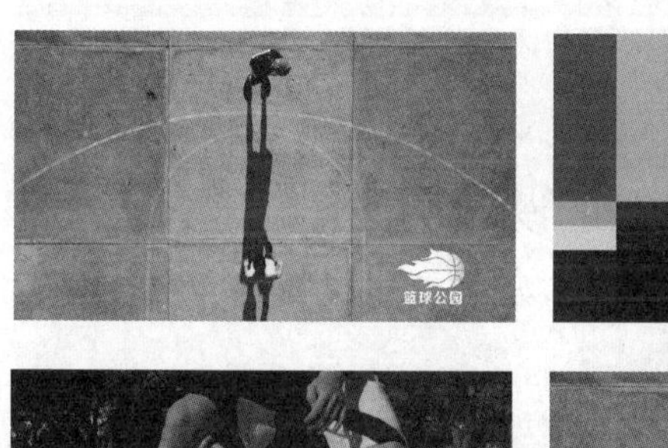

图 2-126

第3章 视频转场效果

本章主要介绍在Premiere Pro CC 2019的影片素材或静止图像素材之间建立丰富多彩的转场特效的方法。每一个转场特效都具有很多可调节的选项。本章内容对影视剪辑中的镜头切换有着非常实用的意义，它可以使剪辑的画面更加富有变化，更加生动、多彩。

课堂学习目标

- 掌握转场特效的设置方法
- 熟练掌握高级转场特效的设置方法

3.1 转场特效设置

转场包括使用镜头切换、调整切换区域、设置切换和设置默认切换等多种基本操作。下面对转场特效设置进行讲解。

3.1.1 课堂案例——陶瓷艺术宣传片

【案例学习目标】使用转场过渡特效制作图像转场效果。

【案例知识要点】使用“导入”命令导入素材文件，使用“滑动”特效、“划像”特效和“页面剥落”特效和“沉浸式视频”制作图片之间的转场效果，使用“效果控件”面板调整过渡特效。陶瓷艺术宣传片效果如图3-1所示。

【效果所在位置】Ch03/陶瓷艺术宣传片/陶瓷艺术宣传片. prproj。

图3-1

图3-1（续）

（1）启动Premiere Pro CC 2019，选择“文件 > 新建 > 项目”命令，弹出“新建项目”对话框，如图3-2所示，单击“确定”按钮，新建项目。选择“文件 > 新建 > 序列”命令，弹出“新建序列”对话框，单击“设置”选项卡，具体参数设置如图3-3所示，单击“确定”按钮，新建序列。

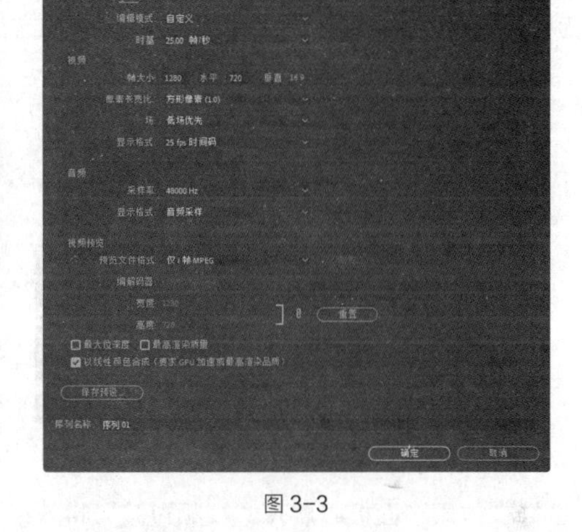

图3-2　　图3-3

（2）选择“文件 > 导入”命令，弹出“导入”对话框，选择本书云盘中的“Ch03/陶瓷艺术宣传片/素材/01~04”文件，如图3-4所示。单击“打开”按钮，将素材文件导入“项目”面板中，如图3-5所示。

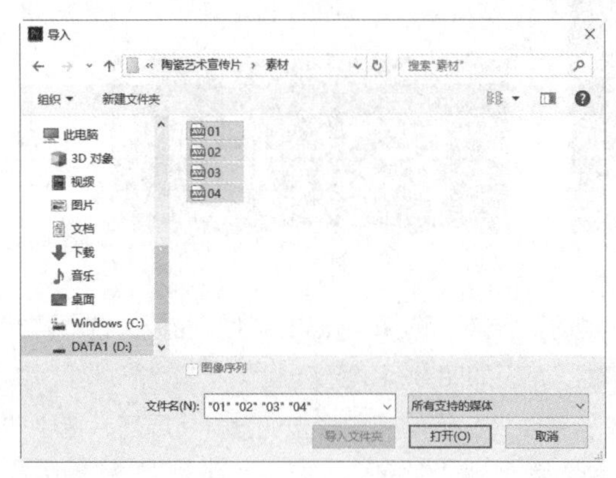

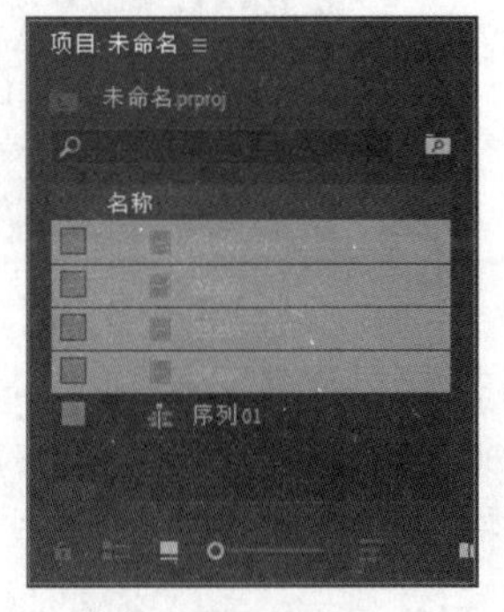

图3-4　　图3-5

（3）在“项目”面板中选中“01~03”文件并将它们拖曳到“时间轴”面板中的“视频1”轨道中。弹出“剪辑不匹配警告”对话框，单击“保持现有设置”按钮，在保持现有序列设置的情况下将文件放置在“视频1”轨道中，如图3-6所示。将时间指示器移动到41:00s的位置。将鼠标指针放在“03”文件的结束位置并单击，显示编辑点。按E键将所选编辑点扩展到时间指示器的位置，如图3-7所示。

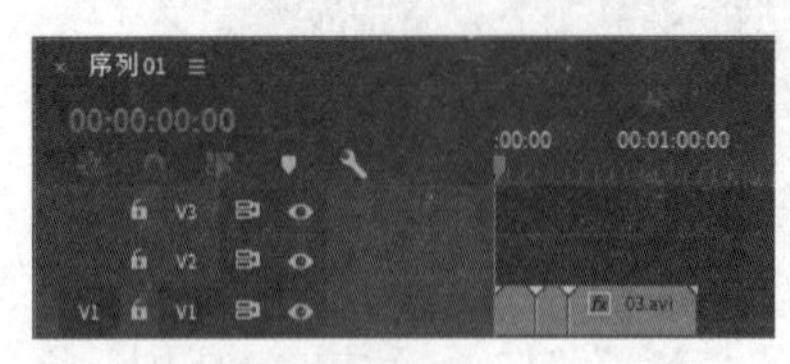

图3-6

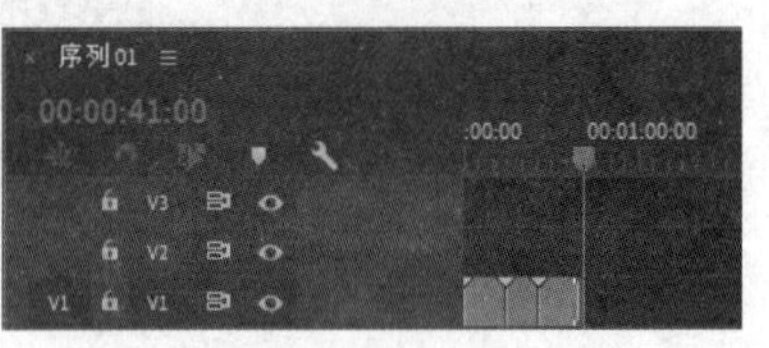

图3-7

（4）在“项目”面板中选中“04”文件并将其拖曳到“时间轴”面板中的“视频1”轨道中，如图3-8所示。选中“时间轴”面板中的“01”文件。选择“效果控件”面板，展开“运动”选项，将“缩放”选项设置为67.0，如图3-9所示。用相同的方法调整其他素材文件的缩放效果。

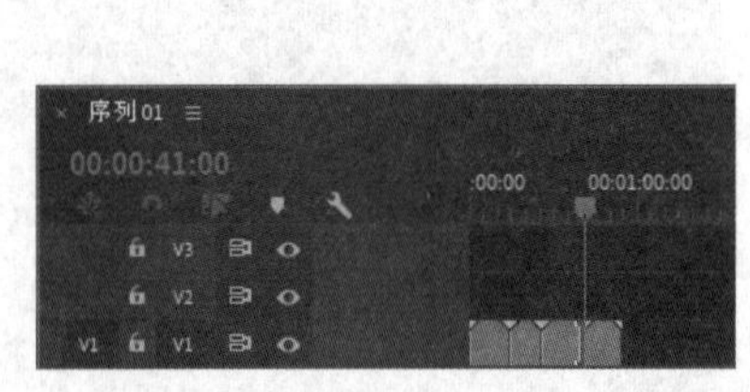

图3-8

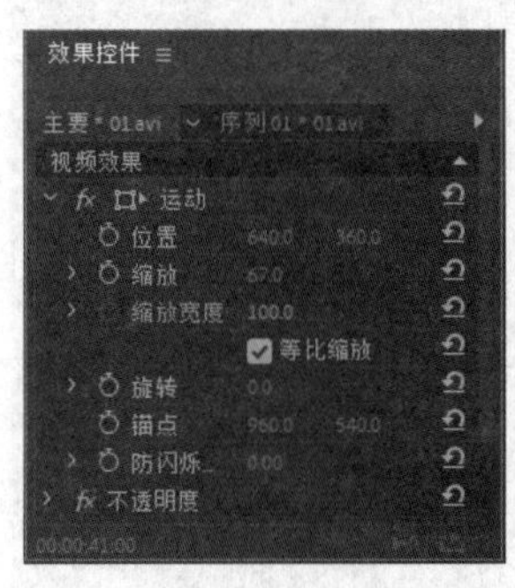

图3-9

（5）选择“效果”面板，展开“视频过渡”特效组，单击“滑动”文件夹左侧的三角形按钮▶将其展开，选中“带状滑动”特效，如图3-10所示。将“带状滑动”特效拖曳到“时间轴”面板“视频1”轨道中的“01”文件的开始位置，如图3-11所示。

图3-10

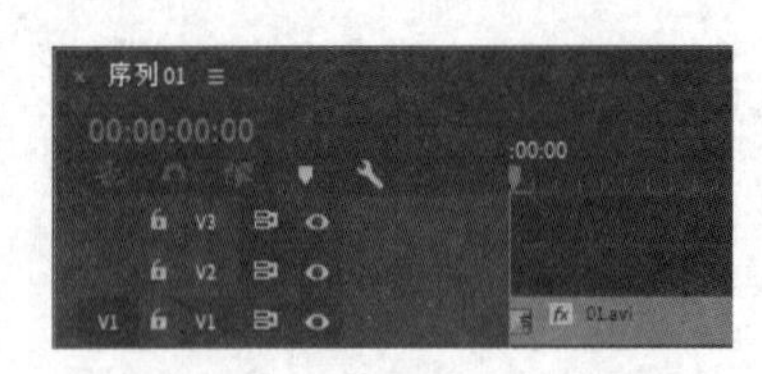

图3-11

（6）选中“时间轴”面板中的“带状滑动”特效。选择“效果控件”面板，将“持续时间”选项设置为02:00，如图3-12所示。“时间轴”面板如图3-13所示。

（7）选择“效果”面板，单击“划像”文件夹左侧的三角形按钮▶将其展开，选中“交叉划像”特效，如图3-14所示。将“交叉划像”特效拖曳到“时间轴”面板“视频1”轨道中的“01”文件的结束位置和“02”文件的开始位置，如图3-15所示。

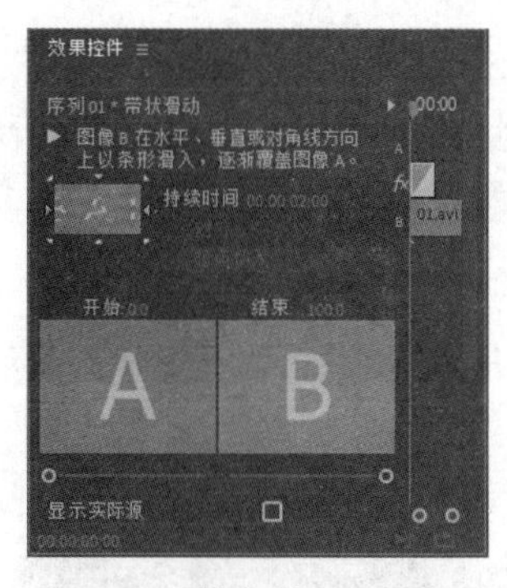

图 3-12

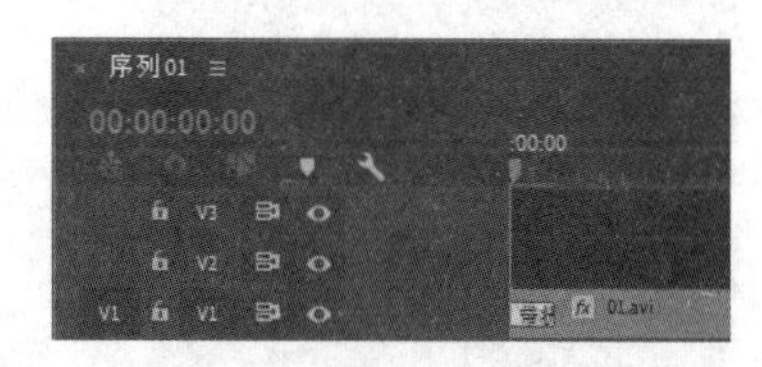

图 3-13

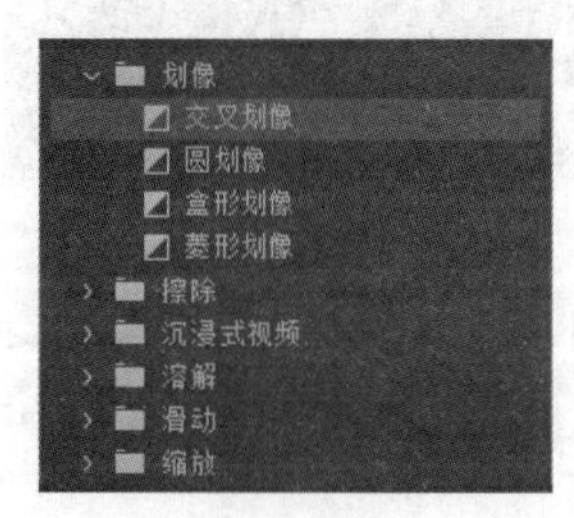

图 3-14

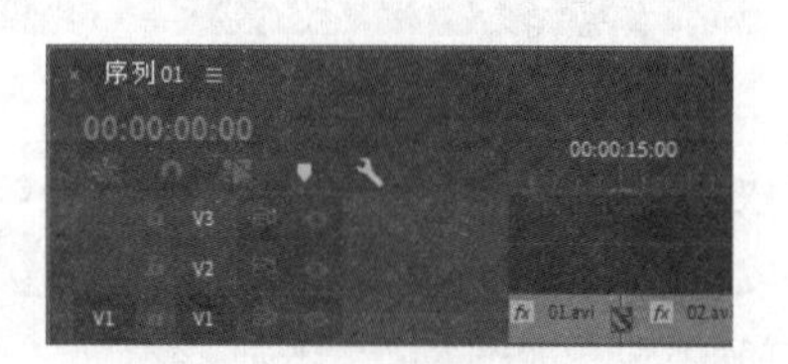

图 3-15

（8）选中“时间轴”面板中的“交叉划像”特效。选择“效果控件”面板，将“持续时间”选项设置为 02:00，其他选项的设置如图 3-16 所示。“时间轴”面板如图 3-17 所示。

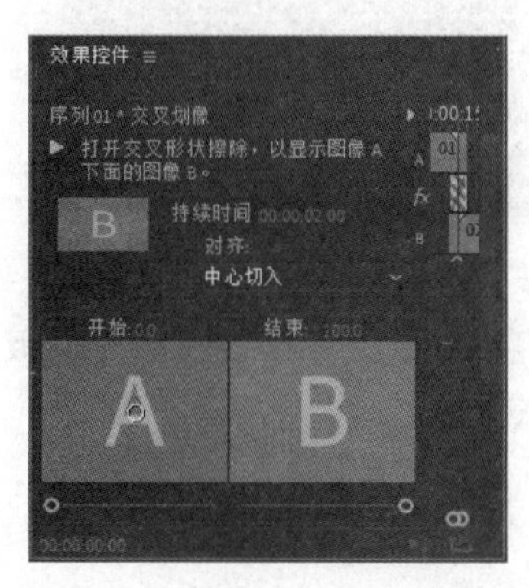

图 3-16

图 3-17

（9）选择“效果”面板，单击“页面剥落”文件夹左侧的三角形按钮▶将其展开，选中“翻页”特效，如图 3-18 所示。将“翻页”特效拖曳到“时间轴”面板“视频 1”轨道中的“02”文件的结束位置和“03”文件的开始位置，如图 3-19 所示。

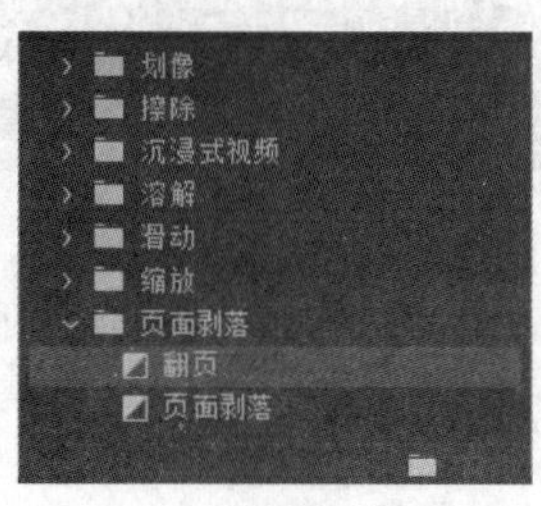

图 3-18

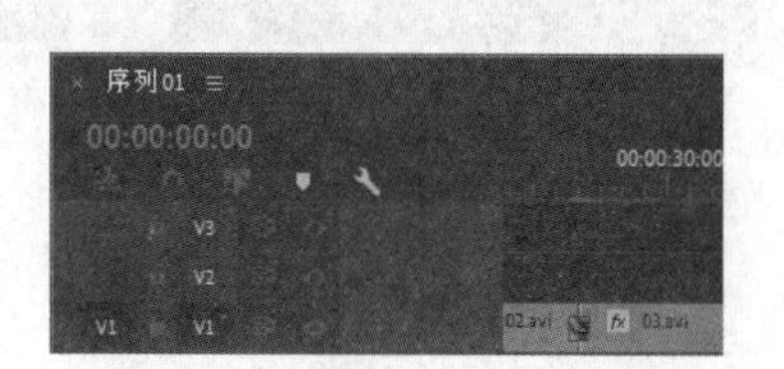

图 3-19

（10）选中“时间轴”面板中的“翻页”特效。选择“效果控件”面板，将“持续时间”选项设置为 03:00，在右侧时间轴视图的切换上拖曳鼠标指针调整其位置，如图 3-20 所示。“时间轴”面板如图 3-21 所示。

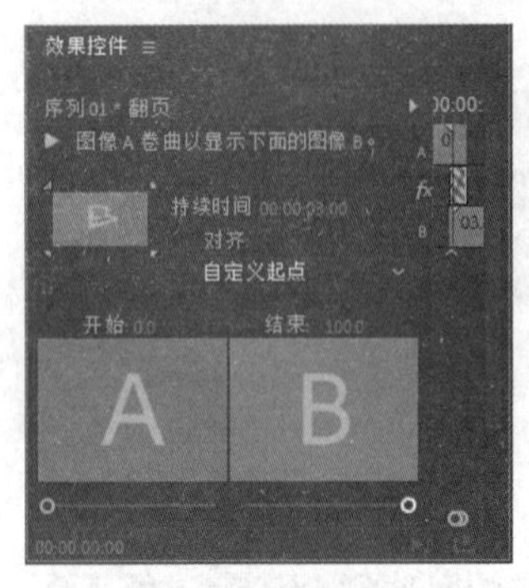

图 3-20

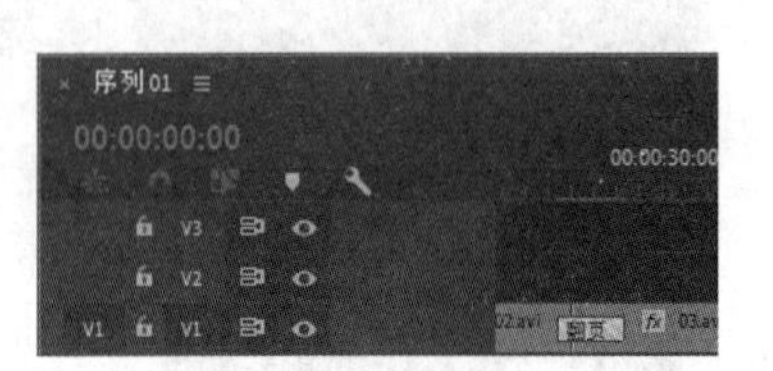

图 3-21

（11）选择“效果”面板，单击“沉浸式视频”文件夹左侧的三角形按钮将其展开，选中“VR 渐变擦除”特效，如图 3-22 所示。将“VR 渐变擦除”特效拖曳到“时间轴”面板“视频 1”轨道中的“04”文件的开始位置，如图 3-23 所示。

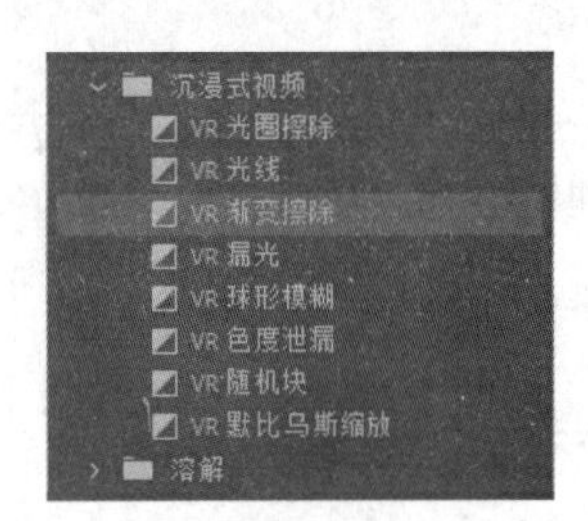

图 3-22

图 3-23

（12）选中“时间轴”面板中的“VR 渐变擦除”特效。选择“效果控件”面板，将“持续时间”选项设置为 01:20，如图 3-24 所示。“时间轴”面板如图 3-25 所示。

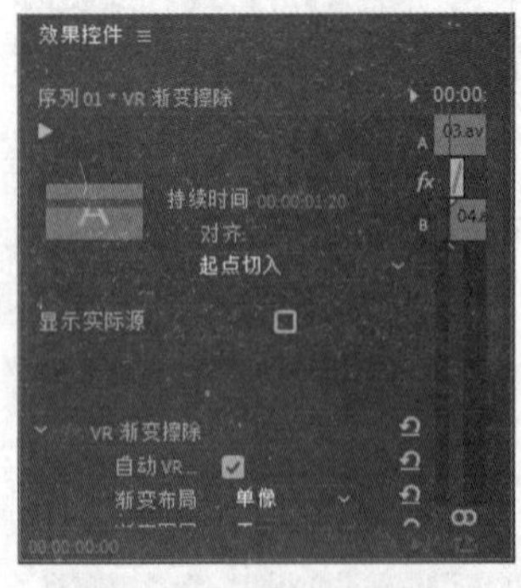

图 3-24

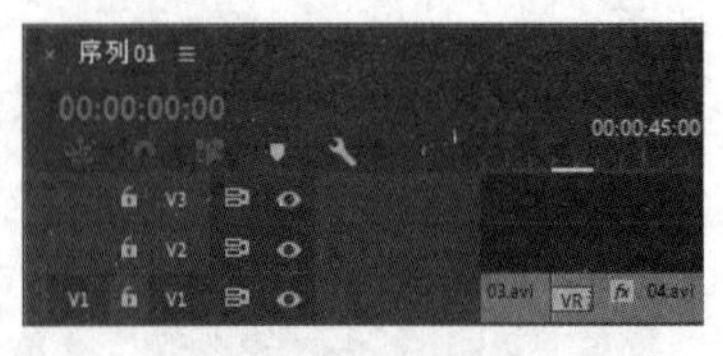

图 3-25

（13）选择“效果”面板，选中“沉浸式视频”文件夹中的“VR 色度泄露”特效，如图 3-26 所示。将“VR 色度泄露”特效拖曳到“时间轴”面板“视频 1”轨道中的“04”文件的结束位置，如图 3-27 所示。陶瓷艺术宣传片制作完成。

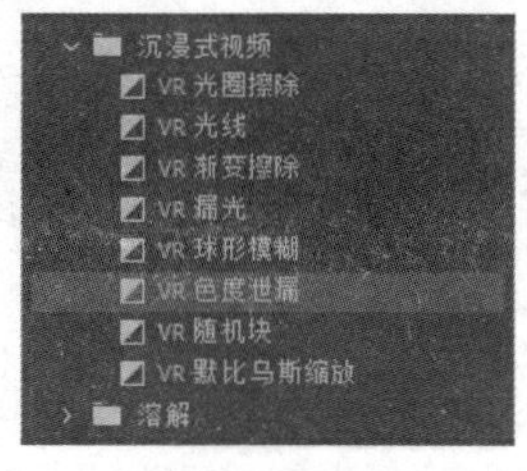

图 3-26

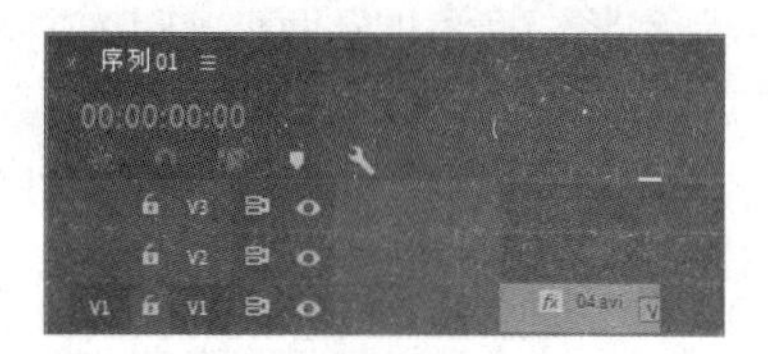

图 3-27

3.1.2 使用镜头过渡

一般情况下，过渡在同一轨道上的两个相邻素材之间使用。当然，也可以单独为一个素材添加切换，这时候素材与其下方的轨道进行过渡，但是下方的轨道只是作为背景使用，并不能被过渡所控制，如图 3-28 所示。

为素材添加切换后，可以改变切换的长度。最简单的方法是在序列中选中过渡交叉溶解，拖曳切换的边缘。此外，还可以双击切换打开“效果控件”面板，如图 3-29 所示，在该面板中对切换进行进一步调整。

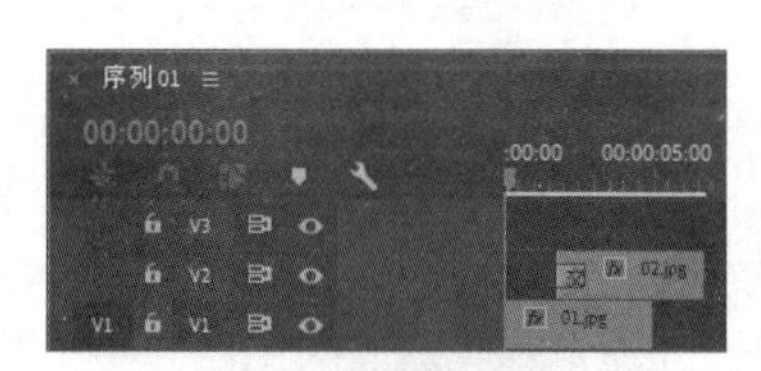

图 3-28

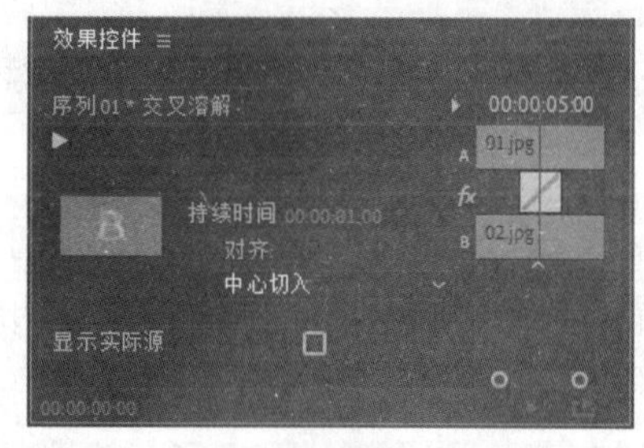

图 3-29

3.1.3 调整切换区域

在“时间轴”面板的右侧可以设置切换的长度和位置。为两段影片加入切换后，时间轴上会有一个重叠区域，这个重叠区域就是发生切换的范围。与“时间轴”面板中只显示入点和出点之间的影片不同，“效果控件”面板中会显示影片的完全长度。这样设置的优点是可以随时修改影片参与切换的位置。

将鼠标指针移动到影片上，按住鼠标左键拖曳即可移动影片的位置，改变切换的影响区域。

将鼠标指针移动到切换中线上拖曳，可以改变切换位置，如图 3-30 所示。还可以将鼠标指针移动到切换上拖曳改变位置，如图 3-31 所示。

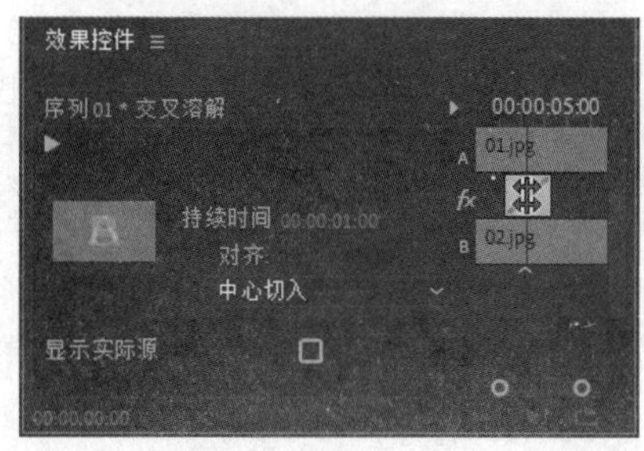

图 3-30

图 3-31

在左侧的“对齐”下拉列表中提供了以下几种切换对齐方式。

（1）“中心切入”：将切换添加到两个剪辑的中间位置，如图 3-32 和图 3-33 所示。

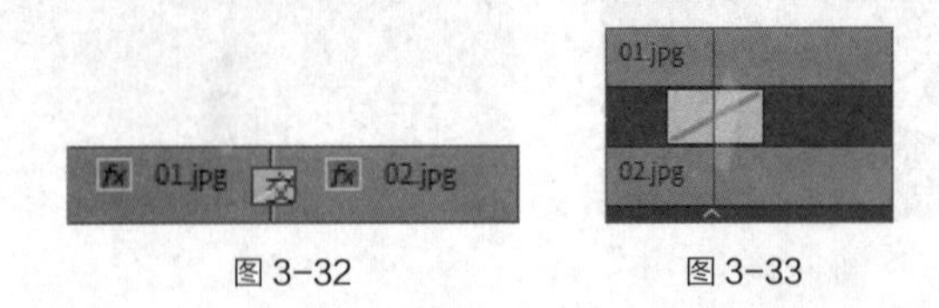

图 3-32　　图 3-33

（2）“起点切入”：以片段 B 的入点位置为准建立切换，如图 3-34 和图 3-35 所示。

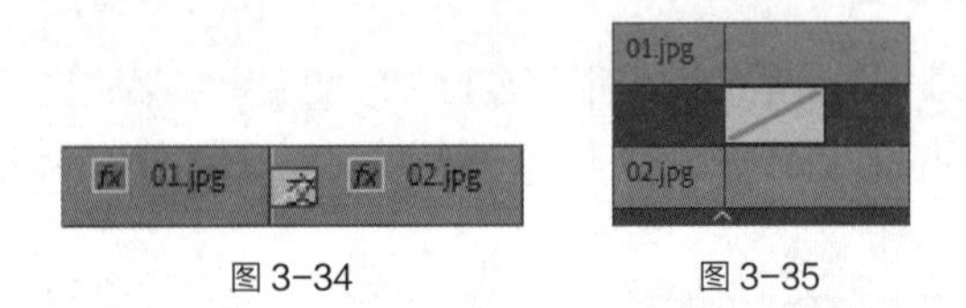

图 3-34　　图 3-35

（3）“终点切入”：将切换点添加到第一个剪辑的结尾处，如图 3-36 和图 3-37 所示。

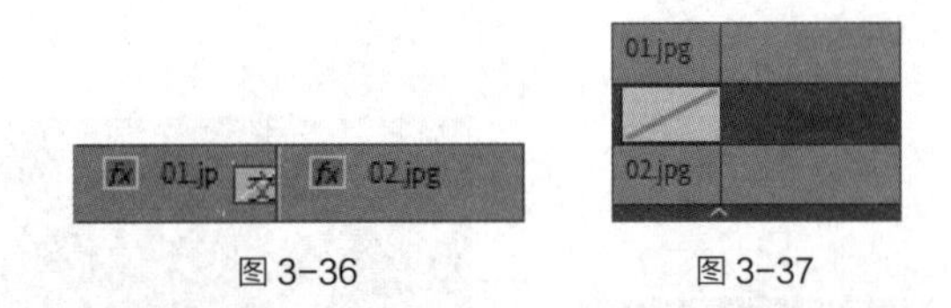

图 3-36　　图 3-37

（4）“自定义起点”：表示可以自定义添加切换起点。

将鼠标指针移动到切换边缘，可以拖曳改变切换的长度，如图 3-38 和图 3-39 所示。

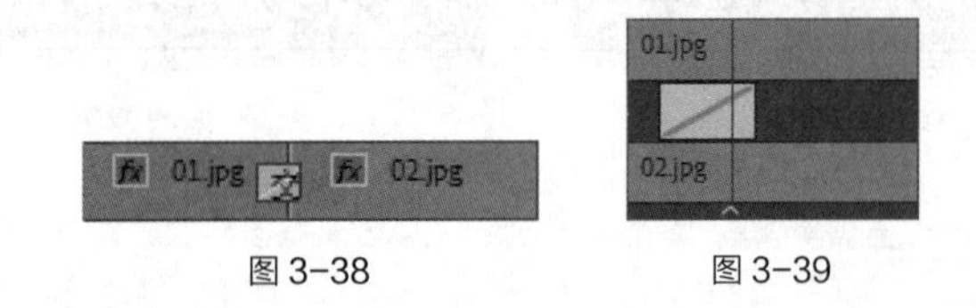

图 3-38　　图 3-39

3.1.4　切换设置

在左侧的切换设置面板中，可以对切换进行进一步的设置。

在默认情况下，切换都是从 A 到 B 完成的。若要改变切换开始和结束时的状态，可拖曳“开始”和“结束”滑块。按住 Shift 键并拖曳滑块可以使“开始”和“结束”滑块以相同的数值变化。

勾选“显示实际源”复选框，可以在切换设置面板中的“开始”和“结束”选项中显示切换的开始和结束帧，如图 3-40 所示。

单击▶按钮，可以在小视窗中预览切换效果，如图 3-41 所示。对于某些有方向性的切换，可以在该小视窗中单击箭头改变切换的方向。

某些切换具有位置性质，如入屏的时候，为了知道画面从屏幕的哪个位置开始，可以在切换的“开始”和“结束”选项的显示框中调整位置。

在“持续时间”文本框中可以输入切换的持续时间，这与拖曳切换边缘改变长度的结果是相同的。

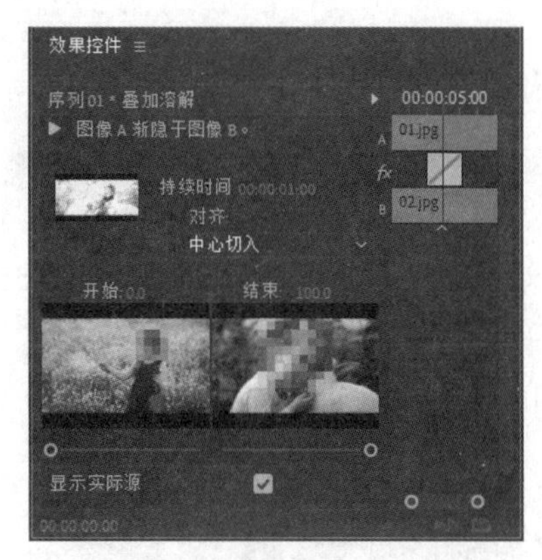

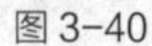

图 3-40

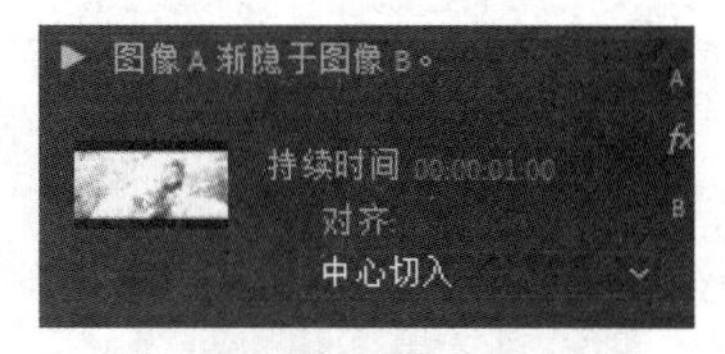

图 3-41

3.1.5　设置默认切换

选择“编辑 > 首选项 > 时间轴”命令，在弹出的“首选项”对话框中进行切换的默认设置。

可以将当前设置的切换设为默认切换，这样，在使用自动导入这样的功能时，所创建的都是该切换。其次，还可以分别设定视频和音频切换的默认时间，如图 3-42 所示。

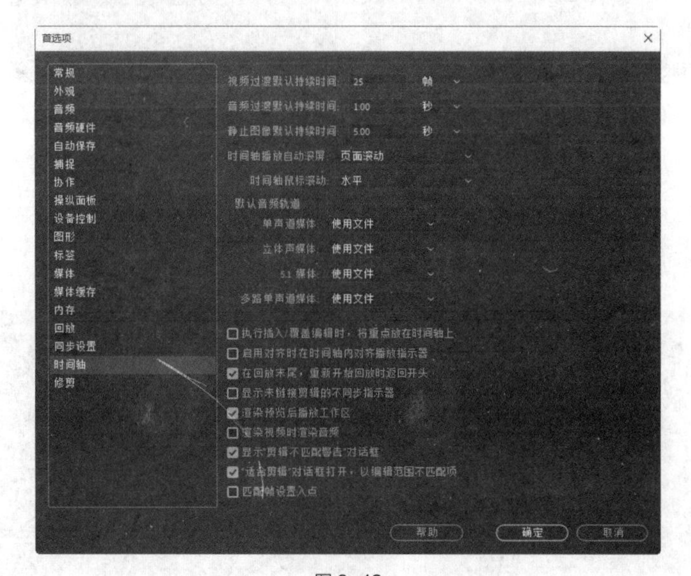

图 3-42

3.2　高级转场特效

Premiere Pro CC 2019 将各种转换特效根据类型的不同分别放在“效果”面板中的“视频效果”文件夹下的子文件夹中，用户可以根据使用的转换类型方便地进行查找。

3.2.1 课堂案例——时尚女孩电子相册

【案例学习目标】学习使用转场过渡特效制作图像转场效果。

【案例知识要点】使用“导入”命令导入素材文件，使用“立方体旋转”特效、“圆划像”特效、“楔形擦除”特效、“百叶窗”特效、“风车”特效和“插入”特效制作图片之间的过渡效果，使用“效果控件”面板调整视频文件的大小。时尚女孩电子相册如图3-43所示。

【效果所在位置】Ch03/时尚女孩电子相册/时尚女孩电子相册. prproj。

图3-43

（1）启动Premiere Pro CC 2019，选择“文件 > 新建 > 项目”命令，弹出“新建项目”对话框，如图3-44所示，单击“确定”按钮，新建项目。选择“文件 > 新建 > 序列”命令，弹出“新建序列”对话框，单击“设置”选项卡，具体参数设置如图3-45所示，单击“确定”按钮，新建序列。

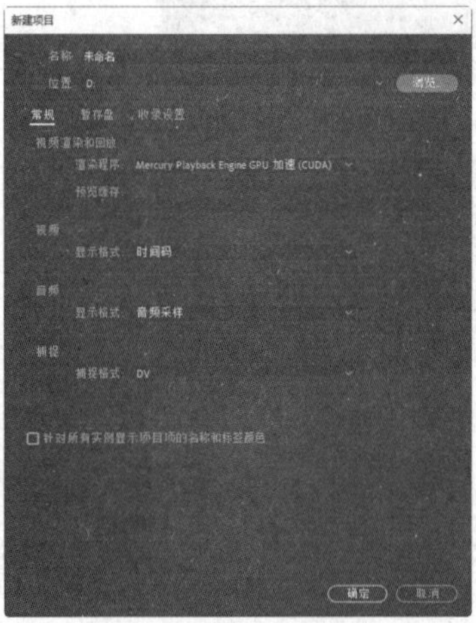

图3-44

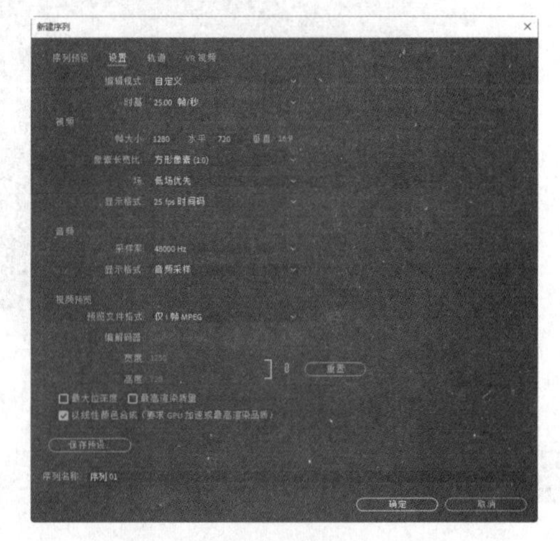

图3-45

（2）选择“文件 > 导入”命令，弹出“导入”对话框，选择本书云盘中的“Ch03/时尚女孩电子相册/素材/01~05”文件，如图3-46所示。单击“打开”按钮，将素材文件导入“项目”面板中，如图3-47所示。

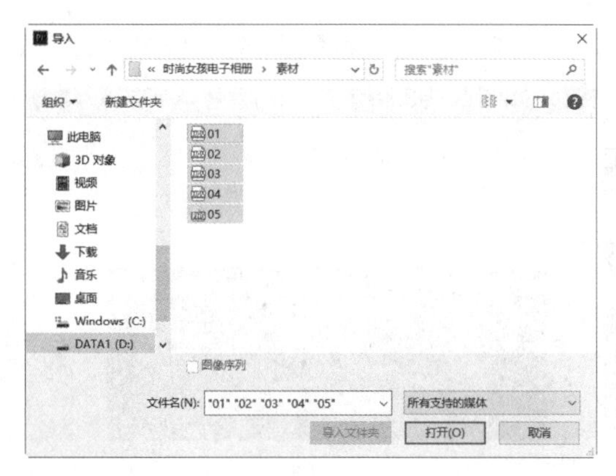

图 3-46

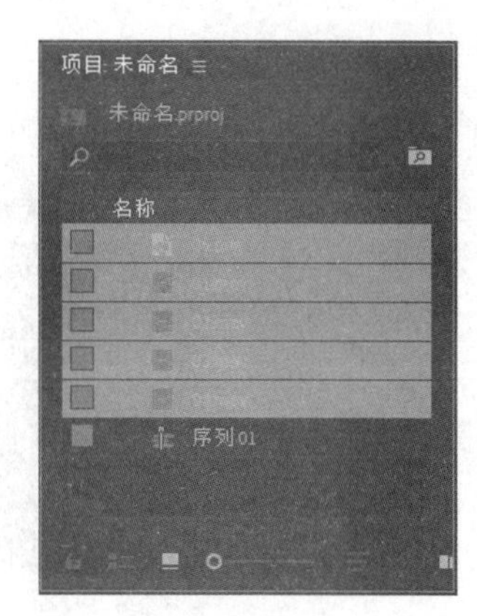

图 3-47

（3）在“项目”面板中选中“01~04”文件并将它们拖曳到“时间轴”面板中的“视频 1”轨道中。弹出“剪辑不匹配警告”对话框，单击“保持现有设置”按钮，在保持现有序列设置的情况下将文件放置在“视频 1”轨道中，如图 3-48 所示。选中“时间轴”面板中的“01”文件。选择“效果控件”面板，展开“运动”选项，将“缩放”选项设置为 67.0，如图 3-49 所示。用相同的方法调整其他素材文件的缩放效果。

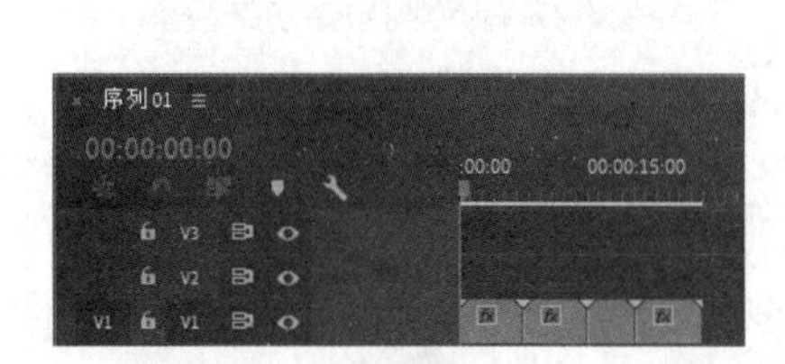

图 3-48

图 3-49

（4）在“项目”面板中选中“05”文件并将其拖曳到“时间轴”面板中的“视频 2”轨道中，如图 3-50 所示。选中“时间轴”面板中的“05”文件。选择“效果控件”面板，展开“运动”选项，将“缩放”选项设置为 130.0，如图 3-51 所示。

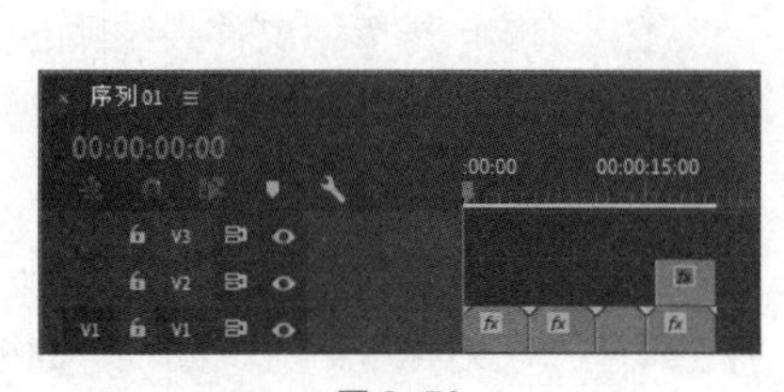

图 3-50

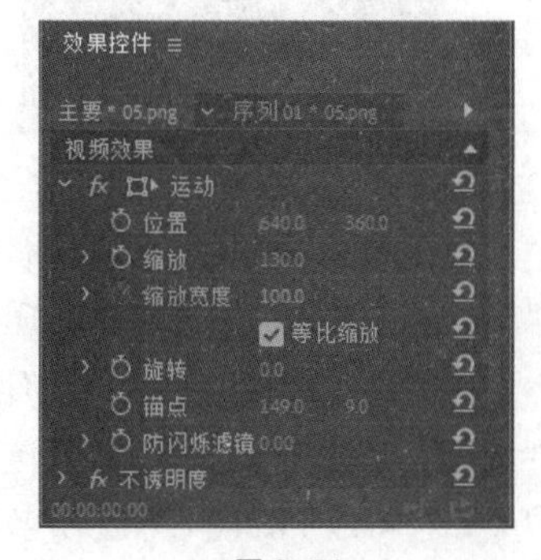

图 3-51

（5）选择“效果”面板，展开“视频过渡”特效组，单击“3D 运动”文件夹左侧的三角形按钮将其展开，选中“立方体旋转”特效，如图3-52所示。将“立方体旋转”特效拖曳到“时间轴”面板“视频1”轨道中的“01”文件的开始位置，如图3-53所示。

图3-52

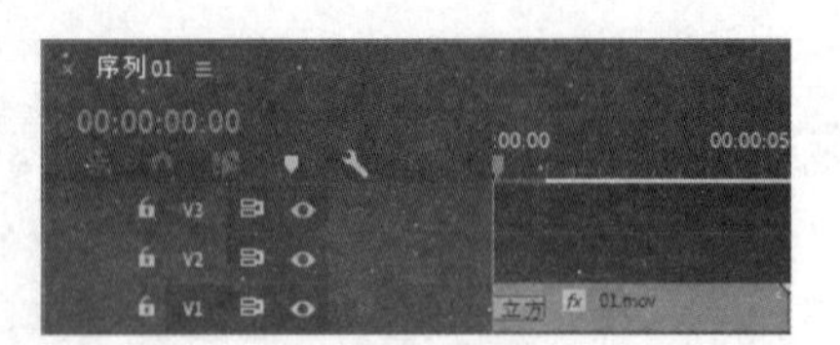

图3-53

（6）选择“效果”面板，展开“视频过渡”特效组，单击“划像”文件夹左侧的三角形按钮▶将其展开，选中“圆划像”特效，如图3-54所示。将“圆划像”特效拖曳到“时间轴”面板“视频1”轨道中的“01”文件的结束位置与“02”文件的开始位置，如图3-55所示。

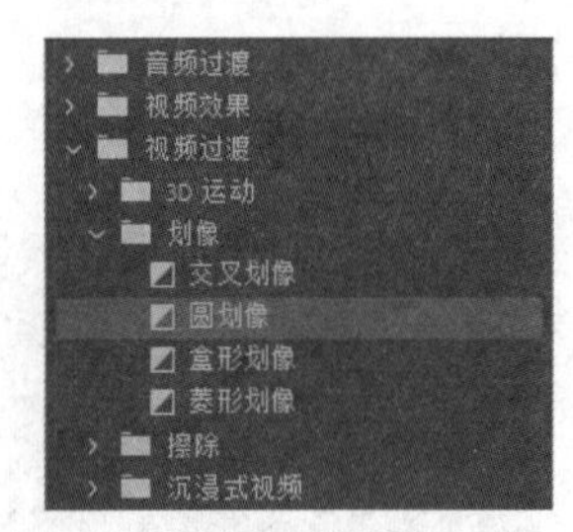

图3-54

图3-55

（7）选择“效果”面板，展开“视频过渡”特效组，单击“擦除”文件夹左侧的三角形按钮▶将其展开，选中“楔形擦除”特效，如图3-56所示。将“楔形擦除”特效拖曳到“时间轴”面板“视频1”轨道中的“02”文件的结束位置与“03”文件的开始位置，如图3-57所示。

图3-56

图3-57

（8）选择“效果”面板，展开“视频过渡”特效组，单击“擦除”文件夹左侧的三角形按钮▶将其展开，选中“百叶窗”特效，如图3-58所示。将“百叶窗”特效拖曳到“时间轴”面板“视频1”轨道中的“03”文件的结束位置与“04”文件的开始位置，如图3-59所示。

（9）选择“效果”面板，展开“视频过渡”特效组，单击“擦除”文件夹左侧的三角形按钮▶将其展开，选中“风车”特效，如图3-60所示。将“风车”特效拖曳到“时间轴”面板“视频2”轨道中的“04”文件的结束位置，如图3-61所示。

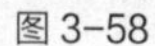

图 3-58

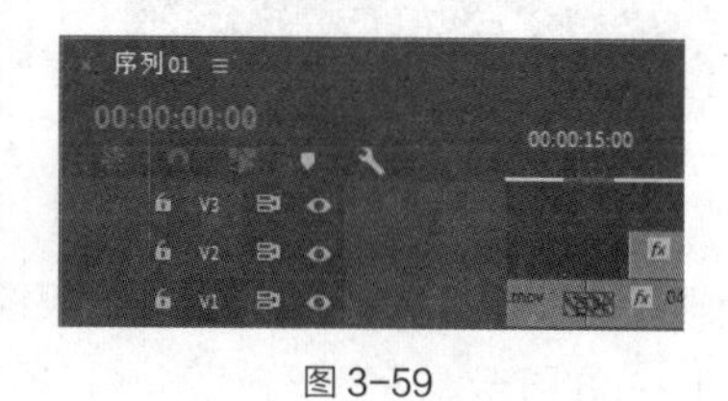

图 3-59

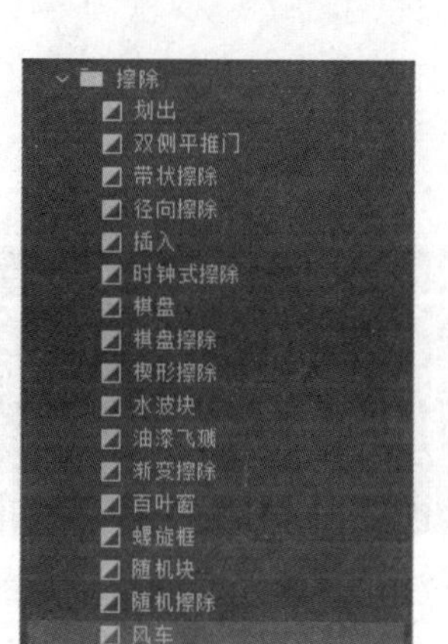

图 3-60

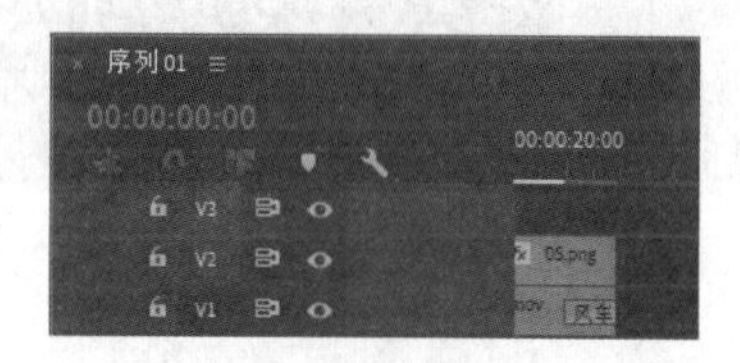

图 3-61

（10）选择“效果”面板，展开“视频过渡”特效组，单击“擦除”文件夹左侧的三角形按钮将其展开，选中“插入”特效，如图 3-62 所示。将“插入”特效拖曳到“时间轴”面板“视频 2”轨道中的“05”文件的开始位置，如图 3-63 所示。时尚女孩电子相册制作完成。

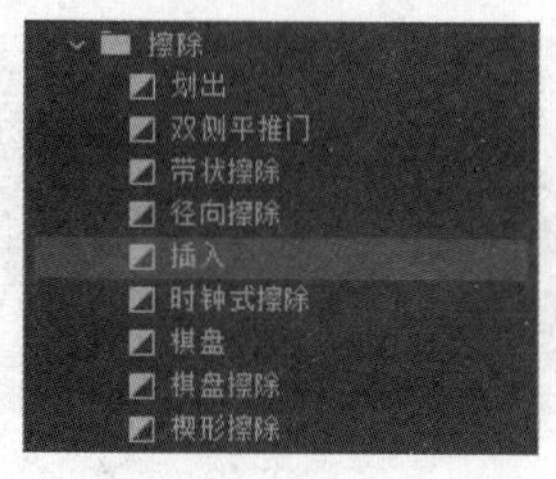

图 3-62

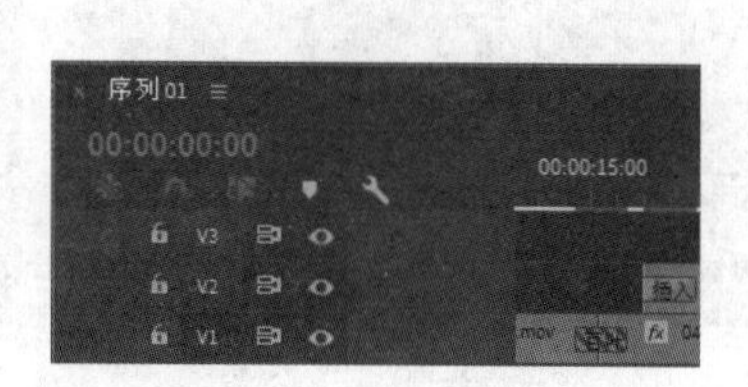

图 3-63

3.2.2 3D 运动

“3D 运动”文件夹中共包含两种三维运动转场特效。

1. 立方体旋转

“立方体旋转”特效可以使影片 A 和影片 B 如同立方体的两个面一样进行过渡转换，效果如图 3-64 和图 3-65 所示。

图 3-64

图 3-65

2. 翻转

“翻转”特效使影片 A 翻转为影片 B。在“效果控件”面板中单击“自定义”按钮，弹出“翻转设置”对话框，如图 3-66 所示。

“带”：输入翻转的影片数量，最大数值为 8。

“填充颜色”：设置空白区域的颜色。

“翻转”切换特效效果如图 3-67 和图 3-68 所示。

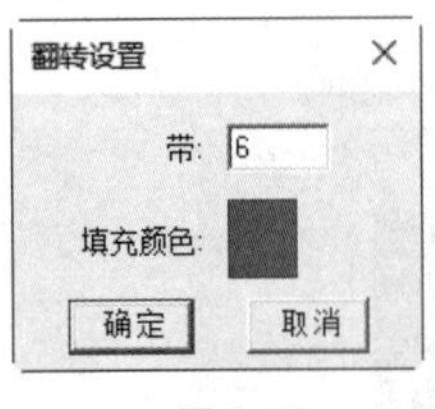

图 3-66

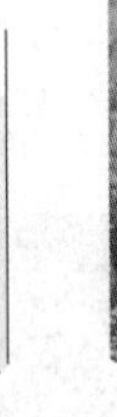

图 3-67

图 3-68

3.2.3 划像

“划像”文件夹中包含 4 种视频转场特效。

1. 交叉划像

“交叉划像”特效使影片 B 呈十字形从影片 A 中展开，效果如图 3-69 和图 3-70 所示。

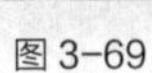

图 3-69

图 3-70

2. 圆划像

“圆划像”特效使影片 B 呈圆形从影片 A 中展开，效果如图 3-71 和图 3-72 所示。

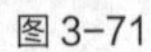

图 3-71

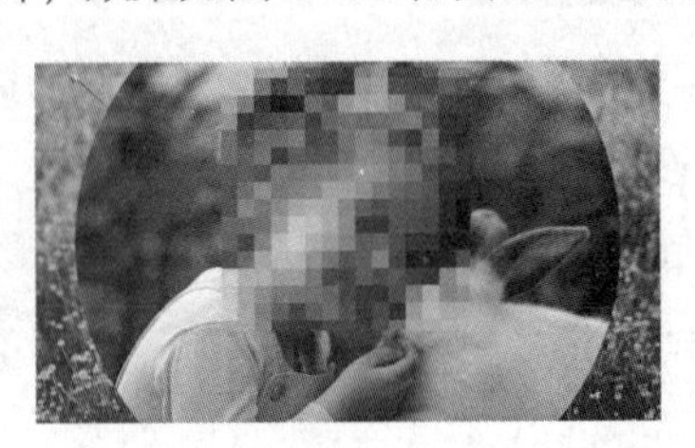

图 3-72

3. 盒形划像

“盒形划像”特效使影片 B 呈矩形从影片 A 中展开，效果如图 3-73 和图 3-74 所示。

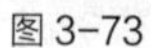
图 3-73

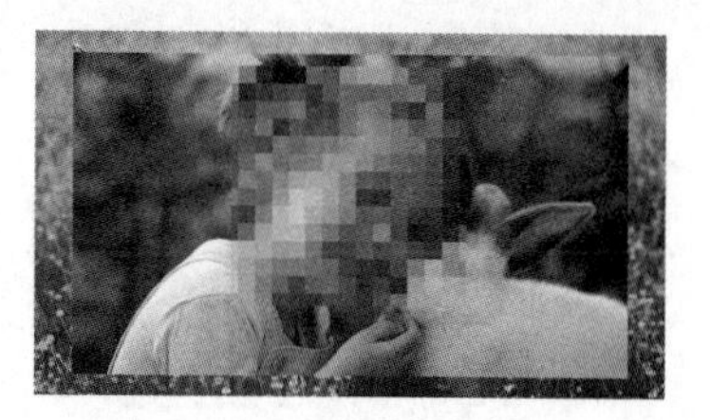
图 3-74

4. 菱形划像

“菱形划像”特效使影片 B 呈菱形从影片 A 中展开，效果如图 3-75 和图 3-76 所示。

图 3-75

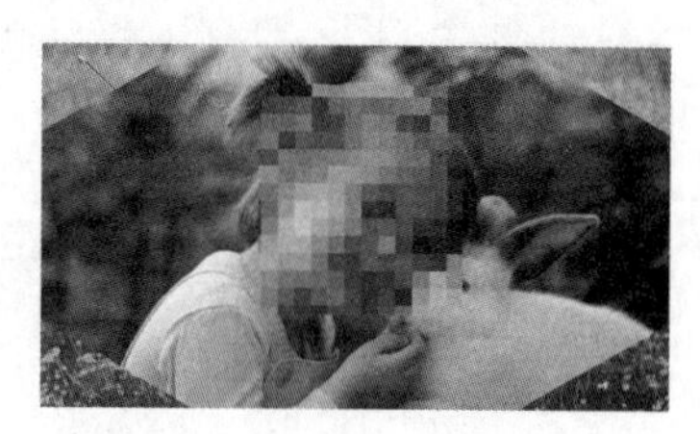
图 3-76

3.2.4 擦除

“擦除”文件夹中共包含 17 种视频转场特效。

1. 划出

“划出”特效使影片 B 逐渐扫过影片 A，效果如图 3-77 和图 3-78 所示。

图 3-77

图 3-78

2. 双侧平推门

“双侧平推门”特效使影片 A 以展开和关门的方式过渡到影片 B，效果如图 3-79 和图 3-80 所示。

图 3-79

图 3-80

3. 带状擦除

“带状擦除”特效使影片 B 沿水平方向以条状进入并覆盖影片 A，效果如图 3-81 和图 3-82 所示。

图 3-81

图 3-82

4. 径向擦除

“径向擦除”特效使影片 B 从影片 A 的一角扫入画面，效果如图 3-83 和图 3-84 所示。

图 3-83

图 3-84

5. 插入

“插入”特效使影片 B 从影片 A 的左上角斜插进入画面，效果如图 3-85 和图 3-86 所示。

图 3-85

图 3-86

6. 时钟式擦除

“时钟式擦除”特效使影片 A 以指针转动方式过渡到影片 B，效果如图 3-87 和图 3-88 所示。

图 3-87

图 3-88

7. 棋盘

“棋盘”特效使影片 A 以棋盘格消失的方式过渡到影片 B，效果如图 3-89 和图 3-90 所示。

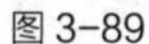

图3-89

图3-90

8. 棋盘擦除

“棋盘擦除”特效使影片B以棋盘格形式出现并覆盖影片A，效果如图3-91和图3-92所示。

图3-91

图3-92

9. 楔形擦除

“楔形擦除”特效使影片B呈扇形扫入画面，效果如图3-93和图3-94所示。

图3-93

图3-94

10. 水波块

“水波块”特效使影片B沿“Z”字形交错扫过影片A。在“效果控件”面板中单击“自定义”按钮，弹出“水波块设置”对话框，如图3-95所示。

“水平”：输入水平方向的方格数量。

“垂直”：输入垂直方向的方格数量。

“水波块”切换特效效果如图3-96和图3-97所示。

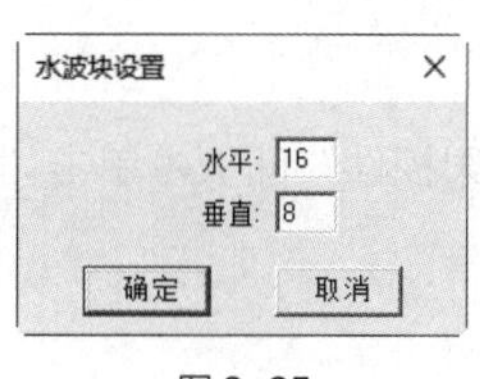

图3-95

图3-96

图3-97

11. 油漆飞溅

“油漆飞溅”特效使影片B以墨点状覆盖影片A，效果如图3-98和图3-99所示。

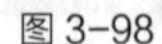

图 3-98　　图 3-99

12. 渐变擦除

“渐变擦除”特效可以用一张灰度图像来制作渐变切换。在渐变切换中，影片 A 充满灰度图像的黑色区域，然后从每一个灰度开始显示并进行切换，直到白色区域完全透明。

在“效果控件”面板中单击“自定义”按钮，弹出“渐变擦除设置”对话框，如图 3-100 所示。

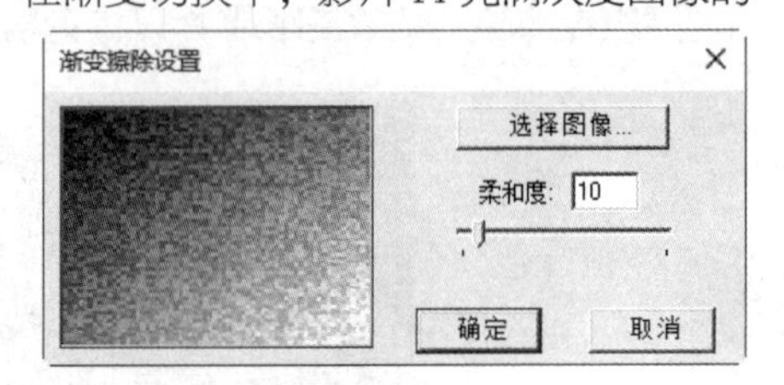

图 3-100

“选择图像”：单击此按钮，可以选择灰度图像。

“柔和度”：设置过渡边缘的羽化程度。

“渐变擦除”切换特效效果如图 3-101 和图 3-102 所示。

图 3-101　　图 3-102

13. 百叶窗

“百叶窗”特效使影片 A 在逐渐加粗的线条中逐渐显示为影片 B，类似于百叶窗的效果，效果如图 3-103 和图 3-104 所示。

图 3-103　　图 3-104

14. 螺旋框

“螺旋框”特效使影片 B 以螺纹块状旋转出现并覆盖影片 A。在“效果控件”面板中单击“自定义”按钮，弹出“螺旋框设置”对话框，如图 3-105 所示。

“水平”：输入水平方向的方格数量。

“垂直”：输入垂直方向的方格数量。

“螺旋框”切换特效效果如图 3-106 和图 3-107 所示。

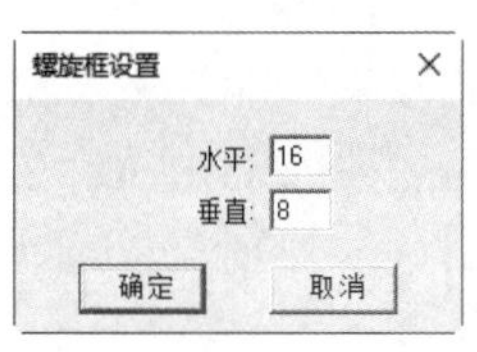

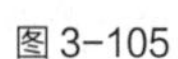
图 3-105

图 3-106

图 3-107

15. 随机块

“随机块”特效使影片 B 以方块形式随意出现并覆盖影片 A，效果如图 3-108 和图 3-109 所示。

图 3-108

图 3-109

16. 随机擦除

“随机擦除”特效使影片 B 产生随机方块，以由上向下擦除的形式覆盖影片 A，效果如图 3-110 和图 3-111 所示。

图 3-110

图 3-111

17. 风车

“风车”特效使影片 B 以风车状旋转并覆盖影片 A，效果如图 3-112 和图 3-113 所示。

图 3-112

图 3-113

3.2.5 课堂案例——美食创意混剪

【案例学习目标】学习使用转场过渡特效制作图像转场效果。

【案例知识要点】使用“导入”命令导入视频文件，使用“VR 球形模糊”特效、“VR 漏光”特效、“叠加溶解”特效、“非叠加溶解”特效、“VR 默比乌斯缩放”特效和“交叉溶解”特效制作视频之间的过渡效果，使用“效果控件”面板编辑视频文件的大小。美食创意混剪效果如图 3-114 所示。

【效果所在位置】Ch03/美食创意混剪/美食创意混剪.prproj。

图 3-114

（1）启动 Premiere Pro CC 2019，选择“文件 > 新建 > 项目”命令，弹出“新建项目”对话框，如图 3-115 所示，单击“确定”按钮，新建项目。选择“文件 > 新建 > 序列”命令，弹出“新建序列”对话框，单击“设置”选项卡，具体参数设置如图 3-116 所示，单击“确定”按钮，新建序列。

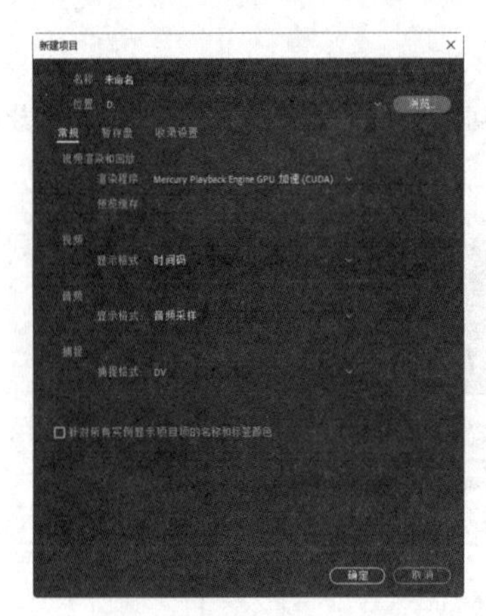

图 3-115

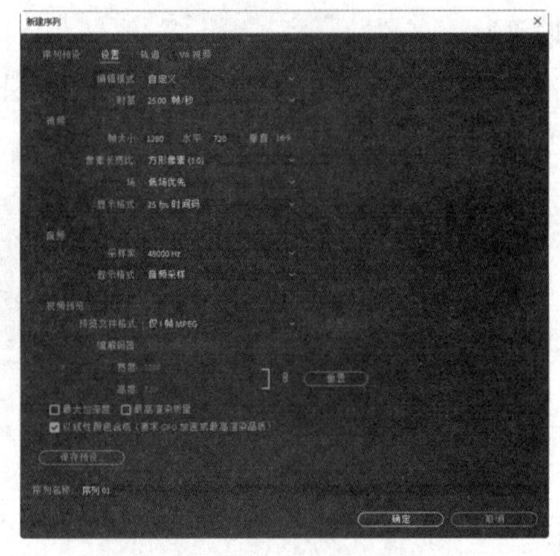

图 3-116

（2）选择“文件 > 导入”命令，弹出“导入”对话框，选择本书云盘中的“Ch03/美食创意混剪/素材/01~05”文件，如图 3-117 所示。单击“打开”按钮，将素材文件导入“项目”面板中，如图 3-118 所示。

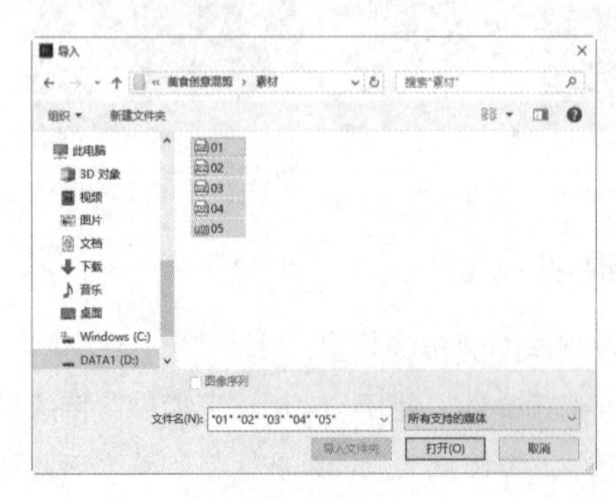

图 3-117

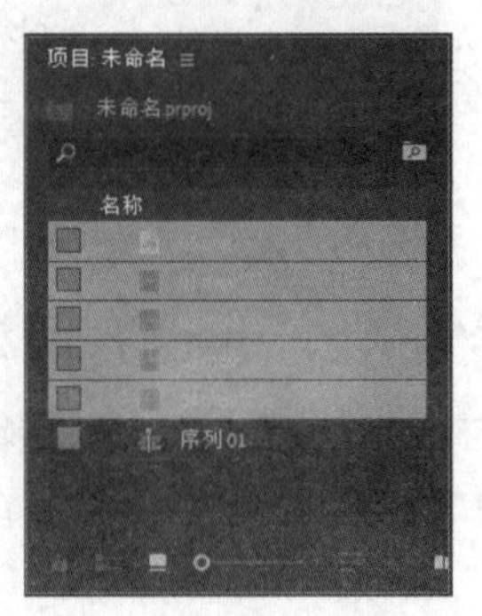

图 3-118

（3）在“项目”面板中选中“01~04”文件并将它们拖曳到“时间轴”面板中的“视频 1”轨道中。弹出“剪辑不匹配警告”对话框，单击“保持现有设置”按钮，在保持现有序列设置的情况下将文件放置在“视频 1”轨道中，如图 3-119 所示。选中“时间轴”面板中的“01”文件。选择“效果控件”面板，展开“运动”选项，将“缩放”选项设置为 67.0，如图 3-120 所示。用相同的方法调整其他素材文件的缩放效果。

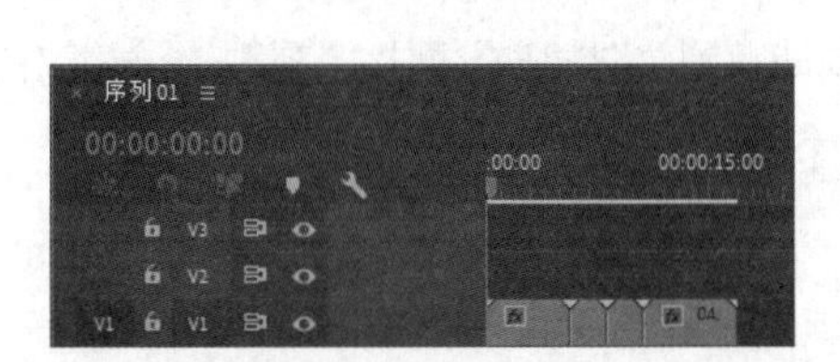

图 3-119

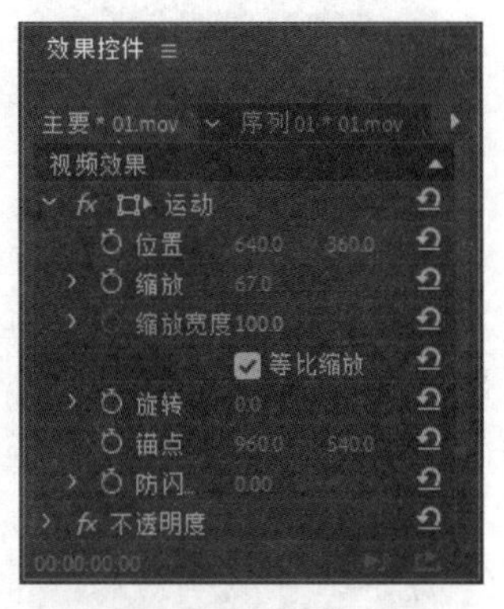

图 3-120

（4）在“项目”面板中选中“05”文件并将其拖曳到“时间轴”面板中的“视频 2”轨道中，如图 3-121 所示。

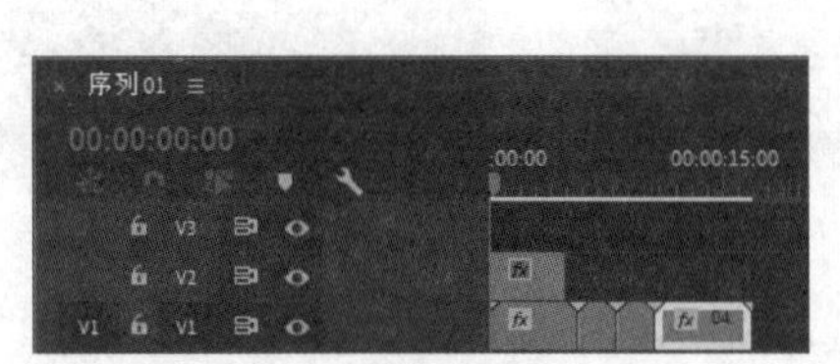

图 3-121

（5）选择“效果”面板，展开“视频过渡”特效组，单击“沉浸式视频”文件夹左侧的三角形按钮▶将其展开，选中“VR 球形模糊”特效，如图 3-122 所示。将“VR 球形模糊”特效拖曳到“时间轴”面板“视频 1”轨道中的“01”文件的开始位置，如图 3-123 所示。

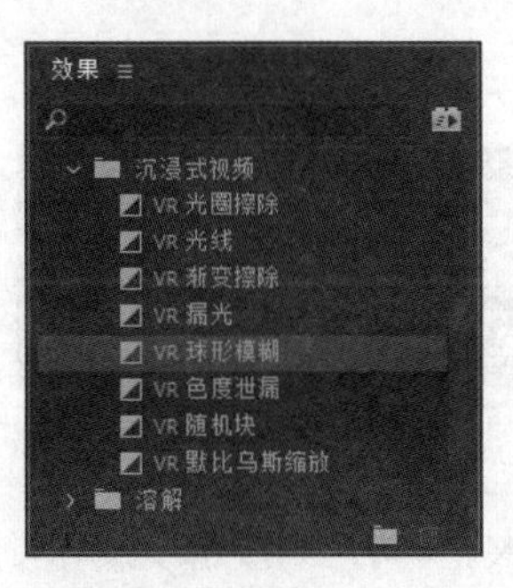

图 3-122

图 3-123

（6）选择“效果”面板，展开“视频过渡”特效组，单击“沉浸式视频”文件夹左侧的三角形按钮▶将其展开，选中“VR 漏光”特效，如图 3-124 所示。将“VR 漏光”特效拖曳到“时间轴”面板“视频 1”轨道中的“01”文件的结束位置与“02”文件的开始位置，如图 3-125 所示。

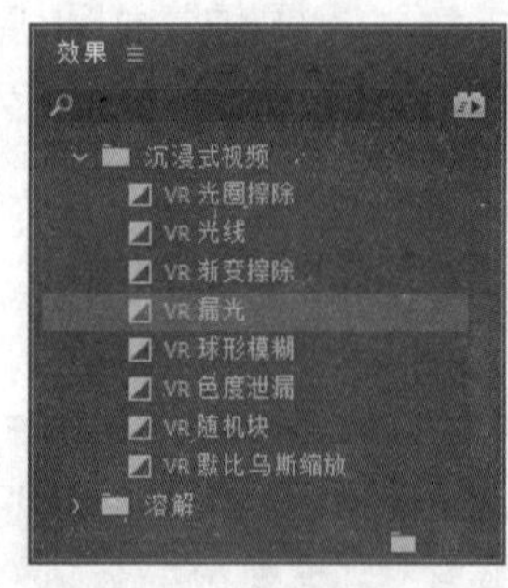

图 3-124　　图 3-125

（7）选择“效果”面板，单击“溶解”文件夹左侧的三角形按钮▶将其展开，选中“叠加溶解”特效，如图 3-126 所示。将“叠加溶解”特效拖曳到“时间轴”面板“视频 1”轨道中的“02”文件的结束位置与“03”文件的开始位置，如图 3-127 所示。

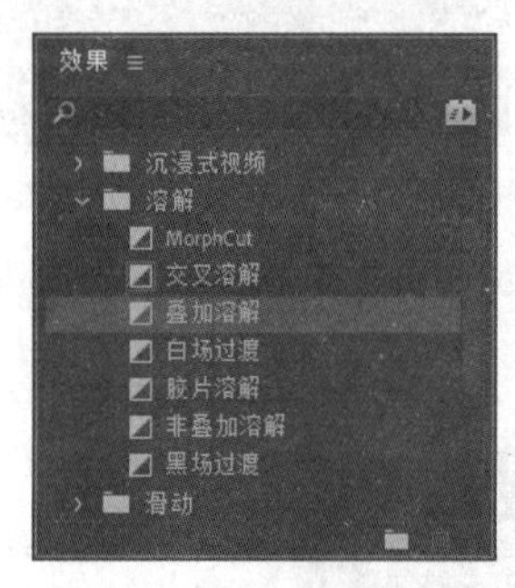

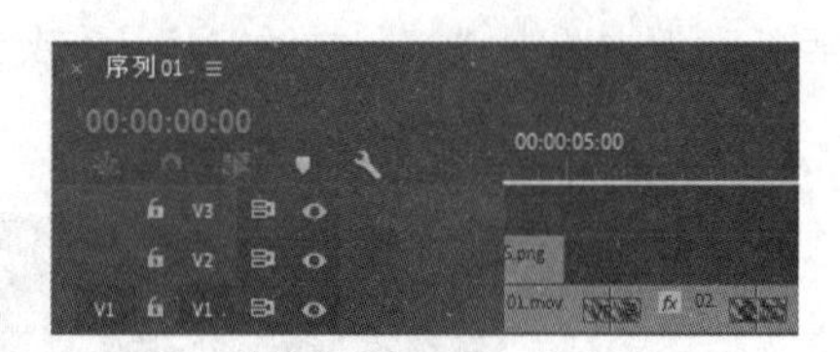

图 3-126　　图 3-127

（8）选择“效果”面板，选择“溶解”文件夹中的“非叠加溶解”特效，如图 3-128 所示。将“非叠加溶解”特效拖曳到“时间轴”面板“视频 1”轨道中的“03”文件的结束位置与“04”文件的开始位置，如图 3-129 所示。

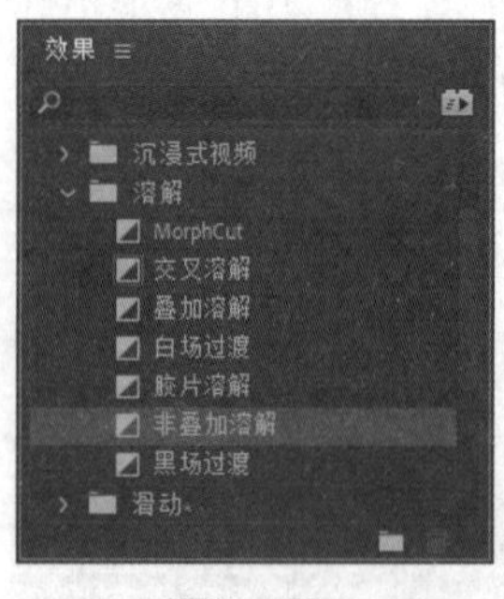

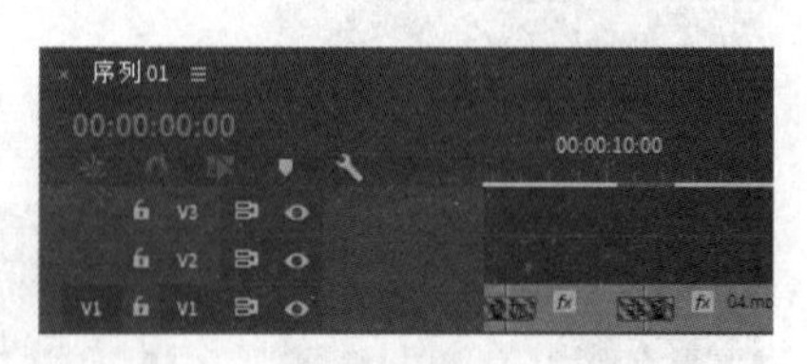

图 3-128　　图 3-129

（9）选择“效果”面板，单击“沉浸式视频”文件夹左侧的三角形按钮▶将其展开，选中“VR 默比乌斯缩放”特效，如图 3-130 所示。将“VR 默比乌斯缩放”特效拖曳到“时间轴”面板“视频 1”轨道中的“04”文件的结束位置，如图 3-131 所示。

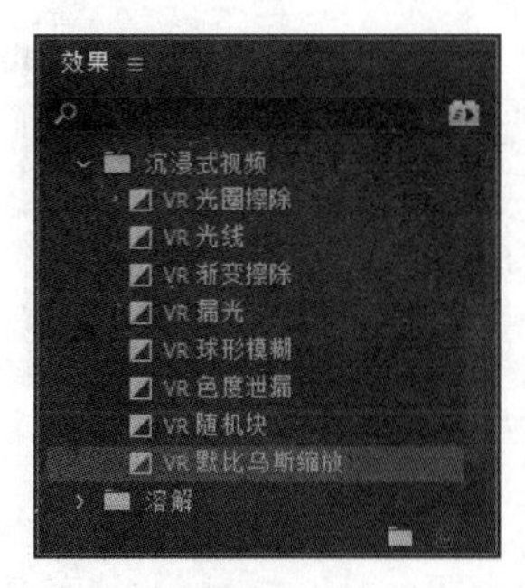

图 3-130

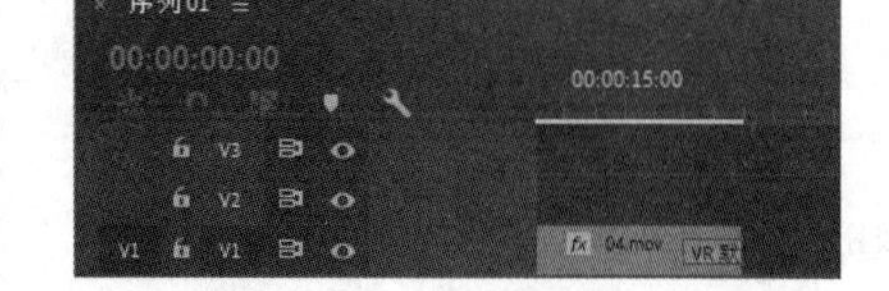

图 3-131

（10）选择“效果”面板，单击“溶解”文件夹左侧的三角形按钮▶将其展开，选中“交叉溶解”特效，如图 3-132 所示。将“交叉溶解”特效拖曳到“时间轴”面板“视频 2”轨道中的“05”文件的开始位置，如图 3-133 所示。美食创意混剪制作完成。

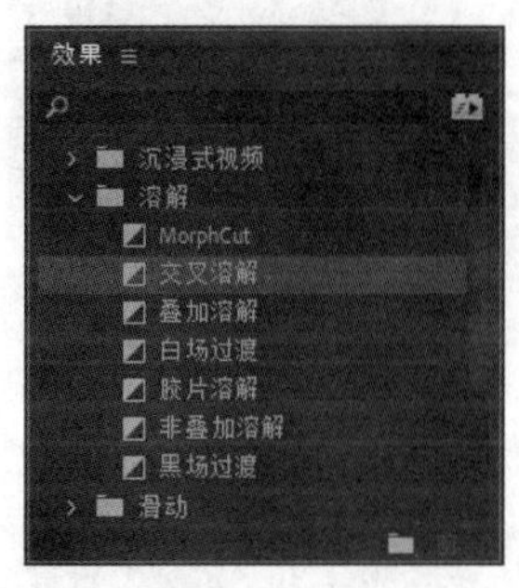

图 3-132

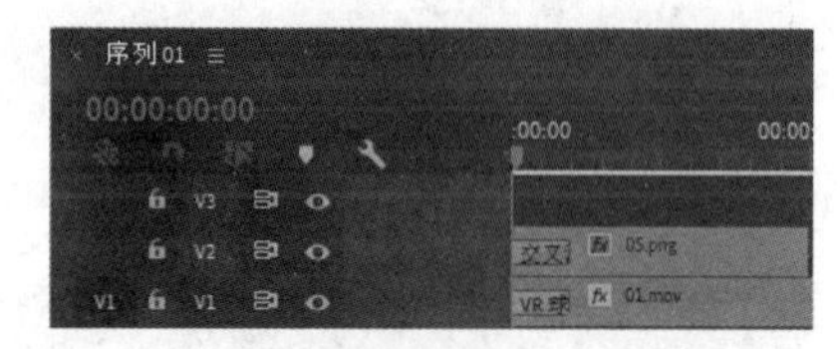

图 3-133

3.2.6 沉浸式视频

“沉浸式视频”文件夹中共包含 8 种视频转场特效。这些特效适用于 VR 环境（即 3D 全景），普通素材也可以应用，但在 3D 全景中的表现效果更佳。

1. VR 光圈擦除

“VR 光圈擦除”特效使影片 A 以光圈擦除的方式显示出影片 B，效果如图 3-134 和图 3-135 所示。

图 3-134

图 3-135

2. VR 光线

“VR 光线”特效使影片 A 逐渐变为强光线并淡化显示出影片 B，效果如图 3-136 和图 3-137 所示。

图 3-136

图 3-137

3. VR 渐变擦除

“VR 渐变擦除”特效使影片 A 以渐变擦除的方式显示出影片 B，效果如图 3-138 和图 3-139 所示。

图 3-138

图 3-139

4. VR 漏光

“VR 漏光”特效使影片 A 以漏光的方式逐渐显示出影片 B，效果如图 3-140 和图 3-141 所示。

图 3-140

图 3-141

5. VR 球形模糊

“VR 球形模糊”特效使影片 A 以球形模糊的方式逐渐淡化并显示出影片 B，效果如图 3-142 和图 3-143 所示。

图 3-142

图 3-143

6. VR 色度泄露

“VR 色度泄露”特效使影片 A 以色度泄露的方式显示出影片 B，效果如图 3-144 和图 3-145 所示。

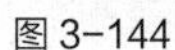
图 3-144

图 3-145

7. VR 随机块

“VR 随机块”特效将影片 A 以随机方块的方式覆盖并显示出影片 B,效果如图 3-146 和图 3-147 所示。

图 3-146

图 3-147

8. VR 默比乌斯缩放

“VR 默比乌斯缩放”特效将影片 A 以默比乌斯缩放的方式覆盖并显示出影片 B,效果如图 3-148 和图 3-149 所示。

图 3-148

图 3-149

3.2.7 溶解

“溶解”文件夹中共包含 7 种视频转场特效。

1. MorphCut

“MorphCut”特效可以对 A、B 影片进行画面分析，在转场过程中产生无缝连接的效果，多用于特写镜头，对快速运动、变化复杂的影片作用效果有限。

2. 交叉溶解

“交叉溶解”特效使影片 A 渐隐显示为影片 B，效果如图 3-150 和图 3-151 所示。该特效为标准的淡入淡出切换效果。在支持 Premiere Pro CC 2019 的双通道视频卡上，该特效可以实现实时播放。

图 3-150

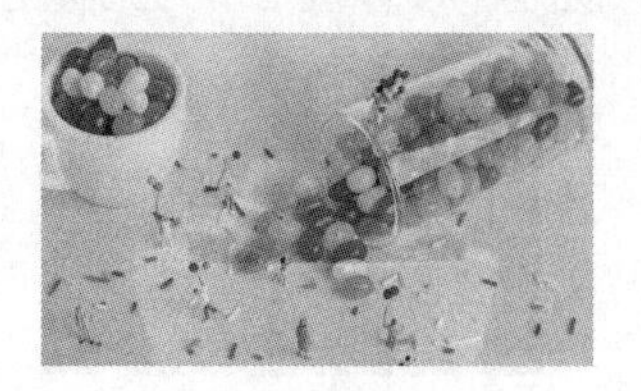
图 3-151

3. 叠加溶解

“叠加溶解”特效使影片 A 以加亮模式渐隐显示为影片 B，效果如图 3-152 和图 3-153 所示。

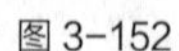
图 3-152

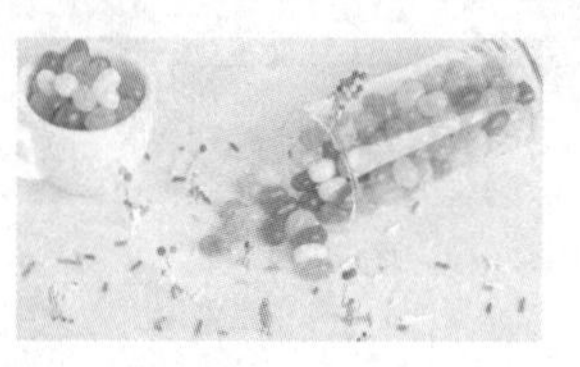
图 3-153

4. 白场过渡

“白场过渡”特效使影片 A 以变亮模式渐隐显示为影片 B，效果如图 3-154 和图 3-155 所示。

图 3-154

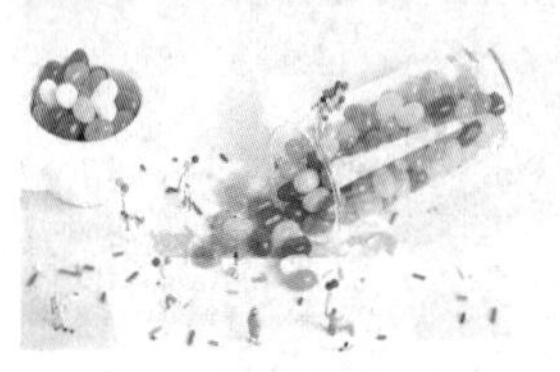
图 3-155

5. 胶片溶解

“胶片溶解”特效使影片 A 以胶片方式渐隐显示为影片 B，效果如图 3-156 和图 3-157 所示。

图 3-156

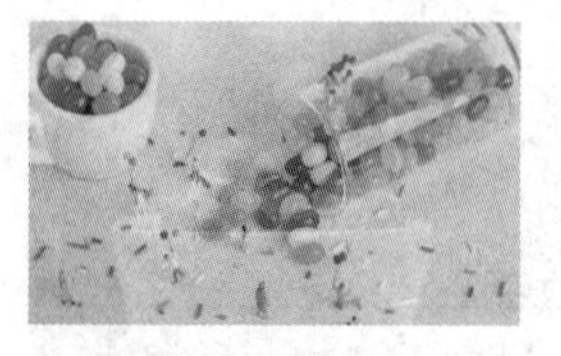
图 3-157

6. 非叠加溶解

“非叠加溶解”特效使影片 A 与影片 B 的亮度叠加消溶并显示影片 B，效果如图 3-158 和图 3-159 所示。

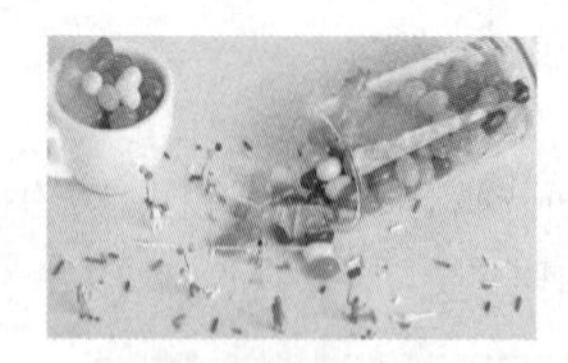
图 3-158

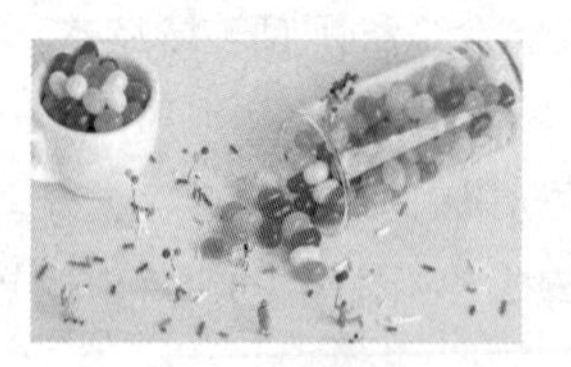
图 3-159

7. 黑场过渡

“黑场过渡”特效使影片 A 以变暗的方式淡化为影片 B，效果如图 3-160 和图 3-161 所示。

图 3-160

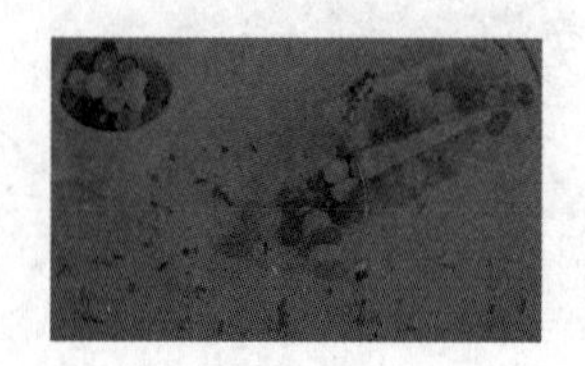
图 3-161

3.2.8 课堂案例——儿童成长电子相册

【案例学习目标】学习使用转场过渡特效制作图像转场效果。

【案例知识要点】使用“导入”命令导入视频文件，使用“滑动”特效、“拆分”特效、“翻页”特效和“交叉缩放”特效制作视频之间的过渡效果，使用“效果控件”面板编辑视频文件的大小。儿童成长电子相册效果如图 3-162 所示。

【效果所在位置】Ch03/儿童成长电子相册/儿童成长电子相册.prproj。

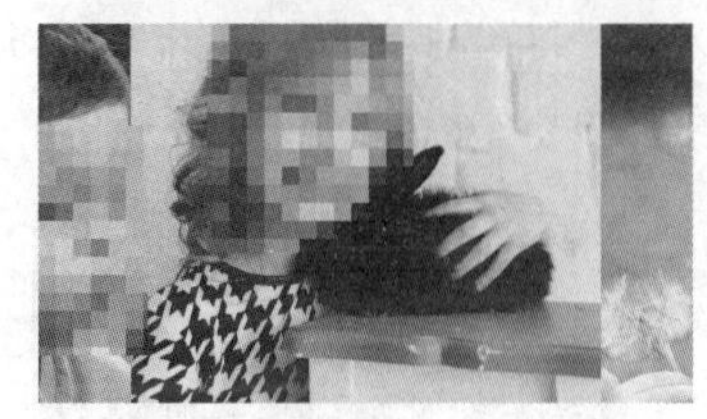

图 3-162

（1）启动 Premiere Pro CC 2019，选择“文件 > 新建 > 项目”命令，弹出“新建项目”对话框，如图 3-163 所示，单击“确定”按钮，新建项目。选择“文件 > 新建 > 序列”命令，弹出“新建序列”对话框，单击“设置”选项卡，具体参数设置如图 3-164 所示，单击“确定”按钮，新建序列。

图 3-163

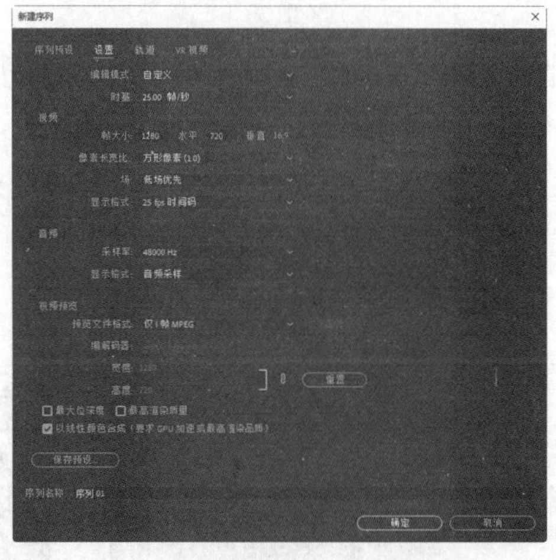

图 3-164

（2）选择“文件 > 导入”命令，弹出“导入”对话框，选择本书云盘中的“Ch03/儿童成长电子相册/素材/01~06”文件，如图 3-165 所示。单击“打开”按钮，将素材文件导入“项目”面板中，如图 3-166 所示。

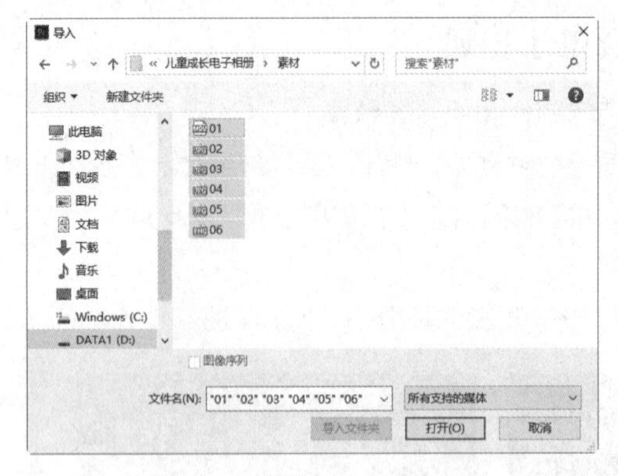

图 3-165

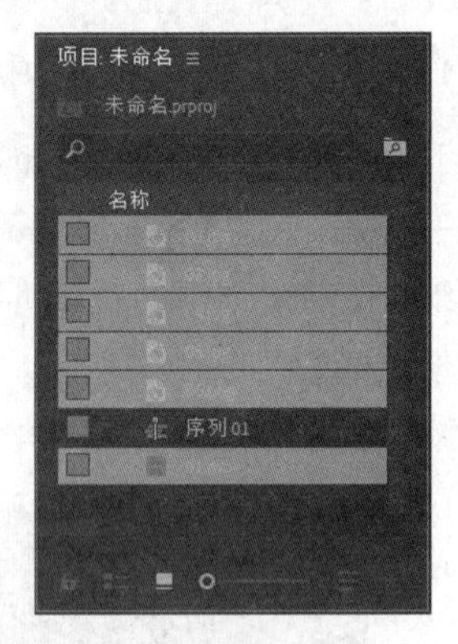

图 3-166

（3）在“项目”面板中选中“01”文件并将其拖曳到“时间轴”面板中的“视频 1”轨道中。弹出“剪辑不匹配警告”对话框，单击“保持现有设置”按钮，在保持现有序列设置的情况下将“01”文件放置在“视频 1”轨道中，如图 3-167 所示。选中“时间轴”面板中的“01”文件。选择“效果控件”面板，展开“运动”选项，将“缩放”选项设置为 50.0，如图 3-168 所示。

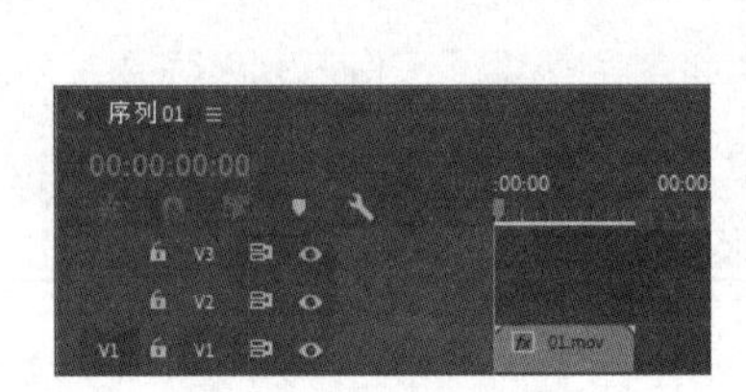

图 3-167

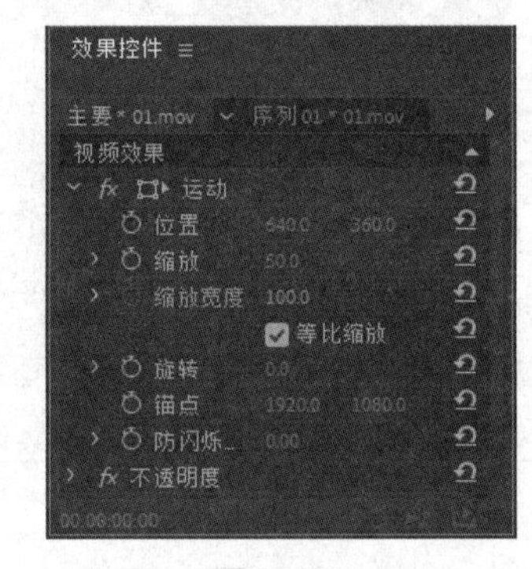

图 3-168

（4）选择“剪辑 > 速度/持续时间”命令，在弹出的对话框中进行设置，如图 3-169 所示，单击“确定”按钮，效果如图 3-170 所示。

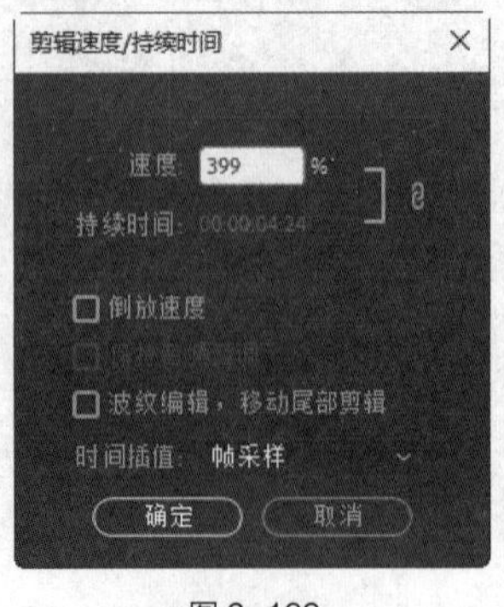

图 3-169

图 3-170

（5）在“项目”面板中选中“02~05”文件并将它们拖曳到“时间轴”面板中的“视频 1”轨道中，如图 3-171 所示。选中“06”文件并将其拖曳到“时间轴”面板中的“视频 2”轨道中，如图 3-172 所示。

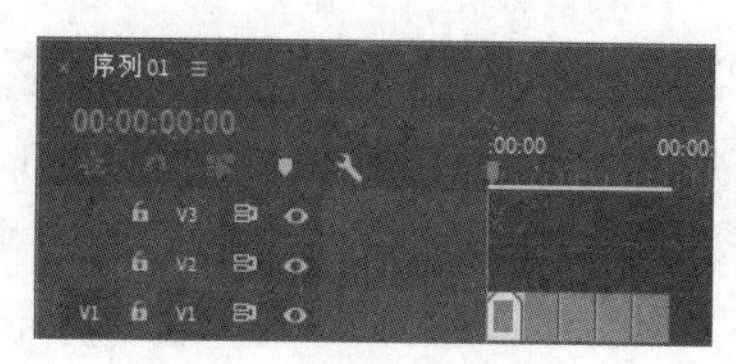
图 3-171

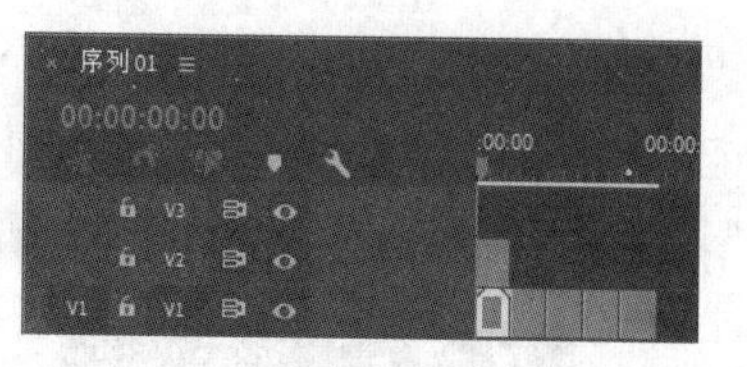
图 3-172

（6）选择“效果”面板，展开“视频过渡”特效组，单击“缩放”文件夹左侧的三角形按钮▶将其展开，选中“交叉缩放”特效，如图 3-173 所示。将“交叉缩放”特效拖曳到“时间轴”面板“视频 2”轨道中的“06”文件的开始位置，如图 3-174 所示。

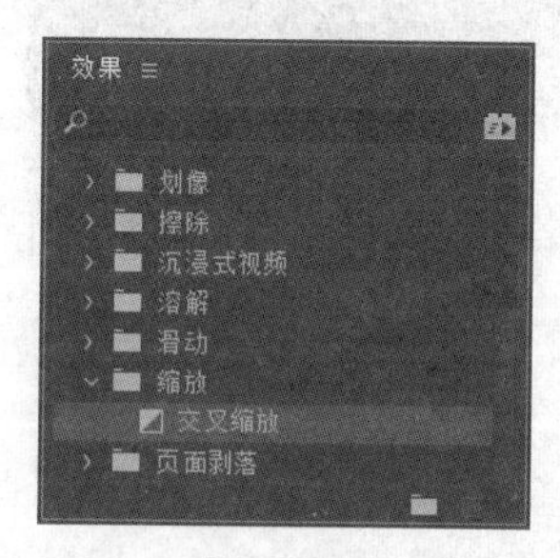

图 3-173

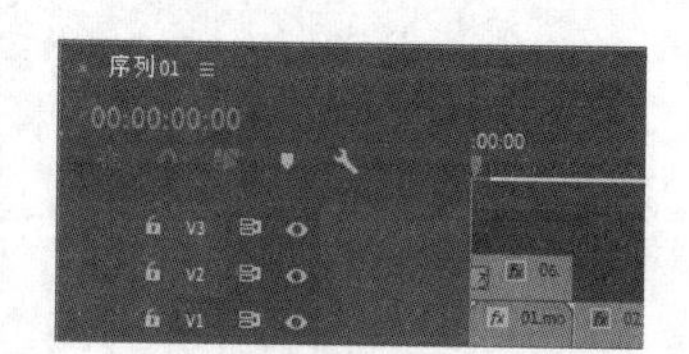
图 3-174

（7）选择“效果”面板，单击“滑动”文件夹左侧的三角形按钮▶将其展开，选中“滑动”特效，如图 3-175 所示。将“滑动”特效拖曳到“时间轴”面板“视频 1”轨道中的“02”文件的结束位置和“03”文件的开始位置，如图 3-176 所示。

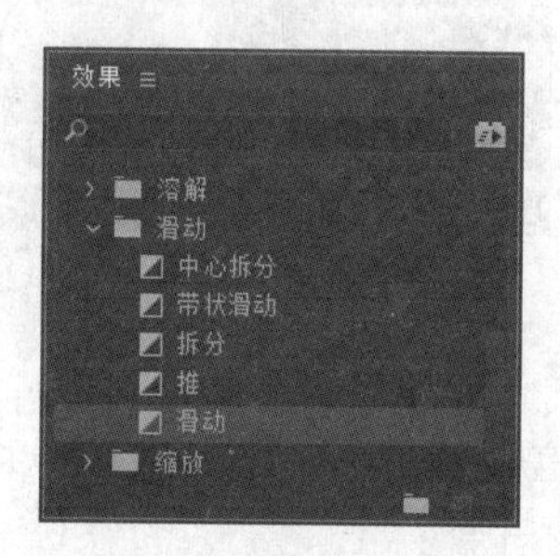

图 3-175

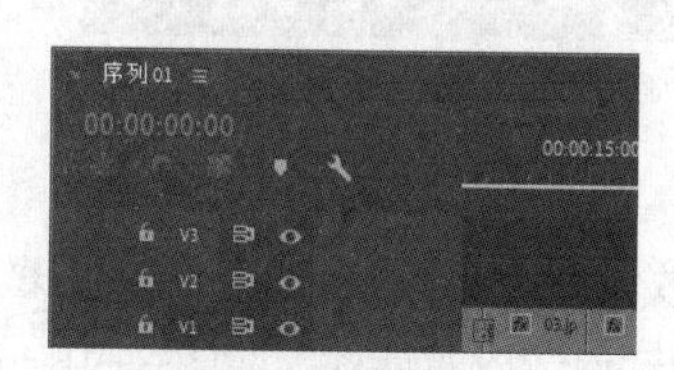
图 3-176

（8）选择“效果”面板，选择“滑动”文件夹中的“拆分”特效，如图 3-177 所示。将“拆分”特效拖曳到“时间轴”面板“视频 1”轨道中的“03”文件的结束位置和“04”文件的开始位置，如图 3-178 所示。

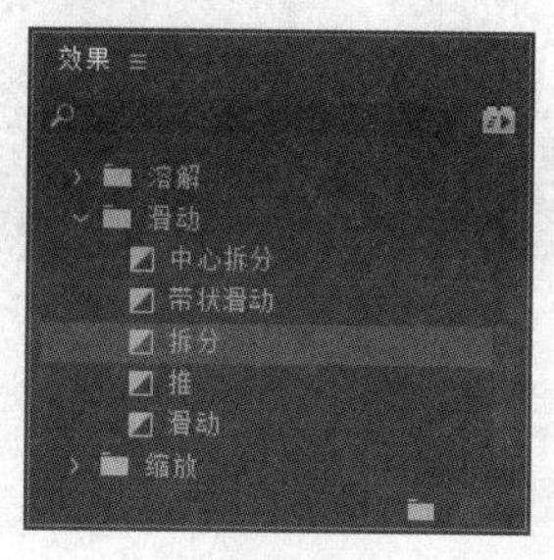

图 3-177

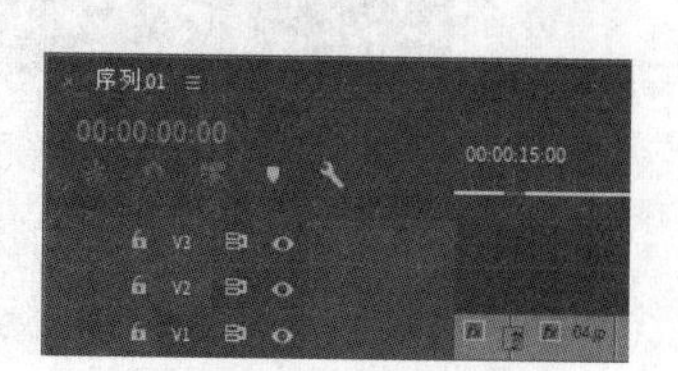
图 3-178

（9）选择“效果”面板，单击“页面剥落”文件夹左侧的三角形按钮▶将其展开，选中“翻页”特效，如图 3-179 所示。将“翻页”特效拖曳到“时间轴”面板“视频 1”轨道中的“04”文件的结束位置和“05”文件的开始位置，如图 3-180 所示。儿童成长电子相册制作完成。

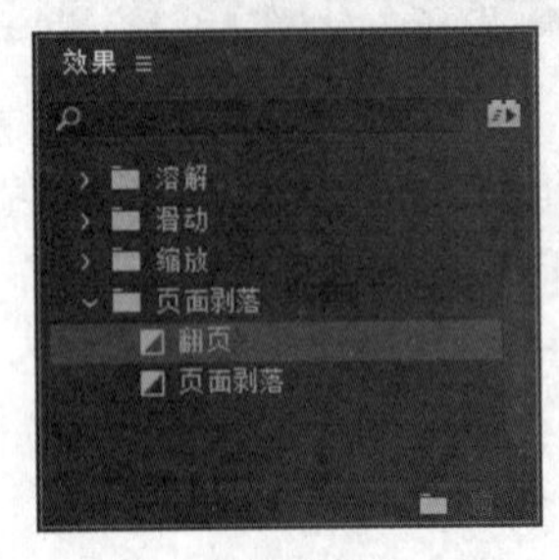

图 3-179

图 3-180

3.2.9 滑动

“滑动”文件夹中共包含 5 种视频转场特效。

1. 中心拆分

“中心拆分”特效使影片 A 从中心拆分为 4 块向四角滑出并显示影片 B，效果如图 3-181 和图 3-182 所示。

图 3-181

图 3-182

2. 带状滑动

“带状滑动”特效使影片 B 以条状进入并逐渐覆盖影片 A。在“效果控件”面板中单击“自定义”按钮，弹出“带状滑动设置”对话框，如图 3-183 所示。

“带数量”：输入切换带数量。

“带状滑动”转换特效效果如图 3-184 和图 3-185 所示。

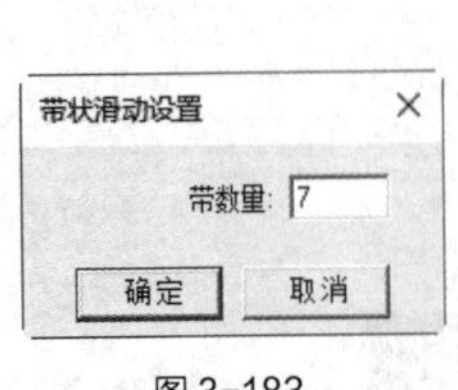

图 3-183

图 3-184

图 3-185

3. 拆分

“拆分”特效使影片 A 像自动门一样打开并显示影片 B，效果如图 3-186 和图 3-187 所示。

图 3-186

图 3-187

4. 推

“推”特效使影片 B 将影片 A 推出屏幕，效果如图 3-188 和图 3-189 所示。

图 3-188

图 3-189

5. 滑动

“滑动”特效使影片 B 滑入并覆盖影片 A，效果如图 3-190 和图 3-191 所示。

图 3-190

图 3-191

3.2.10 缩放

“缩放”文件夹中共包含 1 种以缩放方式过渡的视频转场特效。

交叉缩放

“交叉缩放”特效使影片 A 放大冲出、影片 B 缩小进入，效果如图 3-192 和图 3-193 所示。

图 3-192

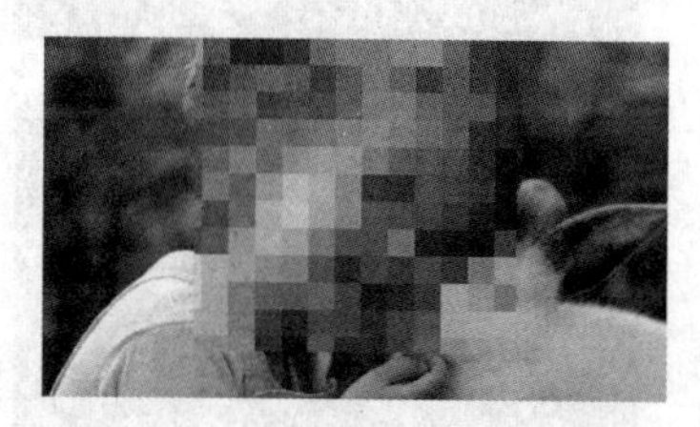
图 3-193

3.2.11 页面剥落

“页面剥落”文件夹中共包含两种视频转场特效。

1. 翻页

“翻页”特效使影片 A 从左上角向右下角卷起露出影片 B，效果如图 3-194 和图 3-195 所示。

图 3-194

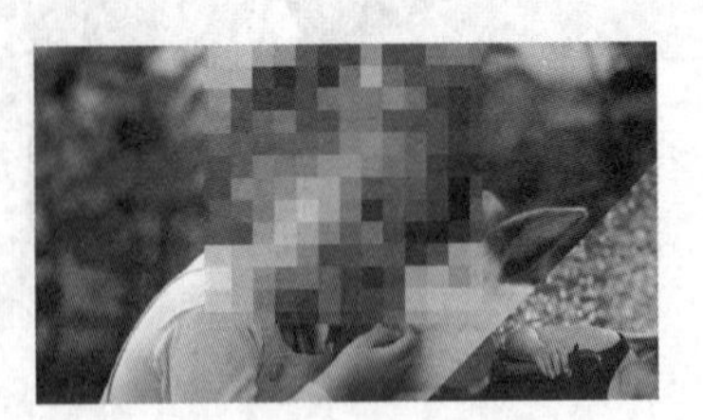
图 3-195

2. 页面剥落

“页面剥落”特效使影片 A 像纸一样翻面卷起露出影片 B，如图 3-196 和图 3-197 所示。

图 3-196

图 3-197

课堂练习——旅拍 Vlog 短视频

【练习知识要点】使用“导入”命令导入素材文件，使用“菱形划像”特效、“时钟式擦除”特效和“带状滑动”特效制作图片之间的过渡效果。旅拍 Vlog 短视频效果如图 3-198 所示。

【效果所在位置】Ch03/旅拍 Vlog 短视频/旅拍 Vlog 短视频.prproj。

图 3-198

课后习题——自驾网宣传片

【习题知识要点】使用“导入”命令导入视频文件，使用“带状滑动”特效、“推”特效、“交叉缩放”特效和“翻页”特效制作视频之间的过渡效果，使用“效果控件”面板编辑视频文件的大小。自驾网宣传片效果如图 3-199 所示。

【效果所在位置】Ch03/自驾网宣传片/自驾网宣传片. prproj。

图 3-199

04 第 4 章 视频特效应用

本章主要介绍 Premiere Pro CC 2019 中的视频特效。这些特效可以应用在视频、图片和文字上。通过本章的学习，读者可以快速了解并掌握视频特效制作的精髓部分，能随心所欲地创作出丰富多彩的视觉效果。

课堂学习目标

- 了解视频特效的应用
- 熟练掌握关键帧的使用方法
- 掌握视频特效与特效的操作

4.1 应用视频特效

为素材添加一个效果很简单，只需从“效果”面板中拖曳一个效果到“时间轴”面板中的素材片段上即可。如果素材片段处于被选中状态，用户也可以拖曳效果到该素材片段的“效果控件”面板中。

4.2 使用关键帧控制效果

在 Premiere Pro CC 2019 中，可以添加、选择和编辑关键帧。下面对关键帧的基本操作进行具体介绍。

4.2.1 关于关键帧

若要使效果随时间而改变，可以使用关键帧技术。当创建了一个关键帧后，就可以指定一个效果属性在确切的时间点上的值。当为多个关键帧赋予不同的属性值时，Premiere Pro CC 2019 会自动计算关键帧之间的属性值，这个处理过程称为“插补”。大多数标准效果都可以在素材的整个时间长度中设置关键帧。对于固定的效果，如位置和缩放，可以设置关键帧使素材产生动画，也可以移动、复制或删除关键帧和改变插补的模式。

4.2.2 激活关键帧

要设置动画效果属性，必须激活属性的关键帧，任何支持关键帧的效果属性都有“切换动画”按钮，单击该按钮可插入一个关键帧。插入关键帧（即激活关键帧）后，就可以添加和调整素材需要的属性，效果如图 4-1 所示。

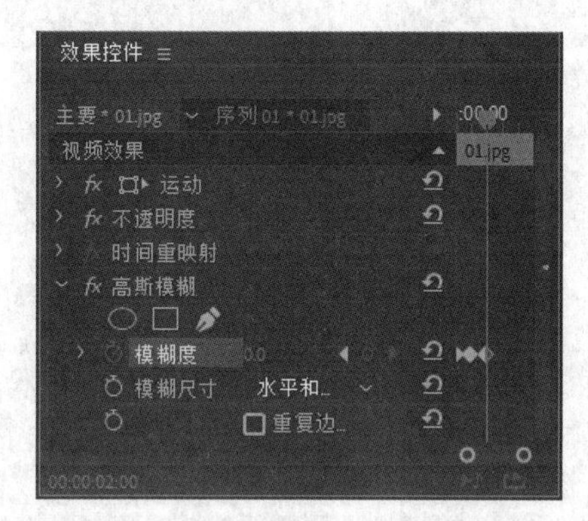

图 4-1

4.3 视频特效与特效操作

在了解了视频特效的基本使用方法之后，下面将对 Premiere Pro CC 2019 中的各视频特效进行详细的介绍。

4.3.1 课堂案例——峡谷风光创意写真

【案例学习目标】使用变换和扭曲特效制作创意写真。

【案例知识要点】使用“缩放”选项改变图像的大小，使用“镜像”特效制作镜像图像，使用“裁剪”特效剪切图像，使用“不透明度”选项改变图像的不透明度，使用“光照效果”特效改变图像的亮度。峡谷风光创意写真效果如图 4-2 所示。

【效果所在位置】Ch04/峡谷风光创意写真/峡谷风光创意写真. prproj。

图 4-2

（1）启动 Premiere Pro CC 2019，选择“文件 > 新建 > 项目”命令，弹出“新建项目”对话框，如图 4-3 所示，单击“确定”按钮，新建项目。选择“文件 > 新建 > 序列”命令，弹出“新建序列”对话框，单击“设置”选项卡，具体参数设置如图 4-4 所示，单击“确定”按钮，新建序列。

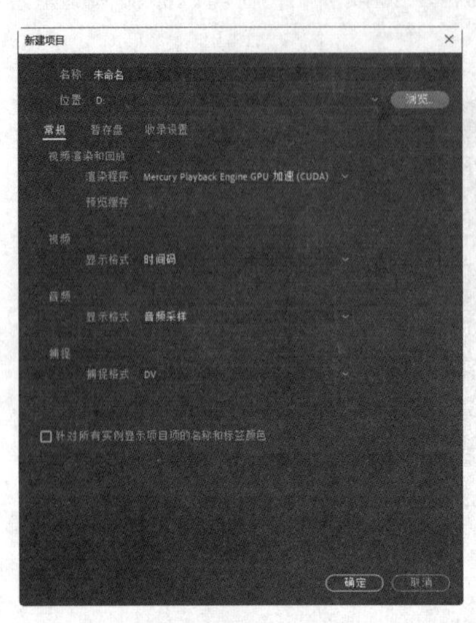

图 4-3

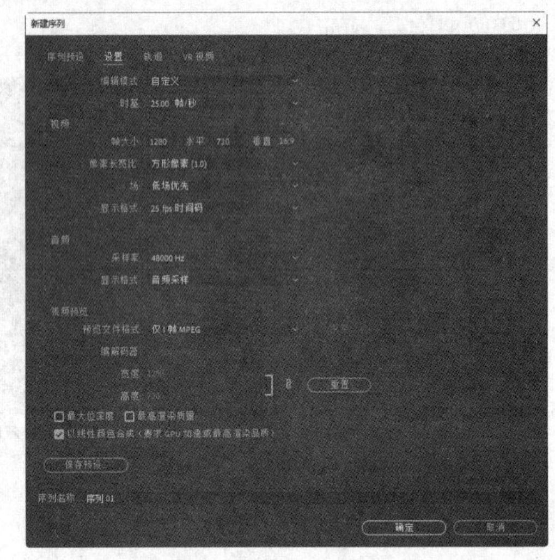

图 4-4

（2）选择“文件 > 导入”命令，弹出“导入”对话框，选择本书云盘中的“Ch04/峡谷风光创意写真/素材/01 和 02”文件，如图 4-5 所示。单击“打开”按钮，将素材文件导入“项目”面板中，如图 4-6 所示。

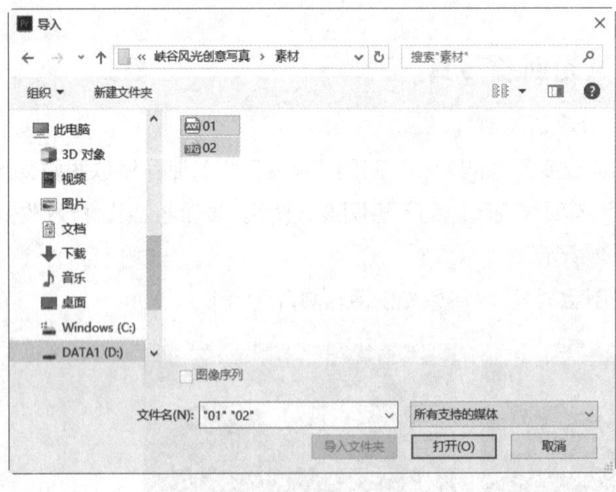

图 4-5

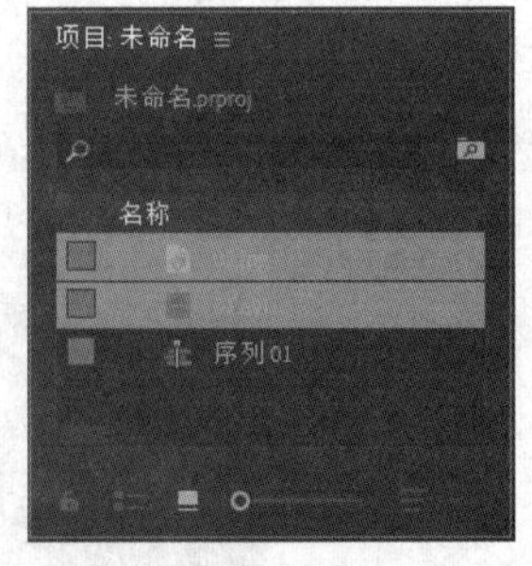

图 4-6

（3）在“项目”面板中选中“01”文件并将其拖曳到“时间轴”面板中的“视频 1”轨道上。弹出“剪辑不匹配警告”对话框，单击“保持现有设置”按钮，在保持现有序列设置的情况下将文件放置在“视频 1”轨道中，如图 4-7 所示。选中“时间轴”面板中的“01”文件。选择“效果控件”面板，展开“运动”选项，将“缩放”选项设置为 162.0，如图 4-8 所示。

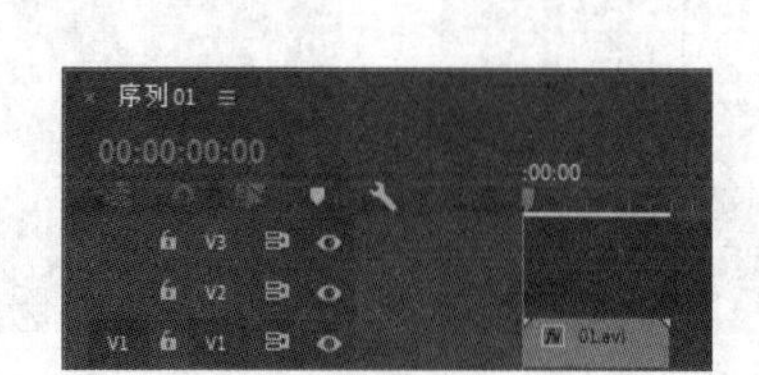

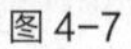
图 4-7

图 4-8

（4）选择“效果”面板，展开“视频效果”特效组，单击“扭曲”文件夹左侧的三角形按钮将其展开，选中“镜像”特效，如图 4-9 所示。将“镜像”特效拖曳到“时间轴”面板“视频 1”轨道中的“01”文件上，如图 4-10 所示。

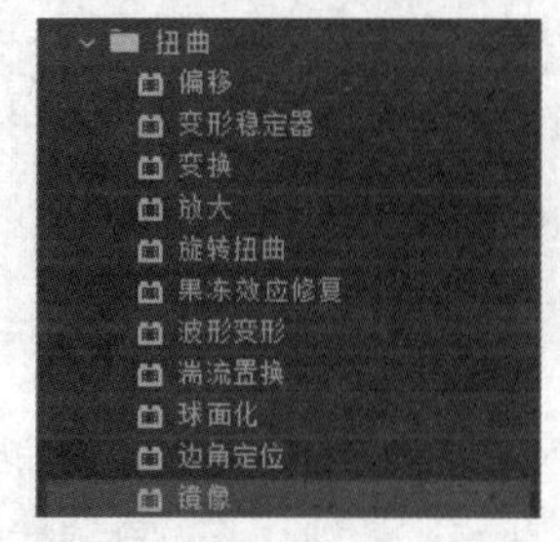

图 4-9

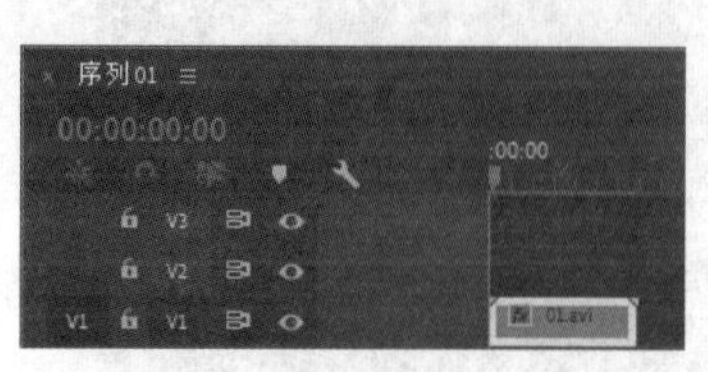

图 4-10

（5）选择“效果控件”面板，展开“镜像”选项，将“反射中心”选项设置为 698.0 和 362.0，将“反射角度”选项设置为 90.0° ，如图 4-11 所示。“节目”监视器窗口中的预览效果如图 4-12 所示。

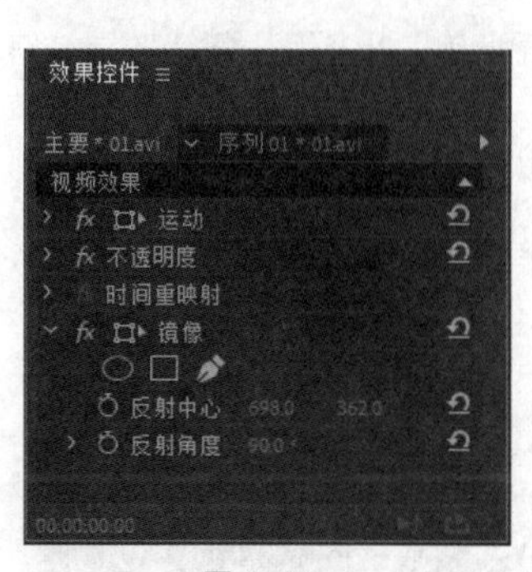

图 4-11

图 4-12

（6）在“项目”面板中选中“02”文件并将其拖曳到“时间轴”面板中的“视频 2”轨道上，如图 4-13 所示。在“时间轴”面板中选中“视频 2”轨道中的“02”文件。

（7）选择“效果”面板，单击“变换”文件夹左侧的三角形按钮将其展开，选中“裁剪”特效，如图 4-14 所示。将“裁剪”特效拖曳到“时间轴”面板“视频 2”轨道中的“02”文件上。在“效果控件”面板中展开“裁剪”选项，将“顶部”选项设置为 67.0%，将“羽化边缘”选项设置为 10，如图 4-15 所示。

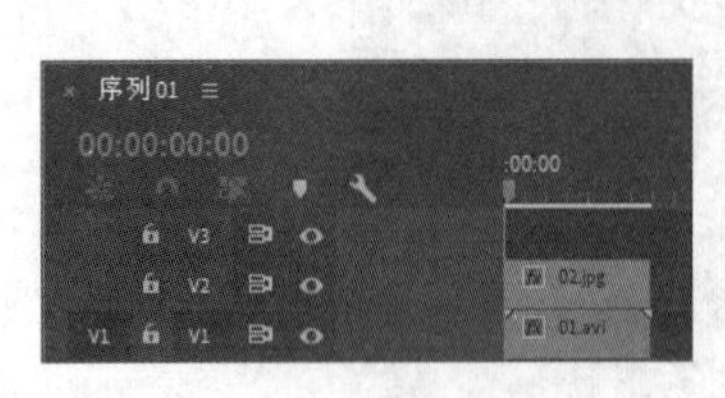

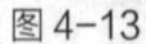

图 4-13

图 4-14

图 4-15

（8）在“效果控件”面板中展开“不透明度”选项，将“不透明度”选项设置为 65.0%，如图 4-16 所示，记录第 1 个动画关键帧。将时间指示器移动到 05:00s 的位置，将“不透明度”选项设置为 45.0%，如图 4-17 所示，记录第 2 个动画关键帧。峡谷风光创意写真制作完成。

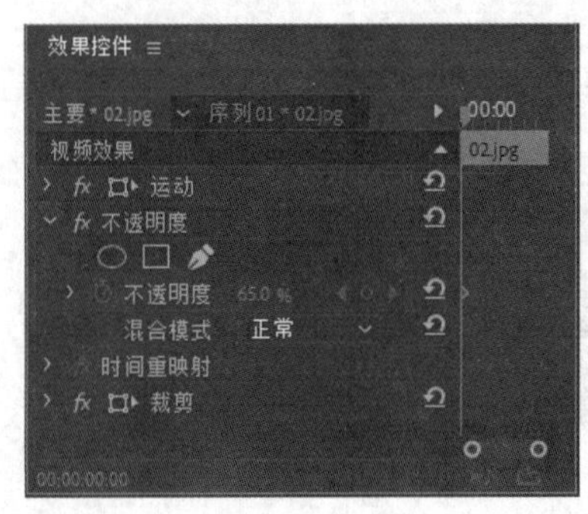

图 4-16

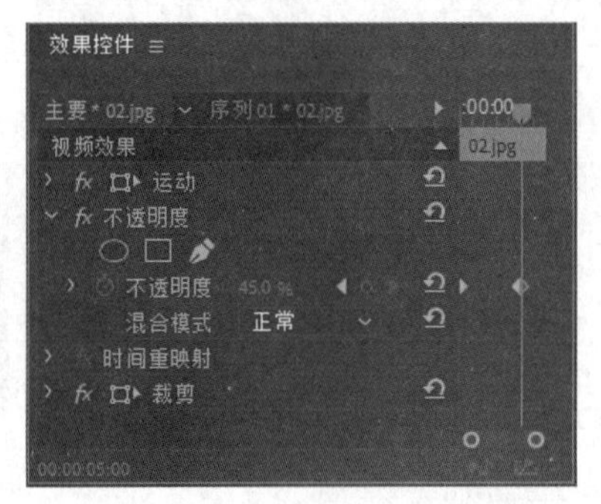

图 4-17

4.3.2 变换

“变换”视频特效主要通过对影像进行变换来制作出翻转、羽化和裁剪等效果，其中共包含 4 种特效。

1. 垂直翻转

该特效可以将图像沿水平轴垂直翻转。应用“垂直翻转”特效前、后的效果如图 4-18 和图 4-19 所示。

图 4-18

图 4-19

2. 水平翻转

该特效可以将图像沿垂直轴水平翻转。应用“水平翻转”特效前、后的效果如图 4-20 和图 4-21 所示。

图 4-20

图 4-21

3. 羽化边缘

该特效可以将图像的边缘进行虚化。应用该特效后，其参数面板如图 4-22 所示。

“数量”：用于设置羽化边缘的大小。

应用“羽化边缘”特效前、后的效果如图 4-23 和图 4-24 所示。

图 4-22

图 4-23

图 4-24

4. 裁剪

该特效用于裁剪图像。应用该特效后，其参数面板如图 4-25 所示。

“左侧”：用于设置裁剪左侧的数值。

“顶部”：用于设置裁剪顶部的数值。

“右侧”：用于设置裁剪右侧的数值。

“底部”：用于设置裁剪底部的数值。

“缩放”：勾选此复选框，可将图像缩小或放大。

“羽化边缘”：用于设置虚化图像的边缘。

应用“裁剪”特效前、后的效果如图 4-26 和图 4-27 所示。

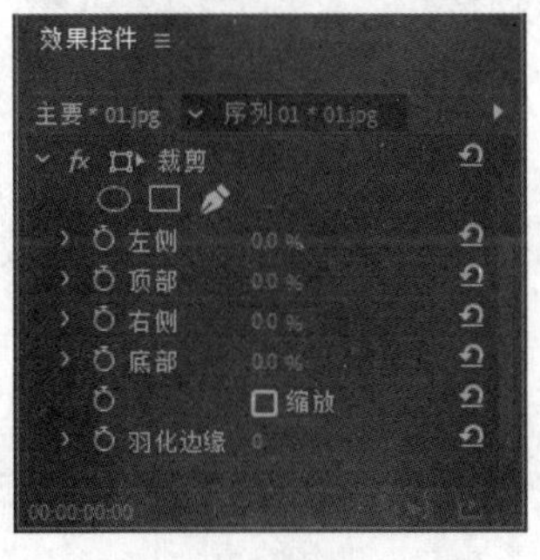

图 4-25

图 4-26

图 4-27

4.3.3 实用程序

“实用程序”视频特效组中只包含“Cineon 转换器”这一种特效，该特效主要用于使用 Cineon

转换器对影像色调进行调整和设置。应用该特效后，其参数面板如图 4–28 所示。应用“Cineon 转换器”特效前、后的效果如图 4–29 和图 4–30 所示。

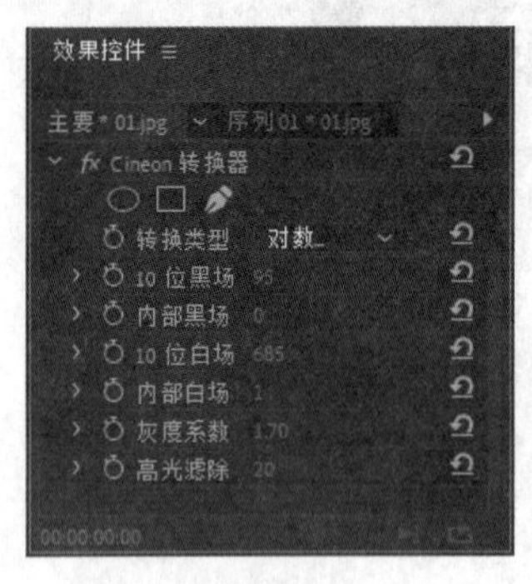

图 4–28

图 4–29

图 4–30

4.3.4　扭曲

“扭曲”视频特效主要通过对图像进行几何扭曲变形来制作出各种画面变形效果，其中共包含 12 种特效。

1. 偏移

该特效可以根据设置的偏移量对图像进行位移。应用该特效后，其参数面板如图 4–31 所示。

“将中心移位至”：设置偏移的中心点坐标值。

“与原始图像混合”：设置偏移的程度，数值越大，偏移效果越明显。

应用“偏移”特效前、后的效果如图 4–32 和图 4–33 所示。

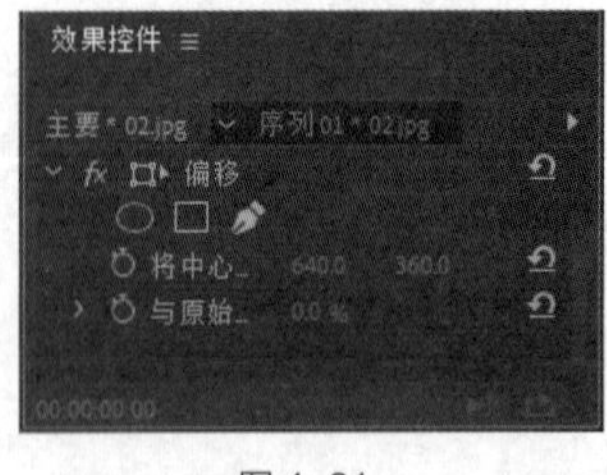

图 4–31

图 4–32

图 4–33

2. 变形稳定器

该特效会自动分析要稳定的素材，操作简单方便，并且在稳定的同时还能够使图像在裁剪、缩放等方面得到较好的控制。

3. 变换

该特效用于对图像的位置、尺寸、不透明度及倾斜度等进行综合设置。应用该特效后，其参数面板如图 4–34 所示。

“锚点”：用于设置定位点的坐标值。

“位置”：用于设置素材在屏幕中的位置。

“等比缩放”：勾选此复选框，设置具体参数选项时将只能成比例地缩放素材；不勾选此复选框，将显示“缩放宽度”和“缩放高度”选项，用于设置素材的高度与宽度。

“倾斜”：用于设置素材的倾斜度。

“倾斜轴”：用于设置倾斜轴的角度。

“旋转”：用于设置素材放置的角度。

“不透明度”：用于设置素材的不透明度。

“快门角度”：用于设置素材的遮挡角度。

“采样”：用于选择采样方式，包含“双线性”和“双立方”。

应用“变换”特效前、后的效果如图 4-35 和图 4-36 所示。

图 4-34

图 4-35

图 4-36

4. 放大

该特效可以将素材的某一部分放大，并可以调整放大区域的不透明度，会羽化放大区域边缘。应用该特效后，其参数面板如图 4-37 所示。

“形状”：用于设置放大区域的形状。

“中央”：用于设置放大区域的中心点坐标值。

“放大率”：用于设置放大区域的放大倍数。

“链接”：用于选择放大区域的模式。

“大小”：用于设置放大区域的尺寸。

“羽化”：用于设置放大区域的羽化值。

“不透明度”：用于设置放大区域的不透明度。

“缩放”：用于设置缩放的方式。

“混合模式”：用于设置放大部分与原图颜色的混合模式。

“调整图层大小”：只有在“链接”下拉列表中选择了“无”选项，才能勾选该复选框。

应用“放大”特效前、后的效果如图 4-38 和图 4-39 所示。

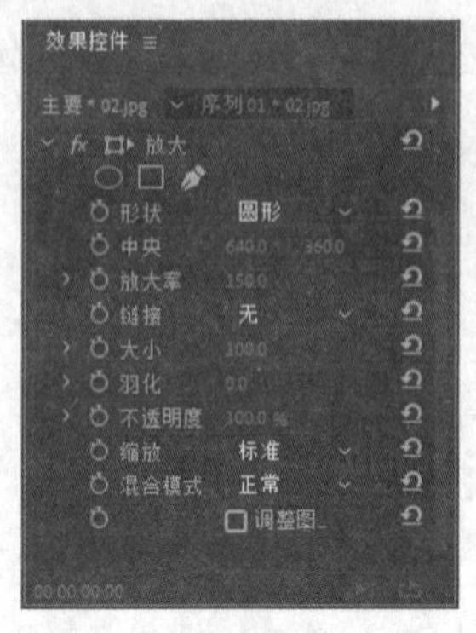

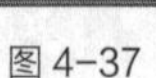
图 4-37

图 4-38

图 4-39

5. 旋转扭曲

该特效可以使图像产生沿中心轴旋转的效果。应用该特效后，其参数面板如图 4-40 所示。

“角度”：用于设置旋涡的旋转角度。

“旋转扭曲半径”：用于设置产生旋涡的半径。

“旋转扭曲中心”：用于设置产生旋涡的中心点位置。

应用“旋转扭曲”特效前、后的效果如图 4-41 和图 4-42 所示。

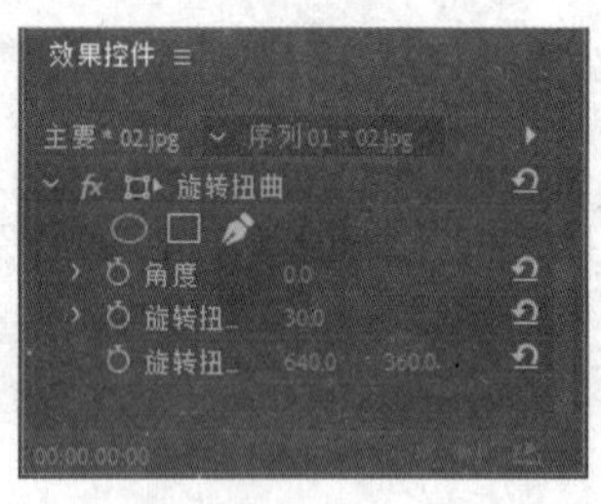

图 4-40

图 4-41

图 4-42

6. 果冻效应修复

该特效可以修复因摄像机或拍摄对象移动产生的延迟时间而形成的扭曲。应用该特效后，其参数面板如图 4-43 所示。

“果冻效应比率”：指定帧速率（扫描时间）的百分比。

“扫描方向”：指定发生果冻效应扫描的方向。

“方法”：指定是否使用光流分析和像素运动重定时来生成变形的帧（像素运动），或者是否使用稀疏点跟踪以及变形方法（变形）。

“详细分析”：在变形过程中进行更为详细的分析。

“像素运动细节”：指定光流矢量场计算的详细程度。

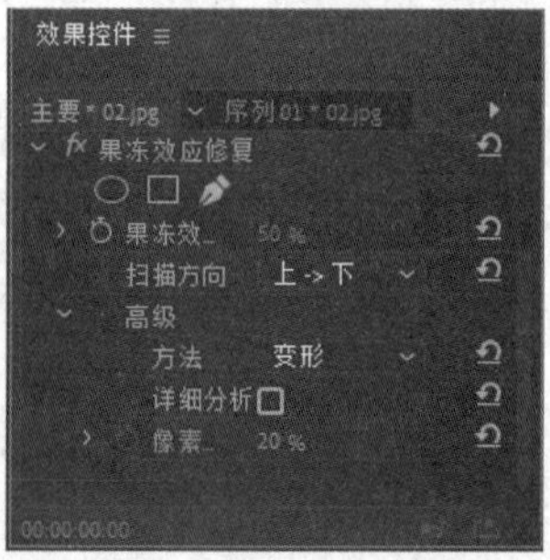

图 4-43

7. 波形变形

该特效类似于波纹效果，可以对波纹的形状、方向及宽度等进行设置。应用该特效后，其参数面板如图 4-44 所示。

“波形类型”：用于选择波形的类型。

“波形高度”/“波形宽度”：用于设置波形的高度（振幅）与宽度（波长）。

“方向”：用于设置波形旋转的角度。

“波形速度”：用于设置波形的运动速度。

“固定”：用于设置波形的面积模式。

“相位”：用于设置波形的角度。

“消除锯齿（最佳品质）”：用于设置特效的质量。

应用“波形变形”特效前、后的效果如图 4-45 和图 4-46 所示。

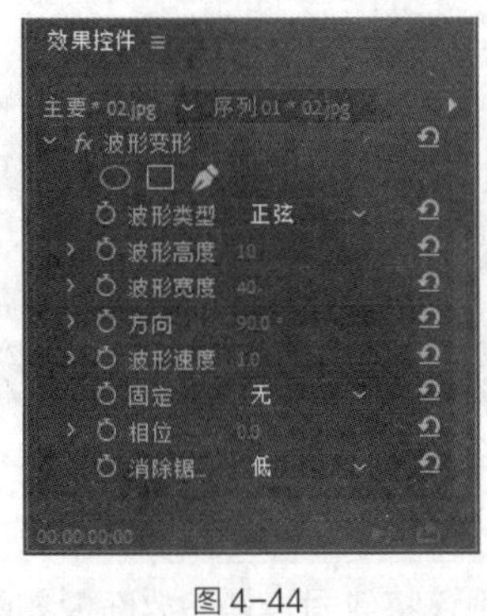

图 4-44

图 4-45

图 4-46

8. 湍流置换

该特效可以使素材产生类似于流水、飘动旗帜和哈哈镜等的扭曲效果。应用该特效后，其参数面板如图 4-47 所示。

“置换”：用于设置湍流的类型，包含湍流、凸出、扭转、湍流较平滑、凸出较平滑、扭转较平滑、垂直置换、水平置换和交叉置换。

“数量”：用于设置湍流的数量。

“大小”：用于设置湍流的区域大小。

“偏移（湍流）”：用于设置湍流的分形部分。

“复杂度”：用于设置湍流的细节部分。

“演化”：用于设置随时间变化的湍流变化。

“演化选项”：用于设置在短周期内的变化效果。

“固定”：用于设置固定的范围。

“消除锯齿最佳品质”：用于设置消除锯齿的质量。

应用“湍流置换”特效前、后的效果如图 4-48 和图 4-49 所示。

图 4-47

图 4-48

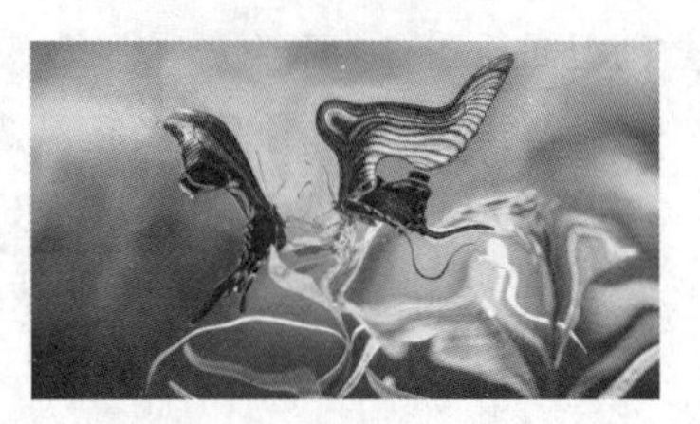

图 4-49

9. 球面化

应用该特效可以在素材中制作出球形画面效果。应用该特效后，其参数面板如图 4-50 所示。

“半径”：用于设置球形的半径值。

“球面中心”：用于设置产生球面效果的中心点位置。

应用“球面化”特效前、后的效果如图 4-51 和图 4-52 所示。

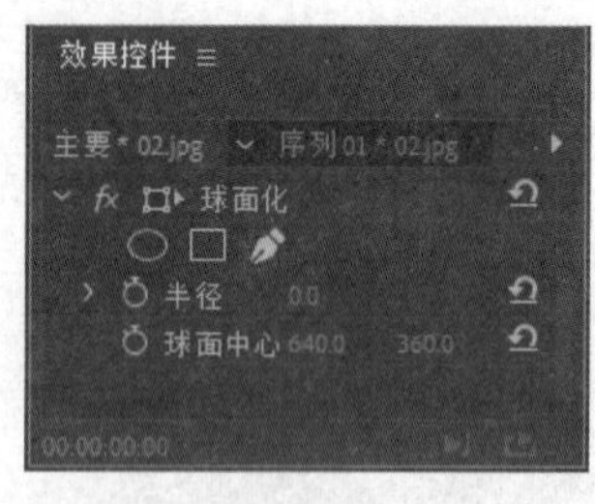

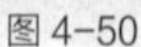

图 4-50　　图 4-51　　图 4-52

10. 边角定位

应用该特效，可以使图像的 4 个顶点发生变化，达到变形效果。应用该特效后，其参数面板如图 4-53 所示。单击“边角定位”按钮，在“节目”监视器窗口中图片的 4 个角上将出现 4 个控制柄，调整控制柄的位置就可以改变图片的形状。

“左上”：用于调整素材左上角的位置。

“右上”：用于调整素材右上角的位置。

“左下”：用于调整素材左下角的位置。

“右下”：用于调整素材右下角的位置。

应用“边角定位”特效前、后的效果如图 4-54 和图 4-55 所示。

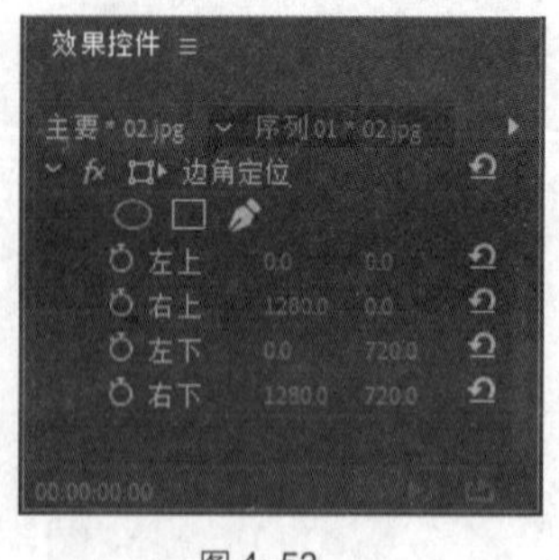

图 4-53　　图 4-54　　图 4-55

11. 镜像

应用该特效可以将图像沿一条直线分割为对称的两部分，制作出镜像效果。应用该特效后，其参数面板如图 4-56 所示。

“反射中心”：用于设置镜像效果的中心点坐标值。

“反射角度”：用于设置镜像效果的角度。

应用“镜像”特效前、后的效果如图 4-57 和图 4-58 所示。

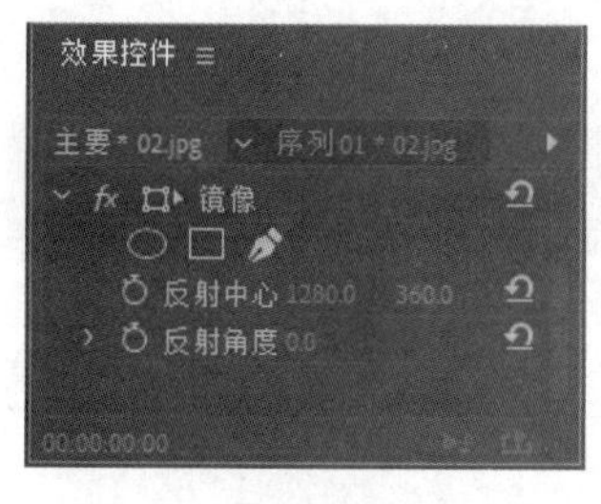

图 4-56

图 4-57

图 4-58

12. 镜头扭曲

该特效用于模拟一种从变形透镜中观看素材的效果。应用该特效后，其参数面板如图 4-59 所示。

“曲率”：用于设置素材的弯曲程度，数值为 0 以上时将缩小素材，数值为 0 以下时将放大素材。

“垂直偏移”：用于设置弯曲中心点垂直方向上的位置。

“水平偏移”：用于设置弯曲中心点水平方向上的位置。

“垂直棱镜效果”：用于设置素材上、下两边棱角的弧度。

“水平棱镜效果”：用于设置素材左、右两边棱角的弧度。

“填充 Alpha”：勾选此复选框可使背景变透明。

“填充颜色”：用于设置背景颜色。

应用“镜头扭曲”特效前、后的效果如图 4-60 和图 4-61 所示。

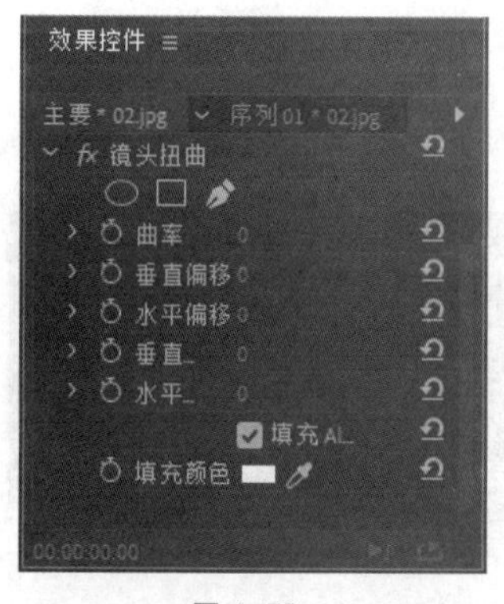

图 4-59

图 4-60

图 4-61

4.3.5 时间

“时间”视频特效用于对素材的时间特性进行控制。该特效组中包含了 4 种特效。

1. 像素运动模糊

该特效可以使素材产生运动模糊效果。应用该特效后，其参数面板如图 4-62 所示。

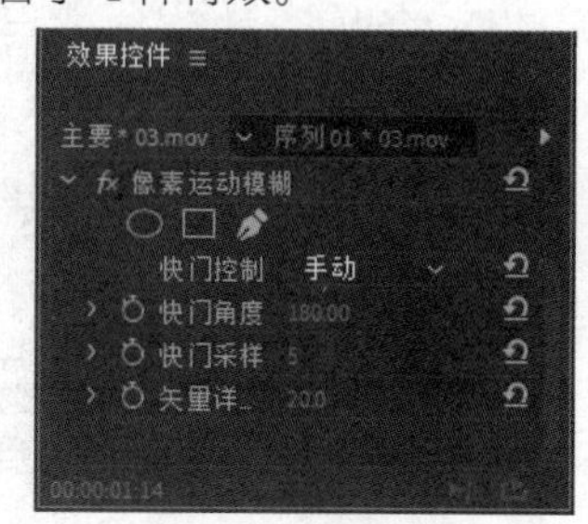

图 4-62

“快门控制”：用于设置运动模糊的快门控制方式。

“快门角度”：用于设置运动模糊的快门角度。

“快门采样”：用于设置运动模糊的快门采样率。

“矢量详细信息”：用于设置矢量详细信息的显示。

2. 时间扭曲

该特效可以使素材产生时间扭曲的效果。应用该特效后，其参数面板如图 4-63 所示。

“方法”：用于设置时间扭曲的方法。

“调整时间方式”：用于设置时间的调整方式。

“速度”：用于设置时间扭曲的速度。

“源帧”：用于设置时间扭曲的源帧。

“调节”：用于调整平滑、滤镜、块大小等选项。

“运动模糊”：用于启用和设置运动模糊效果。

“遮罩图层”/“遮罩通道”：用于设置遮罩的图层和通道。

“变形图层”：用于设置变形扭曲的图层。

“显示”：用于设置时间扭曲的显示方式。

“源裁剪”：用于设置时间扭曲的裁剪方法。

应用“时间扭曲”特效前、后的效果如图 4-64 和图 4-65 所示。

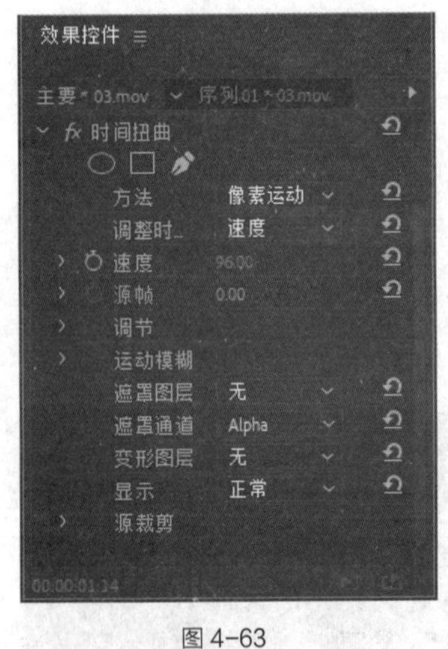

图 4-63

图 4-64

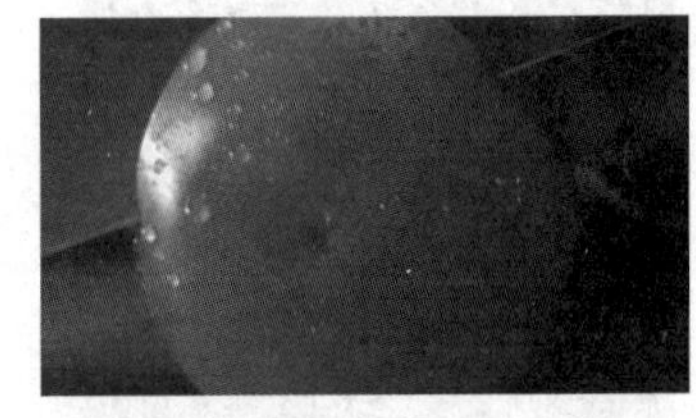
图 4-65

3. 残影

该特效可以将素材中不同时间的多个帧进行同时播放，产生条纹和反射的效果。应用该特效后，其参数面板如图 4-66 所示。

“残影时间（秒）”：用于设置两个混合图像之间的时间间隔。

“残影数量”：用于设置重复帧的数量。

“起始强度”：用于设置素材的亮度。

“衰减”：用于设置组合素材强度减弱的比例。

“残影运算符”：用于设置回声与素材之间的混合模式。

应用“残影”特效前、后的效果如图 4-67 和图 4-68 所示。

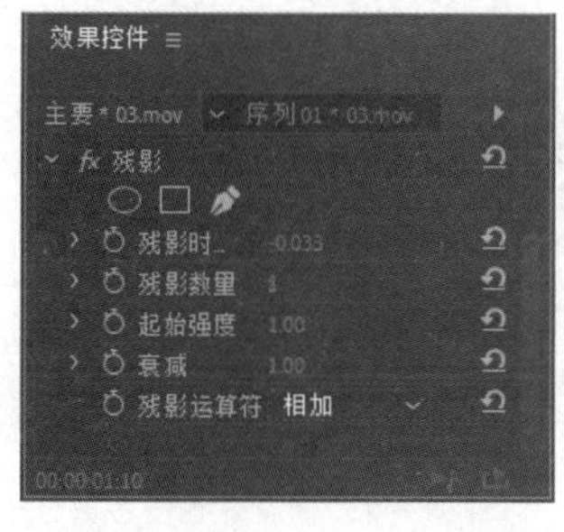

图 4-66

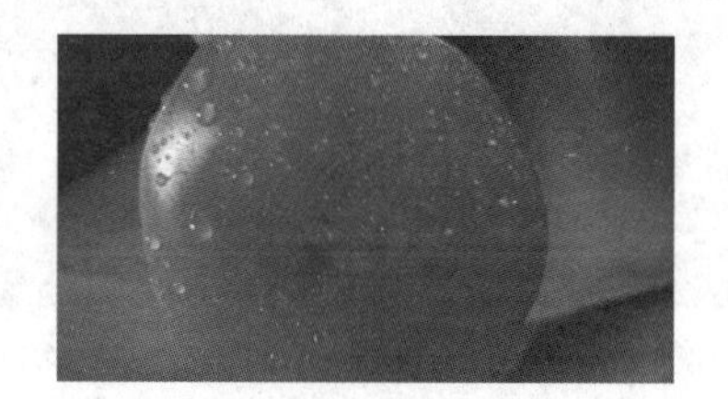
图 4-67

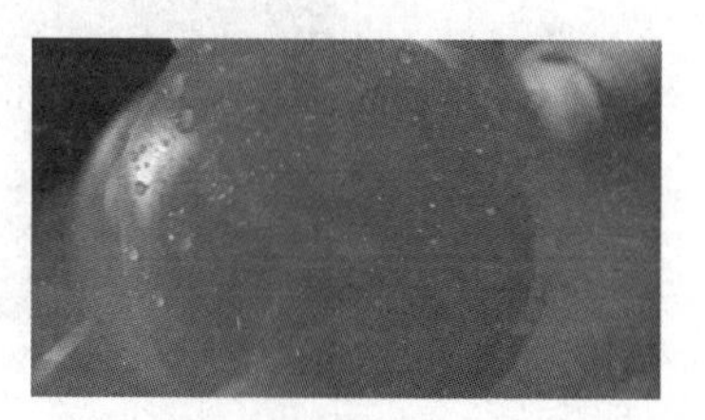
图 4-68

4. 色调分离时间

该特效可以将素材设定为某一个帧率进行播放，从而产生跳帧的效果。图 4-69 所示为“色调分离时间”特效的参数设置面板。

该特效只有“帧速率”一项参数可以设置，当修改素材默认的播放速率后，素材就会按照指定的播放速率进行播放，从而产生跳帧播放的效果。

图 4-69

4.3.6 杂色与颗粒

“杂色与颗粒”视频特效主要用于去除素材画面中的擦痕及噪点，其中共包含以下 6 种特效。

1. 中间值

该特效可使图像的每一个像素都用它周围像素的 RGB 平均值来代替，从而达到平均整个画面的色值，得到艺术效果的目的。应用“中间值”特效前、后的效果如图 4-70 和图 4-71 所示。

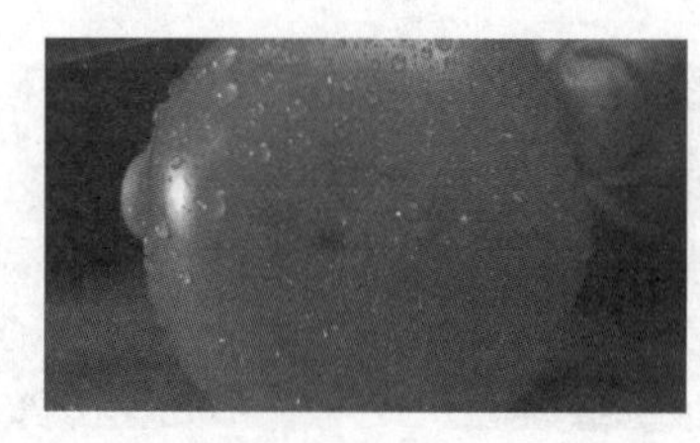
图 4-70

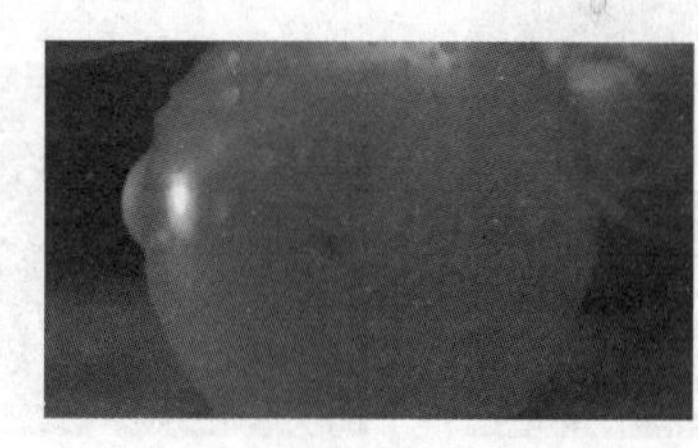
图 4-71

2. 杂色

该特效用于在画面中添加模拟的噪点效果。应用“杂色”特效前、后的效果如图 4-72 和图 4-73 所示。

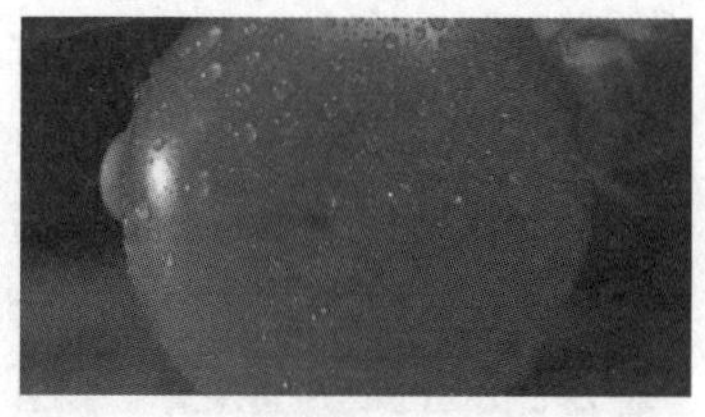
图 4-72

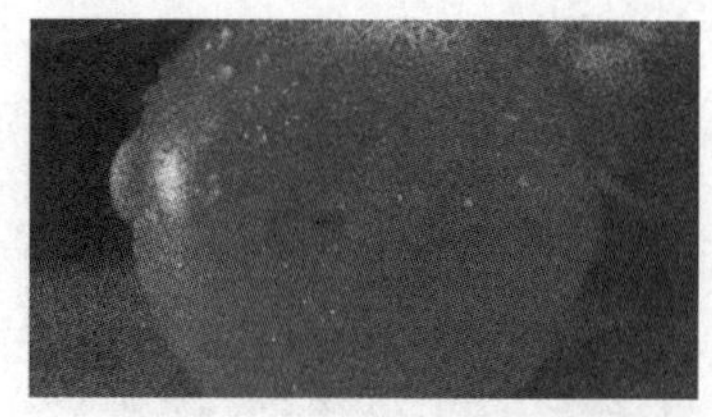
图 4-73

3. 杂色 Alpha

该特效可以在素材的一个通道中添加统一或方形的噪波。应用“杂色 Alpha”特效前、后的效果如图 4-74 和图 4-75 所示。

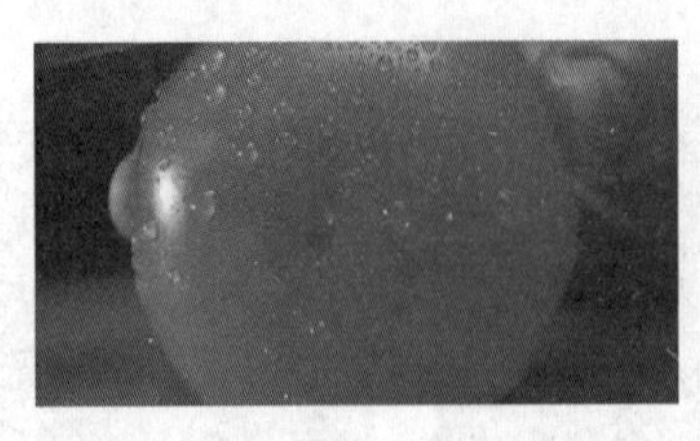

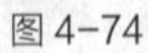
图 4-74

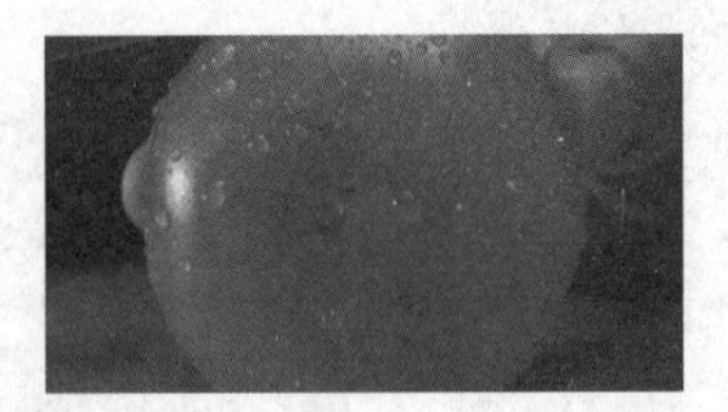

图 4-75

4. 杂色 HLS

该特效可以根据素材的色相、亮度和饱和度添加不规则的噪点。应用该特效后，其参数面板如图 4-76 所示。

“杂色”：用于设置杂质颗粒的类型。

“色相”：用于设置色相通道产生杂质的强度。

“亮度”：用于设置亮度通道产生杂质的强度。

“饱和度”：用于设置饱和度通道产生杂质的强度。

“颗粒大小”：用于设置杂质的颗粒大小。

“杂色相位”：用于设置杂质的方向角度。

应用“杂色 HLS”特效前、后的效果如图 4-77 和图 4-78 所示。

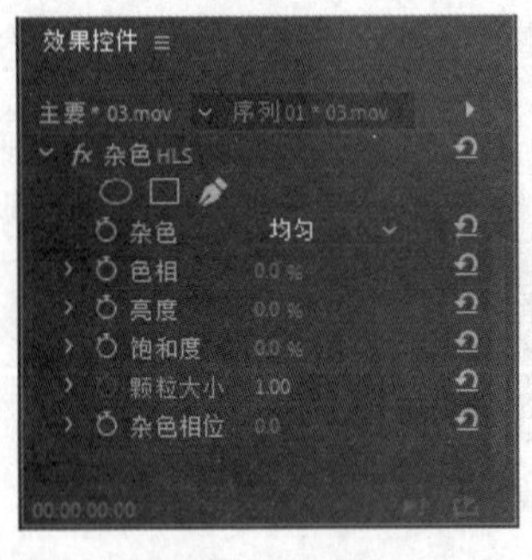

图 4-76

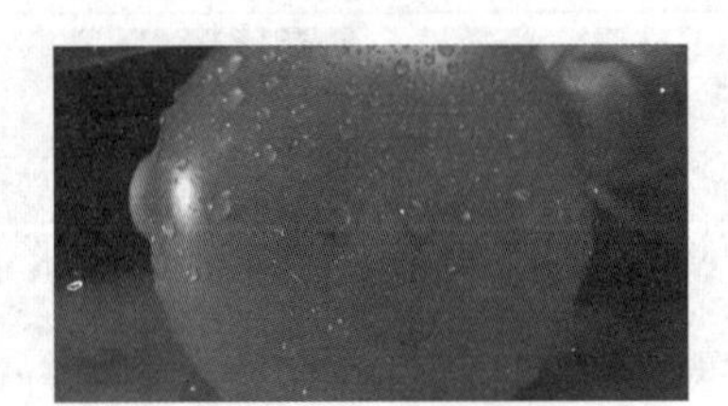

图 4-77

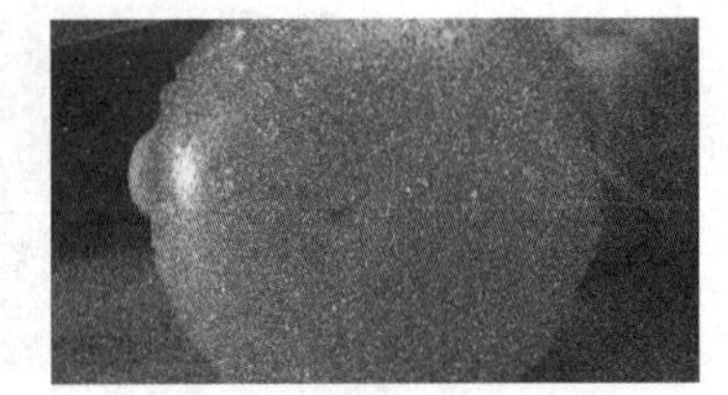

图 4-78

5. 杂色 HLS 自动

该特效可以为素材添加杂色，并可以设置这些杂色的色彩、亮度、颗粒大小、饱和度及运动速率。应用“杂色 HLS 自动”特效前、后的效果如图 4-79 和图 4-80 所示。

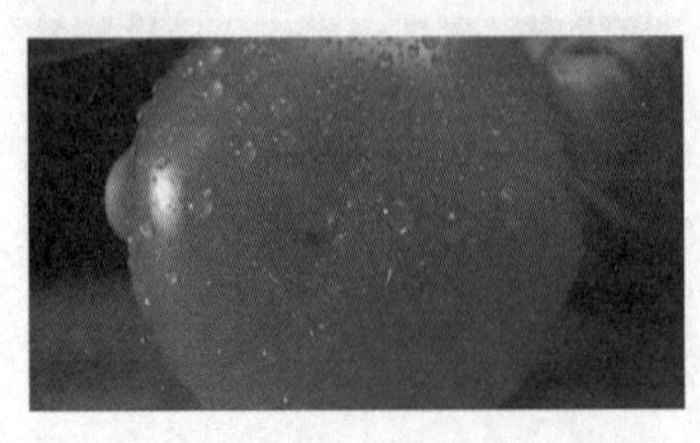

图 4-79

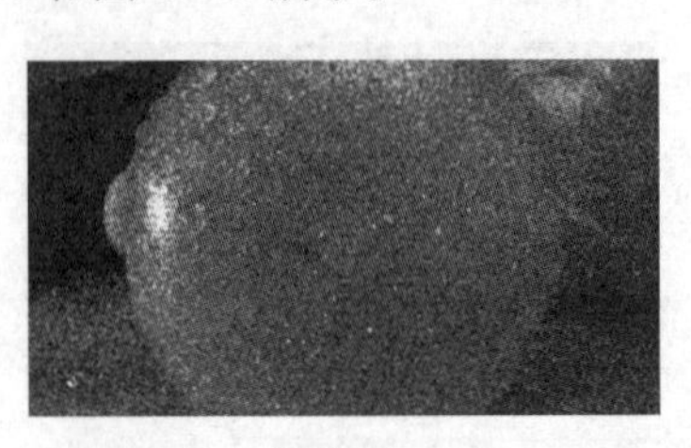

图 4-80

6. 蒙尘与划痕

该特效可以减少图像中的杂色，以达到平衡整个图像色彩的目的。应用该特效后，其参数面板如图 4-81 所示。

“半径”：用于设置产生柔化效果的半径范围。

“阈值”：用于设置柔化的强度。

应用“蒙尘与划痕”特效前、后的效果如图 4-82 和图 4-83 所示。

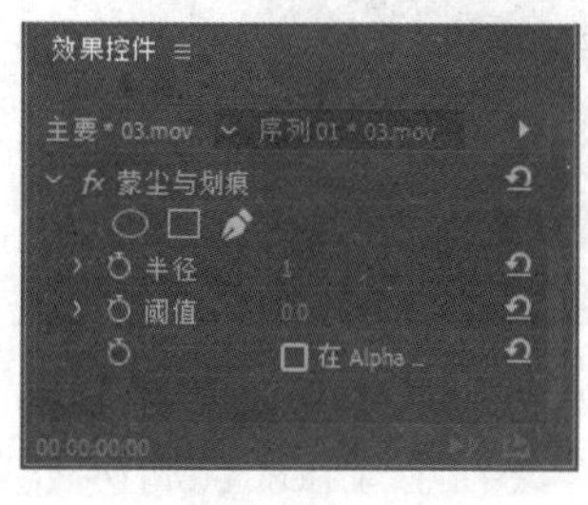

图 4-81

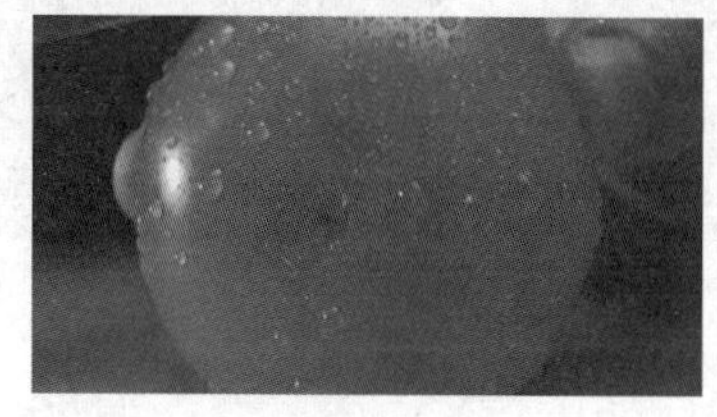
图 4-82

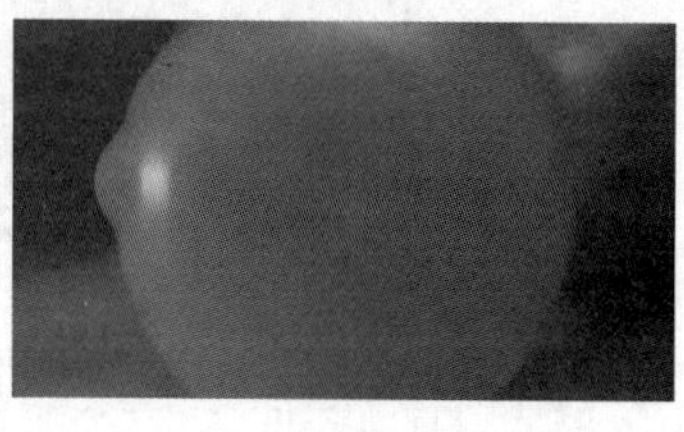
图 4-83

4.3.7 课堂案例——涂鸦女孩电子相册

【案例学习目标】使用模糊特效制作电子相册。

【案例知识要点】使用“导入”命令导入素材文件，使用“效果控件”面板中的“缩放”选项调整图像大小并制作动画，使用“高斯模糊”和“方向模糊”特效制作模糊效果。涂鸦女孩电子相册效果如图 4-84 所示。

【效果所在位置】Ch04/涂鸦女孩电子相册/涂鸦女孩电子相册. prproj。

扫码观看
本案例视频

扫码观看
扩展案例

图 4-84

（1）启动 Premiere Pro CC 2019，选择“文件 > 新建 > 项目”命令，弹出“新建项目”对话框，如图 4-85 所示，单击“确定”按钮，新建项目。选择“文件 > 新建 > 序列”命令，弹出“新建序列”对话框，单击“设置”选项卡，具体参数设置如图 4-86 所示，单击“确定”按钮，新建序列。

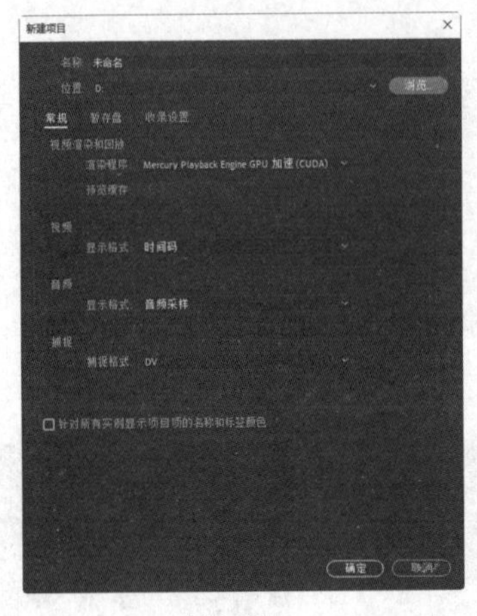
图 4-85

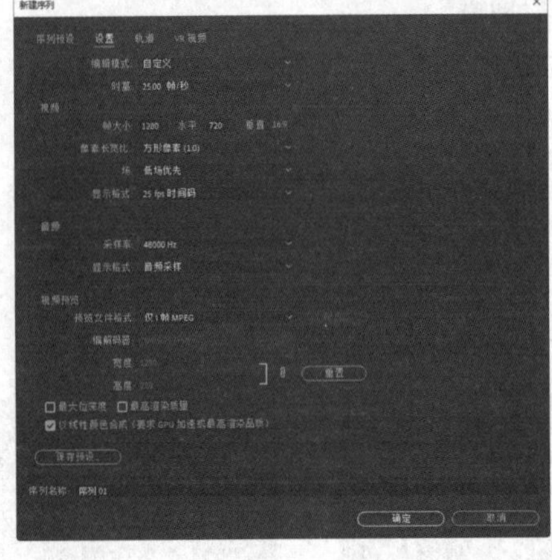
图 4-86

（2）选择“文件 > 导入”命令，弹出“导入”对话框，选择本书云盘中的“Ch04/涂鸦女孩电子相册/素材/01~03”文件，如图 4-87 所示。单击“打开”按钮，将素材文件导入“项目”面板中，如图 4-88 所示。

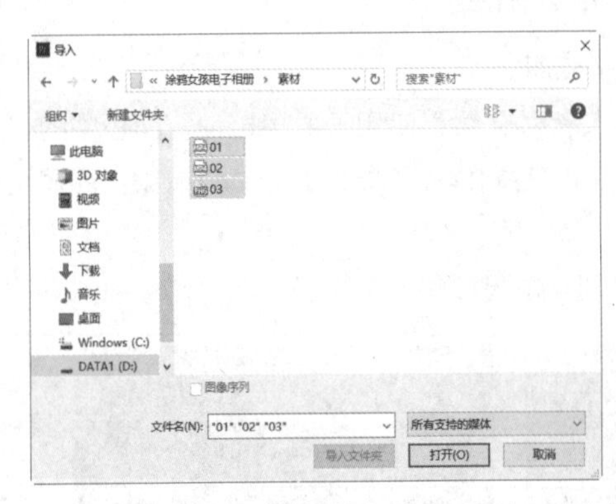

图 4-87

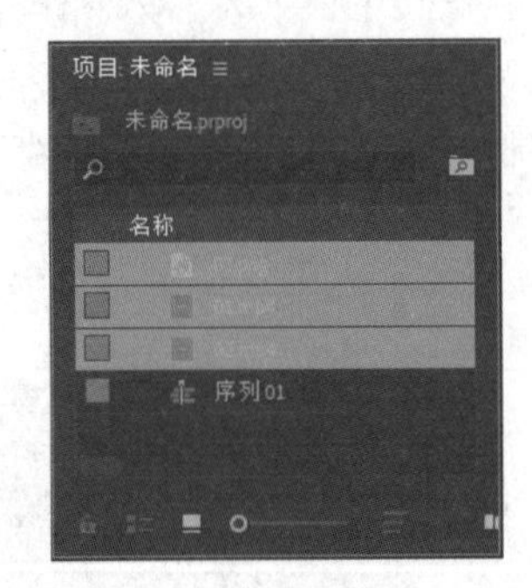

图 4-88

（3）在“项目”面板中选中“01”和“02”文件并将它们拖曳到“时间轴”面板中的“视频 1”轨道中。弹出“剪辑不匹配警告”对话框，单击“保持现有设置”按钮，在保持现有序列设置的情况下将文件放置在“视频 1”轨道中，如图 4-89 所示。选中“时间轴”面板中的“01”文件。选择“效果控件”面板，展开“运动”选项，将“缩放”选项设置为 67.0，如图 4-90 所示。用相同的方法调整“02”文件的缩放效果。

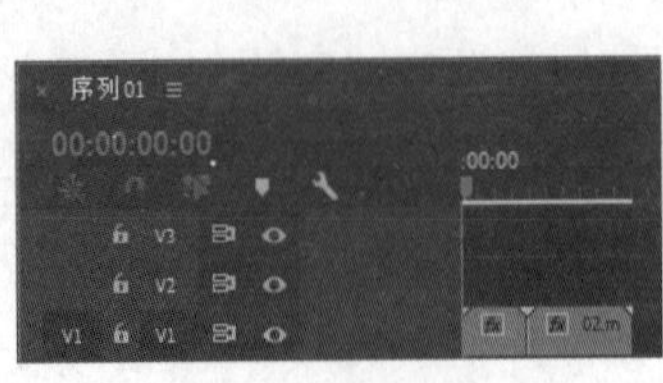

图 4-89

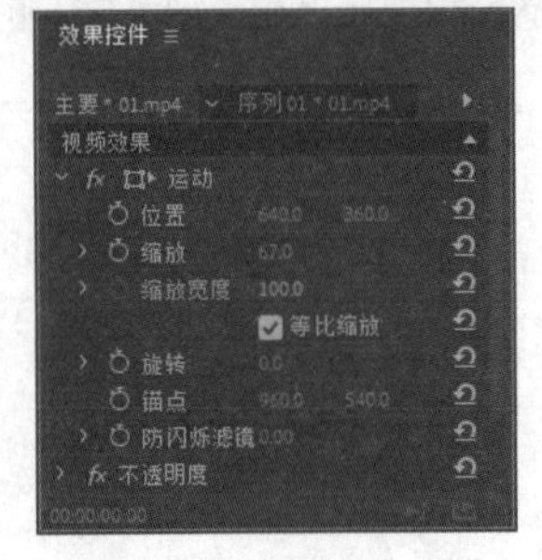

图 4-90

（4）将时间指示器移动到 13:14s 的位置，在“项目”面板中选中“03”文件并将其拖曳到“时间轴”面板中的“视频 2”轨道中，如图 4-91 所示。将鼠标指针放在“03”文件的结束位置并单击，显示编辑点。当鼠标指针呈形状时，向右拖曳直到“02”文件的结束位置，如图 4-92 所示。

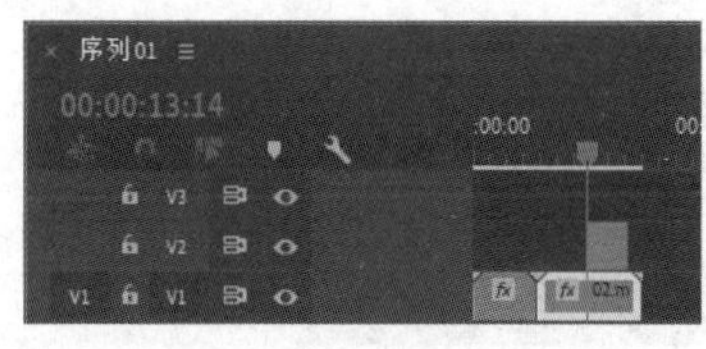

图 4-91

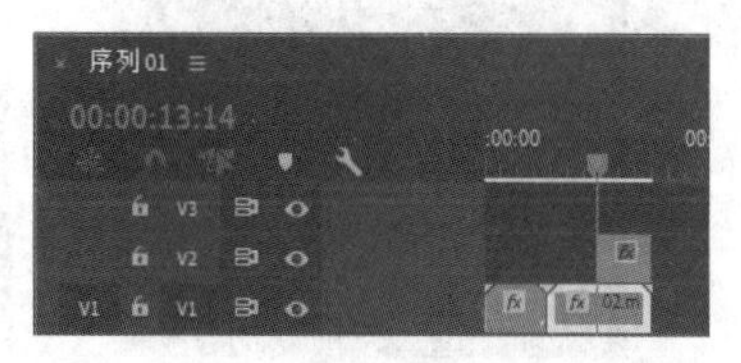

图 4-92

（5）选择“效果”面板，展开“视频效果”特效组，单击“模糊与锐化”文件夹左侧的三角形按钮将其展开，选中“高斯模糊”特效，如图 4-93 所示。将“高斯模糊”特效拖曳到“时间轴”面板“视频 1”轨道中的“01”文件上，如图 4-94 所示。

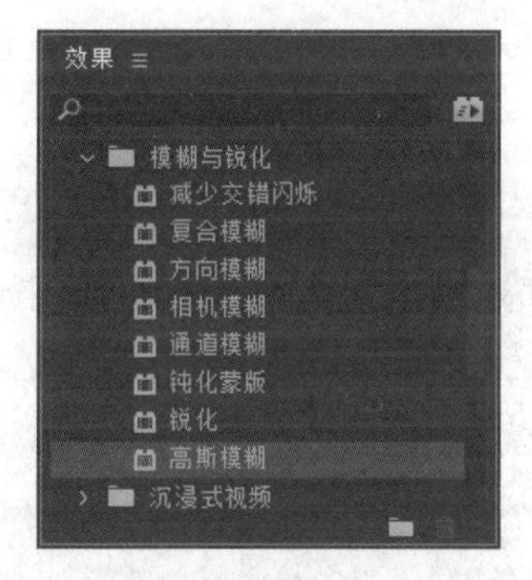

图 4-93

图 4-94

（6）选中“时间轴”面板中的“01”文件。将时间指示器移动到 0s 的位置，选择“效果控件”面板，展开“高斯模糊”选项，将“模糊度”选项设置为 200.0，单击“模糊度”选项左侧的“切换动画”按钮，如图 4-95 所示，记录第 1 个动画关键帧。将时间指示器移动到 01:15s 的位置，将“模糊度”选项设置为 0.0，如图 4-96 所示，记录第 2 个动画关键帧。

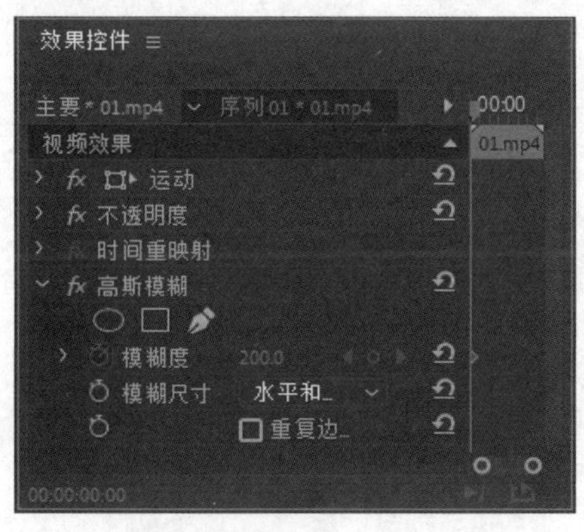

图 4-95

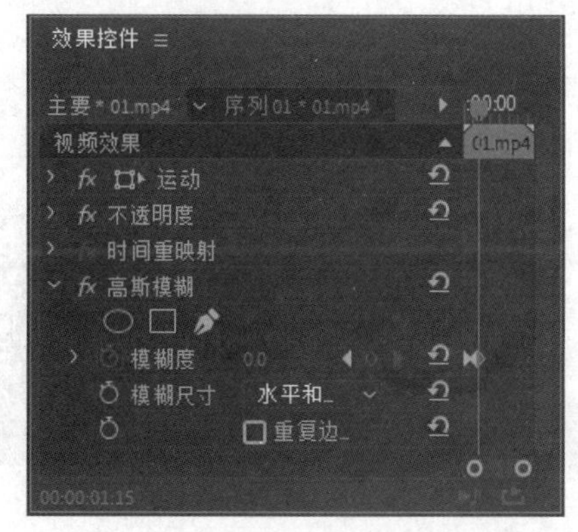

图 4-96

（7）选择“效果”面板，选中“模糊与锐化”文件夹中的“方向模糊”特效，如图 4-97 所示。将“方向模糊”特效拖曳到“时间轴”面板“视频 1”轨道中的“02”文件上，如图 4-98 所示。

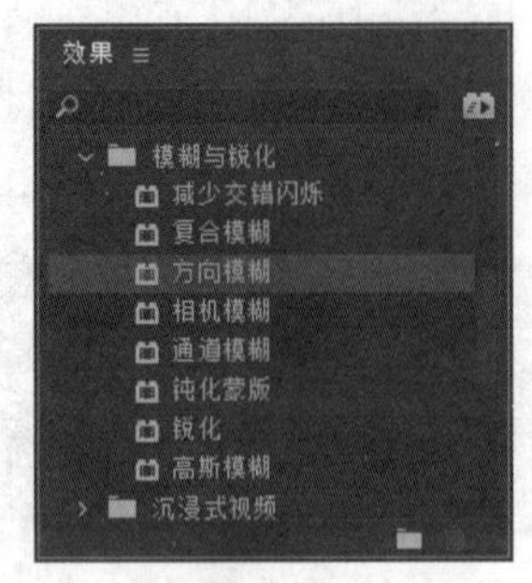

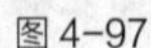
图 4-97

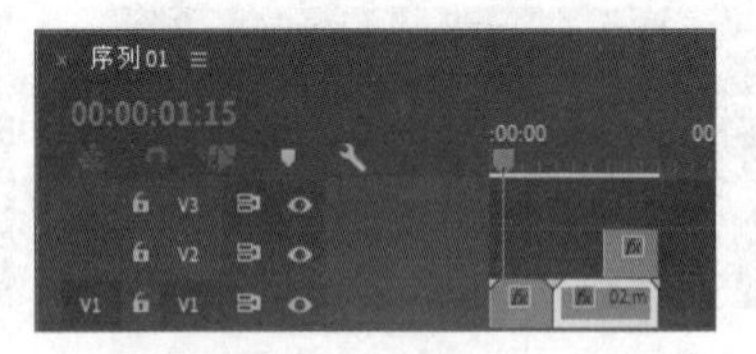

图 4-98

（8）选中“时间轴”面板中的“02”文件。将时间指示器移动到 07:16s 的位置，选择“效果控件”面板，展开“方向模糊”选项，将“方向”选项设置为 0.0°、“模糊长度”选项设置为 200.0，单击“方向”和“模糊长度”选项左侧的“切换动画”按钮，如图 4-99 所示，记录第 1 个动画关键帧。将时间指示器移动到 09:20s 的位置，将“方向”选项设置为 30.0、“模糊长度”选项设置为 0.0°，如图 4-100 所示，记录第 2 个动画关键帧。

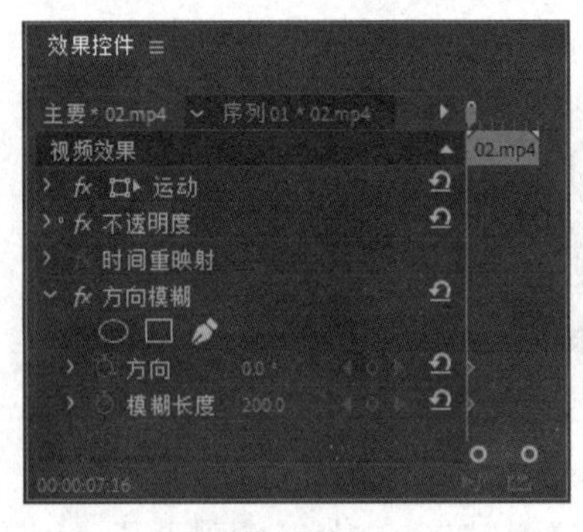

图 4-99

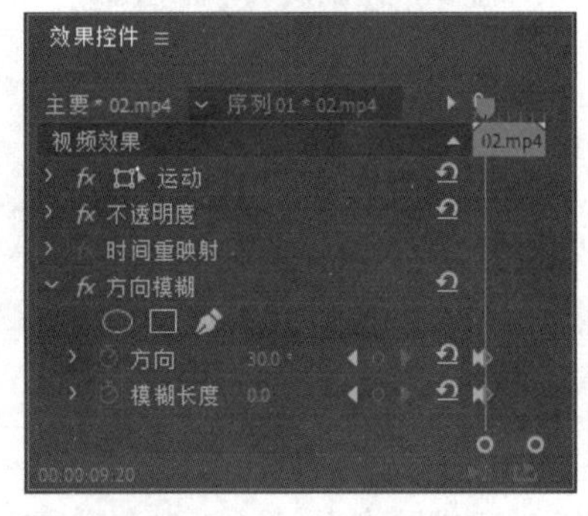

图 4-100

（9）将时间指示器移动到 13:14s 的位置，选中“时间轴”面板中的“03”文件，如图 4-101 所示。选择“效果控件”面板，展开“运动”选项，将“缩放”选项设置为 140.0，如图 4-102 所示。

图 4-101

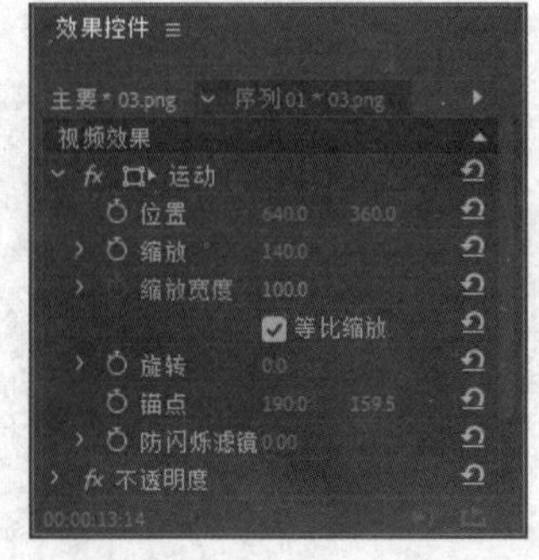

图 4-102

（10）选择“效果控件”面板，展开“不透明度”选项，将“不透明度”选项设置为 0%，如图 4-103 所示，记录第 1 个动画关键帧。将时间指示器移动到 15:00s 的位置，将“不透明度”选项设置为 100.0%，如图 4-104 所示，记录第 2 个动画关键帧。涂鸦女孩电子相册制作完成。

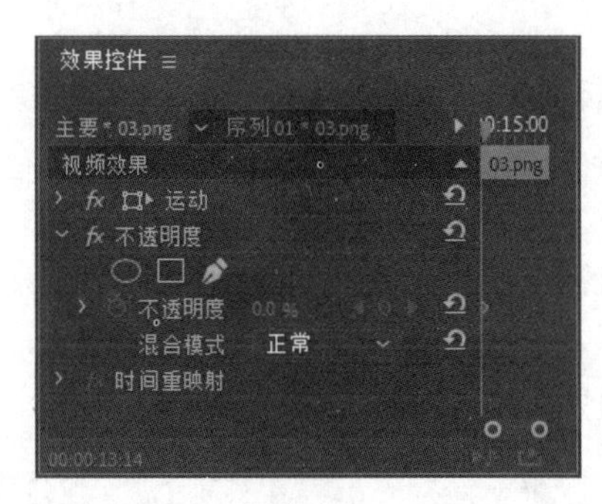

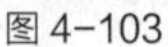

图 4-103

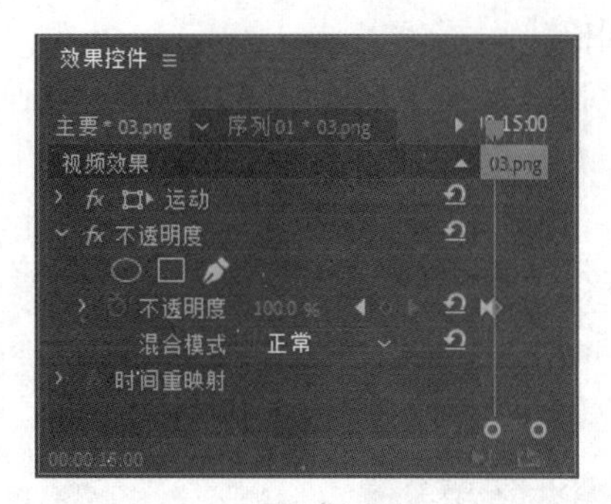

图 4-104

4.3.8 模糊与锐化

“模糊与锐化”视频特效主要用于对镜头画面进行锐化或模糊处理，其中共包含 8 种特效。

1. 减少交错闪烁

该特效主要通过减少交错闪烁产生模糊效果。应用该特效后，其参数面板如图 4-105 所示。应用“减少交错闪烁”特效前、后的效果如图 4-106 和图 4-107 所示。

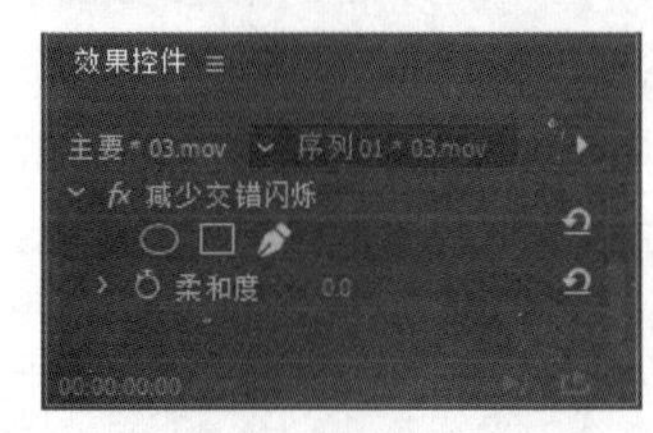

图 4-105

图 4-106

图 4-107

2. 复合模糊

该特效主要通过模拟摄像机快速变焦和旋转镜头来产生具有视觉冲击力的模糊效果。应用该特效后，其参数面板如图 4-108 所示。

“模糊图层”：用于选择要模糊的视频轨道。

“最大模糊”：对模糊的数值进行调节。

“伸缩对应图以适合”：勾选此复选框可以对使用模糊效果的画面进行拉伸处理。

“反转模糊”：用于反转当前设置的效果，即模糊反转。

应用“复合模糊”特效前、后效果如图 4-109 和图 4-110 所示。

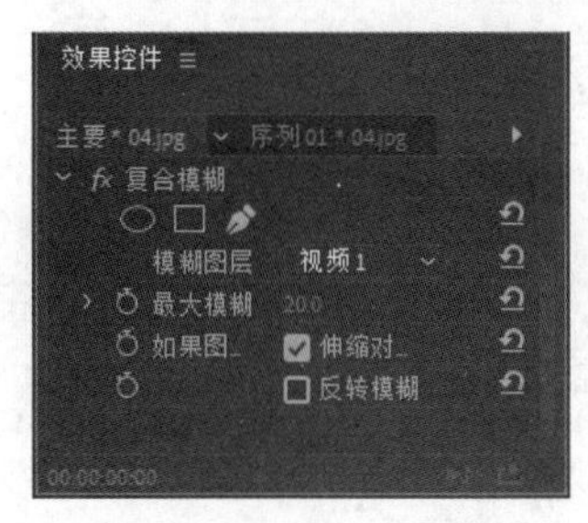

图 4-108

图 4-109

图 4-110

3. 方向模糊

该特效可以产生一个方向性的模糊效果，使画面有一种幻觉运动特效。应用该特效后，其参数面板如图 4-111 所示。

“方向”：用于设置模糊方向。

“模糊长度”：用于设置模糊的程度，拖曳滑块调整数值，其数值范围在 0~20；当需要用到大于 20 的数值时，可以单击选项右侧的数值，将参数文本框激活，然后输入需要的数值。

应用“方向模糊”特效前、后的效果如图 4-112 和图 4-113 所示。

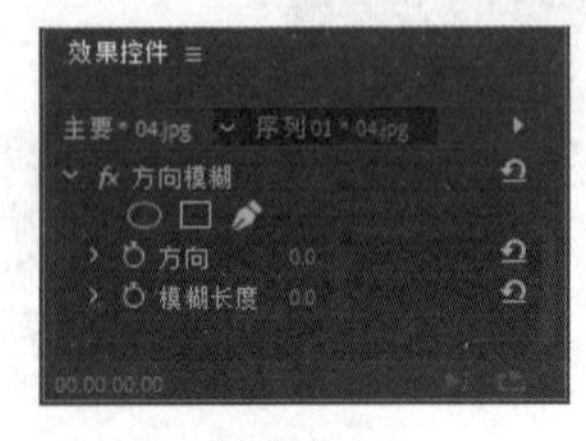

图 4-111

图 4-112

图 4-113

4. 相机模糊

该特效可以生成图像离开摄像机焦点范围内时产生的“虚焦”效果。应用该特效后，其参数面板如图 4-114 所示。

可以调整其中的参数对该特效的效果进行设置，直到满意为止。单击“设置”按钮，弹出“相机模糊设置”对话框，对特效进行设置。

应用“相机模糊”特效前、后的图像效果如图 4-115 和图 4-116 所示。

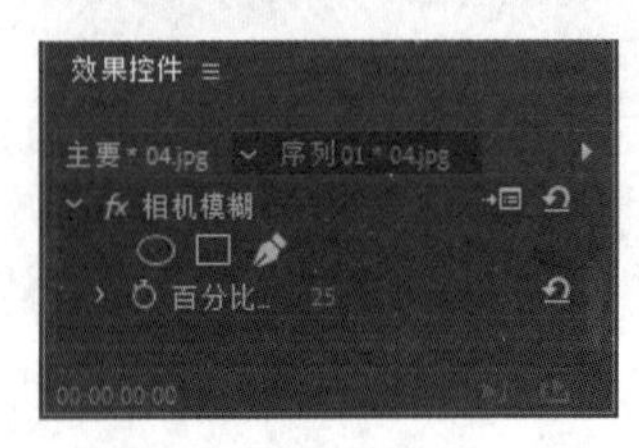

图 4-114

图 4-115

图 4-116

5. 通道模糊

该特效可以对素材的红、绿、蓝和 Alpha 通道分别进行模糊，还可以指定模糊的方向，如水平、垂直或双向。该特效可以创建辉光效果，也可以将一个图层的边缘附近变得不透明。应用该特效后，其参数面板如图 4-117 所示。

“红色模糊度”：设置红色通道的模糊程度。

“绿色模糊度”：设置绿色通道的模糊程度。

“蓝色模糊度”：设置蓝色通道的模糊程度。

“Alpha 模糊度”：设置 Alpha 通道的模糊程度。

“边缘特性”：勾选“重复边缘像素”复选框，可以使图像的边缘更加透明。

“模糊维度”：控制图像的模糊方向，包括“水平和垂直”“水平”及“垂直”3 种方式。

应用“通道模糊”特效前、后的效果如图 4-118 和图 4-119 所示。

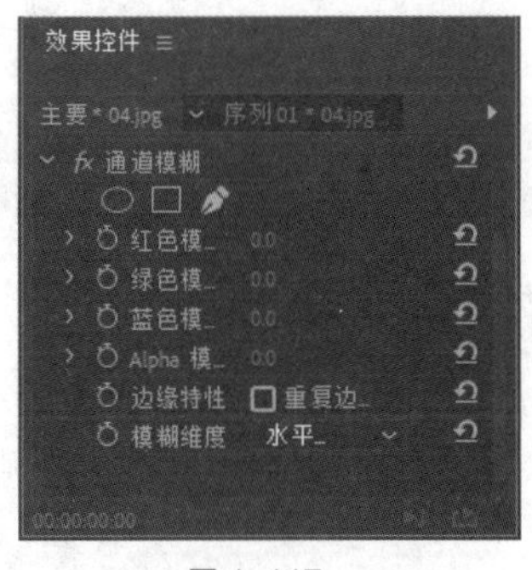

图 4-117

图 4-118

图 4-119

6. 钝化蒙版

该特效可以调整图像的色彩锐化程度。应用该特效后，其参数面板如图 4-120 所示。

“数量”：用于设置颜色边缘差别的大小。

“半径”：用于设置颜色边缘产生差别的范围。

“阈值”：用于设置颜色边缘之间允许的差别范围，值越小，效果越明显。

应用“钝化蒙版”特效前、后的效果如图 4-121 和图 4-122 所示。

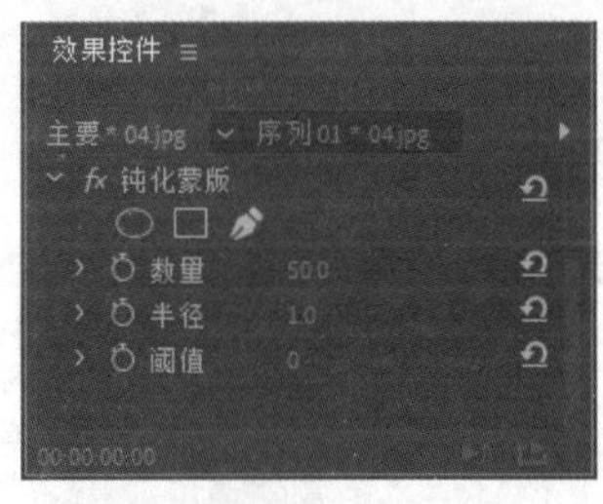

图 4-120

图 4-121

图 4-122

7. 锐化

该特效通过增加相邻像素间的对比度使图像清晰化。应用该特效后，其参数面板如图 4-123 所示。

“锐化量”：用于调整画面的锐化程度。

应用“锐化”特效前、后的效果如图 4-124 和图 4-125 所示。

图 4-123

图 4-124

图 4-125

8. 高斯模糊

该特效可以大幅度地模糊图像，使其产生虚化的效果。应用该特效后，其参数面板如图 4-126 所示。

“模糊度”：用于调节画面的模糊程度。

“模糊尺寸”：用于控制图像的模糊尺寸，包括“水平和垂直”“水平”和“垂直”3 种方式。

应用“高斯模糊”特效前、后的效果如图 4-127 和图 4-128 所示。

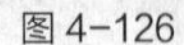
图 4-126

图 4-127

图 4-128

4.3.9　沉浸式视频

“沉浸式视频”视频特效是一种通过虚拟现实技术来实现虚拟现实的特效，与“沉浸式视频”过渡效果相同，其中共包含 11 种特效。

1. VR 分形杂色

该特效可以在剪辑中添加不同类型和布局的分形杂色。应用该特效后，其参数面板如图 4-129 所示。

“分形类型”：用于设置杂色的类型。

“对比度”：用于调整分形杂色的对比度。

“亮度”：用于调整分形杂色的亮度。

“反转”：用于反转分形杂色的颜色通道。

“复杂度”：用于设置分形杂色的复杂程度。

“演化”：用于设置分形杂色的变化效果。

“变换”：用于设置分形杂色的缩放、倾斜、平移和滚动。

“子设置”：用于设置自影响、子缩放、子倾斜、子平移和子滚动的值。

“随机植入”：用于设置分形杂色的随机速度。

“不透明度”：用于调整效果的不透明度。

“混合模式”：用于设置分形杂色与原始图像的混合模式。

应用“VR 分形杂色”特效前、后的效果如图 4-130 和图 4-131 所示。

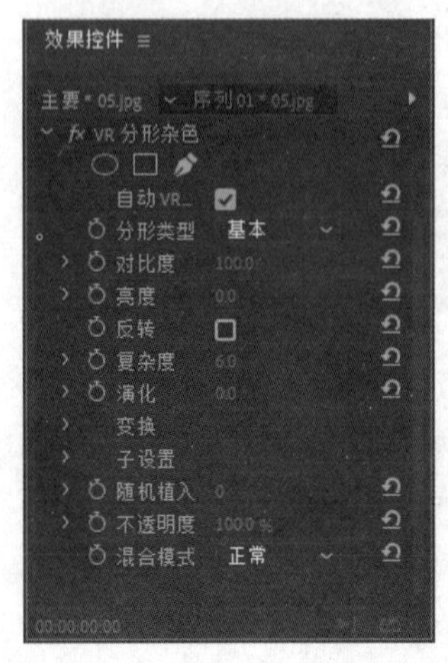

图 4-129

图 4-130

图 4-131

2. VR 发光

该特效可以在剪辑中添加发光效果，并可以和色调颜色混合。应用该特效后，其参数面板如图 4-132 所示。

"亮度阈值"：用于设置图像中的发光区域。

"发光半径"：用于设置发光光晕的半径。

"发光亮度"：用于设置发光的亮度。

"发光饱和度"：用于设置发光的饱和程度。

"使用色调颜色"：勾选此复选框可以混合色调颜色与生成的发光颜色。

"色调颜色"：用于设置色调的颜色。

应用"VR 发光"特效前、后的效果如图 4-133 和图 4-134 所示。

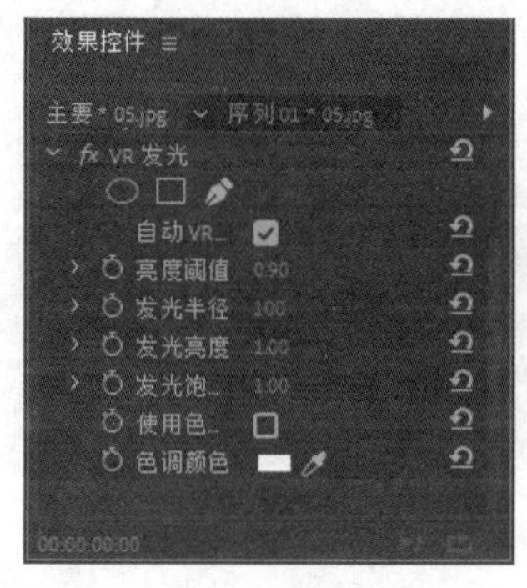

图 4-132

图 4-133

图 4-134

3. VR 平面到球面

该特效可以在剪辑中产生由平面到球面的效果，多用于文本、徽标、图形和其他 2D 元素。应用"VR 平面到球面"特效前、后的效果如图 4-135 和图 4-136 所示。

图 4-135

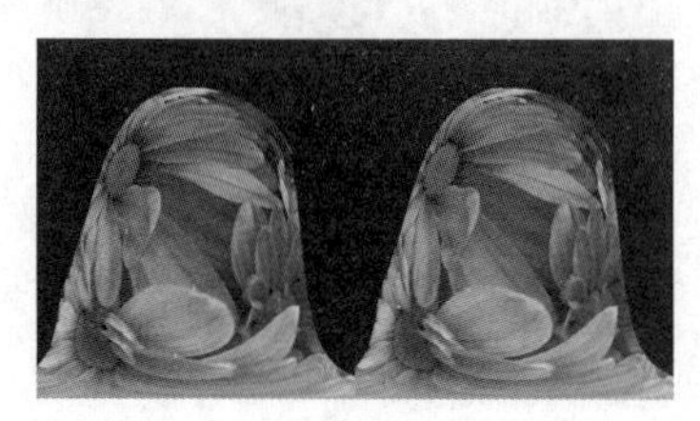

图 4-136

4. VR 投影

该特效可以调整剪辑的布局、倾斜、平移和滚动并产生投影效果。应用"VR 投影"特效前、后的效果如图 4-137 和图 4-138 所示。

图 4-137

图 4-138

5. VR 数字故障

该特效可以在剪辑中产生数字信号故障干扰的效果。应用“VR 数字故障”特效前、后的效果如图 4-139 和图 4-140 所示。

图 4-139

图 4-140

6. VR 旋转球面

该特效可以调整剪辑的倾斜、平移和滚动并产生旋转球面效果。应用“VR 旋转球面”特效前、后的效果如图 4-141 和图 4-142 所示。

图 4-141

图 4-142

7. VR 模糊

该特效可以在剪辑中产生无缝的精确模糊效果。应用“VR 模糊”特效前、后的效果如图 4-143 和图 4-144 所示。

图 4-143

图 4-144

8. VR 色差

该特效可以调整剪辑中通道的色差并产生色相分离的效果。应用“VR 色差”特效前、后的效果如图 4-145 和图 4-146 所示。

图 4-145

图 4-146

9. VR 锐化

该特效可以调整剪辑的锐化程度。应用“VR 锐化”特效前、后的效果如图 4-147 和图 4-148 所示。

图 4-147

图 4-148

10. VR 降噪

该特效可以降低剪辑的噪点。应用“VR 降噪”特效前、后的效果如图 4-149 和图 4-150 所示。

图 4-149

图 4-150

11. VR 颜色渐变

该特效可以为剪辑添加渐变色。应用“VR 颜色渐变”特效前、后的效果如图 4-151 和图 4-152 所示。

图 4-151

图 4-152

4.3.10 生成

“生成”视频特效主要用于生成一些特殊效果，其中共包含 12 种特效。

1. 书写

该特效用于在图像上进行随意绘制。应用“书写”特效前、后的效果如图 4-153 和图 4-154 所示。

图 4-153

图 4-154

2. 单元格图案

该特效可以创建出多种类似细胞图案的单元格图案拼合效果。应用该特效后，其参数面板如图 4-155 所示。

“单元格图案”：用于选择图案的类型，包括“气泡”“晶体”“印板”“静态板”“晶格化”“枕状”“晶体 HQ”“印板 HQ”“静态板 HQ”“晶格化 HQ”“混合晶体”“管状”。

“反转”：勾选此复选框可以反转图案效果。

“对比度”：用于设置单元格的颜色对比度。

“溢出”：用于设置重新映射位于灰度范围 0~255 之外的值；如果选择了基于锐度的单元格图案，则“溢出”选项不可用。

“分散”：用于设置图案的分散程度。

“大小”：用于设置单个图案的大小。

“偏移”：用于设置图案偏离中心点的量。

“平铺选项”：在该选项下勾选“启用平铺”复选框后，可以设置水平方向上单元格和垂直方向上单元格的数值。

“演化”：用于设置单元格图案的角度。

“循环演化”：勾选此复选项后，“循环（旋转次数）”选项才为有效状态。

“循环（旋转次数）”：用于设置图案的循环。

“随机植入”：用于设置图案的随机速度。

应用“单元格图案”特效前、后的效果如图 4-156 和图 4-157 所示。

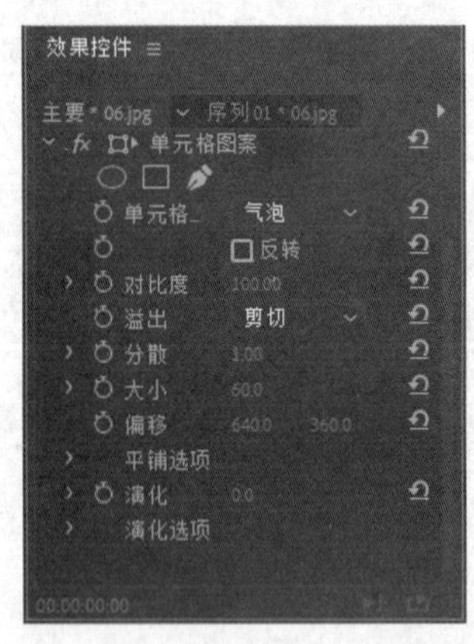

图 4-155

图 4-156

图 4-157

3. 吸管填充

该特效可以将采样的颜色应用于整个图像。应用“吸管填充”特效前、后的效果如图 4-158 和图 4-159 所示。

图 4-158

图 4-159

4. 四色渐变

该特效可以使用 4 种颜色填充整个图像。应用“四色渐变”特效前、后的效果如图 4–160 和图 4–161 所示。

图 4–160

图 4–161

5. 圆形

该特效可在图像中绘制圆形，通过“效果控件”面板可以修改其参数。应用“圆形”特效前、后的效果如图 4–162 和图 4–163 所示。

图 4–162

图 4–163

6. 棋盘

该特效能在图像上创建棋盘格的图案效果。应用“棋盘”特效前、后的效果如图 4–164 和图 4–165 所示。

图 4–164

图 4–165

7. 椭圆

该特效可以在图像中绘制一个椭圆环。应用“椭圆”特效前、后的效果如图 4–166 和图 4–167 所示。

图 4–166

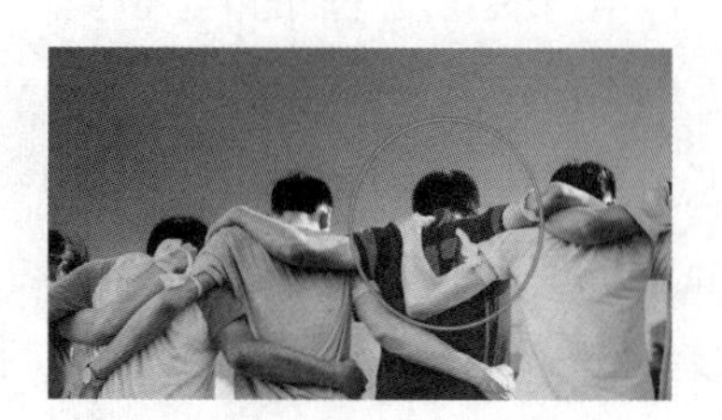
图 4–167

8. 油漆桶

该特效可以将一种颜色填充到画面的某种颜色范围中。应用“油漆桶”特效前、后的效果如图4-168和图4-169所示。

图4-168

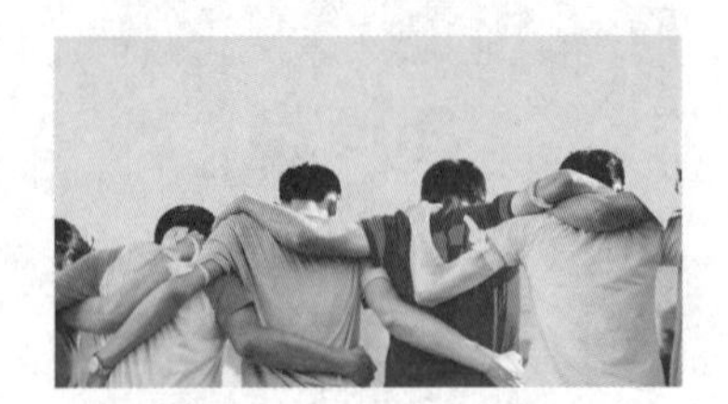

图4-169

9. 渐变

该特效可以在图像中创建渐变效果。应用“渐变”特效前、后的效果如图4-170和图4-171所示。

图4-170

图4-171

10. 网格

该特效可以在图像中创建网格图形。应用“网格”特效前、后的效果如图4-172和图4-173所示。

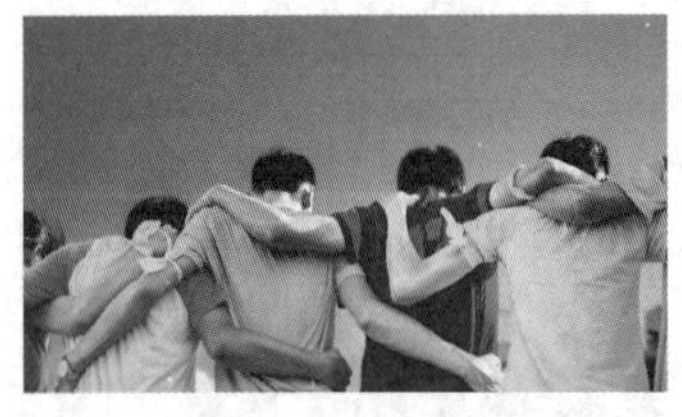

图4-172

图4-173

11. 镜头光晕

该特效可以模拟镜头拍摄到发光物体时，因经过多个镜头而产生的很多光环效果，是后期制作中经常使用的提升画面效果的特效。应用该特效后，其参数面板如图4-174所示。

“光晕中心”：用于设置发光点的中心位置。

“光晕亮度”：用于设置光晕的亮度。

“镜头类型”：用于选择镜头的类型，有“50～300毫米变焦”“35毫米定焦”“105毫米定焦”。

“与原始图像混合”：用于设置和原素材图像的混合程度。

应用“镜头光晕”特效前、后的效果如图4-175和图4-176所示。

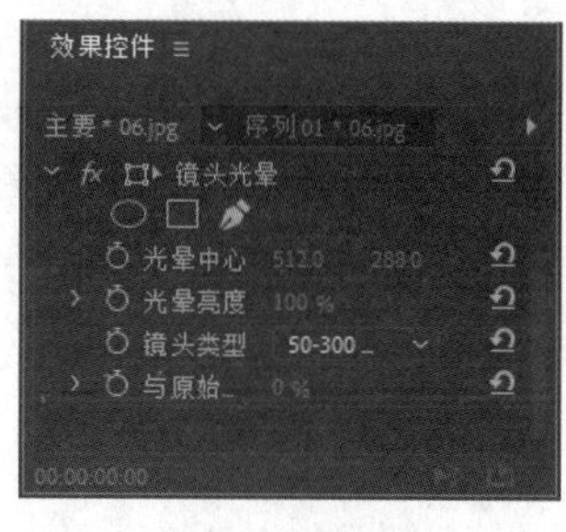

图 4-174

图 4-175

图 4-176

12. 闪电

该特效可以用于模拟真实的闪电和放电效果。应用该特效后，其参数面板如图 4-177 所示。

“起始点”：用于设置闪电的起始位置。

“结束点”：用于设置闪电的结束位置。

“分段”：用于设置闪电的线条数量。

“振幅”：用于设置闪电的波动大小。

“细节级别”/“细节振幅”：用于设置添加到闪电及其分支的细节的程度。

“分支”：用于设置闪电的分支数量。

“再分支”：用于设置闪电分支再分支的数量。

“分支角度”：用于设置分支和主闪电之间的角度。

“分支段长度”：用于设置每个分支段的长度，作为闪电平均分段长度的组成部分。

“分支段”：用于设置每个分支的最大分段数。

“分支宽度”：用于设置每个分支的平均宽度，作为闪电宽度的组成部分。

“速度”：用于设置闪电的变化速度。

“稳定性”：用于设置闪电的起始点和结束点之间的接近程度。

“固定端点”：用于设置闪电的结束点是否保持在固定位置。

“宽度”：用于设置闪电主干的宽度。

“宽度变化”：用于设置闪电主干的宽度变化。

“核心宽度”：用于设置闪电的内发光的宽度。

“外部颜色”：用于设置闪电的外发光颜色。

“内部颜色”：用于设置闪电的内发光颜色。

“拉力”：用于设置拉动闪电的强度。

“拖拉方向”：用于设置拖拉闪电的方向。

“随机植入”：用于设置闪电随机生成杂色的级别。

“混合模式”：用于设置闪电和图像的混合模式。

“在每一帧处重新运行”：用于设置在每一帧处重新生成闪电。

应用“闪电”特效前、后的效果如图 4-178 和图 4-179 所示。

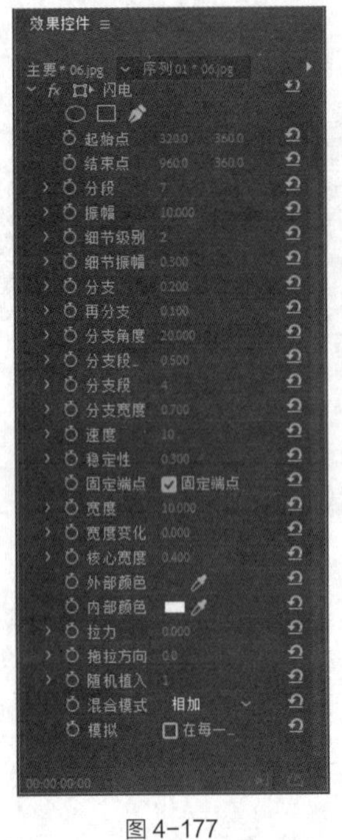

图 4-177

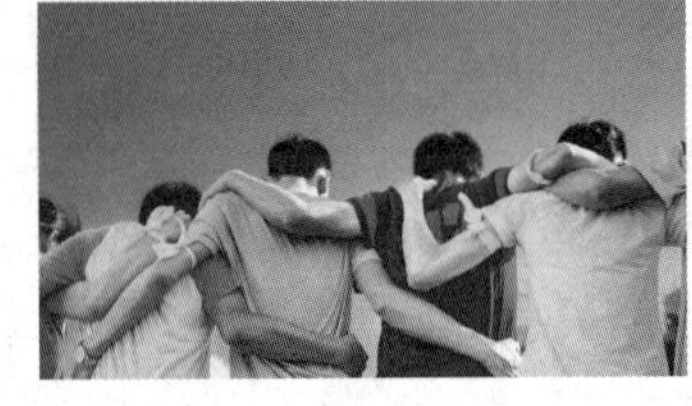

图 4-178

图 4-179

4.3.11 视频

“视频”特效用于对视频特性进行控制，该特效组中包含了 4 种特效。

1. SDR 遵从情况

该特效可以调整素材文件的亮度、对比度和软阈值。应用“SDR 遵从情况”特效前、后的效果如图 4-180 和图 4-181 所示。

图 4-180

图 4-181

2. 剪辑名称

该特效可以在画面中叠加显示剪辑名称。应用“剪辑名称”特效前、后的效果如图 4-182 和图 4-183 所示。

图 4-182

图 4-183

3. 时间码

该特效可以在画面中插入时间码信息。应用“时间码”特效前、后的效果如图 4-184 和图 4-185 所示。

图 4-184

图 4-185

4. 简单文本

该特效可以在画面中插入介绍性文字信息。应用“简单文字”特效前、后的效果如图 4-186 和图 4-187 所示。

图 4-186

图 4-187

4.3.12 过渡

“过渡”视频特效主要用于在两个素材之间进行连接的切换，该特效组中共包含 5 种特效。

1. 块溶解

该特效通过随机产生的板块对图像进行溶解。应用该特效后，其参数面板如图 4-188 所示。

“过渡完成”：当前显示层画面，数值为 100%时完全显示切换层画面。

“块宽度”/“块高度”：用于设置板块的宽度与高度。

“羽化”：用于设置板块边缘的羽化程度。

“柔化边缘（最佳品质）”：勾选此复选框，将对板块边缘进行柔化处理。

应用“块溶解”特效前、后的效果如图 4-189 和图 4-190 所示。

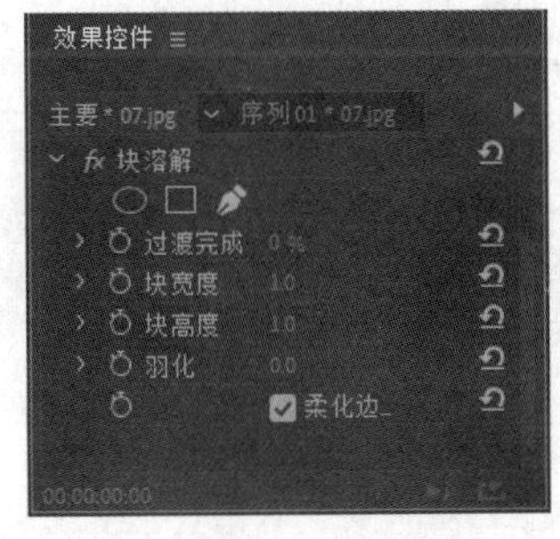

图 4-188

图 4-189

图 4-190

2. 径向擦除

该特效可以围绕指定点以旋转的方式进行图像的擦除。应用该特效后，其参数面板如图 4-191 所示。

“过渡完成”：用于设置转换完成的百分比。

“起始角度”：用于设置转换效果的起始角度。

“擦除中心”：用于设置擦除的中心点位置。

“擦除”：用于设置擦除的类型。

“羽化”：用于设置擦除边缘的羽化程度。

应用“径向擦除”特效前、后的效果如图 4-192 和图 4-193 所示。

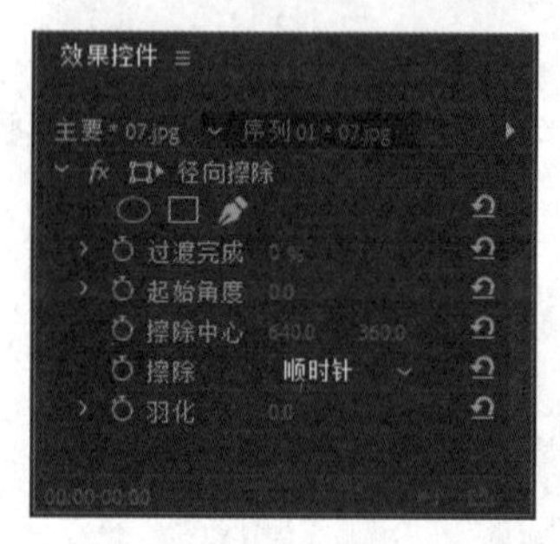

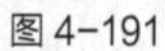
图 4-191

图 4-192

图 4-193

3. 渐变擦除

该特效可以根据两个层的亮度值建立一个渐变层，在指定层和原图层之间进行角度切换。应用该特效后，其参数面板如图 4-194 所示。

“过渡完成”：用于设置转换完成的百分比。

“过渡柔和度”：用于设置转换边缘的柔和程度。

“渐变图层”：用于选择作为参考的渐变层。

“渐变放置”：用于设置渐变层放置的位置。

“反转渐变”：勾选此复选框，将对渐变层进行反转。

应用“渐变擦除”特效前、后的效果如图 4-195 和图 4-196 所示。

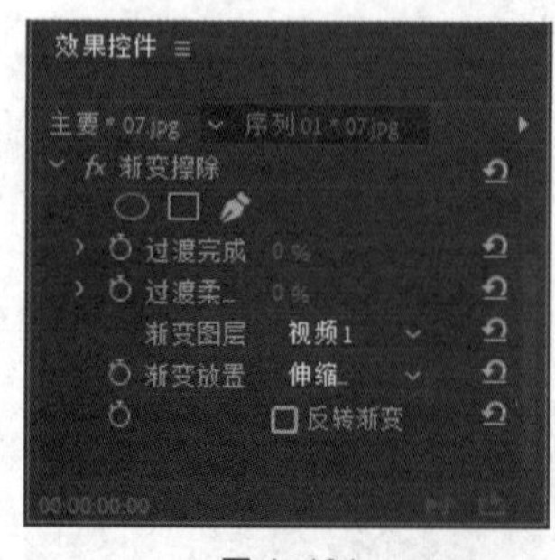

图 4-194

图 4-195

图 4-196

4. 百叶窗

该特效通过对图像进行百叶窗式的分割，形成图层之间的切换。应用该特效后，其参数面板如图 4-197 所示。

“过渡完成”：用于设置转换完成的百分比。

“方向”：用于设置分割的角度。

“宽度”：用于设置分割的宽度。

“羽化”：用于设置分割边缘的羽化程度。

应用“百叶窗”特效前、后的效果如图 4-198 和图 4-199 所示。

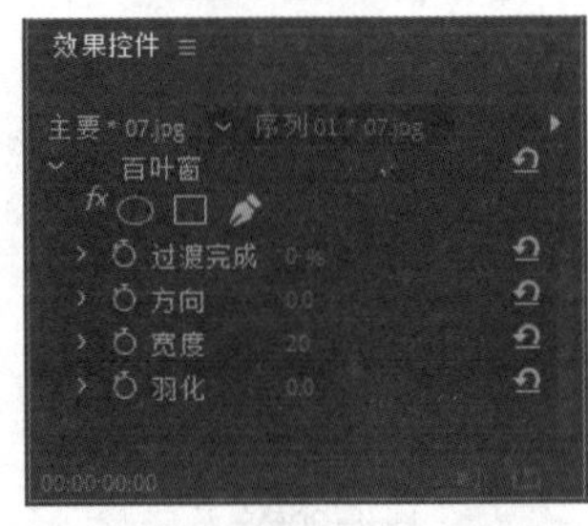

图 4-197

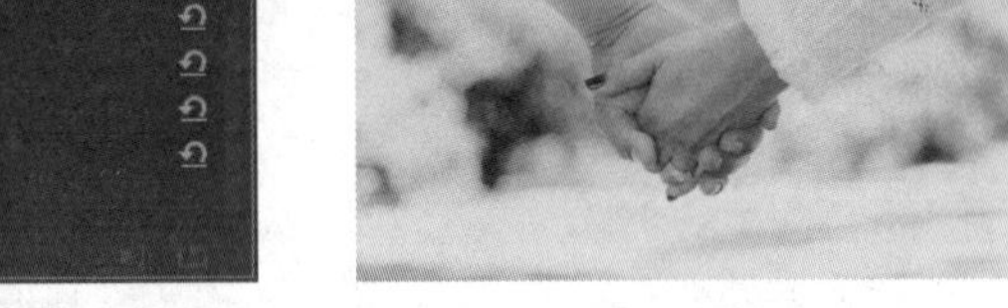

图 4-198

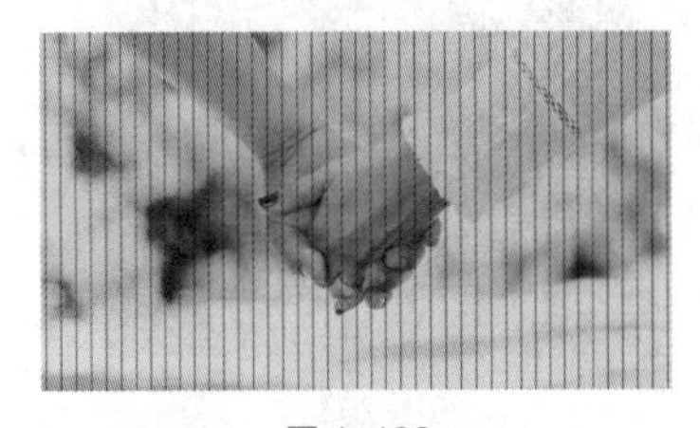

图 4-199

5. 线性擦除

该特效通过线条划过的方式形成擦除效果。应用该特效后，其参数面板如图 4-200 所示。

“过渡完成”：用于设置转换完成的百分比。

“擦除角度”：用于设置擦除的角度。

“羽化”：用于设置擦除边缘的羽化程度。

应用“线性擦除”特效前、后的效果如图 4-201 和图 4-202 所示。

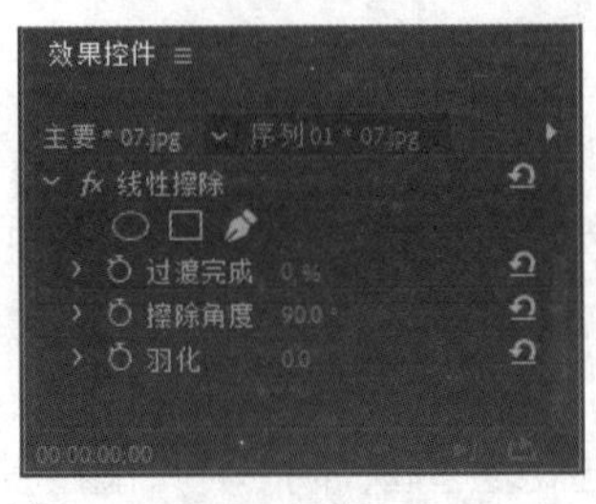

图 4-200

图 4-201

图 4-202

4.3.13 透视

“透视”视频特效主要用于制作三维透视效果，使素材产生立体感或空间感，该特效组中共包含 5 种类型。

1. 基本 3D

该特效可以模拟平面图像在三维空间中的运动效果，能够使素材绕水平和垂直的轴旋转，或者沿着虚拟的 z 轴移动，以靠近或远离屏幕。此外，该特效可以为旋转的素材表面添加反光效果。应用该特效后，其参数面板如图 4-203 所示。

“旋转”：设置素材水平旋转的角度，当旋转角度为 90° 时，可以看到素材的背面，即正面的镜像。

“倾斜”：设置素材垂直旋转的角度。

“与图像的距离”：设置素材拉近或推远的距离，数值越大，素材距离屏幕越远，看起来越小；

数值越小，素材距离屏幕越近，看起来越大；当数值为负值时，素材会被放大直至撑出屏幕之外。

“镜面高光”：用于为素材添加反光效果。

“预览”：设置素材以线框的形式显示。

应用“基本 3D”特效前、后的效果如图 4-204 和图 4-205 所示。

图 4-203

图 4-204

图 4-205

2. 径向阴影

该特效可为素材添加一个阴影，并可通过原素材的 Alpha 值影响阴影的颜色。应用该特效后，其参数面板如图 4-206 所示。

“阴影颜色”：用于设置阴影的颜色。

“不透明度”：用于设置阴影的不透明度。

“光源”：通过调整光源来移动阴影的位置。

“投影距离”：用于调整阴影与原素材之间的距离。

“柔和度”：用于设置阴影的边缘柔和程度。

“渲染”：用于选择产生阴影的类型。

“颜色影响”：原素材在阴影中彩色值的合计；如果这一个素材没有透明元素，则其彩色值将不会受到影响；阴影的彩色值决定了阴影的颜色。

“仅阴影”：勾选此复选框，在“节目”监视器窗口中将只显示素材的阴影。

“调整图层大小”：设置阴影可以超出原素材的边界线；如果不勾选此复选框，阴影将只能在原素材的边界线内显示。

应用“径向阴影”特效前、后的效果如图 4-207 和图 4-208 所示。

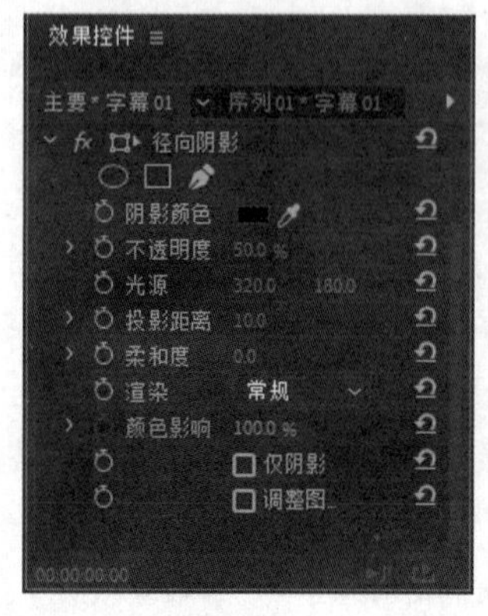

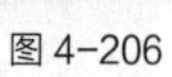

图 4-206

图 4-207

图 4-208

3. 投影

该特效可为素材添加阴影。应用该特效后，其参数面板如图 4-209 所示。

“阴影颜色”：用于设置阴影的颜色。

“不透明度”：用于设置阴影的不透明度。

“方向”：用于设置阴影与投影的角度。

“距离”：用于设置阴影与原素材之间的距离。

“柔和度”：用于设置阴影的边缘柔和程度。

“仅阴影”：勾选此复选框，在“节目”监视器窗口中将只显示素材的阴影。

应用“投影”特效前、后的效果如图 4-210 和图 4-211 所示。

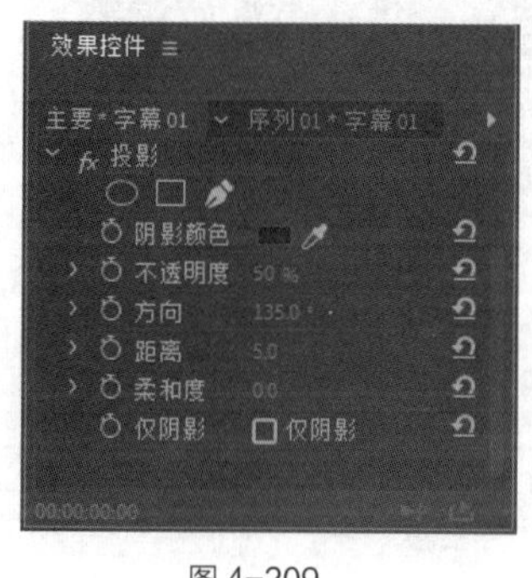

图 4-209

图 4-210

图 4-211

4. 斜面 Alpha

该特效能够产生一个有倒角的边，而且可使图像的 Alpha 通道边界变亮，通常用于为一个二维图像赋予三维效果。如果素材没有 Alpha 通道或它的 Alpha 通道是完全不透明的，那么这个特效就全应用到素材边缘上。应用该特效后，其参数面板如图 4-212 所示。

“边缘厚度”：用于设置素材边缘的厚度。

“光照角度”：用于设置光线照射的角度。

“光照颜色”：用于选择光线的颜色。

“光照强度”：用于设置光线照射的强度。

应用“斜面 Alpha”特效前、后的效果如图 4-213 和图 4-214 所示。

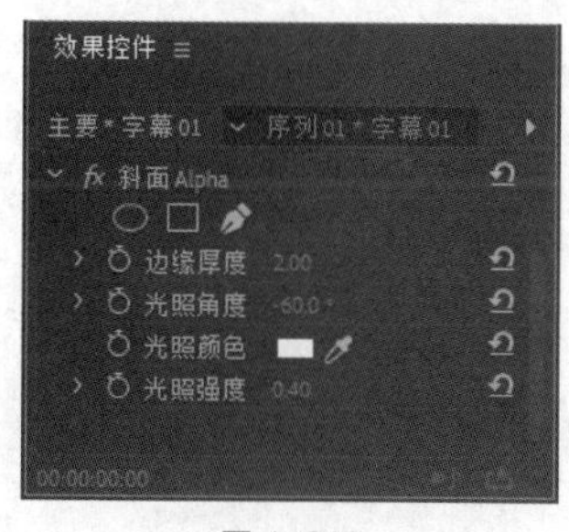

图 4-212

图 4-213

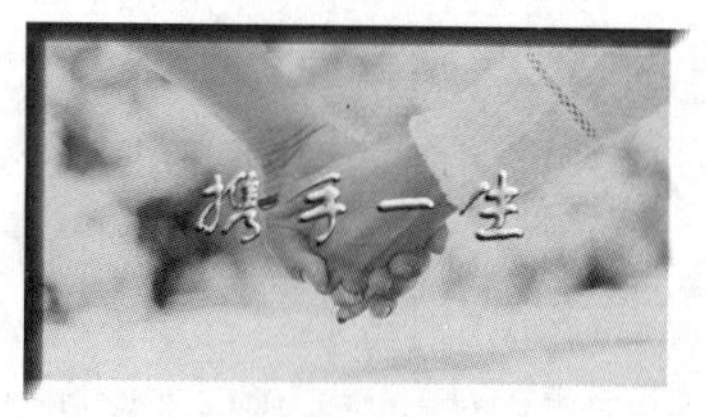

图 4-214

5. 边缘斜面

该特效能够使图像边缘产生一个凿刻的、高亮的三维效果，边缘的位置由源图像的 Alpha 通道来确定。与“斜面 Alpha”特效不同，该特效中产生的边缘总是成直角的。应用该特效后，其参数面板如图 4-215 所示。

“边缘厚度”：用于设置素材边缘凿刻的高度。

“光照角度”：用于设置光线照射的角度。

“光照颜色”：用于选择光线的颜色。

“光照强度”：用于设置光线照射的强度。

应用“边缘斜面”特效前、后的效果如图 4-216 和图 4-217 所示。

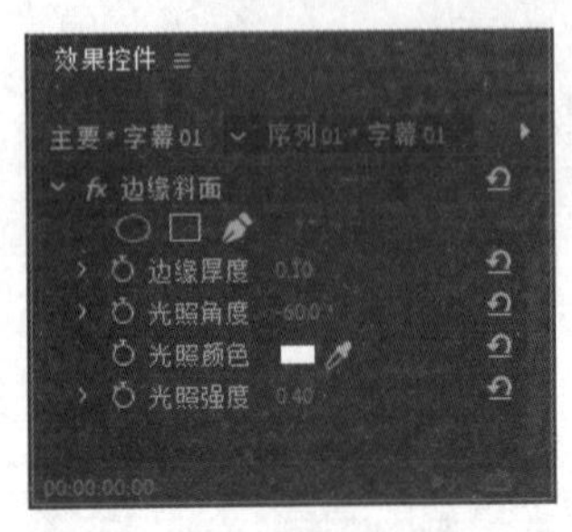

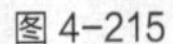
图 4-215

图 4-216

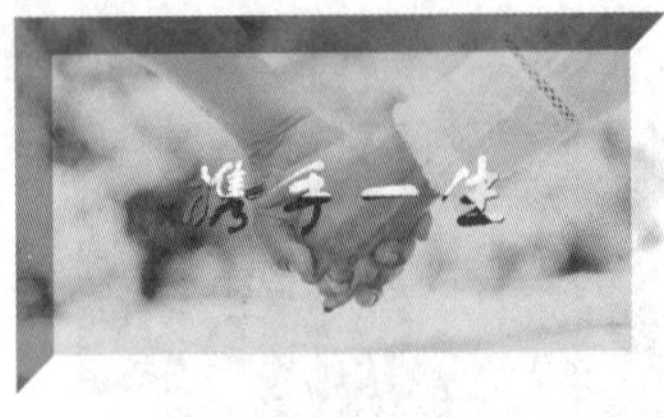

图 4-217

4.3.14 通道

“通道”视频特效可以对素材的通道进行处理，实现图像颜色、色调、饱和度和亮度等颜色属性的改变，其中共有 7 种特效。

1. 反转

该特效可将图像的颜色进行反色显示，使处理后的图像看起来像照片的底片。应用该特效前、后的效果如图 4-218 和图 4-219 所示。

图 4-218

图 4-219

2. 复合运算

该特效与“混合”特效类似，都是将两个重叠素材的颜色组合在一起。应用该特效后，其参数面板如图 4-220 所示。

“第二个源图层”：用于在当前操作中指定原始图层。

“运算符”：用于选择两个素材的混合模式。

“在通道上运算”：用于选择对混合素材进行操作的通道。

“溢出特性”：用于选择两个素材混合后颜色允许的范围。

“伸缩第二个源以适合”：当素材与混合素材大小相同时，若不勾选该复选框，混合素材与原素材将无法重合。

“与原始图像混合”：用于设置混合素材的透明值。

应用“复合运算”特效前、后的效果如图 4-221、图 4-222 和图 4-223 所示。

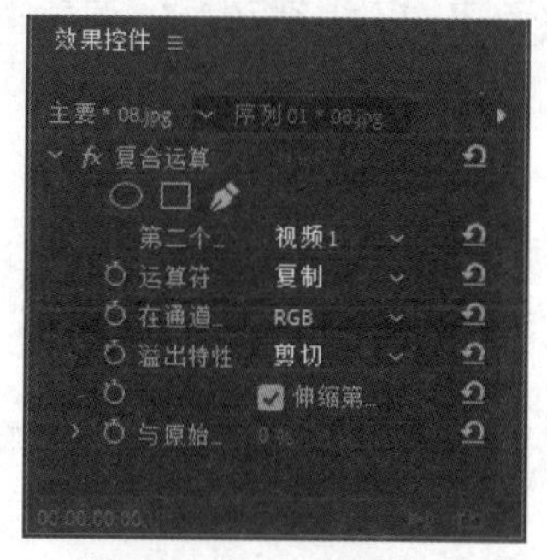

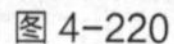
图 4-220

图 4-221

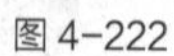
图 4-222

图 4-223

3. 混合

该特效可将两个通道中的图像按指定方式进行混合，从而达到改变图像色彩的效果。应用该特效后，其参数面板如图 4-224 所示。

“与图层混合”：用于选择重叠对象所在的视频轨道。

“模式”：用于选择两个素材混合的部分。

“与原始图像混合”：用于设置所选素材与原素材的混合值，值越小效果越明显。

“如果图层大小不同”：图层的尺寸不同时，该选项可对图层的对齐方式进行设置。

应用“混合”特效前、后的效果如图 4-225、图 4-226 和图 4-227 所示。

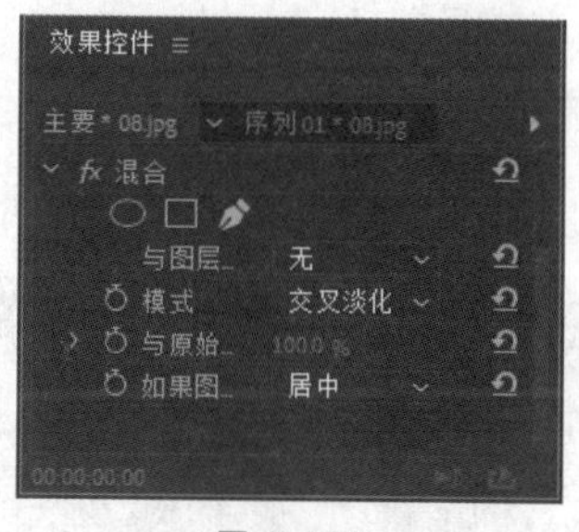

图 4-224

图 4-225

图 4-226

图 4-227

4. 算术

“算术”特效提供了各种用于图像通道的简单数学运算。应用该特效后，其参数面板如图 4-228 所示。

“运算符”：用于选择一种计算方式。

“红色值”：用于设置图片要进行计算的红色值。

“绿色值”：用于设置图片要进行计算的绿色值。

“蓝色值”：用于设置图片要进行计算的蓝色值。

“剪切结果值”：勾选该复选框后，可以防止创建超出有效范围的颜色值；如果不勾选该复选框，一些彩色值可能会在计算时超出彩色值范围。

应用“算术”特效前、后的效果如图 4-229 和图 4-230 所示。

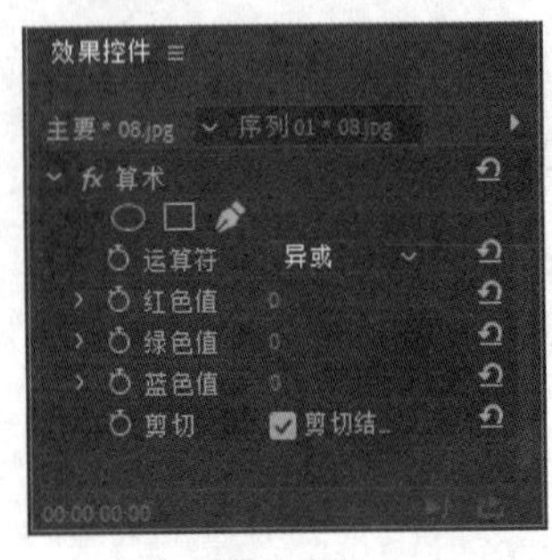

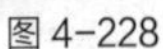
图 4-228

图 4-229

图 4-230

5. 纯色合成

该特效可以用一种颜色填充合成图像，并放置在原始素材的后面。应用该特效后，其参数面板如图 4-231 所示。

“源不透明度”：用于指定素材层的不透明度。

“颜色”：用于设置填充图像的颜色。

“不透明度”：用于控制新填充图像的不透明度。

“混合模式”：用于设置素材层和填充图像以何种方式混合。

应用“纯色合成”特效前、后的效果如图 4-232 和图 4-233 所示。

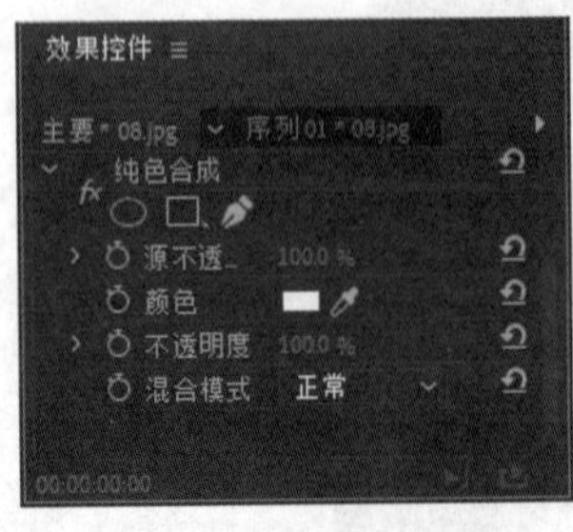

图 4-231

图 4-232

图 4-233

6. 计算

该特效通过通道的混合进行颜色调整。应用该特效后，其参数面板如图 4-234 所示。

“输入”：用于设置原素材显示。

“输入通道”：用于选择需要显示的通道，其中各选项介绍如下。

（1）“RGBA”：正常输入所有通道。

（2）“灰色”：呈灰色显示原来的 RGBA 图像。

（3）“红色”“绿色”“蓝色”“Alpha”：选择一个通道，显示对应通道。

“反转输入”：将“输入通道”中选择的通道反向显示。

“第二个源”：用于设置与原素材混合的素材。

“第二个图层”：用于选择与原素材混合的素材所在的视频轨道。

“第二个图层通道”：用于选择与原素材混合显示的通道；其作用与“输入”选项中的“输入通道”相同。

“第二个图层不透明度”：设置与原素材混合的素材的不透明度值。

“反转第二个图层”：与“反相输入”的作用相同，但这里指的是与原素材混合的素材。

“伸缩第二个图层以适合”：当混合素材小于原素材时，勾选该复选框将在显示最终效果时放大混合素材。

“混合模式”：用于设置原素材与第二个信号源的多种混合模式。

“保持透明度”：用于确保被影响素材的透明度不被修改。

应用“计算”特效前、后的效果如图 4-235、图 4-236 和图 4-237 所示。

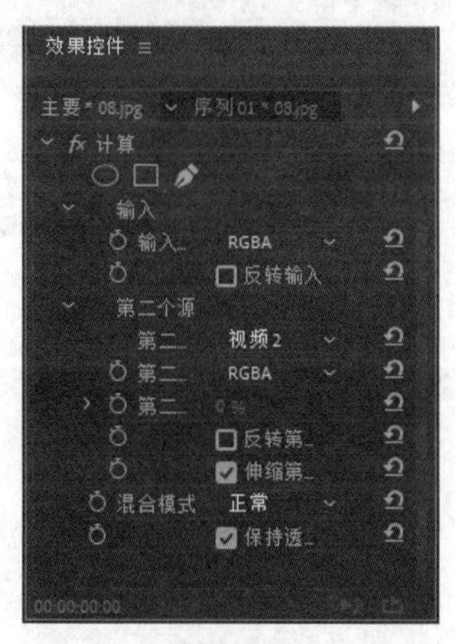

图 4-234

图 4-235

图 4-236

图 4-237

7. 设置遮罩

该特效用当前层的 Alpha 通道取代指定层的 Alpha 通道，从而产生运动屏蔽的效果。应用该特效后，其参数面板如图 4-238 所示。

“从图层获取遮罩”：用于指定作为蒙版的图层。

“用于遮罩”：用于选择指定的蒙版层进行特效处理的通道。

“反转遮罩”：反转蒙版层的透明度。

“伸缩遮罩以适合”：用于放大或缩小屏蔽层的尺寸，使之与当前层适配。

“将遮罩与原始图像合成”：使当前层合成新的蒙版，而不是替换原始素材层。

“预乘遮罩图层”：勾选该复选框，将软化蒙版层素材的边缘。

应用“设置遮罩”特效前、后的效果如图 4-239、图 4-240 和图 4-241 所示。

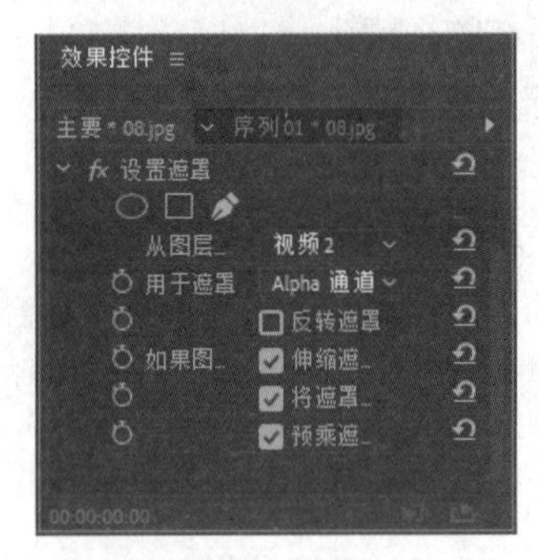

图 4-238

图 4-239

图 4-240

图 4-241

4.3.15 课堂案例——跨越梦想创意赏析

【案例学习目标】学习使用“风格化”特效编辑制作创意图像。

【案例知识要点】使用“彩色浮雕”特效制作图像的彩色浮雕效果，使用“效果控件”面板调整图像并制作动画效果。跨越梦想创意赏析效果如图 4-242 所示。

【效果所在位置】Ch04/跨越梦想创意赏析/跨越梦想创意赏析. prproj。

图 4-242

（1）启动 Premiere Pro CC 2019，选择“文件 > 新建 > 项目”命令，弹出“新建项目”对话框，如图 4-243 所示，单击“确定”按钮，新建项目。选择“文件 > 新建 > 序列”命令，弹出“新建序列”对话框，单击“设置”选项卡，具体参数设置如图 4-244 所示，单击“确定”按钮，新建序列。

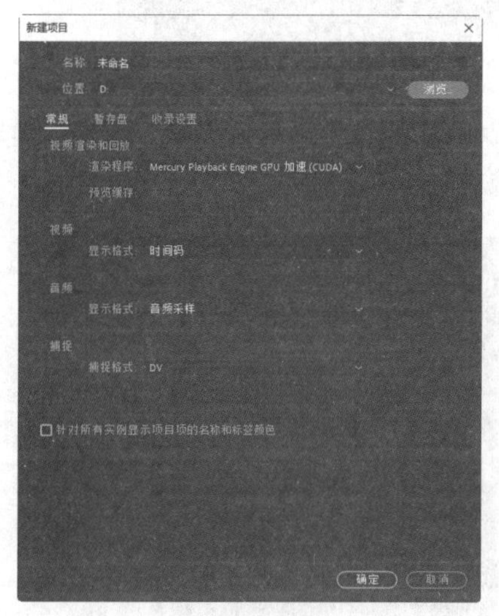

图 4-243

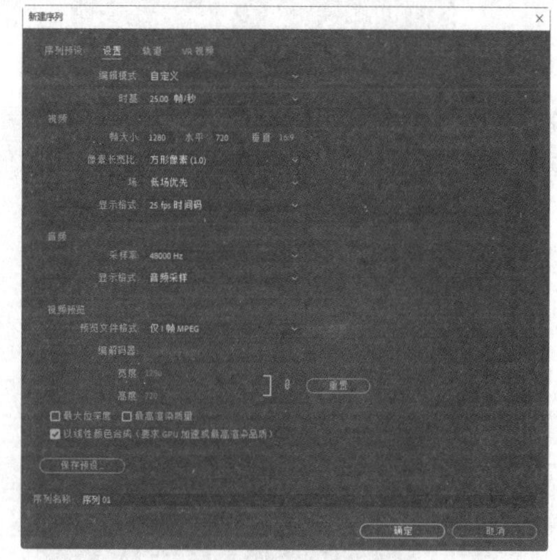

图 4-244

（2）选择“文件 > 导入”命令，弹出“导入”对话框，选择本书云盘中的“Ch04/跨越梦想创意赏析/素材/01~03”文件，如图 4-245 所示。单击“打开”按钮，将素材文件导入“项目”面板中，如图 4-246 所示。

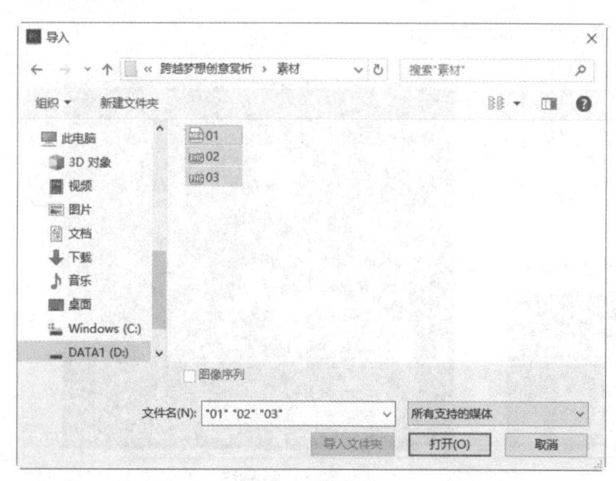

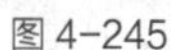

图 4-245

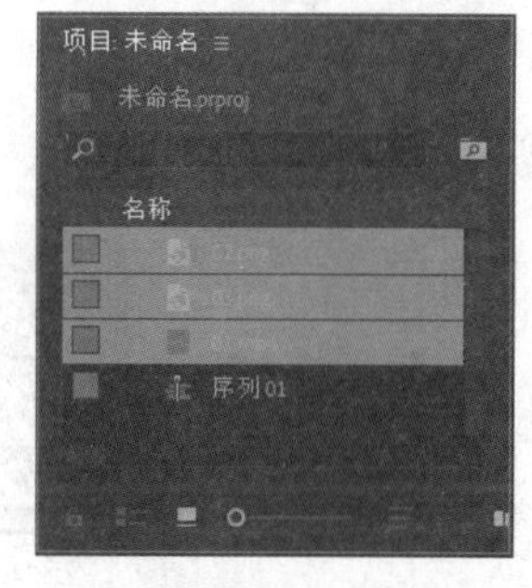

图 4-246

（3）在“项目”面板中选中“01”文件并将其拖曳到“时间轴”面板中的“视频 1”轨道中，弹出“剪辑不匹配警告”对话框。单击“保持现有设置”按钮，在保持现有序列设置的情况下将“01”文件放置在“视频 1”轨道中，如图 4-247 所示。将时间指示器移动到 04:00s 的位置，将鼠标指针放在“01”文件的结束位置并单击，显示编辑点。当鼠标指针呈形状时，向左拖曳直到 04:00s 的位置，如图 4-248 所示。

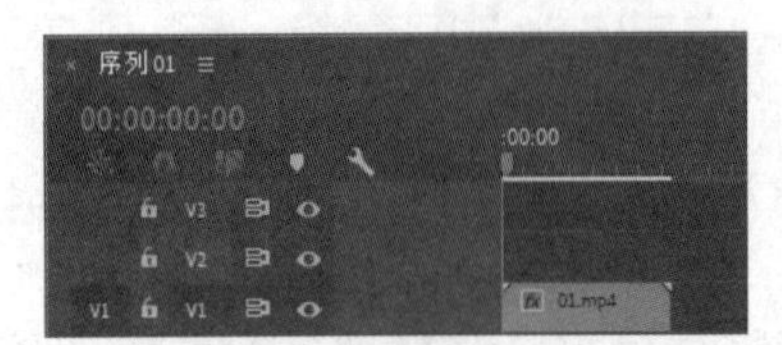

图 4-247

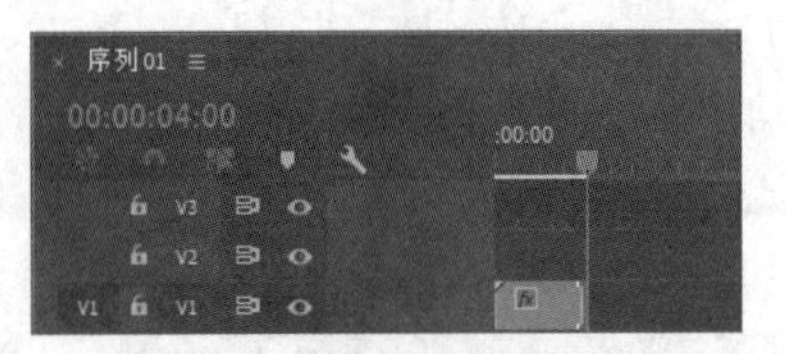

图 4-248

（4）选中“时间轴”面板中的“01”文件，如图 4-249 所示。选择“效果控件”面板，展开“运动”选项，将“缩放”选项设置为 67.0，如图 4-250 所示。

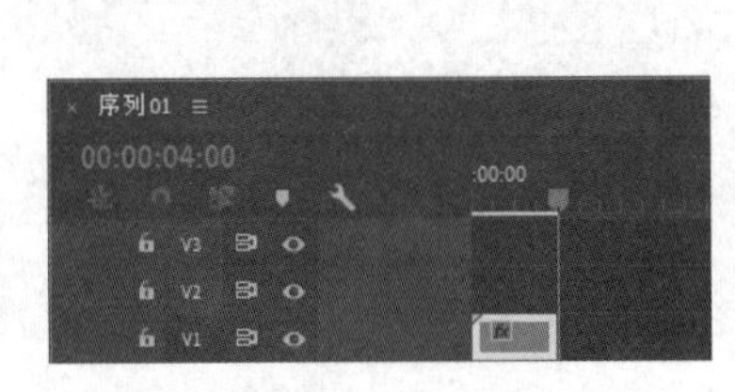

图 4-249

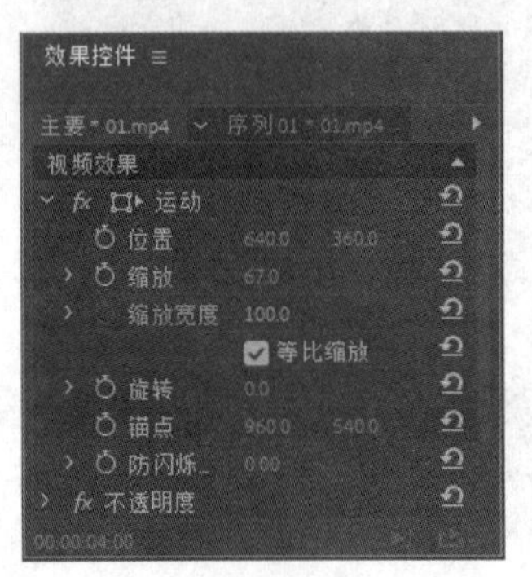

图 4-250

（5）将时间指示器移动到 00:07s 的位置，在“项目”面板中选中“02”文件并将其拖曳到“时间轴”面板中的“视频 2”轨道中，如图 4-251 所示。选中“时间轴”面板中的“02”文件。选择“效果控件”面板，展开“运动”选项，将“缩放”选项设置为 2.0，单击“缩放”选项左侧的“切换动画”按钮，如图 4-252 所示，记录第 1 个动画关键帧。

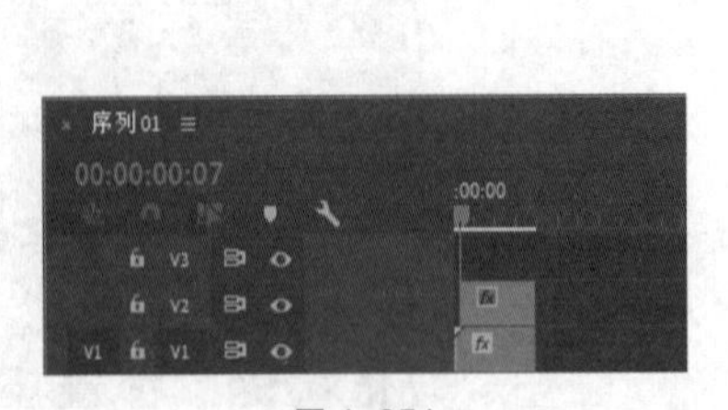

图 4-251

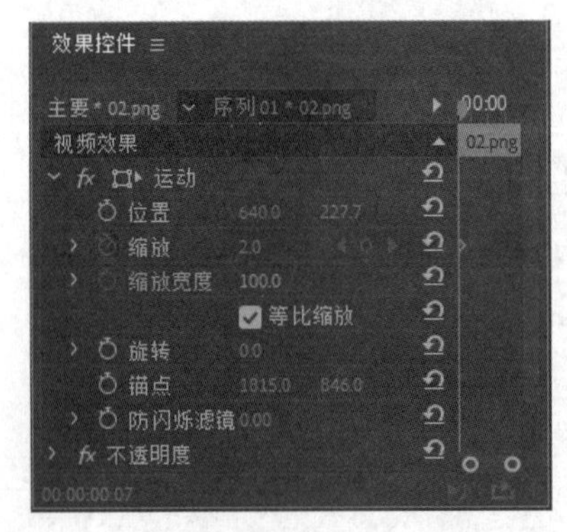

图 4-252

（6）将时间指示器移动到 01:05s 的位置，将“缩放”选项设置为 20.0，如图 4-253 所示，记录第 2 个动画关键帧。将时间指示器移动到 02:01s 的位置，展开“不透明度”选项，单击“不透明度”选项右侧的“添加/移除关键帧”按钮，如图 4-254 所示，记录第 1 个动画关键帧。

（7）将时间指示器移动到 02:06s 的位置，将“不透明度”选项设置为 0%，如图 4-255 所示，记录第 2 个动画关键帧。将时间指示器移动到 02:11s 的位置，将“不透明度”选项设置为 100.0%，如图 4-256 所示，记录第 3 个动画关键帧。

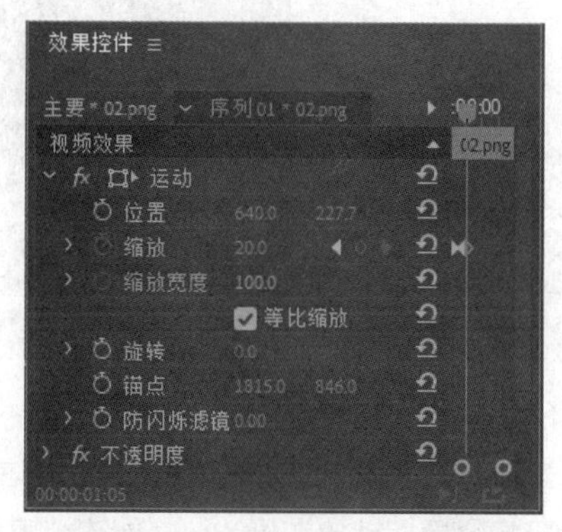

图 4-253

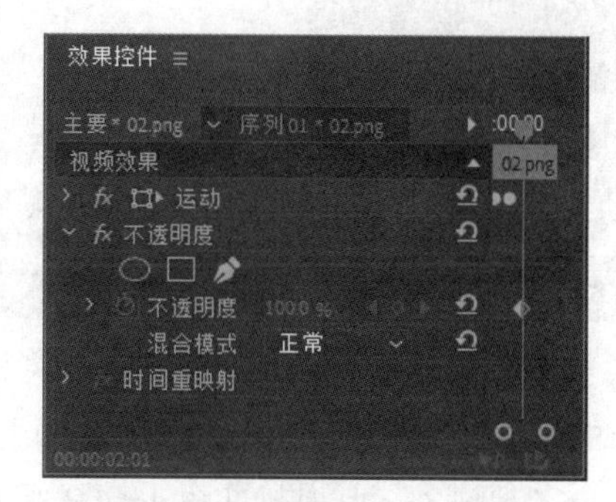

图 4-254

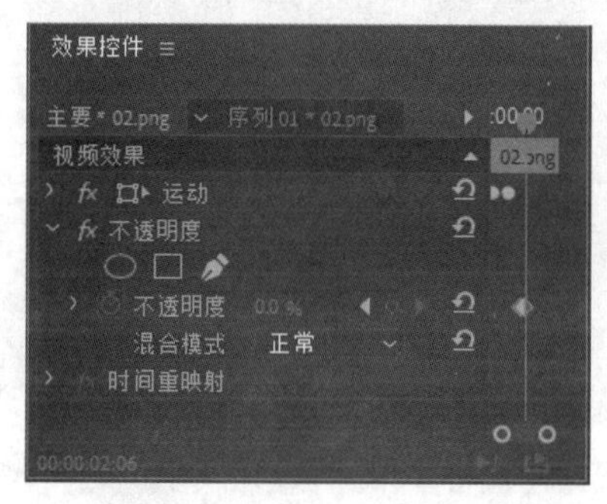

图 4-255

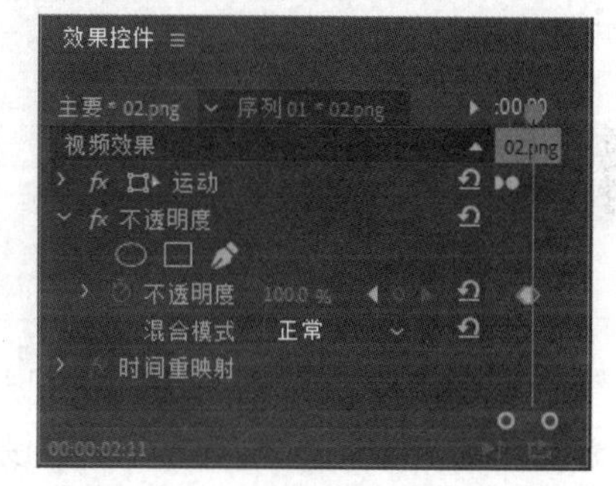

图 4-256

（8）将时间指示器移动到 02:16s 的位置，将“不透明度”选项设置为 0%，如图 4-257 所示，记录第 4 个动画关键帧。将时间指示器移动到 02:21s 的位置，将“不透明度”选项设置为 100.0%，如图 4-258 所示，记录第 5 个动画关键帧。

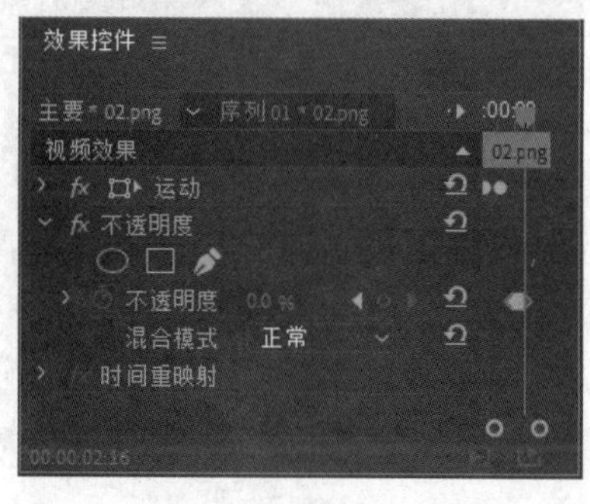

图 4-257

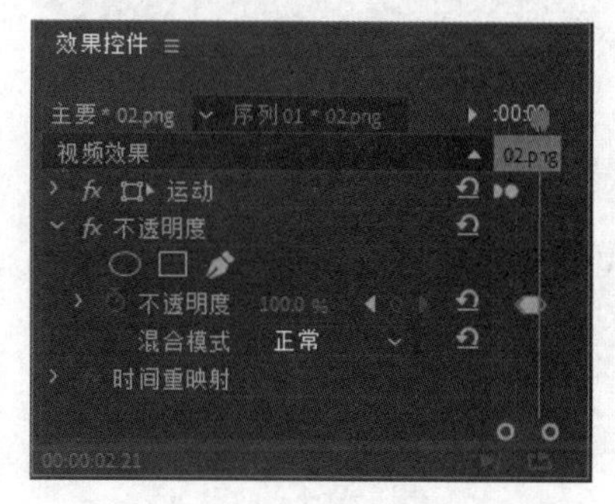

图 4-258

（9）选择“效果”面板，展开“视频效果”特效组，单击“风格化”文件夹左侧的三角形按钮▶将其展开，选中“彩色浮雕”特效，如图 4-259 所示。将“彩色浮雕”特效拖曳到“时间轴”面板“视频 2”轨道中的“02”文件上，如图 4-260 所示。

（10）选择“效果控件”面板，展开“彩色浮雕”选项，将“方向”选项设置为 45.0°、“起伏”选项设置为 25.00、“对比度”选项设置为 100、“与原始图像混合”选项设置为 50%，如图 4-261 所示。

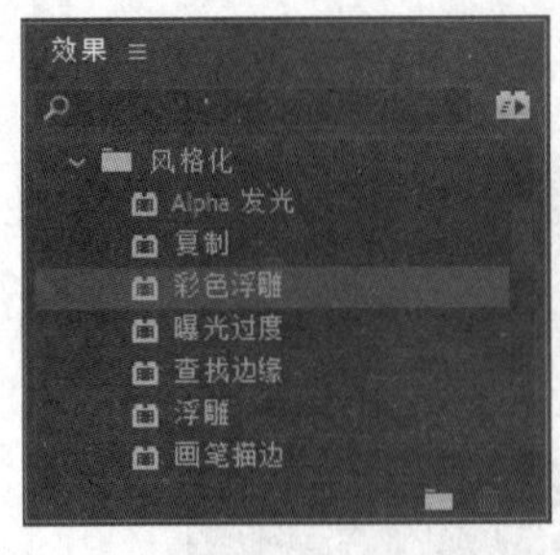

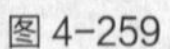
图 4-259

图 4-260

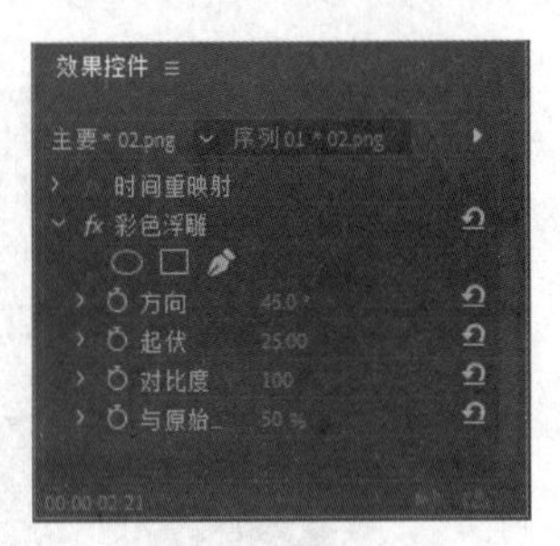

图 4-261

（11）将时间指示器移动到 00:07s 的位置。在“项目”面板中选中“03”文件并将其拖曳到“时间轴”面板中的“视频 3”轨道中，如图 4-262 所示。将鼠标指针放在“03”文件的结束位置并单击，显示编辑点。当鼠标指针呈形状时，向左拖曳直到“02”文件的结束位置，如图 4-263 所示。

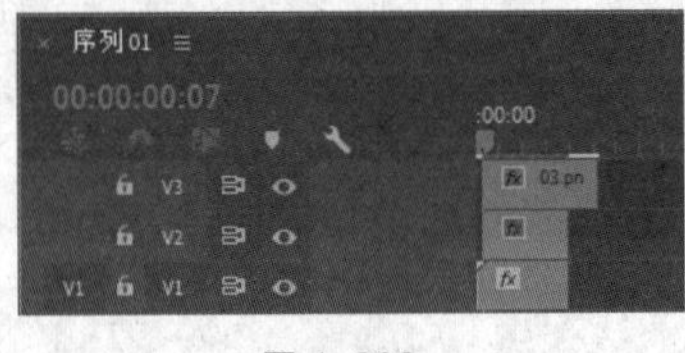

图 4-262

图 4-263

（12）选中“时间轴”面板中的“03”文件。选择“效果控件”面板，展开“运动”选项，将“位置”选项设置为 640.0 和 230.0、“缩放”选项设置为 0；单击“位置”和“缩放”选项左侧的“切换动画”按钮，如图 4-264 所示，记录第 1 个动画关键帧。将时间指示器移动到 01:05s 的位置，将“位置”选项设置为 640.0 和 316.0、“缩放”选项设置为 100.0，如图 4-265 所示，记录第 2 个动画关键帧。跨越梦想创意赏析制作完成。

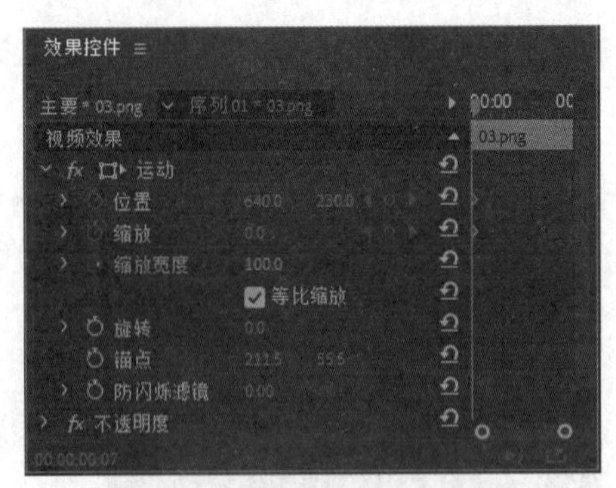

图 4-264

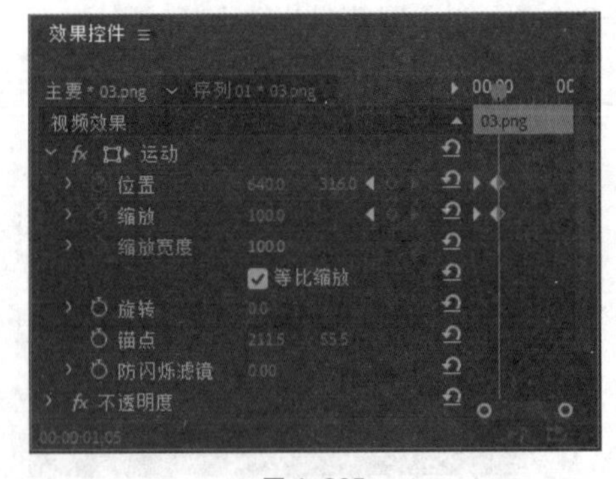

图 4-265

4.3.16 风格化

“风格化”视频特效主要用于模拟一些美术风格，实现丰富的画面效果，该特效组中包含以下 13 种类型。

1. Alpha 发光

该特效对含有通道的素材起作用，会在通道的边缘部分产生一圈渐变的辉光效果，可以在单色的边缘处或者在边缘运动时变成两种颜色。应用该特效后，其参数面板如图 4-266 所示。

"发光"：用于设置光晕从素材的 Alpha 通道扩散边缘的大小。

"亮度"：用于设置辉光的强度。

"起始颜色"/"结束颜色"：用于设置辉光内部与外部的颜色。

应用"Alpha 发光"特效前、后的效果如图 4-267 和图 4-268 所示。

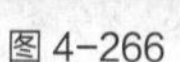
图 4-266

图 4-267

图 4-268

2. 复制

该特效可以将图像复制成指定的数量，并同时在每一个单元中播放出来。在"效果控件"面板中拖曳"计数"选项的滑块，可以设置每行或每列的分块数目。应用"复制"特效前、后的效果如图 4-269 和图 4-270 所示。

图 4-269

图 4-270

3. 彩色浮雕

该特效通过锐化素材中物体的轮廓，使素材产生彩色的浮雕效果。应用该特效后，其参数面板如图 4-271 所示。

"方向"：用于设置浮雕的方向。

"起伏"：用于设置浮雕压制的明显高度，实际上是设定浮雕边缘的最大加亮宽度。

"对比度"：用于设置图像内容的边缘锐化程度，如果增大参数值，加亮就会变得更明显。

"与原始图像混合"：该参数值越小，上述各选项设置的效果越明显。

应用"彩色浮雕"特效前、后的效果如图 4-272 和图 4-273 所示。

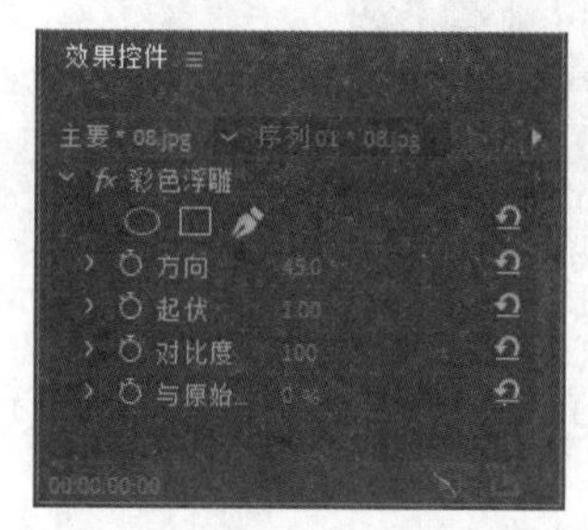

图 4-271

图 4-272

图 4-273

4. 曝光过度

该特效可以沿着画面的正、反方向进行混合，从而产生类似于底片在显影时的快速曝光效果。应用“曝光过度”特效前、后的效果如图 4-274 和图 4-275 所示。

图 4-274

图 4-275

5. 查找边缘

该特效通过强化素材中物体的边缘，使素材产生类似于铅笔素描或底片的效果；构图越简单，明暗对比越强烈的素材，描出的线条越清楚。应用该特效后，其参数面板如图 4-276 所示。

“反转”：取消勾选此复选框时，素材边缘会出现如在白色背景上的黑色线；勾选此复选框时，素材边缘会出现如在黑色背景上的明亮线。

“与原始图像混合”：用于设置与原素材混合的程度；数值越小，上述各选项设置的效果越明显。

应用“查找边缘”特效前、后的效果如图 4-277 和图 4-278 所示。

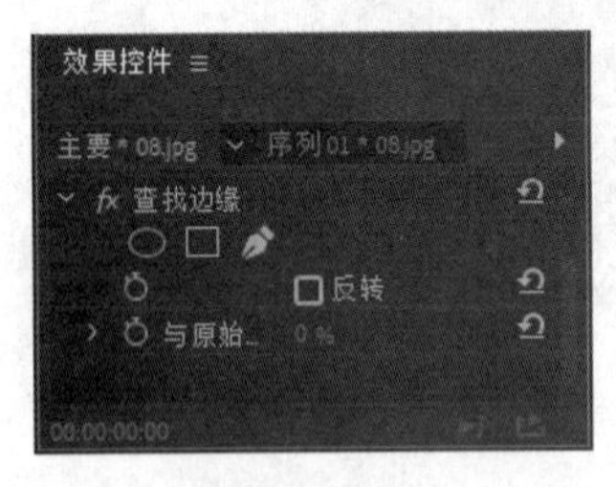

图 4-276

图 4-277

图 4-278

6. 浮雕

该特效与“彩色浮雕”特效的效果相似，只是没有色彩，它们的各项选项都相同，都通过锐化素材中物体的轮廓，使画面产生浮雕效果。应用“浮雕”特效前、后的效果如图 4-279 和图 4-280 所示。

图 4-279

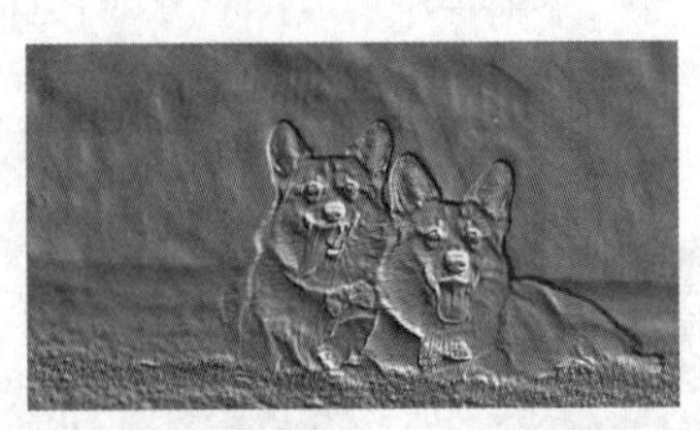

图 4-280

7. 画笔描边

该特效可使素材产生一种使用美术画笔描绘的效果。应用“画笔描边”特效后，其参数面板如图 4-281 所示。

“描边角度”：用于设置画笔的角度。

“画笔大小”：用于设置笔刷的大小。

“描边长度”：用于设置笔触的长度。

“描边浓度”：用于设置笔触的浓度。

“描边浓度”：用于设置笔触描绘的程度。

“绘画表面”：用于设置应用笔触效果的区域。

“与原始图像混合”：用于设置与原素材混合的程度；数值越小，上述各选项设置的效果越明显。

应用“画笔描边”特效前、后的效果如图 4-282 和图 4-283 所示。

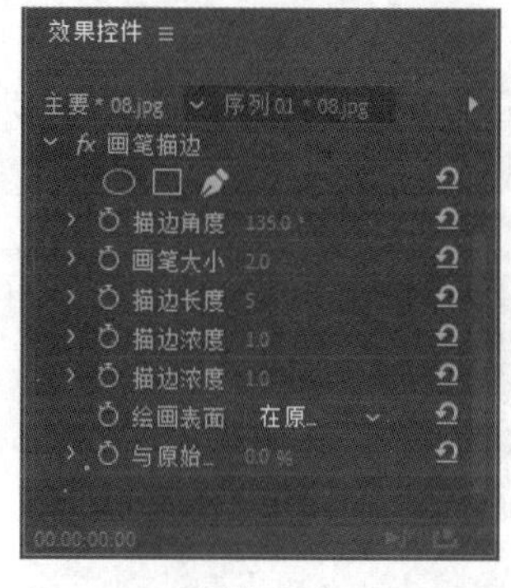

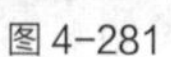
图 4-281

图 4-282

图 4-283

8. 粗糙边缘

该特效可以使素材的 Alpha 通道边缘粗糙化，从而使素材或者栅格化文本产生一种粗糙的自然外观。应用“粗糙边缘”特效前、后的效果如图 4-284 和图 4-285 所示。

图 4-284

图 4-285

9. 纹理

该特效可以使一个素材上显示另一个素材的纹理。应用该特效后，其参数面板如图 4-286 所示。

“纹理图层”：用于选择与素材混合的视频轨道。

“光照方向”：用于设置光照的方向，决定纹理图案的亮部方向。

“纹理对比度”：用于设置纹理的强度。

“纹理位置”：用于指定纹理的应用方式。

应用“纹理”特效前、后的效果如图 4-287 和图 4-288 所示。

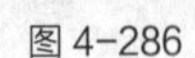

图 4-286

图 4-287

图 4-288

10. 色调分离

该特效可以将素材的色调进行分离并制作特殊效果。应用“色调分离”特效前、后的效果如图 4-289 和图 4-290 所示。

图 4-289

图 4-290

11. 闪光灯

该特效能以一定的周期或随机地对一个素材进行算术运算，例如，每隔 5s 素材就变成白色并显示 0.1s，或素材颜色以随机的时间间隔进行反转。此特效常用来模拟摄像机的瞬间强烈闪光效果。应用该特效后，其参数面板如图 4-291 所示。

“闪光色”：用于设置频闪瞬间屏幕上呈现的颜色。

“与原始图像混合”：用于设置与原素材混合的程度。

“闪光持续时间（秒）”：用于设置频闪持续的时间。

“闪光周期（秒）”：以 s 为单位，设置频闪效果出现的间隔时间；它是从相邻两个频闪效果的开始时间算起的，因此，只有该选项的数值大于“闪光持续时间（秒）”选项时，才会出现频闪效果。

“随机闪光机率”：用于设置素材中每一帧产生频闪效果的概率。

“闪光”：用于设置频闪效果的不同类型。

“随机植入”：用于设置闪光植入到特定帧的几率。

应用“闪光灯”特效前、后的效果如图 4-292 和图 4-293 所示。

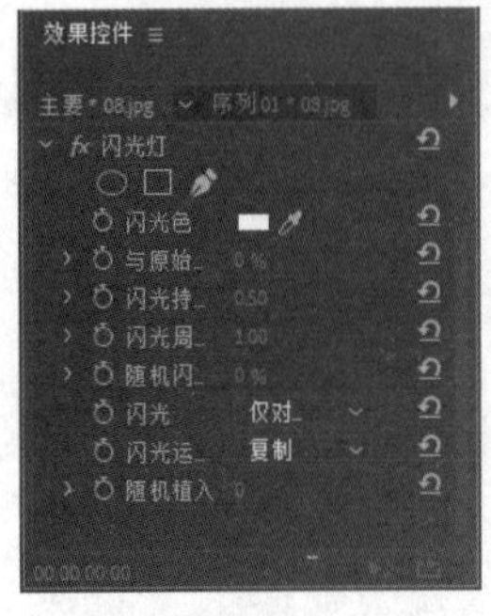

图 4-291

图 4-292

图 4-293

12. 阈值

该特效可以将图像变成灰度模式。应用“阈值”特效前、后的效果如图 4-294 和图 4-295 所示。

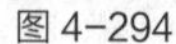
图 4-294

图 4-295

13. 马赛克

该特效用若干个方形色块填充素材，使素材产生马赛克效果。此效果通常用于模拟低分辨率显示或者模糊图像。应用该特效后，其参数面板如图 4-296 所示。

“水平块”“垂直块”：用于设置水平和垂直方向上的方形色块数量。

“锐化颜色”：勾选此复选框，可以锐化图像素材。

应用“马赛克”特效前、后的效果如图 4-297 和图 4-298 所示。

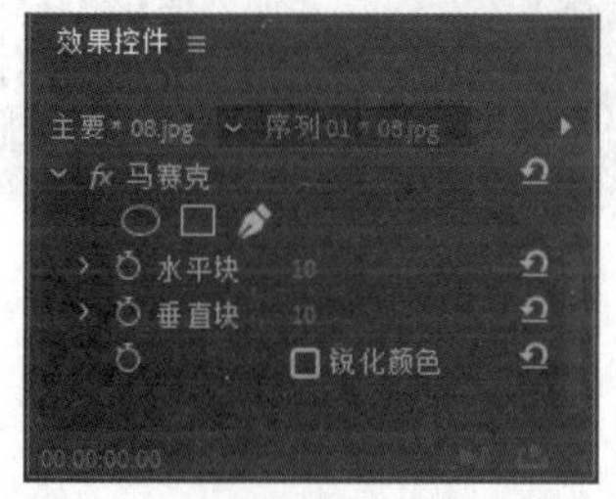

图 4-296

图 4-297

图 4-298

课堂练习——起飞准备工作赏析

【练习知识要点】使用“杂色”特效为图像添加杂色，使用“旋转扭曲”特效为旋转图像制作扭曲效果。起飞准备工作赏析效果如图 4-299 所示。

【效果所在位置】Ch04/起飞准备工作赏析/起飞准备工作赏析. prproj。

图 4-299

课后习题——健康出行宣传片

【习题知识要点】使用“边角定位”特效调整图像的位置和大小，使用“亮度与对比度”特效调整图像的亮度与对比度，使用“颜色平衡”特效调整图像的颜色。健康出行宣传片效果如图 4-300 所示。

【效果所在位置】Ch04/健康出行宣传片/健康出行宣传片. prproj。

图 4-300

第 5 章 调色、抠像与合成

本章主要讲解在 Premiere Pro CC 2019 中进行素材调色、抠像与叠加的基本设置方法。调色、抠像与叠加属于视频编辑中较高级的应用，它们可以使影片通过编辑产生完美的画面合成效果。通过本章的学习，读者能完全掌握调色、抠像与合成技术。

课堂学习目标

- 掌握视频调色技术
- 熟练掌握抠像及合成技术

5.1 视频调色技术

Premiere Pro CC 2019 的“效果”面板中包含了一些专门用于改变图像亮度、对比度和颜色的特效，这些颜色增强特效集中于“视频效果”文件夹的 4 个子文件夹中，它们分别为“图像控制”“调整”“过时”“颜色校正”。下面分别进行详细讲解。

5.1.1 课堂案例——古风美景赏析

【案例学习目标】使用多个特效编辑图像之间的叠加效果。

【案例知识要点】使用“黑白”特效将彩色图像转换为灰度图像，使用“查找边缘”特效制作图像的边缘，使用“色阶”特效调整图像的亮度和对比度，使用“高斯模糊”特效制作图像的模糊效果，使用“旧版标题”命令添加与编辑文字，使用“擦除”特效制作文字过渡。古风美景赏析效果如图 5-1 所示。

【效果所在位置】Ch05/古风美景赏析/古风美景赏析. prproj。

图 5-1

1. 制作视频水墨效果

（1）启动 Premiere Pro CC 2019，选择“文件 > 新建 > 项目”命令，弹出“新建项目”对话框，如图 5-2 所示，单击“确定”按钮，新建项目。选择“文件 > 新建 > 序列”命令，弹出“新建序列”对话框，单击“设置”选项卡，具体参数设置如图 5-3 所示，单击“确定”按钮，新建序列。

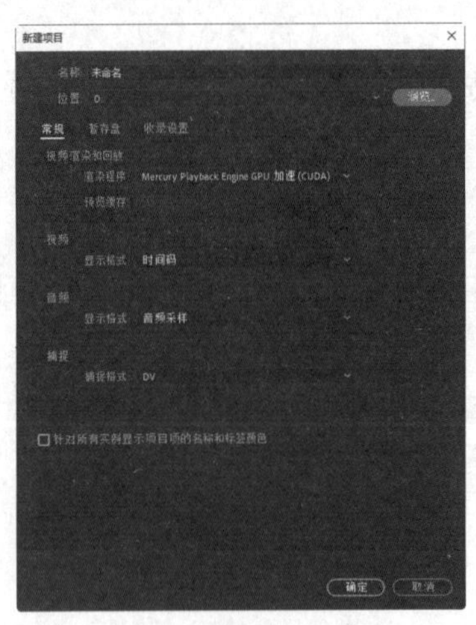

图 5-2

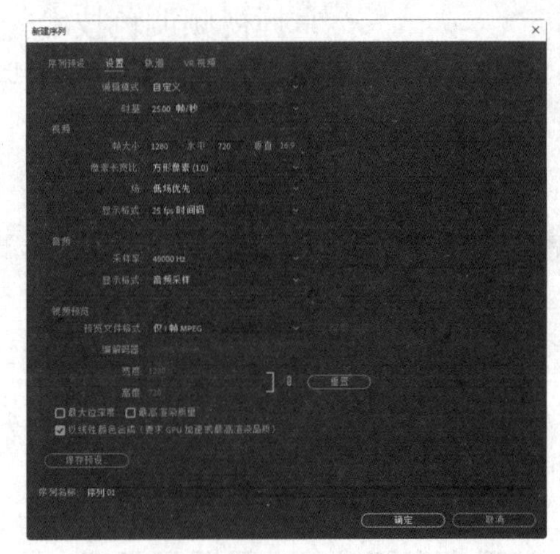

图 5-3

（2）选择“文件 > 导入”命令，弹出“导入”对话框，选择本书云盘中的“Ch05/古风美景赏析/素材/01”文件，如图 5-4 所示。单击“打开”按钮，将素材文件导入“项目”面板中，如图 5-5 所示。

（3）在“项目”面板中选中“01”文件并将其拖曳到“时间轴”面板中的“视频 1”轨道中。弹出“剪辑不匹配警告”对话框，单击“保持现有设置”按钮，在保持现有序列设置的情况下将文件放置在“视频 1”轨道中，如图 5-6 所示。

（4）将时间指示器移动到 05:00s 的位置，将鼠标指针放在“01”文件的结束位置并单击，显示编辑点。当鼠标指针呈◀形状时，向左拖曳直到 05:00s 的位置，如图 5-7 所示。

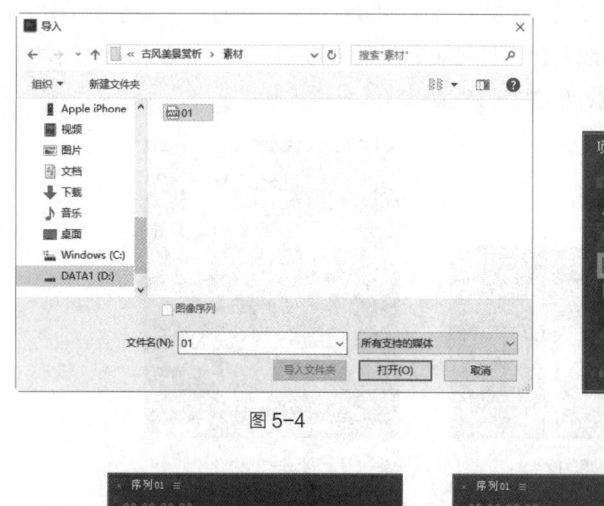

图 5-4

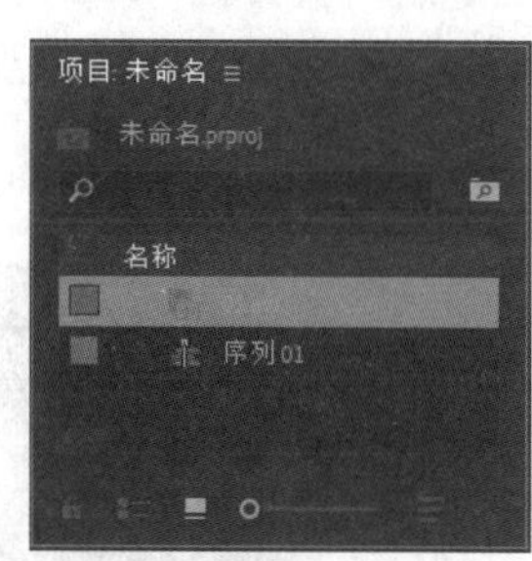

图 5-5

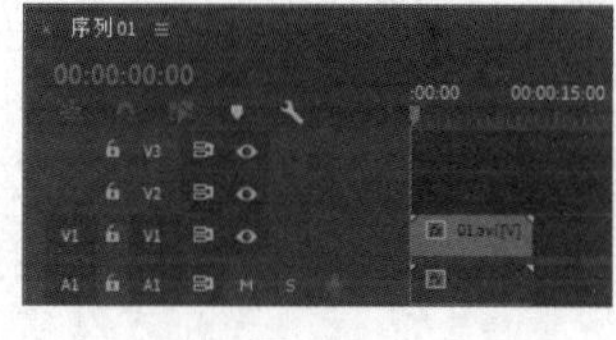
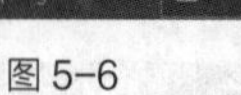

图 5-6

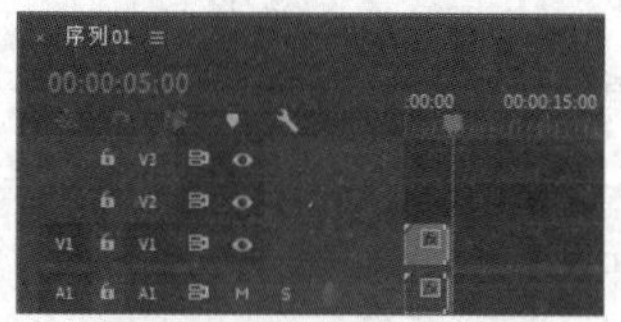

图 5-7

（5）将时间指示器移动到 0s 的位置。选择“效果”面板，展开“视频效果”特效组，单击“图像控制”文件夹左侧的三角形按钮将其展开，选中“黑白”特效，如图 5-8 所示。将“黑白”特效拖曳到“时间轴”面板中的“01”文件上，如图 5-9 所示。

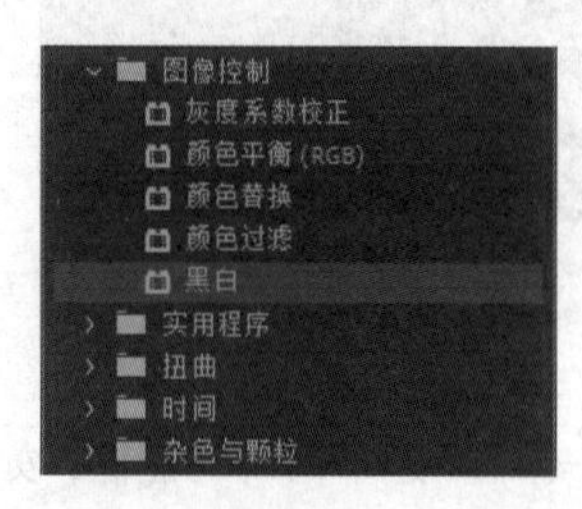

图 5-8

图 5-9

（6）选择“效果”面板，单击“风格化”文件夹左侧的三角形按钮将其展开，选中“查找边缘”特效，如图 5-10 所示。将“查找边缘”特效拖曳到“时间轴”面板中的“01”文件上。在“效果控件”面板中展开“查找边缘”特效，将“与原始图像混合”选项设置为 12%，如图 5-11 所示。

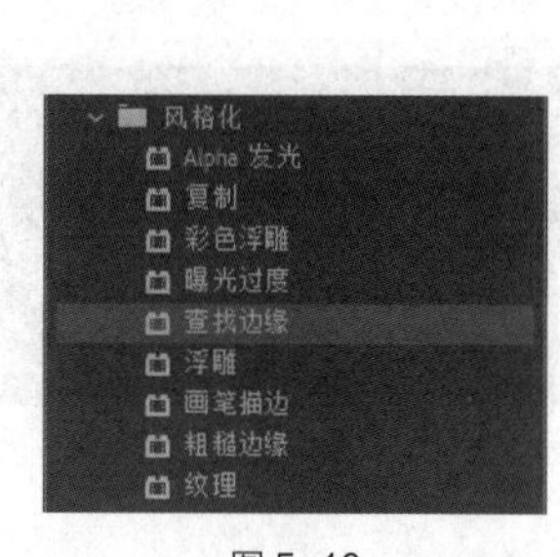

图 5-10

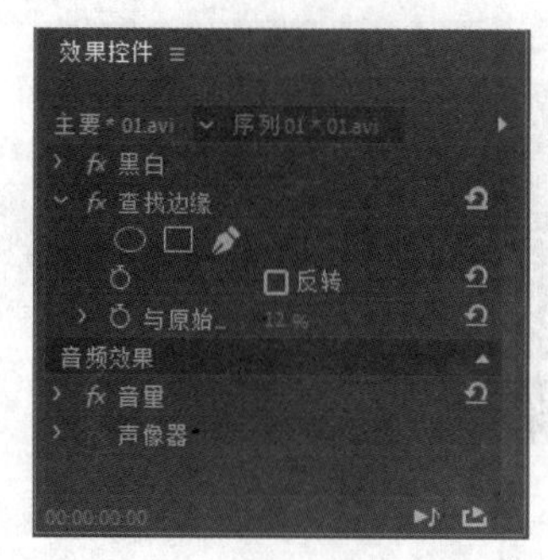

图 5-11

（7）选择“效果”面板，单击“调整”文件夹左侧的三角形按钮▶将其展开，选中“色阶”特效，如图5-12所示。将“色阶”特效拖曳到“时间轴”面板中的“01”文件上。在“效果控件”面板中展开“色阶”特效并进行参数设置，如图5-13所示。

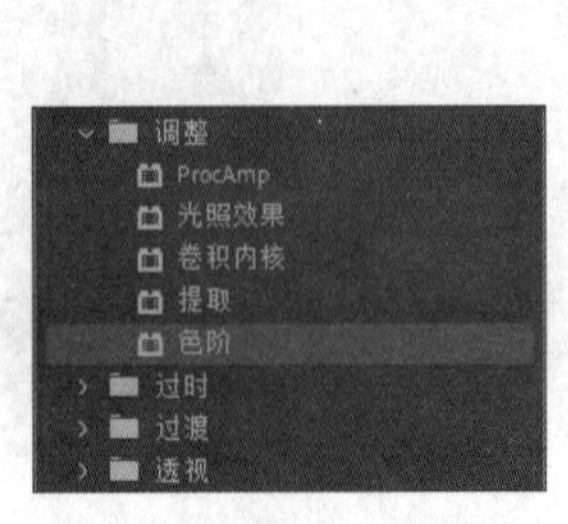

图5-12

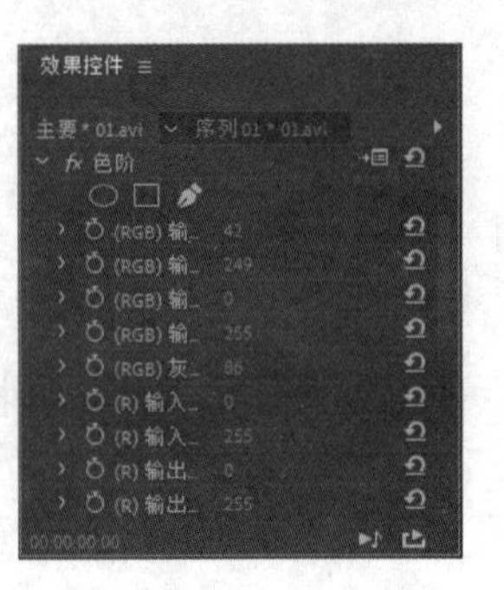

图5-13

（8）选择“效果”面板，单击“模糊与锐化”文件夹左侧的三角形按钮▶将其展开，选中“高斯模糊”特效，如图5-14所示。将“高斯模糊”特效拖曳到“时间轴”面板中的“01”文件上。在“效果控件”面板中展开“高斯模糊”特效，将“模糊度”选项设置为3.2，如图5-15所示。

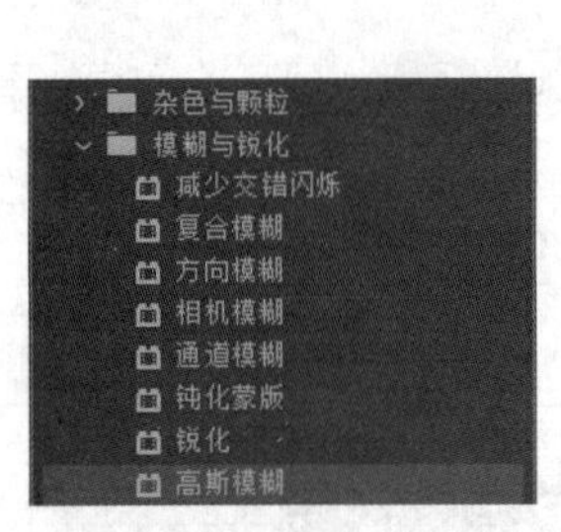

图5-14

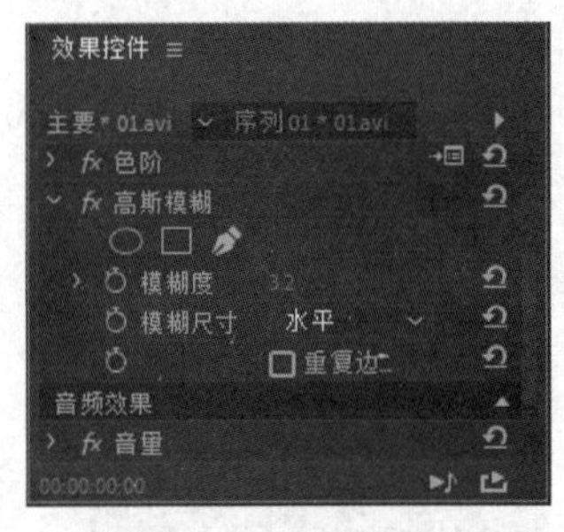

图5-15

2. 添加文字

（1）选择“文件 > 新建 > 旧版标题”命令，弹出“新建字幕”对话框，如图5-16所示，单击“确定”按钮。选择“工具”面板中的“垂直文字”工具IT，在“字幕”面板中单击输入需要的文字。

（2）在“旧版标题属性”面板中展开“变换”选项，具体参数设置如图5-17所示。展开“属性”选项，具体参数设置如图5-18所示。“字幕”面板如图5-19所示，新建的字幕文件将自动保存到“项目”面板中。

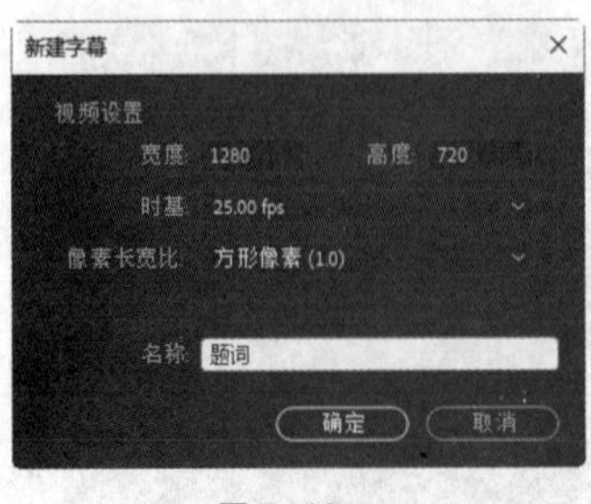

图5-16

图5-17

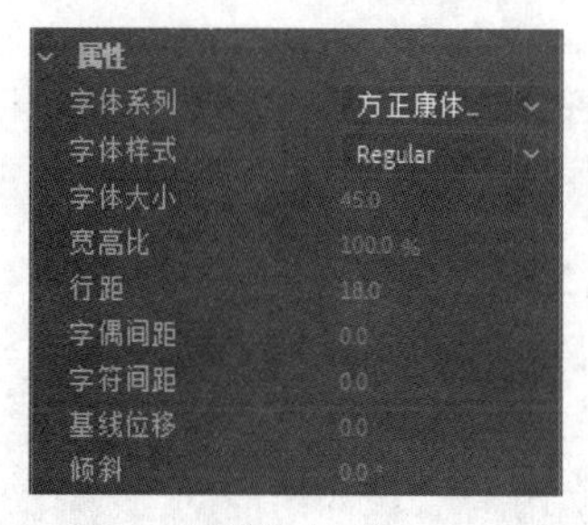

图 5-18

图 5-19

（3）在“项目”面板中选中“题词”文件并将其拖曳到“时间轴”面板中的“视频 2”轨道中，如图 5-20 所示。选择“效果”面板，单击“擦除”文件夹左侧的三角形按钮 将其展开，选中“划出”特效，如图 5-21 所示。

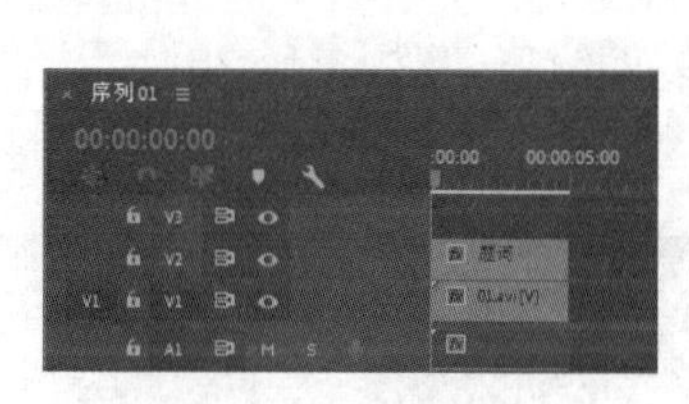

图 5-20

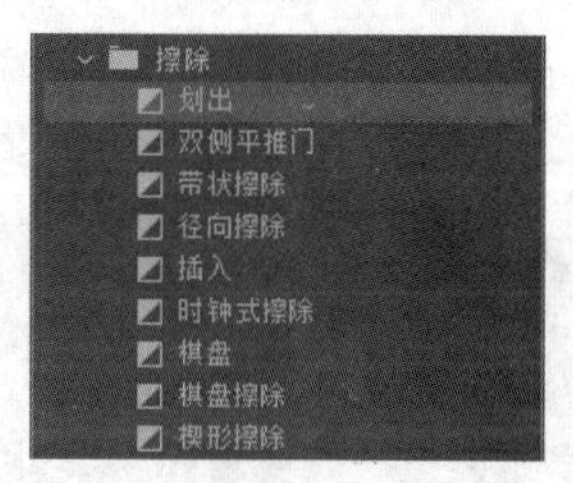

图 5-21

（4）将“划出”特效拖曳到“时间轴”面板中的“题词”文件的开始位置，如图 5-22 所示。选中“时间轴”面板中的“划出”特效。选择“效果控件”面板，将“持续时间”选项设置为 04:00s，单击小视窗右侧的“自东向西”三角形按钮，如图 5-23 所示。古风美景赏析效果制作完成。

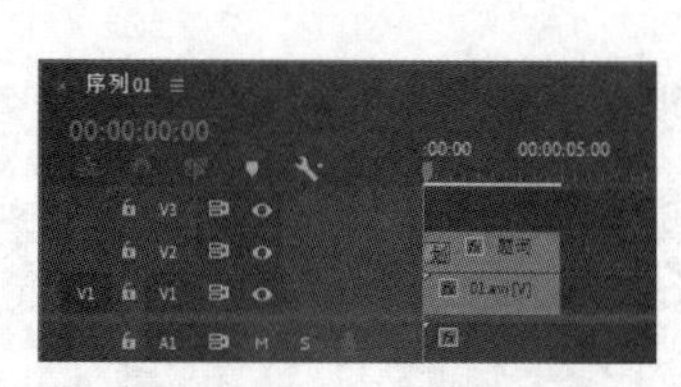

图 5-22

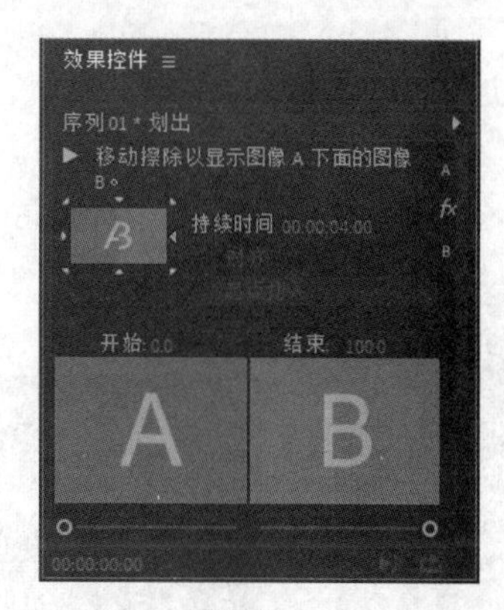

图 5-23

5.1.2 图像控制

“图像控制”特效的主要用途是对素材进行色彩的特殊处理，广泛运用于视频编辑中，用于处理一些前期拍摄过程中遗留下的缺陷或使素材达到某种预想的效果。“图像控制”特效是一组重要的视频特效，包含了以下 5 种特效。

1. 灰度系数校正

该特效通过改变素材中间色调的亮度实现在不改变素材整体亮度和阴影的情况下，使素材变得更明亮或更灰暗。应用“灰度系数校正”特效前、后的效果如图 5-24 和图 5-25 所示。

图 5-24

图 5-25

2. 颜色平衡（RGB）

“颜色平衡（RGB）”特效通过对素材的红色、绿色和蓝色进行调整，来达到改变图像色彩效果的目的。应用该特效后，其参数面板如图 5-26 所示。

应用“颜色平衡（RGB）”特效前、后的效果如图 5-27 和图 5-28 所示。

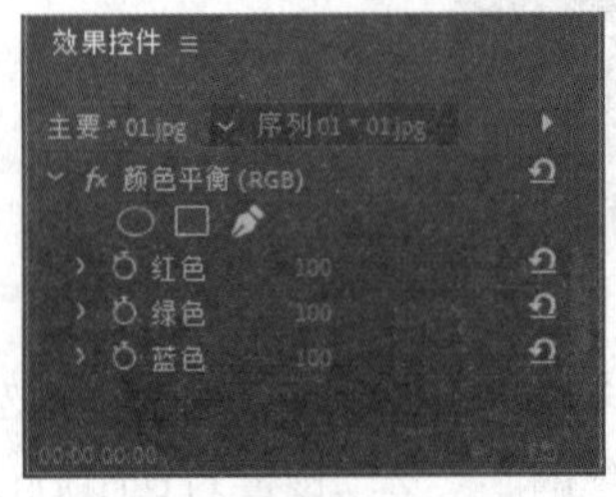

图 5-26

图 5-27

图 5-28

3. 颜色替换

该特效可以指定某种颜色，然后使用一种新的颜色来替换指定的颜色。应用该特效后，其参数面板如图 5-29 所示。

应用“颜色替换”特效前、后的效果如图 5-30 和图 5-31 所示。

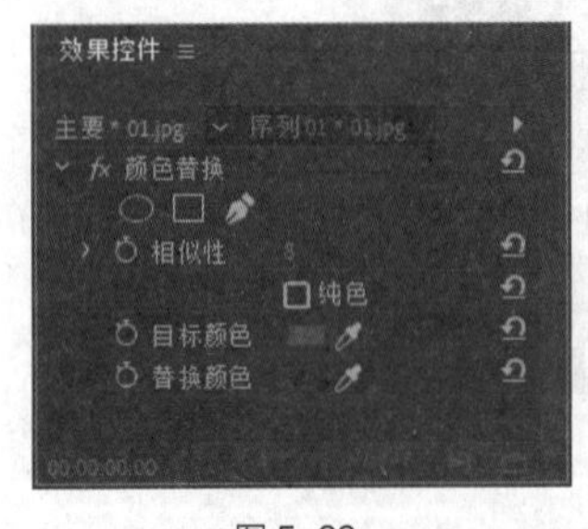

图 5-29

图 5-30

图 5-31

4. 颜色过滤

该特效可以将素材中除指定颜色以外的其他颜色转化成灰度（黑、白）颜色，即保留指定的颜色。应用该特效后，其参数面板如图 5-32 所示。

应用“颜色过滤”特效前、后的效果如图 5-33 和图 5-34 所示。

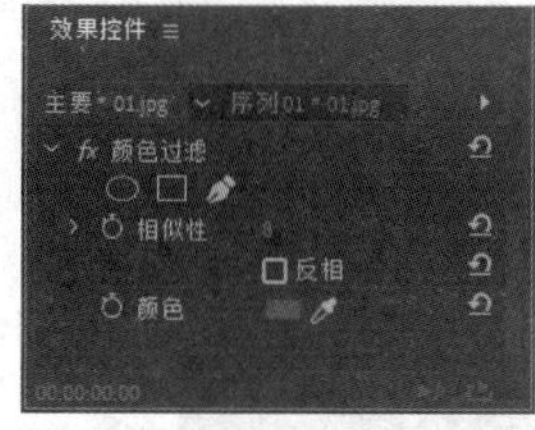

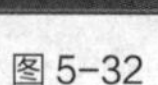
图 5-32　　图 5-33　　图 5-34

5. 黑白

该特效用于将彩色影像直接转换成灰度影像，它没有参数选项。应用“黑白”特效前、后的效果如图 5-35 和图 5-36 所示。

图 5-35　　图 5-36

5.1.3　课堂案例——怀旧影视赏析

【案例学习目标】使用多个调整特效制作怀旧影视赏析。

【案例知识要点】使用“导入”命令导入视频文件，使用“ProcAmp”特效调整图像的亮度、饱和度和对比度，使用“颜色平衡”特效调整图像中的部分颜色，使用“DE_AgedFilm”外部特效制作出老电影效果。怀旧影视赏析效果如图 5-37 所示。

【效果所在位置】Ch05/怀旧影视赏析/怀旧影视赏析. prproj。

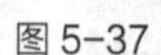
图 5-37

（1）启动 Premiere Pro CC 2019，选择“文件 > 新建 > 项目”命令，弹出“新建项目”对话框，如图 5-38 所示，单击“确定”按钮，新建项目。选择“文件 > 新建 > 序列”命令，弹出“新建序列”对话框，单击“设置”选项卡，具体参数设置如图 5-39 所示，单击“确定”按钮，新建序列。

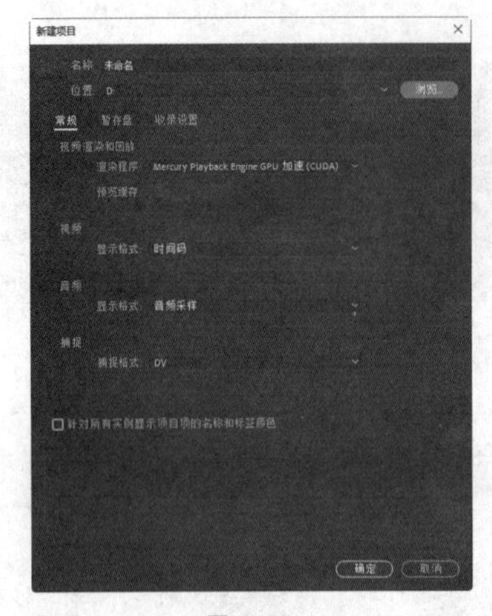
图5-38

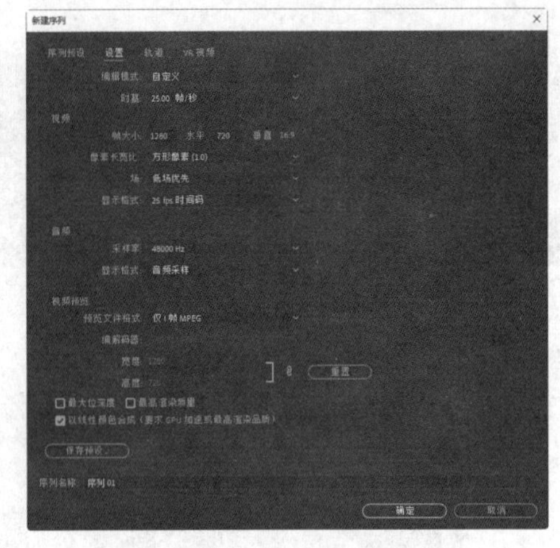
图5-39

（2）选择“文件 > 导入”命令，弹出“导入”对话框，选择本书云盘中的“Ch05/怀旧影视赏析/素材/01”文件，如图5-40所示。单击“打开”按钮，将素材文件导入“项目”面板中，如图5-41所示。

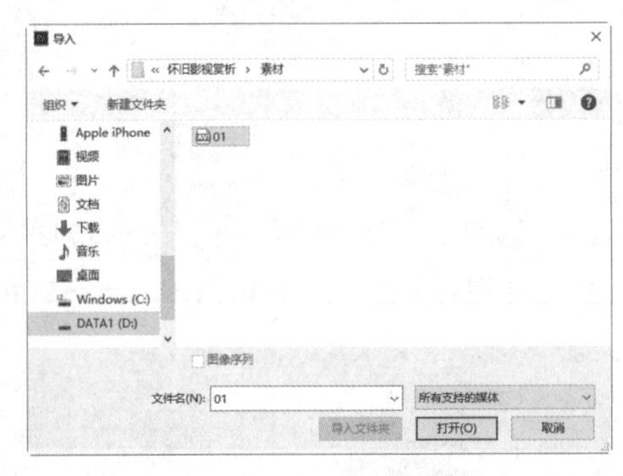
图5-40

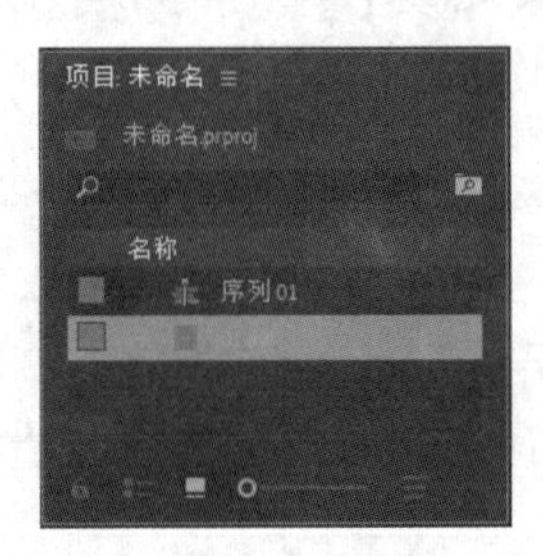

图5-41

（3）在“项目”面板中选中“01”文件并将其拖曳到“时间轴”面板中的“视频1”轨道中。弹出“剪辑不匹配警告”对话框，单击“保持现有设置”按钮，在保持现有序列设置的情况下将文件放置在“视频1”轨道中，如图5-42所示。选择“效果控件”面板，展开“运动”选项，将“缩放”选项设置为150.0，如图5-43所示。

图5-42

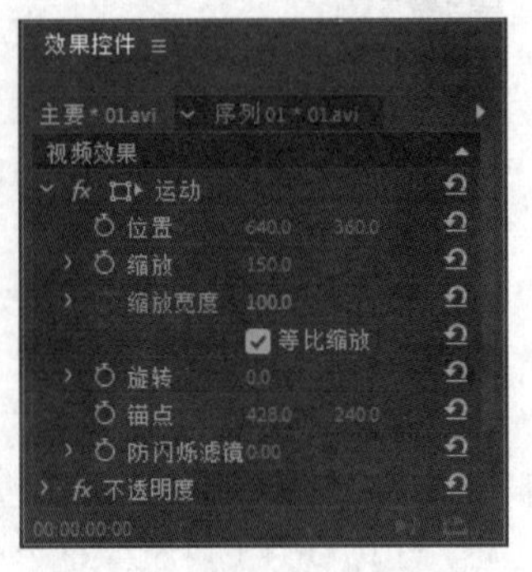

图5-43

（4）选择“效果”面板，展开“视频效果”特效组，单击“调整”文件夹左侧的三角形按钮将其展开，选中“ProcAmp”特效，如图5-44所示。

（5）将“ProcAmp”特效拖曳到“时间轴”面板中的“01”文件上，如图5-45所示。在“效果控件”面板中展开“ProcAmp”特效，将“对比度”选项设置为115.0、“饱和度”选项设置为50.0，如图5-46所示。

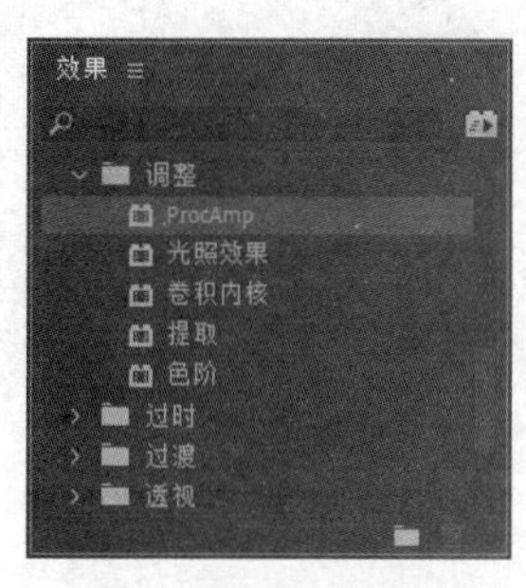

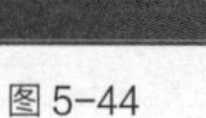

图5-44

图5-45

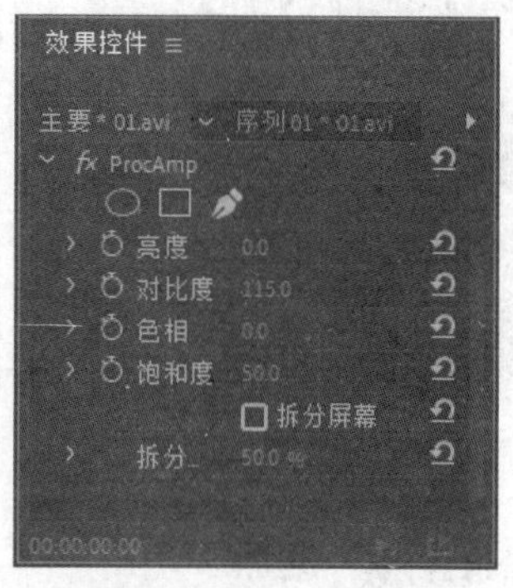

图5-46

（6）选择“效果”面板，单击“颜色校正”文件夹左侧的三角形按钮将其展开，选中“颜色平衡”特效，如图5-47所示。将“颜色平衡”特效拖曳到“时间轴”面板中的“01”文件上。选择“效果控件”面板，展开“颜色平衡”特效并进行参数设置，如图5-48所示。

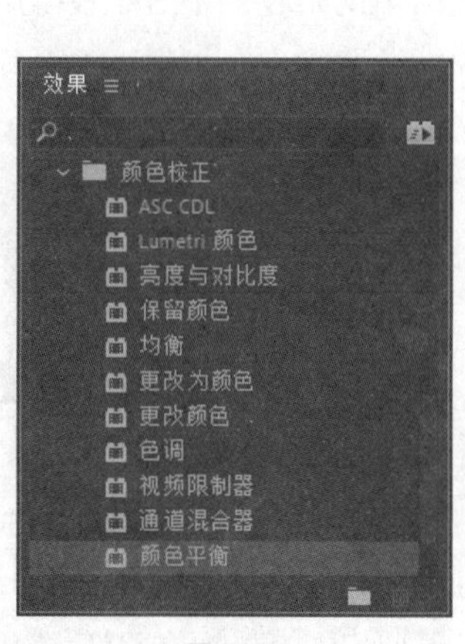

图5-47

图5-48

（7）选择“效果”面板，单击“Digieffects Damage v2.5”文件夹左侧的三角形按钮将其展开，选中“DE_AgedFilm”特效，如图5-49所示。将“DE_AgedFilm”特效拖曳到“时间轴”面板中的“01”文件上。

（8）在“效果控件”面板中展开“DE_AgedFilm”特效并进行参数设置，如图5-50所示。怀旧影视赏析制作完成，如图5-51所示。

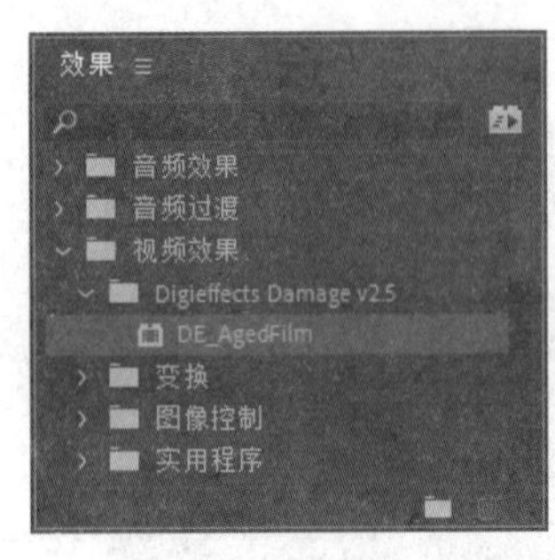

图 5-49

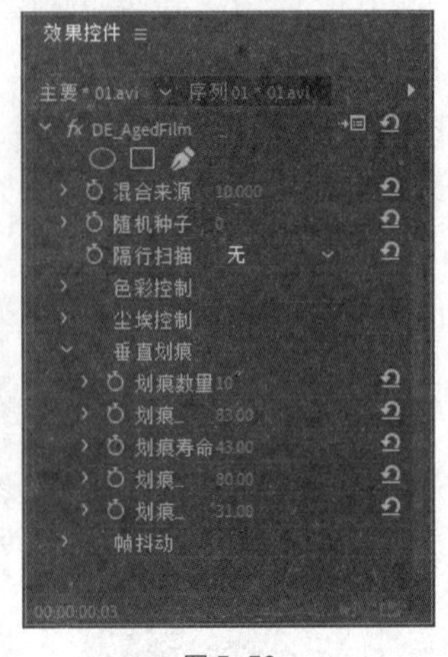

图 5-50

图 5-51

5.1.4 调整

如果需要调整素材的亮度、对比度、色彩及通道，修复素材的偏色或者曝光不足等缺陷，提高素材画面的亮度，制作特殊的色彩效果等，最好的选择就是使用“调整”特效。该类特效是使用频繁的一类特效，共包含 5 种视频特效。

1. ProcAmp

该特效可以用于调整素材的亮度、对比度、色相和饱和度，是一个较常用的视频特效。应用“ProcAmp”特效前、后的效果如图 5-52 和图 5-53 所示。

图 5-52

图 5-53

2. 光照效果

该特效最多可以为素材添加 5 个灯光照明，以模拟舞台追光灯的效果。用户在该特效对应的“效果控件”面板中可以设置灯光的类型、方向、强度、颜色和中心点的位置等。应用“光照效果”特效前、后的效果如图 5-54 和图 5-55 所示。

图 5-54

图 5-55

3. 卷积内核

该特效通过运算改变素材中每个像素的颜色和亮度值，从而改变图像的质感。应用该特效后，其参数面板如图 5-56 所示。

“M11”～“M33”：表示像素亮度增效的矩阵，其参数值可在-30～30 范围内调整。

“偏移”：用于调整素材的色彩明暗偏移量。

“缩放”：用于调整素材中像素亮度的缩放量。

应用“卷积内核”特效前、后的效果如图 5-57 和图 5-58 所示。

图 5-56

图 5-57

图 5-58

4. 提取

该特效可以从视频片段中提取颜色，然后通过设置灰度的范围控制画面的显示。应用该特效后，其参数面板如图 5-59 所示。

“输入黑色阶”：表示画面中黑色的提取情况。

“输入白色阶”：表示画面中白色的提取情况。

“柔和度”：用于调整画面的灰度，数值越大，灰度越高。

“反转”：勾选此复选框，将对黑色像素范围和白色像素范围进行反转。

应用“提取”特效前、后的效果如图 5-60 和图 5-61 所示。

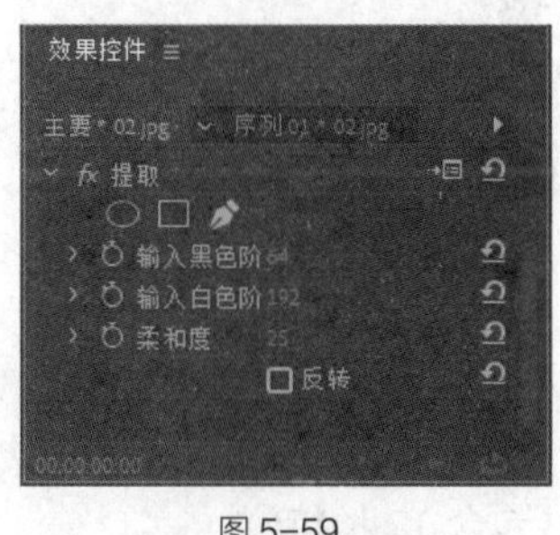

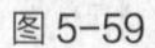

图 5-59

图 5-60

图 5-61

5. 色阶

该特效的作用是调整素材的亮度和对比度。应用该特效后，其参数面板如图 5-62 所示。单击右上角的“设置”按钮，弹出“色阶设置”对话框，如图 5-63 所示；左边显示了当前画面的柱状图，水平方向代表亮度值，垂直方向代表对应亮度值的像素总数。在该对话框上方的下拉列表中可以选择需要调整的颜色通道。

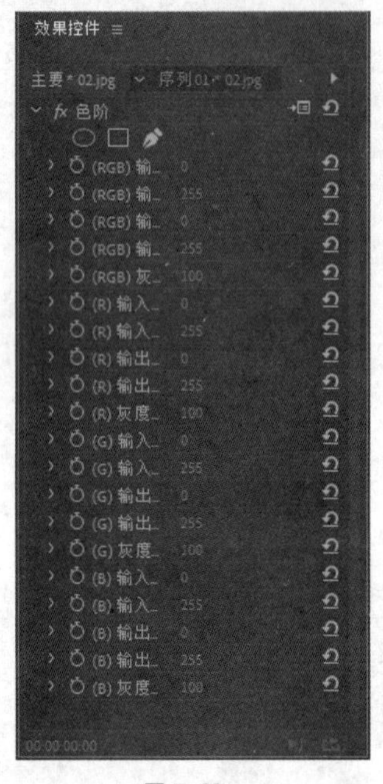

图 5-62

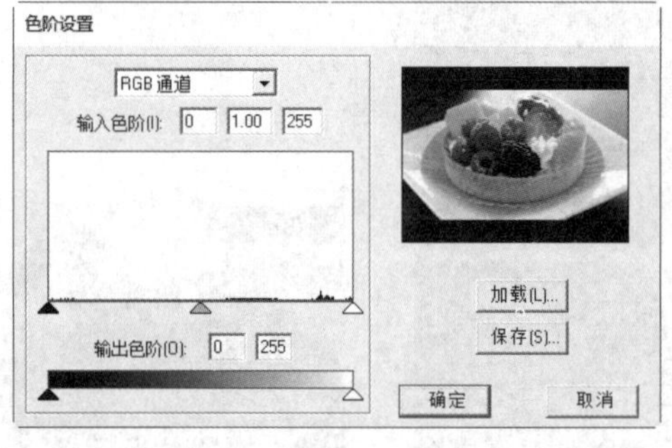

图 5-63

“通道”：在该下拉列表中可以选择需要调整的通道。

“输入色阶”：用于进行颜色的调整，拖曳下方的三角形滑块可以改变颜色的对比度。

“输出色阶”：用于调整输出的级别，在该文本框中输入有效数值，可以对素材的输出亮度进行修改。

“加载”：单击该按钮，可以载入以前存储的效果。

“保存”：单击该按钮，可以保存当前的设置。

应用“色阶”特效前、后的效果如图 5-64 和图 5-65 所示。

图 5-64

图 5-65

5.1.5 过时

“过时”视频特效主要用于对图像的亮度和对比度进行修复，其中共包含 12 种特效。

1. RGB 曲线

该特效通过曲线调整红色、绿色和蓝色通道中的数值，达到改变图像色彩的目的。应用“RGB 曲线”特效前、后的效果如图 5-66 和图 5-67 所示。

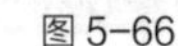

图 5-66

图 5-67

2. RGB 颜色校正器

该特效通过修改 R、G、B 这 3 个通道中的参数实现图像色彩的改变。应用“RGB 颜色校正器”特效前、后的效果如图 5-68 和图 5-69 所示。

图 5-68

图 5-69

3. 三向颜色校正器

该特效通过旋转 3 个色盘来调整颜色的平衡。应用“三向颜色校正器”特效前、后的效果如图 5-70 和图 5-71 所示。

图 5-70

图 5-71

4. 亮度曲线

该特效通过亮度曲线图实现对图像亮度的调整。应用“亮度曲线”特效前、后的效果如图 5-72 和图 5-73 所示。

图 5-72

图 5-73

5. 亮度校正器

该特效通过亮度进行图像颜色的校正。应用该特效后，其参数面板如图 5-74 所示。

“输出”：用于设置输出的选项，包括“复合”“亮度”“色调范围”3 个选项；如果勾选“显示拆分视图”复选框，就可以对图像进行分屏预览。

“布局”：用于设置分屏预览的布局，分为“水平”和“垂直”两个选项。

“拆分视图百分比”：用于对分屏比例进行设置。

“色调范围定义”：用于选择调整的区域；“色调范围”下拉列表中包含了“主”“高光”“中间调”“阴影”4 个选项。

“亮度”：对图像的亮度进行设置。

“对比度”：用于改变图像的对比度。

“对比度级别”：用于设置对比度的级别。

“灰度系数”：在不影响黑白色阶的情况下调整图像的中间调值。

“基值”：通过将固定偏移添加到图像的像素值中来调整图像。

“增益”：通过乘法调整亮度值，从而影响图像的总体对比度。

“辅助颜色校正”：用于设置二级色彩修正。

应用“亮度校正器”特效前、后的效果如图 5-75 和图 5-76 所示。

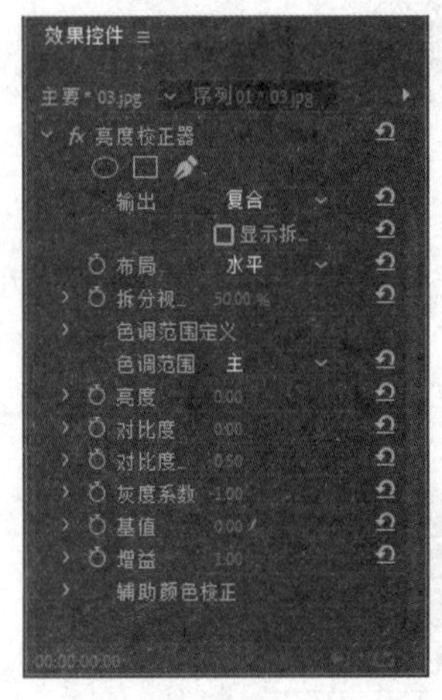

图 5-74

图 5-75

图 5-76

6. 快速模糊

该特效可以指定画面的模糊程度，同时可以指定水平、垂直或两个方向的模糊程度，该特效在模糊图像时比“高斯模糊”特效的处理速度快。应用该特效后，其参数面板如图 5-77 所示。

“模糊度”：用于调节图像的模糊程度。

“模糊维度”：用于控制图像的模糊尺寸，包括“水平和垂直”“水平”“垂直”3 种方式。

应用“快速模糊”特效前、后的效果如图 5-78 和图 5-79 所示。

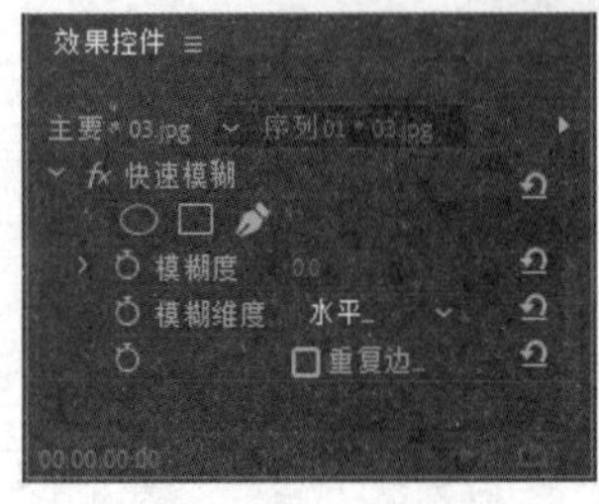

图 5-77

图 5-78

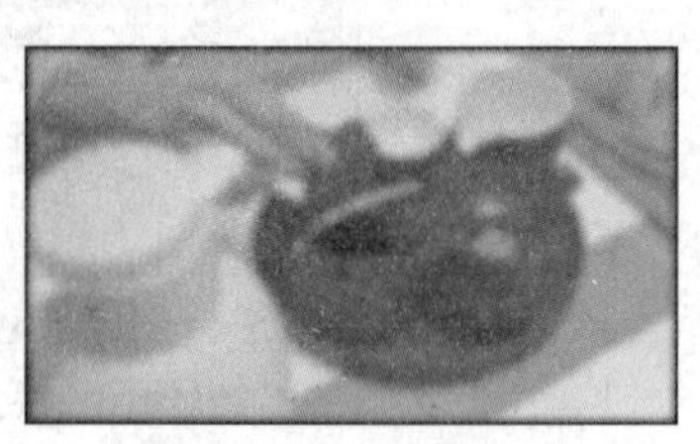

图 5-79

7. 快速颜色校正器

该特效能够快速地进行图像颜色修正。应用该特效后，其参数面板如图 5-80 所示。

图 5-80

“输出”：用于设置输出的选项，包括“合成”和“亮度”两个选项；如果勾选“显示拆分视图”复选框，就可对图像进行分屏预览。

“布局”：用于设置分屏预览的布局，包括“水平”和“垂直”两个选项。

“拆分视图百分比”：用于对分屏比例进行设置。

“白平衡”：用于设置白色平衡，数值越大，画面中的白色越多。

“色相平衡和角度”：用于调整色调平衡和角度，可以直接使用色盘改变画面的色调。

“色相角度”：用于设置色调的补色在色盘上的位置。

“平衡数量级”：用于设置平衡的数量。

“平衡增益”：用于增强白色平衡。

“平衡角度”：用于设置白色平衡的角度。

“饱和度”：用于设置画面颜色的饱和度。

自动黑色阶：单击该按钮，将自动进行黑色级别调整。

自动对比度：单击该按钮，将自动进行对比度调整。

自动白色阶：单击该按钮，将自动进行白色级别调整。

“黑色阶”：用于设置黑色级别的颜色。

“灰色阶”：用于设置灰色级别的颜色。

“白色阶”：用于设置白色级别的颜色。

“输入色阶”：用于对输入的颜色进行级别调整，拖曳该选项颜色条下的 3 个滑块，将对“输入黑色阶”“输入灰色阶”“输入白色阶”3 个参数产生影响。

“输出色阶”：用于对输出的颜色进行级别调整，拖曳该选项颜色条下的两个滑块，将对“输出黑色阶”和“输出白色阶”两个参数产生影响。

“输入黑色阶”：用于调节黑色输入时的级别。

“输入灰色阶”：用于调节灰色输入时的级别。

“输入白色阶”：用于调节白色输入时的级别。

“输出黑色阶”：用于调节黑色输出时的级别。

“输出白色阶”：用于调节白色输出时的级别。

应用“快速颜色校正器”特效前、后的效果如图 5-81 和图 5-82 所示。

图 5-81

图 5-82

8. 自动颜色、自动对比度和自动色阶

“自动颜色”“自动对比度”“自动色阶”3 个特效用于快速、全面地调整素材，可以调整素材的中间色调、暗调和高亮区域的颜色。“自动颜色”特效主要用于调整素材的颜色；“自动对比度”特效主要用于调整所有颜色的亮度和对比度；“自动色阶”特效主要用于调整暗部和高亮区域。

应用“自动颜色”特效后，其参数面板如图 5-83 所示。应用“自动颜色”特效前、后的效果如图 5-84 和图 5-85 所示。

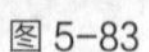

图 5-83　图 5-84　图 5-85

应用“自动对比度”特效后，其参数面板如图 5-86 所示。应用“自动对比度”特效前、后的效果如图 5-87 和图 5-88 所示。

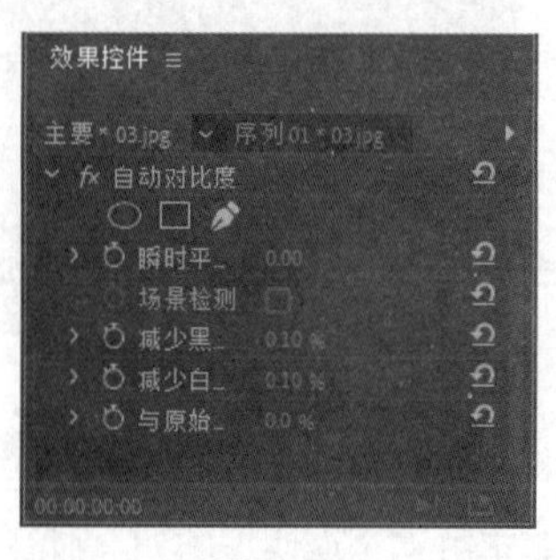

图 5-86　图 5-87　图 5-88

应用“自动色阶”特效后，其参数面板如图 5-89 所示。应用“自动色阶”特效前、后的效果如图 5-90 和图 5-91 所示。

图 5-89　图 5-90　图 5-91

以上 3 种特效均提供了 5 个相同的选项，各选项的具体含义如下。

“瞬时平滑（秒）”。此选项用来设置平滑处理帧的时间间隔。当该选项的值为0时，Premiere Pro CC 2019将独立地平滑处理每一帧；当该选项的值大于1时，Premiere Pro CC 2019会在帧显示前以1s的时间间隔平滑处理帧。

“场景检测”。在设置了“瞬时平滑（秒）”选项值后，该复选框才被激活。勾选此复选框后，Premiere Pro CC 2019将忽略场景变化。

“减少黑色像素”/“减少白色像素”。用于增加或减小图像的黑色或白色。

“与原始图像混合”。用于改变素材应用特效的程度。当该选项的值为0时，在素材上可以看到100%的特效；当该选项的值为100%时，在素材上可以看到0%的特效。

“自动颜色”特效还提供了“对齐中性中间调”复选框。勾选此复选框后，可以调整颜色的灰阶数值。

9. 视频限幅器（旧版）

该特效利用视频限制器对图像的颜色进行调整。应用“视频限幅器”特效前、后的效果如图5-92和图5-93所示。

图5-92

图5-93

10. 阴影/高光

该特效用于调整素材的阴影和高光区域，应用“阴影/高光”特效前、后的效果如图5-94和图5-95所示。该特效不可以用于整个图像的调暗或增强图像的亮度，但可以单独调整图像高光区域，并基于图像周围的像素。

图5-94

图5-95

5.1.6 课堂练习——海滨城市写真

【案例学习目标】使用“颜色校正”特效制作写真。

【案例知识要点】使用“亮度与对比度”特效调整图像的亮度与对比度，使用“均衡”特效均衡图像颜色，使用“颜色平衡”特效调整图像的颜色。海滨城市写真如图5-96所示。

【效果所在位置】Ch05/海滨城市写真/海滨城市写真. prproj。

图 5-96

（1）启动 Premiere Pro CC 2019，选择“文件 > 新建 > 项目”命令，弹出“新建项目”对话框，如图 5-97 所示，单击“确定”按钮，新建项目。选择“文件 > 新建 > 序列”命令，弹出“新建序列”对话框，单击“设置”选项卡，具体参数设置如图 5-98 所示，单击“确定”按钮，新建序列。

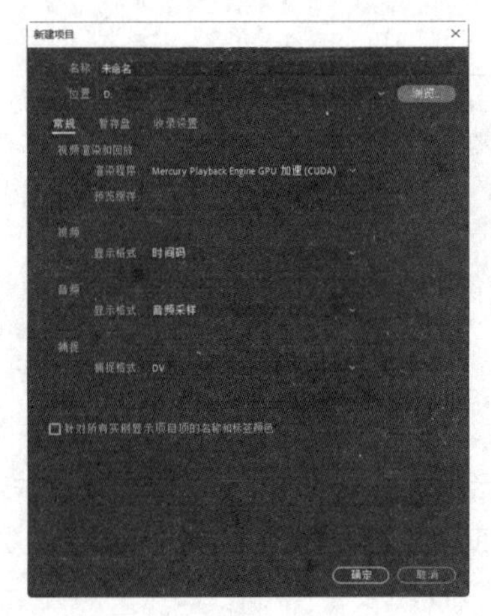

图 5-97

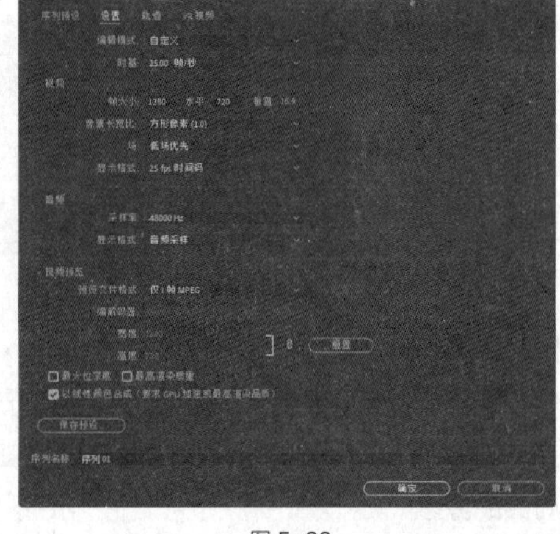

图 5-98

（2）选择“文件 > 导入”命令，弹出“导入”对话框，选择本书云盘中的“Ch05/海滨城市写真/素材/01 和 02”文件，如图 5-99 所示。单击“打开”按钮，将素材文件导入“项目”面板中，如图 5-100 所示。

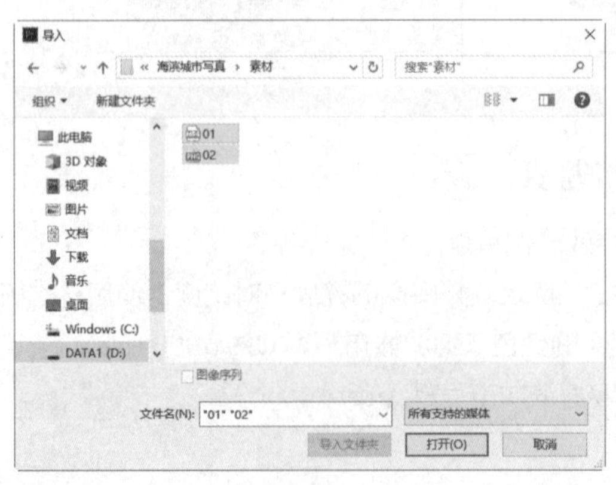

图 5-99

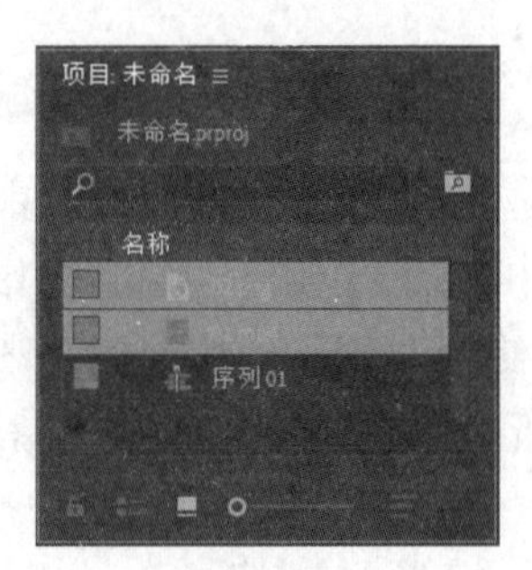

图 5-100

（3）在“项目”面板中选中“01”和“02”文件并将它们拖曳到“时间轴”面板中的“视频 1”轨道中。弹出“剪辑不匹配警告”对话框，单击“保持现有设置”按钮，在保持现有序列设置的情况下将文件放置在“视频 1”轨道中，如图 5-101 所示。

（4）将时间指示器移动到 05:00s 的位置，将鼠标指针放在“01”文件的结束位置单击，显示编辑点。当鼠标指针呈形状时，向左拖曳直到 05:00s 的位置，如图 5-102 所示。

图 5-101

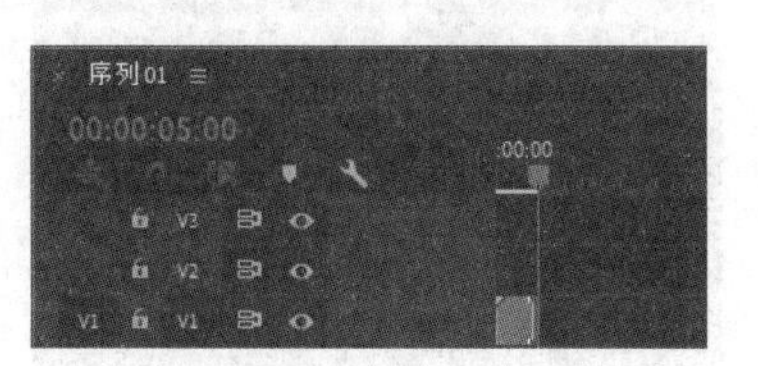

图 5-102

（5）将时间指示器移动到 0s 的位置，选中“时间轴”面板中的“01”文件，如图 5-103 所示。选择“效果控件”面板，展开“运动”选项，将“缩放”选项设置为 67.0，如图 5-104 所示。

图 5-103

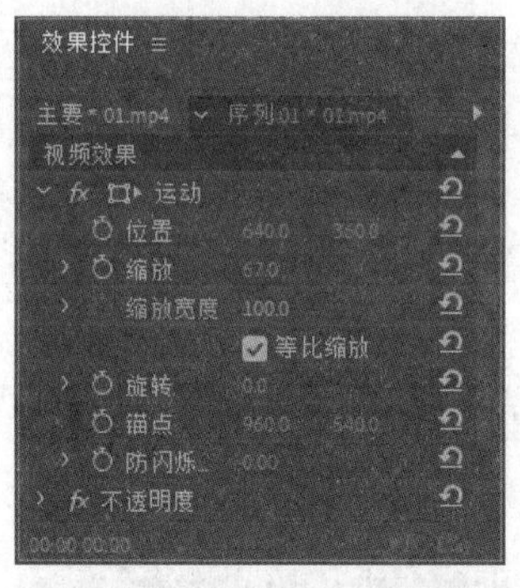

图 5-104

（6）选择“效果”面板，展开“视频效果”特效组，单击“颜色校正”文件夹左侧的三角形按钮将其展开，选中“亮度与对比度”特效，如图 5-105 所示。将“亮度与对比度”特效拖曳到“时间轴”面板“视频 1”轨道中的“01”文件上，如图 5-106 所示。

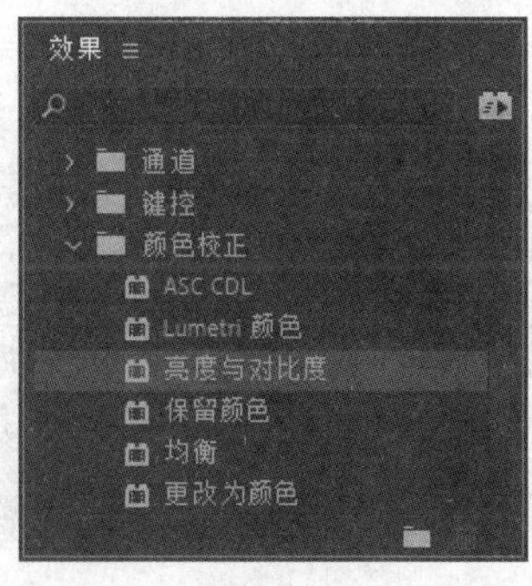

图 5-105

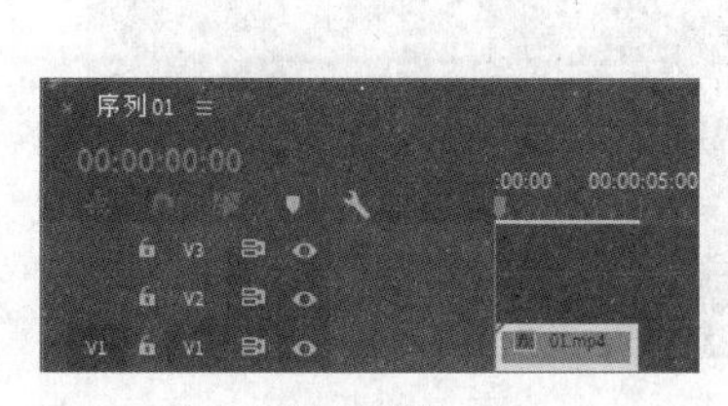

图 5-106

（7）选择“效果控件”面板，展开“亮度与对比度”选项，单击“亮度”和“对比度”选项左侧的“切换动画”按钮，如图 5-107 所示，记录第 1 个动画关键帧。将时间指示器移动到 02:00s

的位置，将“亮度”选项设置为 5.0、“对比度”选项设置为 22.0，如图 5-108 所示，记录第 2 个动画关键帧。

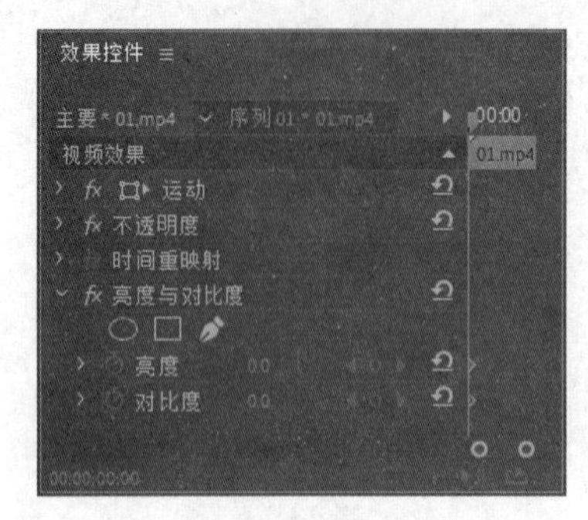

图 5-107

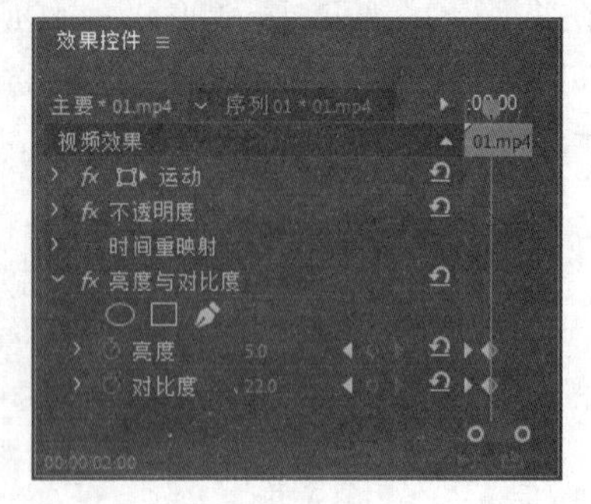

图 5-108

（8）将时间指示器移动到 0s 的位置。选择“效果”面板，单击“颜色校正”文件夹左侧的三角形按钮 将其展开，选中“均衡”特效，如图 5-109 所示。将“均衡”特效拖曳到“时间轴”面板“视频 1”轨道中的“01”文件上，如图 5-110 所示。

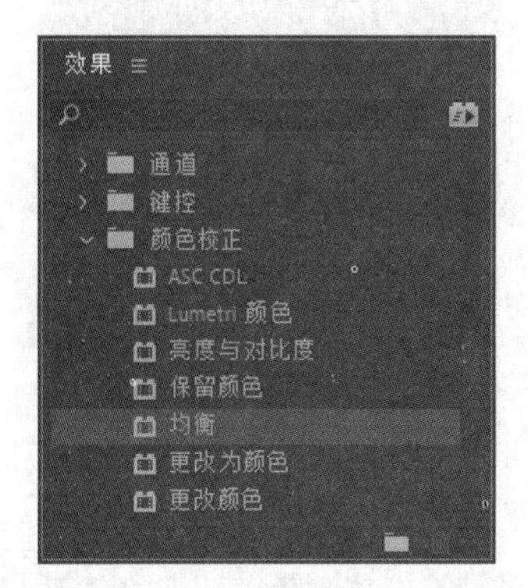

图 5-109

图 5-110

（9）选择“效果控件”面板，展开“均衡”选项，将“均衡量”选项设置为 20.0%，单击“均衡量”选项左侧的“切换动画”按钮 ，如图 5-111 所示，记录第 1 个动画关键帧。将时间指示器移动到 02:00s 的位置，将“均衡量”选项设置为 100.0%，如图 5-112 所示，记录第 2 个动画关键帧。

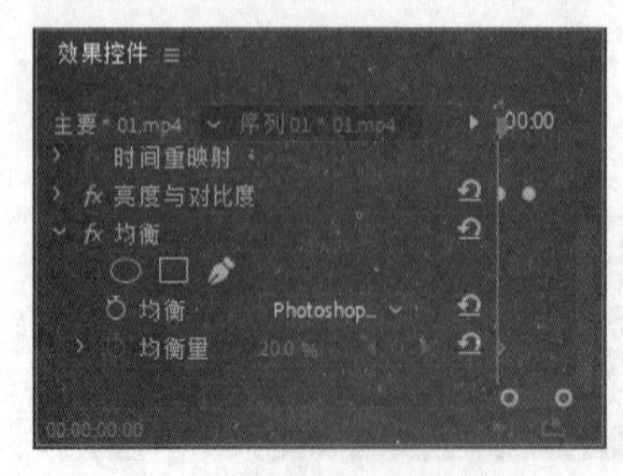

图 5-111

图 5-112

（10）将时间指示器移动到 0s 的位置。选择“效果”面板，选中“颜色校正”文件夹中的“颜色平衡”特效，如图 5-113 所示。将“颜色平衡”特效拖曳到“时间轴”面板“视频 1”轨道中的“01”文件上，如图 5-114 所示。

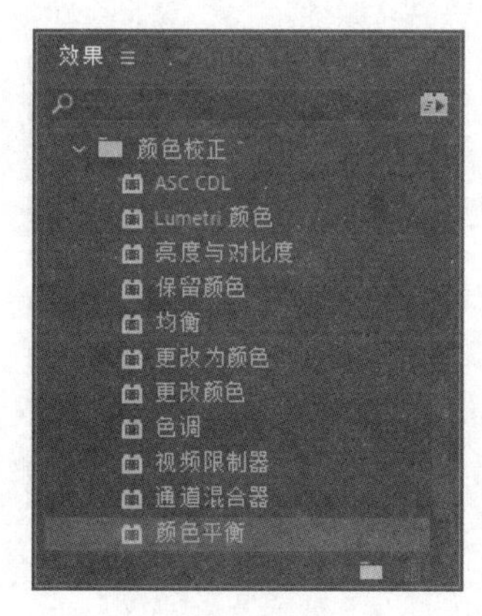

图 5-113

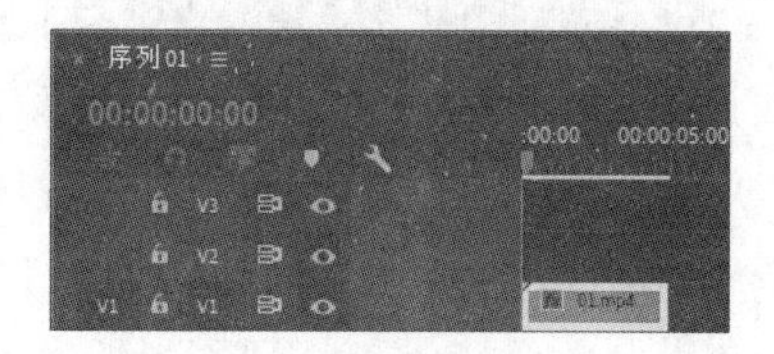

图 5-114

（11）选择“效果控件”面板，展开“颜色平衡”选项，单击“阴影红色平衡”选项左侧的“切换动画”按钮，如图 5-115 所示，记录第 1 个动画关键帧。将时间指示器移动到 02:00s 的位置，将“阴影红色平衡”选项设置为 100.0，如图 5-116 所示，记录第 2 个动画关键帧。

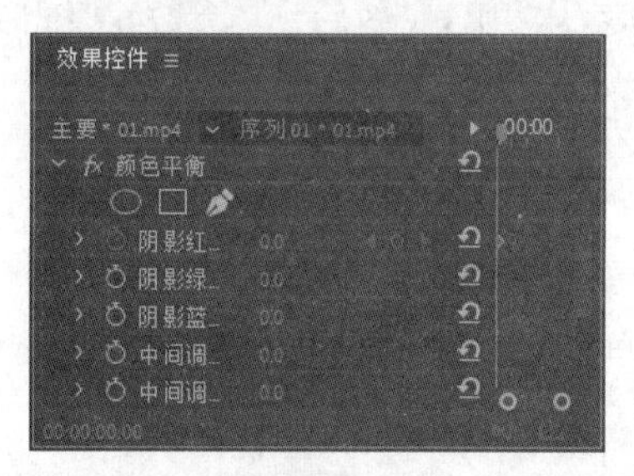

图 5-115

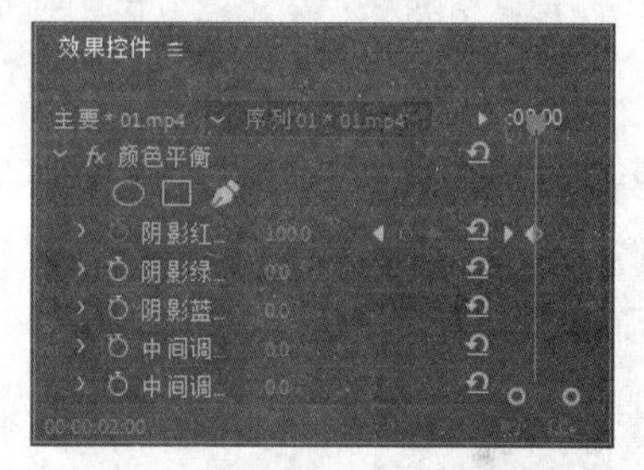

图 5-116

（12）单击“阴影蓝色平衡”选项左侧的“切换动画”按钮，如图 5-117 所示，记录第 1 个动画关键帧。将时间指示器移动到 04:00s 的位置，将“阴影蓝色平衡”选项设置为-50.0，如图 5-118 所示，记录第 2 个动画关键帧。

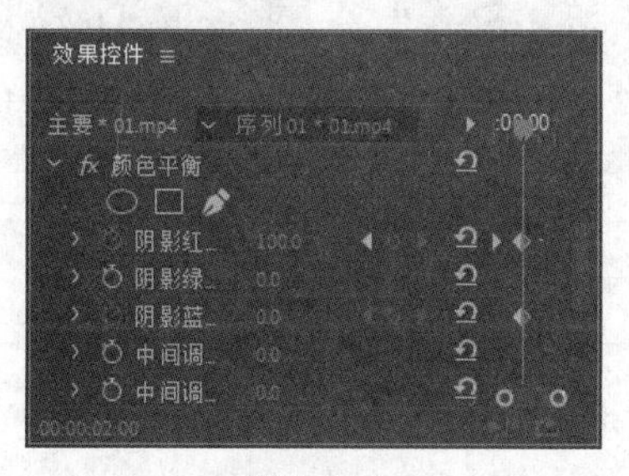

图 5-117

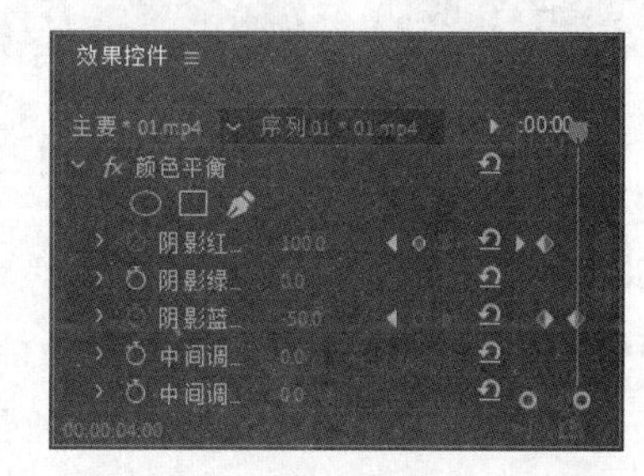

图 5-118

（13）在“项目”面板中选中“02”文件并将其拖曳到“时间轴”面板中的“视频 2”轨道中，如图 5-119 所示。选择“时间轴”面板中的“02”文件。选择“效果控件”面板，展开“运动”选项，将“位置”选项设置为 1089.0 和 664.0、“缩放”选项设置为 130.0，如图 5-120 所示。海滨城市写真制作完成。

图 5-119

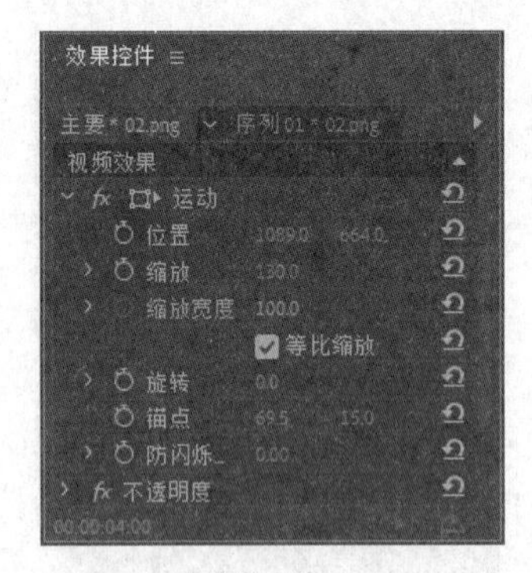

图 5-120

5.1.7 颜色校正

“颜色校正”视频特效主要用于对视频素材进行颜色校正，该特效组中包括以下 12 种特效。

1. ASC CDL

该特效用于调整素材的红、绿、蓝颜色和饱和度。应用该特效后，其参数面板如图 5-121 所示。应用“ASC CDL”特效前、后的效果如图 5-122 和图 5-123 所示。

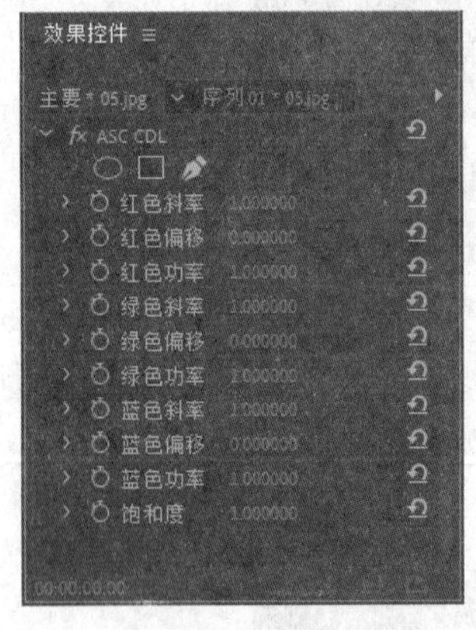

图 5-121

图 5-122

图 5-123

2. Lumetri 颜色

该特效可以快速完成素材的白平衡、颜色分级等高级调整。

3. 亮度与对比度

该特效用于调整素材的亮度和对比度，并会同时调节所有素材的亮部、暗部和中间色。应用该特效后，其参数面板如图 5-124 所示。

“亮度”：用于调整素材画面的亮度。

“对比度”：用于调整素材画面的对比度。

应用“亮度与对比度”特效前、后的效果如图 5-125 和图 5-126 所示。

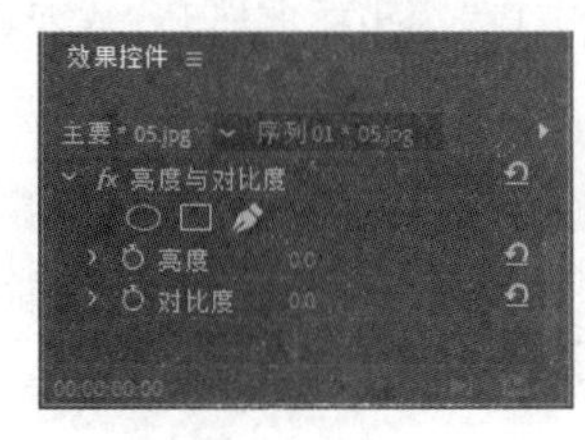

图 5-124

图 5-125

图 5-126

4. 保留颜色

该特效可以准确地指定颜色或者删除图层中的颜色。应用该特效后，其参数面板如图 5-127 所示。

"脱色量"：用于设置指定层中需要删除的颜色数量。

"要保留的颜色"：用于设置图像中需要分离的颜色。

"容差"：用于设置颜色的容差度。

"边缘柔和度"：用于设置颜色分界线的柔化程度。

"匹配颜色"：用于设置颜色的对应模式。

应用"保留颜色"特效前、后的效果如图 5-128 和图 5-129 所示。

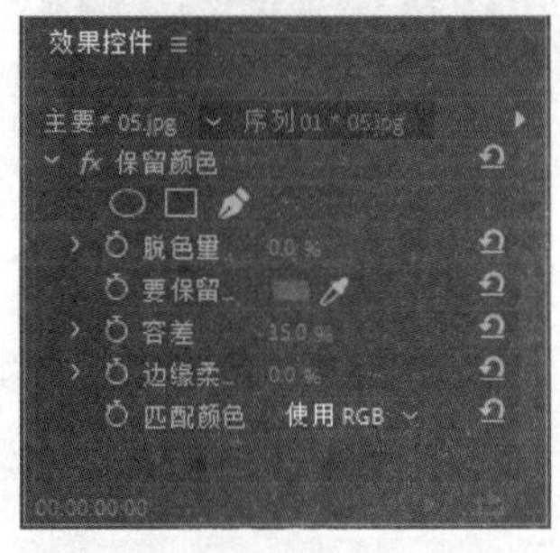

图 5-127

图 5-128

图 5-129

5. 均衡

该特效可以修改图像的像素值，并对其颜色值进行平均化处理。应用该特效后，其参数面板如图 5-130 所示。

"均衡"：用于设置平均化的方式，包括"RGB""亮度"和"Photoshop 样式"3 个选项。

"均衡量"：用于设置重新分布亮度值的程度。

应用"均衡"特效前、后的效果如图 5-131 和图 5-132 所示。

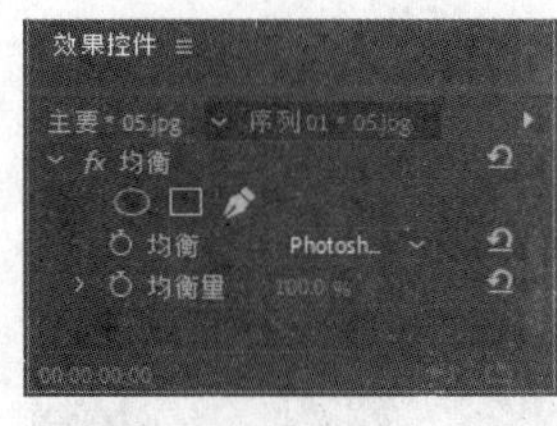

图 5-130

图 5-131

图 5-132

6. 更改为颜色

该特效可以在图像中选择一种颜色并将其转换为另一种颜色的色调、明度和饱和度。应用该特效后，其参数面板如图 5-133 所示。

“自”：设置当前图像中需要转换的颜色，可以利用其右侧的“吸管工具” 在“节目”监视器窗口中吸取颜色。

“至”：用于设置转换后的颜色。

“更改”：用于设置在 HLS 颜色模式下产生影响的通道。

“更改方式”：用于设置颜色转换方式，包括“设置为颜色”和“变换为颜色”两个选项。

“容差”：用于设置色调、明暗度和饱和度的值。

“柔和度”：通过百分比的值控制柔和度。

“查看校正遮罩”：通过遮罩控制发生改变的部分。

应用“更改为颜色”特效前、后的效果如图 5-134 和图 5-135 所示。

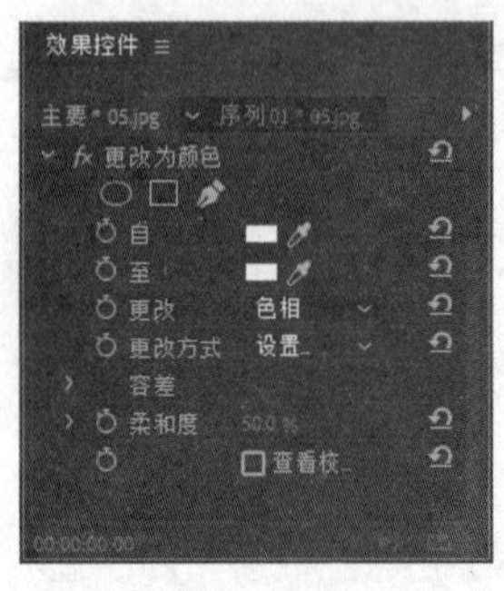

图 5-133

图 5-134

图 5-135

7. 更改颜色

该特效用于改变图像中某种颜色区域的色调。应用该特效后，其参数面板如图 5-136 所示。

“视图”：用于设置在合成图像中观看的效果，包含了两个选项，分别为“校正的图层”和“颜色校正蒙版”。

“色相变换”：用于调整色相，以“度”为单位改变所选区域的颜色。

“亮度变换”：用于设置所选颜色的明暗度。

“饱和度变换”：用于设置所选颜色的饱和度。

“要更改的颜色”：用于设置图像中要改变颜色的区域。

“匹配容差”：用于设置颜色匹配的相似程度。

“匹配柔和度”：用于设置颜色的柔和度。

“匹配颜色”：用于设置颜色空间，包括“使用 RGB”“使用色相”和“使用色度”3 个选项。

“反转颜色校正蒙版”：勾选此复选框后，可以对颜色进行反向校正。

应用“更改颜色”特效前、后的效果如图 5-137 和图 5-138 所示。

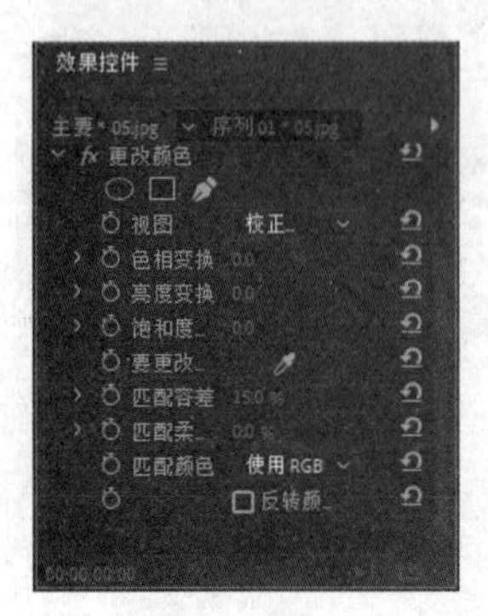

图 5-136

图 5-137

图 5-138

8. 色调

该特效用于调整图像中包含的颜色信息，并在最亮和最暗之间确定融合度。应用“色调”特效前、后的效果如图 5-139 和图 5-140 所示。

图 5-139

图 5-140

9. 视频限制器

该特效利用视频限制器对图像的颜色进行调整。应用“视频限制器”特效前、后的效果如图 5-141 和图 5-142 所示。

图 5-141

图 5-142

10. 通道混合器

该特效用于调整通道之间的颜色数值，实现图像颜色的调整。用户通过选择每一个颜色通道的百分比组成可以创建高质量的灰度图像，还可以创建高质量的棕色或其他色调的图像，而且可以对通道进行交换和复制。应用“通道混合器”特效前、后的效果如图 5-143 和图 5-144 所示。

图 5-143

图 5-144

11. 颜色平衡

该特效可以按照 R、G、B 颜色调节影片的颜色，以达到校色的目的。应用“颜色平衡”特效前、后的效果如图 5-145 和图 5-146 所示。

图 5-145

图 5-146

12. 颜色平衡（HLS）

该特效通过对图像色相、亮度和饱和度的精确调整，实现对图像颜色的调整。应用该特效后，其参数面板如图 5-147 所示。

“色相”：用于改变图像的色相。

“亮度”：用于设置图像的亮度。

“饱和度”：用于设置图像的饱和度。

应用“颜色平衡（HLS）”特效前、后的效果如图 5-148 和图 5-149 所示。

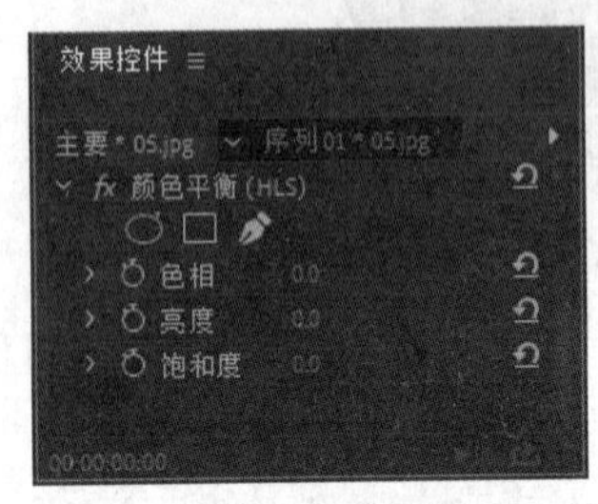

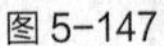
图 5-147

图 5-148

图 5-149

5.2 抠像及合成技术

在 Premiere Pro CC 2019 中，用户不仅能够组合和编辑素材，还能够使素材与其他素材相互叠加，从而实现合成效果。一些效果绚丽的复合影视作品就是通过多个视频轨道的叠加、透明，以及应用各种类型的键控来实现的。虽然 Premiere Pro CC 2019 不是专门的合成软件，但也有着强大的合成功能；既可以合成视频素材，也可以合成静止的图像，还可以在两者之间相加合成。合成是影视制作过程中一个很常用的重要技术，在 DV 制作过程中也比较常用。

5.2.1 课堂案例——淡彩铅笔画赏析

【案例学习目标】使用影视合成技术制作淡彩铅笔画赏析。

【案例知识要点】使用“导入”命令导入素材文件，使用“不透明度”选项制作合成素材，使用“查找边缘”特效制作图像的边缘，使用“色阶”特效调整图像的颜色，使用“画笔描边”特效制作图像的画笔效果。淡彩铅笔画赏析效果如图 5-150 所示。

【效果所在位置】Ch05/淡彩铅笔画赏析/淡彩铅笔画赏析. prproj。

图 5-150

（1）启动 Premiere Pro CC 2019，选择“文件 > 新建 > 项目”命令，弹出“新建项目”对话框，如图 5-151 所示，单击“确定”按钮，新建项目。选择“文件 > 新建 > 序列”命令，弹出“新建序列”对话框，单击“设置”选项卡，具体参数设置如图 5-152 所示，单击“确定”按钮，新建序列。

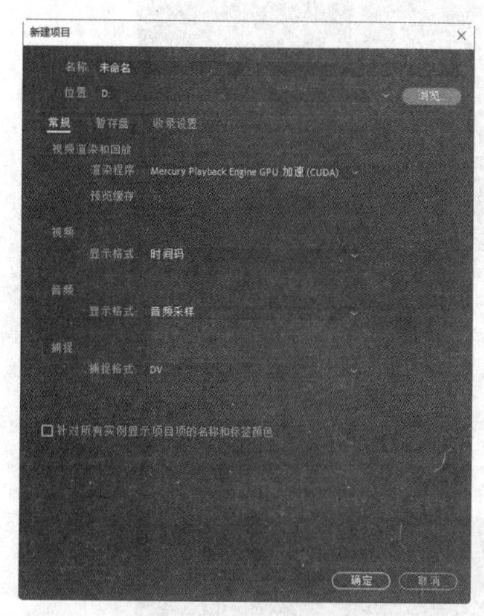

图 5-151

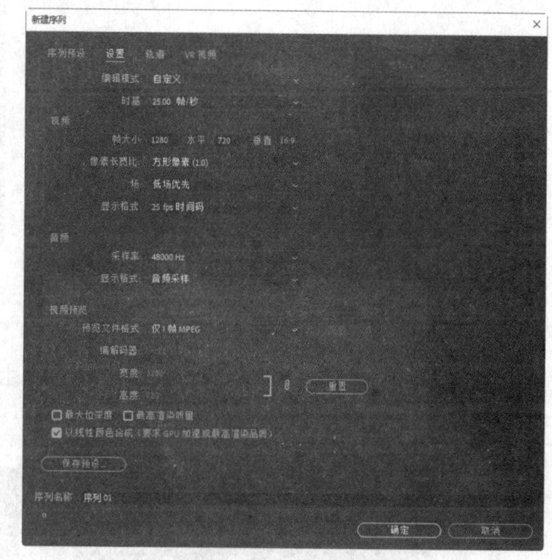

图 5-152

（2）选择“文件 > 导入”命令，弹出“导入”对话框，选择本书云盘中的“Ch05/淡彩铅笔画赏析/素材/01 和 02”文件，如图 5-153 所示。单击“打开”按钮，将素材文件导入“项目”面板中，如图 5-154 所示。

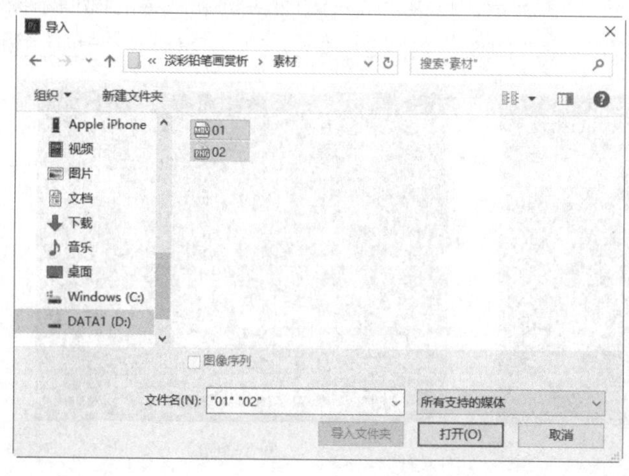

图 5-153

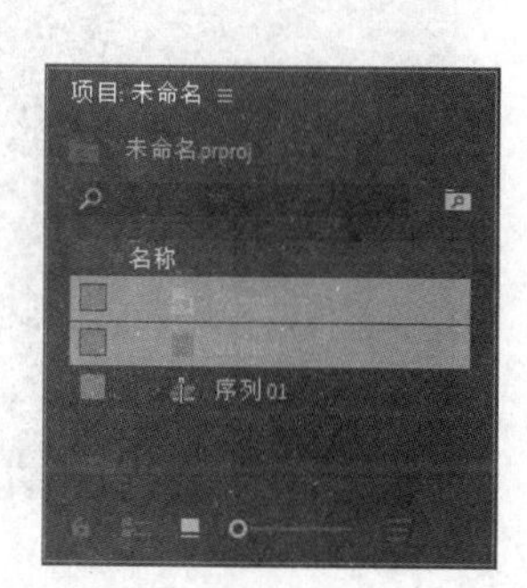

图 5-154

（3）在“项目”面板中选中“01”文件并将其拖曳到“时间轴”面板中的“视频 1”轨道中。弹出“剪辑不匹配警告”对话框，单击“保持现有设置”按钮，在保持现有序列设置的情况下将文件放置在“视频 1”轨道中，如图 5-155 所示。选中“时间轴”面板中的“01”文件。选择“效果控件”面板，展开“运动”选项，将“缩放”选项设置为 67.0，如图 5-156 所示。按 Ctrl+C 组合键复制“01”文件。

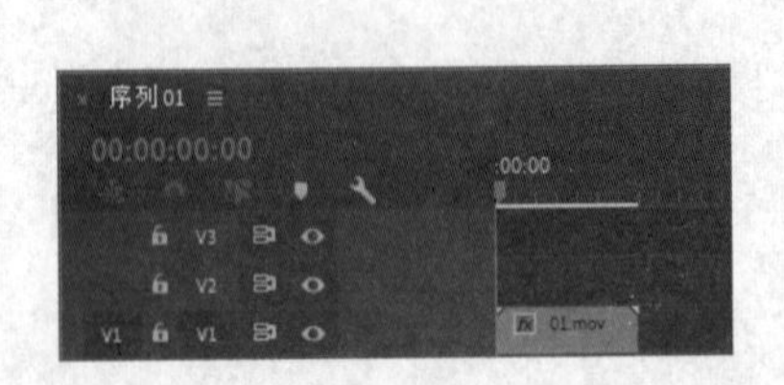

图 5-155

图 5-156

（4）单击“视频 1”轨道的轨道标签，取消其选中状态。单击“视频 2”轨道的轨道标签，将此轨道设置为目标轨道，如图 5-157 所示。按 Ctrl+V 组合键，将“01”文件粘贴到“视频 2”轨道中，如图 5-158 所示。

图 5-157

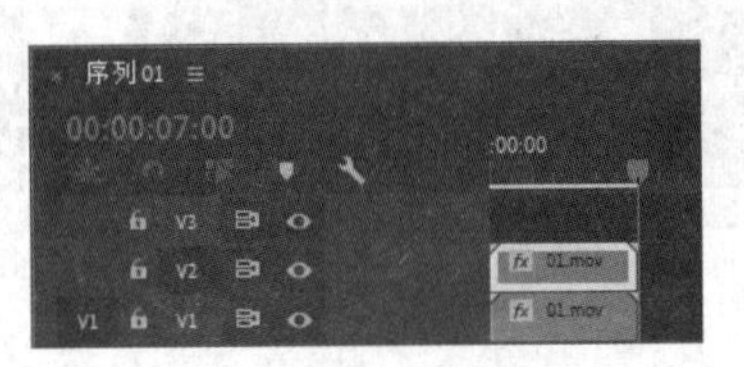

图 5-158

（5）将时间指示器移动到 0s 的位置。选择“效果控件”面板，展开“不透明度”选项，将“不透明度”选项设置为 70.0%，如图 5-159 所示，记录第 1 个动画关键帧。将时间指示器移动到 01:12s 的位置，将“不透明度”选项设置为 50.0%，如图 5-160 所示，记录第 2 个动画关键帧。

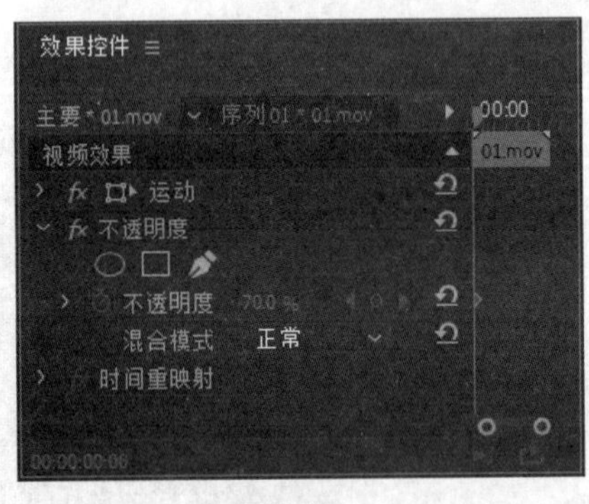

图 5-159

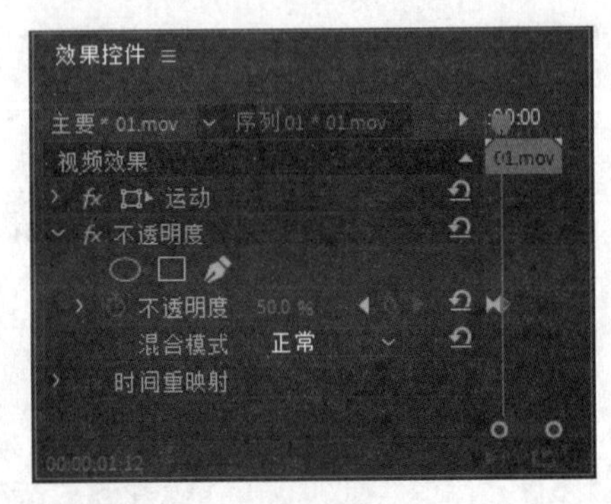

图 5-160

（6）选择“效果”面板，展开“视频效果”特效组，单击“风格化”文件夹左侧的三角形按钮将其展开，选中“查找边缘”特效，如图 5-161 所示。将“查找边缘”特效拖曳到“时间轴”面板“视频 2”轨道中的“01”文件上。

（7）将时间指示器移动到 0s 的位置。选择“效果控件”面板，展开“查找边缘”选项，将“与原始图像混合”选项设置为 50%，单击此选项左侧的“切换动画”按钮，如图 5-162 所示，记录第 1 个动画关键帧。

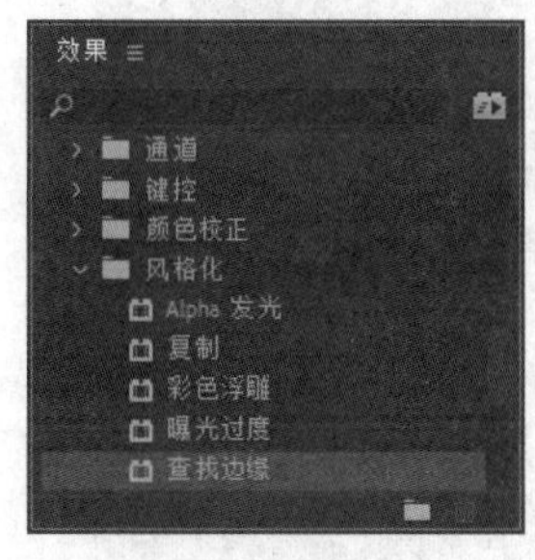

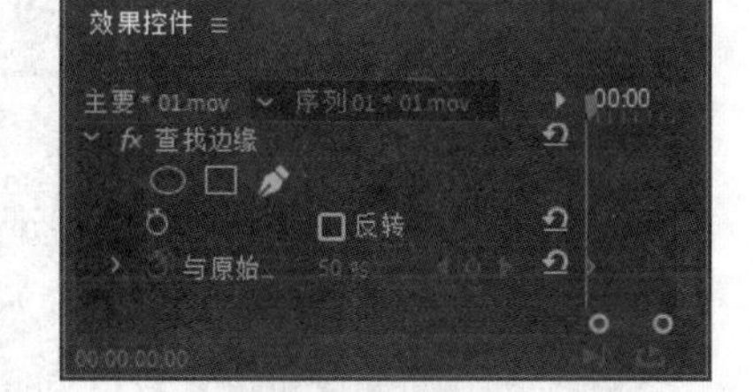

图5-161　　图5-162

（8）将时间指示器移动到03:10s的位置，将“与原始图像混合”选项设置为45%，如图5-163所示，记录第2个动画关键帧。将时间指示器移动到06:13s的位置，将“与原始图像混合”选项设置为55%，如图5-164所示，记录第3个动画关键帧。

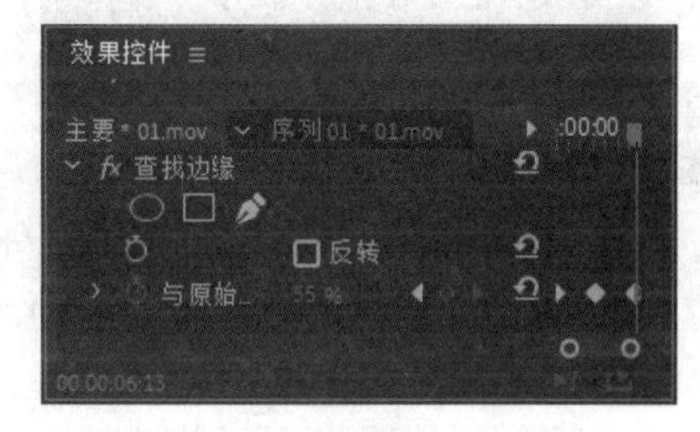

图5-163　　图5-164

（9）选择“效果”面板，单击“调整”文件夹左侧的三角形按钮将其展开，选中“色阶”特效，如图5-165所示。将“色阶”特效拖曳到“时间轴”面板“视频2”轨道中的“01”文件上。

（10）选择“效果控件”面板，展开“色阶”选项，将“（RGB）输入黑色阶”选项设置为85、“（RGB）输入白色阶”选项设置为200，如图5-166所示。

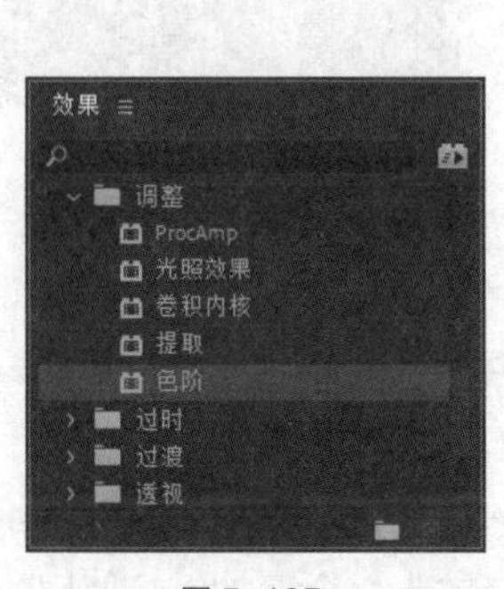

图5-165　　图5-166

（11）选择“效果”面板，单击“风格化”文件夹左侧的三角形按钮将其展开，选中“画笔描边”特效，如图5-167所示。将“画笔描边”特效拖曳到“时间轴”面板“视频2”轨道中的“01”文件上。选择“效果控件”面板，展开“画笔描边”选项，各选项的设置如图5-168所示。

（12）在“项目”面板中选中“02”文件并将其拖曳到“时间轴”面板中的“视频 3”轨道中，如图 5-169 所示。将鼠标指针放在“02”文件的结束位置并单击，显示编辑点。当鼠标指针呈形状时，向右拖曳直到“01”文件的结束位置，如图5-170所示。

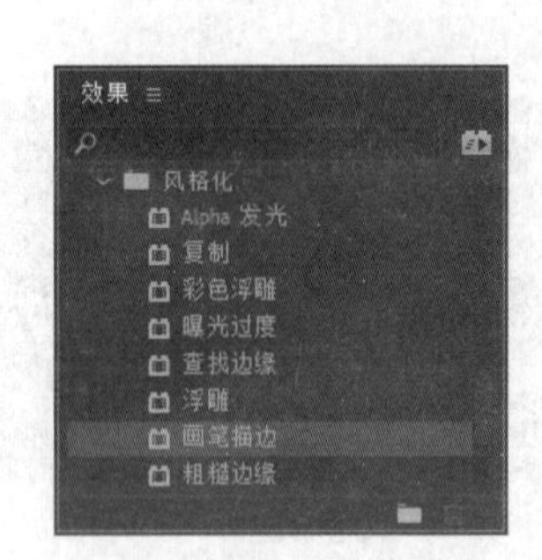

图 5-167　　图 5-168

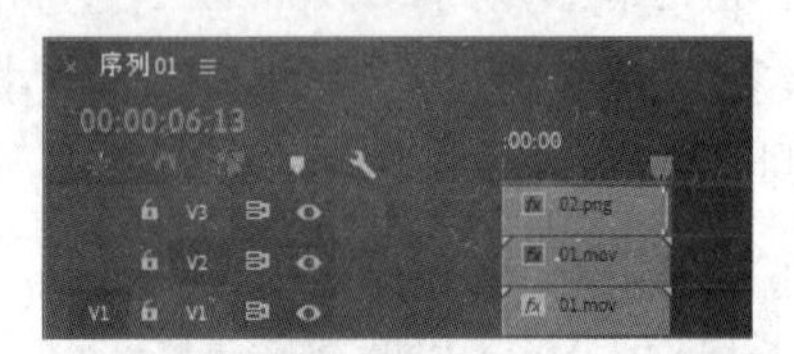

图 5-169　　图 5-170

（13）选中“时间轴”面板中的“02”文件，如图 5-171 所示。选择“效果控件”面板，展开“运动”选项，将“位置”选项设置为 640.0 和 503.0，如图 5-172 所示。淡彩铅笔画赏析效果制作完成。

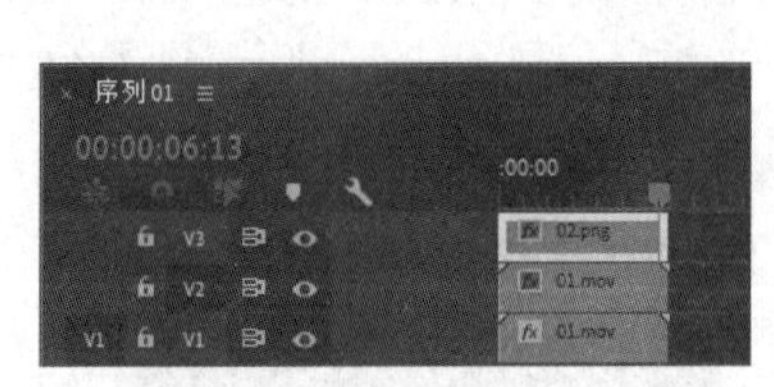

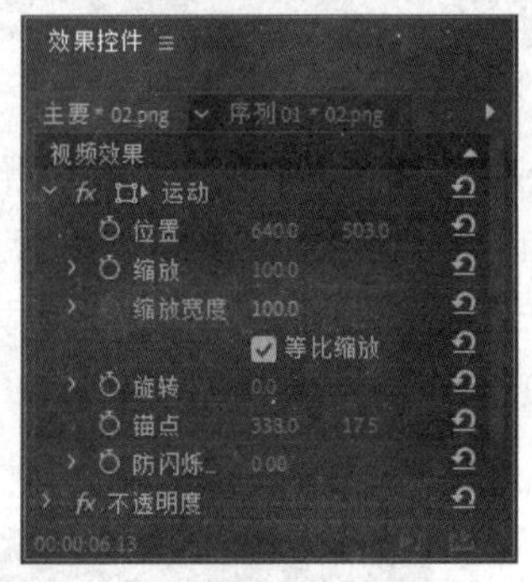

图 5-171　　图 5-172

5.2.2　合成简介

合成一般用于制作效果比较复杂的影视作品，简称“复合影视”，它主要通过对多个视频素材进行叠加、透明及应用各种类型的键控来实现。在电视制作中，键控也常被称为“抠像”，而在电影制作中则被称为“遮罩”。Premiere Pro CC 2019 建立叠加的效果是在多个视频轨道中的素材实现切换之后，才将叠加轨道上的素材相互叠加的，较高层轨道的素材会叠加在较低层轨道的素材上并会在监视器窗口中优先显示出来，也就意味着将在其他素材的上面播放。

1. 透明

透明叠加的原理是每个素材都有一定的不透明度，在不透明度为 0%时，图像完全透明；在不透明度为 100%时，图像完全不透明；不透明度介于两者之间，图像呈半透明。在 Premiere Pro CC 2019 中，将一个素材叠加在另一个素材上之后，位于轨道上方的素材能够显示其下方素材的部分图像，这利用的就是素材的不透明度。因此，通过素材不透明度的设置，可以制作出透明叠加的效果，原图和叠加后的效果如图 5-173 和图 5-174 所示。

用户可以使用 Alpha 通道、蒙版或键控来定义素材透明度区域和不透明区域，通过设置素材的不透明度并结合不同的混合模式就可以创建出绚丽多彩的影视视觉效果。

图 5-173

图 5-174

2. Alpha 通道

素材的颜色信息都被保存在 3 个通道中，这 3 个通道分别是红色通道、绿色通道和蓝色通道。另外，在素材中还包含看不见的第 4 个通道，即 Alpha 通道，它用于存储素材的透明度信息。

当在 After Effects 的“After Effects Composition”面板或者 Premiere Pro CC 2019 的监视器窗口中查看 Alpha 通道时，白色区域是完全不透明的，黑色区域是完全透明的，介于两者之间的区域则是半透明的。

3. 蒙版

“蒙版”是一个层，用于定义层的透明区域，白色区域定义的是完全不透明的区域，黑色区域定义的是完全透明的区域，介于两者之间的区域则是半透明的，这点类似于 Alpha 通道。通常，Alpha 通道就被用作蒙版，但是使用蒙版定义素材的透明区域要比使用 Alpha 通道更好，因为很多的原始素材中不包含 Alpha 通道。

TGA、TIFF、EPS 和 Quick Time 等格式的素材中都包含 Alpha 通道。在使用 Adobe Illustrator EPS 和 PDF 格式的素材时，After Effects 会自动将空白区域转换为 Alpha 通道。

4. 键控

前面已经介绍过，在进行素材合成时，可以使用 Alpha 通道将不同的素材对象合成到一个场景中。但是在实际的工作中，能够使用 Alpha 通道进行合成的原始素材非常少，因为摄像机是无法产生 Alpha 通道的，这时候使用键控（即抠像）技术就非常重要了。

键控技术是指使用特定的颜色值（颜色键控或者色度键控）和亮度值（亮度键控）来定义视频素材中的透明区域。当断开颜色值时，颜色值或者亮度值相同的所有像素将变为透明像素。

使用键控技术可以很容易地为一个颜色或者亮度一致的视频素材替换背景，这一技术一般称为“蓝屏技术”或“绿屏技术”，也就是背景色完全是蓝色或者绿色，当然也可以是其他颜色，图像调整的过程图如图 5-175、图 5-176 和图 5-177 所示。

图 5-175

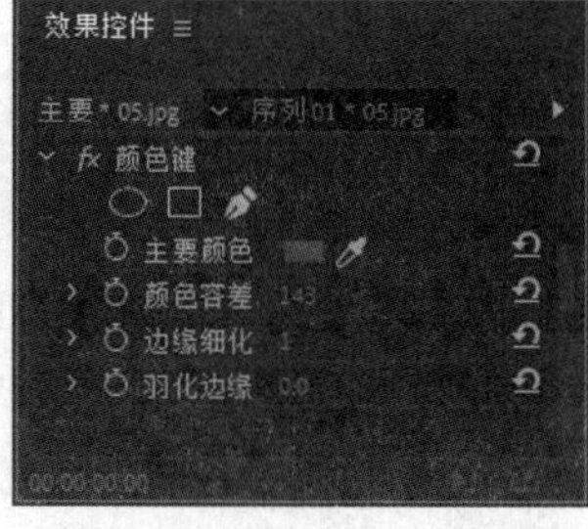

图 5-176

图 5-177

5.2.3 合成视频

在非线性编辑中，每一个视频素材就是一个图层，将这些图层放置于“时间轴”面板中的不同视频轨道上并以不同的透明度相叠加，即可实现视频的合成。

在进行视频合成操作之前，对叠加的使用应注意以下几点。

（1）叠加效果的产生必须基于两个或者两个以上的素材，有时候为了实现效果可以创建一个字幕或者颜色蒙版。

（2）只能对重叠轨道上的素材进行透明叠加设置，在默认设置下，每一个新建项目都包含两个可重叠轨道——“视频 2”和“视频 3”轨道，当然也可以另外增加多个重叠轨道。

（3）在 Premiere Pro CC 2019 中制作叠加效果时，首先合成视频主轨道上的素材（包括过渡转场效果），然后将被叠加的素材叠加到背景素材中去。在叠加过程中，首先叠加较低层轨道中的素材，再以叠加后的素材为背景来叠加较高层轨道中的素材，这样在叠加完成后，最高层的素材就位于画面的顶层。

（4）透明素材必须放置在其他素材之上，将想要叠加的素材放置于叠加轨道上——“视频 2”或者更高层的视频轨道上。

（5）背景素材可以放置在视频主轨道（“视频 1”或“视频 2”轨道）上，即较低层的叠加轨道上的素材可以作为较高层叠加轨道上的素材的背景。

（6）必须对位于最高层轨道上的素材进行透明设置和调整，否则其下方的所有素材均不能显示。

（7）叠加有两种方式，一种是混合叠加，另一种是淡化叠加。

混合叠加方式是将素材的一部分叠加到另一个素材上，因此作为前景的素材最好具有单一的底色，并且与需要保留的部分对比鲜明。这样就能很容易将底色变为透明，再叠加到作为背景的素材上，背景在前景素材透明处可见，从而使前景色保留的部分看上去像原本就属于背景素材中的一部分一样。

淡化叠加方式通过调整整个前景的透明度，让整个前景暗淡，而背景素材逐渐显现出来，达到一种梦幻或朦胧的效果。

图 5-178 和图 5-179 所示为两种透明叠加方式的效果。

混合叠加方式

图 5-178

淡化叠加方式

图 5-179

5.2.4 课堂案例——折纸世界栏目片头

【案例学习目标】学习使用“键控”特效抠出视频文件中的折纸。

【案例知识要点】使用“导入”命令导入视频文件，使用“颜色键”特效抠出折纸视频，使用“效果控件”面板制作文字动画。折纸世界栏目片头效果如图 5-180 所示。

【效果所在位置】Ch05/折纸世界栏目片头/折纸世界栏目片头. prproj。

扫码观看
本案例视频

扫码观看扩展案例

图 5-180

（1）启动 Premiere Pro CC 2019，选择“文件 > 新建 > 项目”命令，弹出“新建项目”对话框，如图 5-181 所示，单击“确定”按钮，新建项目。选择“文件 > 新建 > 序列”命令，弹出“新建序列”对话框，单击“设置”选项卡，具体参数设置如图 5-182 所示，单击“确定”按钮，新建序列。

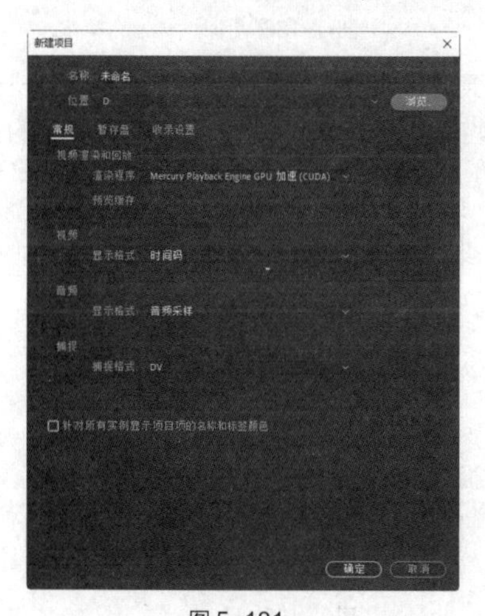

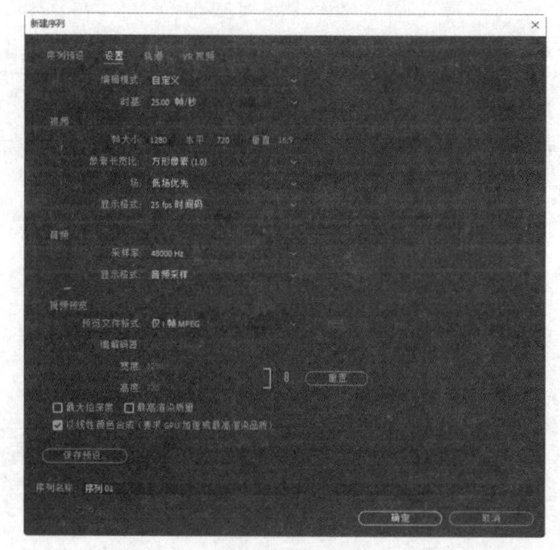

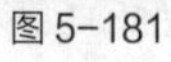

图 5-181　　图 5-182

（2）选择“文件 > 导入”命令，弹出“导入”对话框，选择本书云盘中的“Ch05/怀旧影视赏析/素材/01~03”文件，如图 5-183 所示。单击“打开”按钮，将素材文件导入“项目”面板中，如图 5-184 所示。

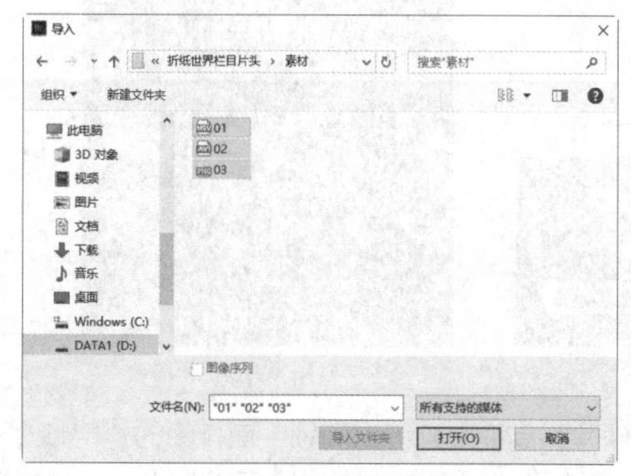

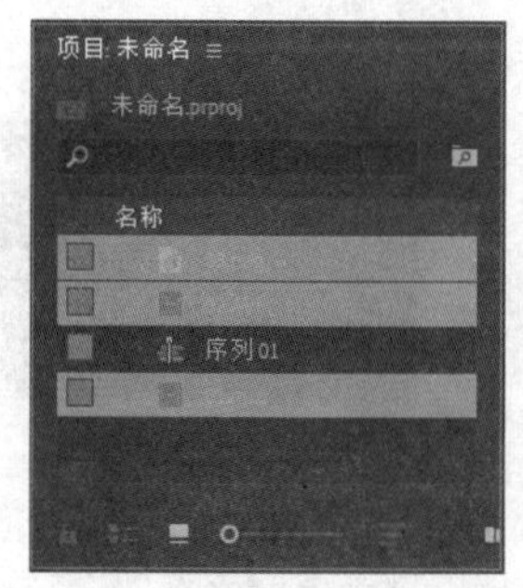

图 5-183　　图 5-184

（3）在“项目”面板中选中“01”文件并将其拖曳到“时间轴”面板中的“视频1”轨道中。弹出“剪辑不匹配警告”对话框，单击“保持现有设置”按钮，在保持现有序列设置的情况下将“01”文件放置在“视频1”轨道中，如图5-185所示。选中“时间轴”面板中的“01”文件。选择“效果控件”面板，展开“运动”选项，将“缩放”选项设置为67.0，如图5-186所示。

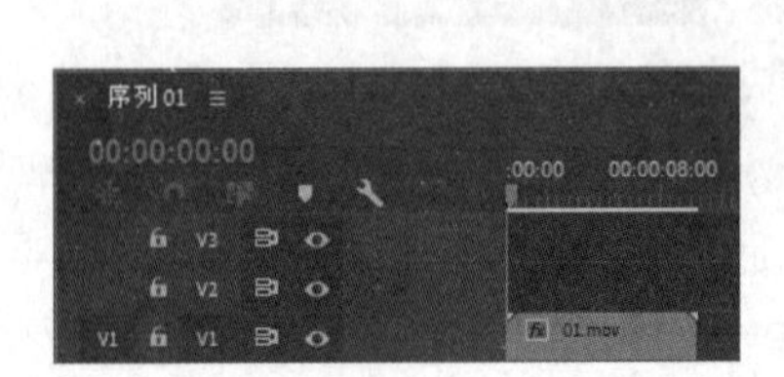

图5-185

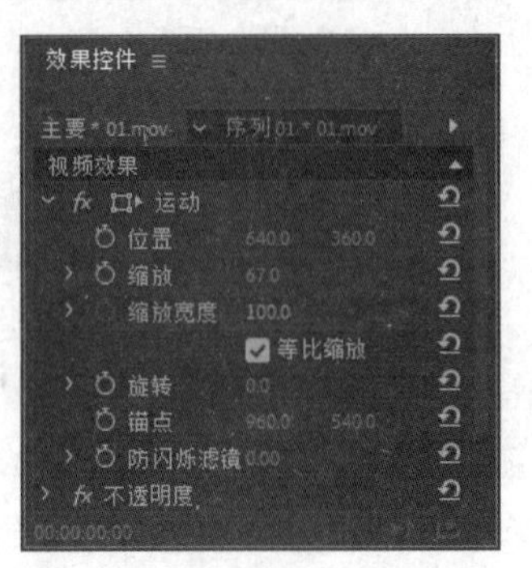

图5-186

（4）在“项目”面板中选中“02”文件并将其拖曳到“时间轴”面板中的“视频2”轨道中。如图5-187所示。选择“效果”面板，展开“视频效果”特效组，单击“键控”文件夹左侧的三角形按钮将其展开，选中“颜色键”特效，如图5-188所示。

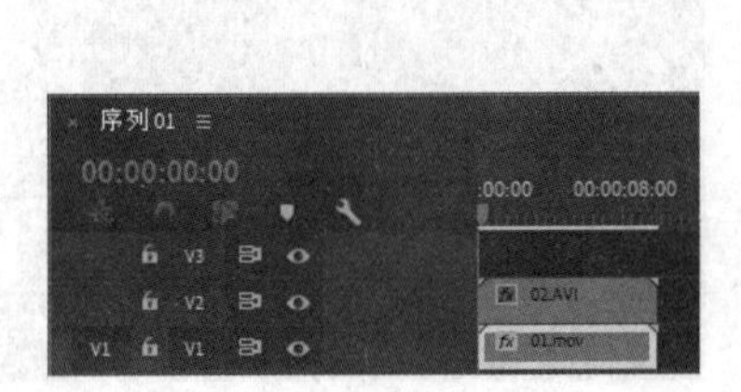

图5-187

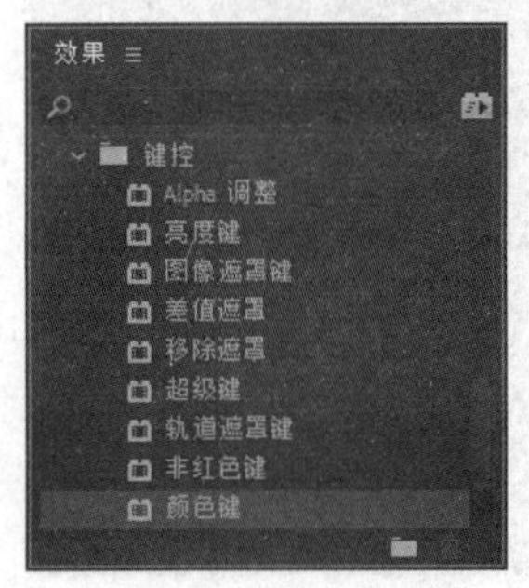

图5-188

（5）将“颜色键”特效拖曳到“时间轴”面板“视频 2”轨道中的“02”文件上，如图 5-189所示。选择“效果控件”面板，展开“颜色键”选项，将“主要颜色”选项设置为蓝色（4，1，167）、“颜色容差”选项设置为32、“边缘细化”选项设置为3，如图5-190所示。

图5-189

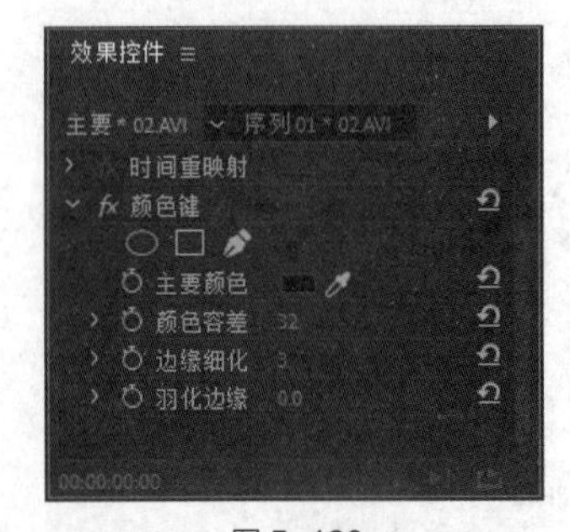

图5-190

（6）在“项目”面板中选中“03”文件并将其拖曳到“时间轴”面板中的“视频3”轨道中，如图 5-191 所示。将鼠标指针放在“03”文件的结束位置并单击，显示编辑点。当鼠标指针呈形状时，向右拖曳直到“02”文件的结束位置，如图5-192所示。

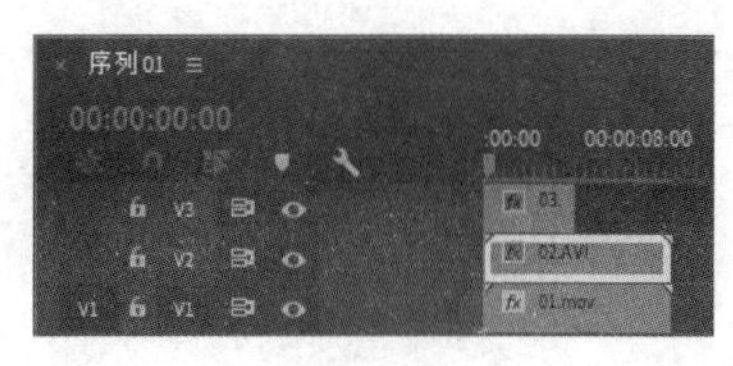

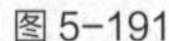
图5-191

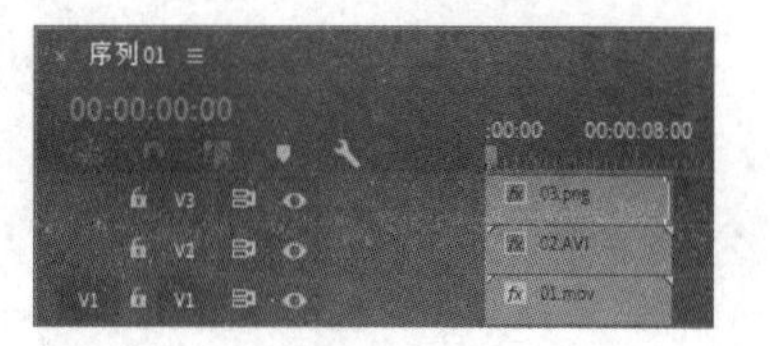

图5-192

（7）选中“时间轴”面板中的“03”文件。选择“效果控件”面板，展开“运动”选项，将“缩放”选项设置为 0，单击“缩放”选项左侧的“切换动画”按钮，如图 5-193 所示，记录第 1 个动画关键帧。将时间指示器移动到 02:07s 的位置，将“缩放”选项设置为 170.0，如图 5-194 所示，记录第 2 个动画关键帧。折纸世界栏目片头制作完成。

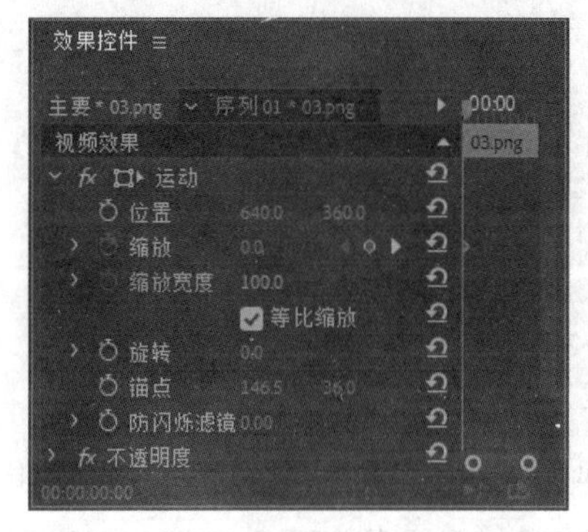

图5-193

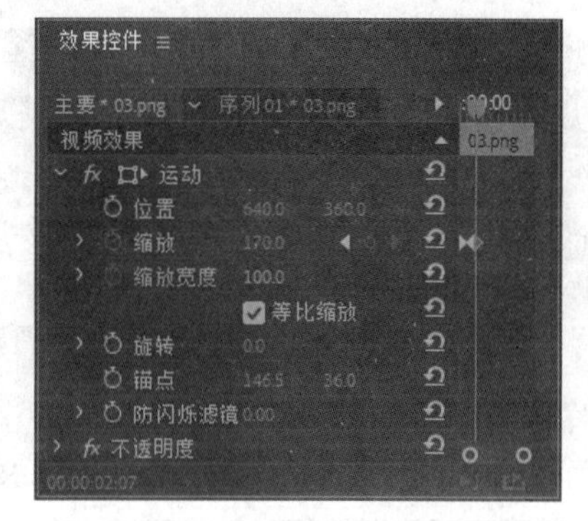

图5-194

5.2.5 抠像技术

Premiere Pro CC 2019 中自带了 9 种“键控”特效，下面讲解各种“键控”特效的使用方法。

1. Alpha 调整

该特效主要通过调整当前素材的 Alpha 通道信息（即改变 Alpha 通道的透明度），使当前素材与其下方的素材产生不同的叠加效果。如果当前素材不包含 Alpha 通道，改变的将是整个素材的透明度。应用该特效后，其参数面板如图 5-195 所示。

“不透明度”：用于调整画面的不透明度。

“忽略 Alpha”：勾选此复选框，可以忽略 Alpha 通道。

“反转 Alpha”：勾选此复选框，可以对通道进行反向处理。

“仅蒙版”：勾选此复选框，可以将通道作为蒙版使用。

应用“Alpha 调整”特效的前、后效果如图 5-196、图 5-197 和图 5-198 所示。

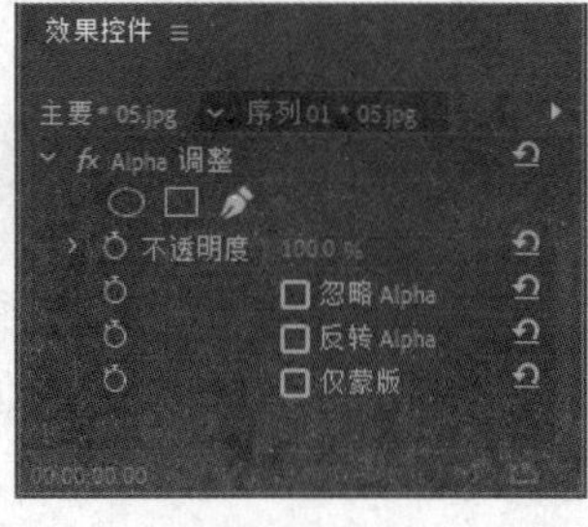

图5-195

图5-196

图 5-197

图 5-198

2. 亮度键

该特效可以将被叠加图像的灰色值设置为透明，而且保持色度不变，该特效对明暗对比十分强烈的图像十分有用。应用“亮度键”特效的前、后效果如图 5-199、图 5-200 和图 5-201 所示。

图 5-199

图 5-200

图 5-201

3. 图像遮罩键

该特效可以将外部图像素材作为被叠加的底纹背景素材。相对底纹而言，前景画面中的白色区域是不透明的，背景画面的相关部分不能显示出来；黑色区域是透明的区域，灰色区域为部分透明区域。如果想保持前面的色彩，那么作为底纹的图像最好选用灰度图像。应用“图像遮罩键”特效的前、后效果如图 5-202、图 5-203 和图 5-204 所示。

图 5-202

图 5-203

图 5-204

提示：在使用“图像遮罩键”特效进行图像遮罩时，遮罩图像的名称和文件夹都不能使用中文，否则图像遮罩将没有效果。

4. 差值遮罩

该特效可以叠加两个图像中相互不同部分的纹理，保留对方的纹理颜色。应用“差值遮罩”特效的前、后效果如图 5-205、图 5-206 和图 5-207 所示。

图 5-205

图 5-206

图 5-207

5. 移除遮罩

该特效可以将原有的遮罩移除，如将画面中的白色区域或黑色区域移除。

6. 超级键

该特效通过指定某种颜色，可以在其参数面板中调整“容差”等参数，从而显示素材的透明效果。应用“超级键”特效的前、后效果如图5-208、图5-209和图5-210所示。

图5-208

图5-209

图5-210

7. 轨道遮罩键

该特效将遮罩层进行适当比例的缩小，并显示在原图层上。应用“轨道遮罩键”特效的前、后效果如图5-211图5-212和图5-213所示。

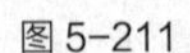
图5-211

图5-212

图5-213

8. 非红色键

该特效可以叠加具有蓝色背景的素材，并使这类背景产生透明效果。应用“非红色键”特效的前、后效果如图5-214、图5-215和图5-216所示。

图5-214

图5-215

图5-216

9. 颜色键

“颜色键”特效可以根据指定的颜色将素材中像素值相同的颜色设置为透明。该特效与“亮度键”特效类似，同样是在素材中选择一种颜色或一个颜色范围并将它们设置为透明，但“颜色键”特效可以单独调节素材的像素颜色和灰度值，而“亮度键”特效则是同时调节这些内容。应用“颜色键”特效的前、后效果如图5-217、图5-218和图5-219所示。

图5-217

图5-218

图5-219

课堂练习——花开美景写真

【练习知识要点】使用“效果控件”面板调整图像的大小并制作动画，使用“更改颜色”特效改变图像的颜色。花开美景写真效果如图5-220所示。

【效果所在位置】Ch05/花开美景写真/花开美景写真. prproj。

图5-220

课后习题——美好生活赏析

【习题知识要点】用“ProcAmp”特效调整视频画面的饱和度，使用“光照效果”特效添加光照效果并制作动画。美好生活赏析效果如图5-221所示。

【效果所在位置】Ch05/美好生活赏析/美好生活赏析. prproj。

图5-221

第 6 章 字幕制作

本章主要讲解字幕的制作方法，并对不同字幕的创建、编辑与修饰、运动字幕的创建及使用方法进行详细的介绍。通过本章的学习，读者能快速掌握编辑字幕的操作技巧。

课堂学习目标

- 掌握创建字幕文字对象的方法
- 熟练编辑与修饰字幕文字
- 掌握创建运动字幕的方法

6.1 创建字幕文字对象

在 Premiere Pro CC 2019 中，用户可以非常方便地创建出传统、图形和开放式字幕，也可以创建出沿路径行走的字幕，以及段落字幕。

6.1.1 课堂案例——音乐节宣传广告

【案例学习目标】学习使用“基本图形”面板创建字幕。

【案例知识要点】使用“导入”命令导入素材文件，使用“基本图形”面板添加文本，使用“效果控件”面板制作文本动画。音乐节宣传广告效果如图 6-1 所示。

【效果所在位置】Ch06/音乐节宣传广告/音乐节宣传广告. prproj。

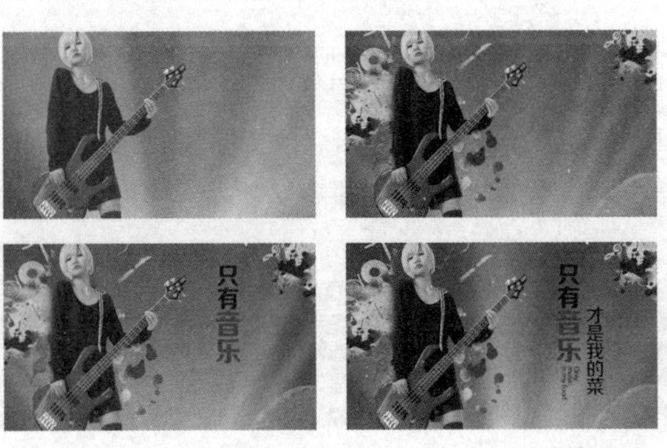

图 6-1

1. 添加并剪辑影视素材

（1）启动Premiere Pro CC 2019，选择“文件 > 新建 > 项目”命令，弹出“新建项目”对话框，如图6-2所示，单击“确定”按钮，新建项目。选择“文件 > 新建 > 序列”命令，弹出“新建序列”对话框，单击“设置”选项卡，具体参数设置如图6-3所示，单击“确定”按钮，新建序列。

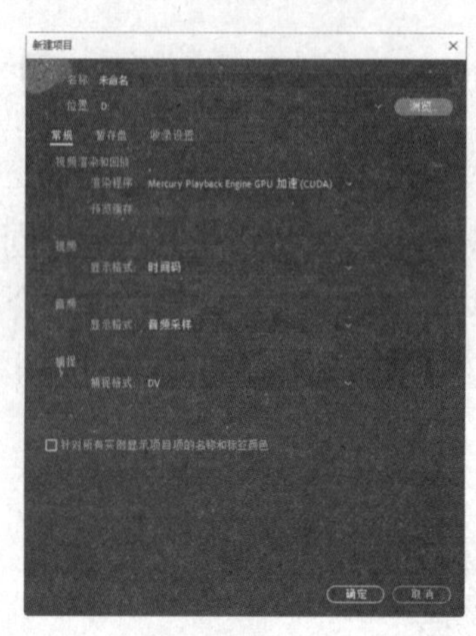

图6-2

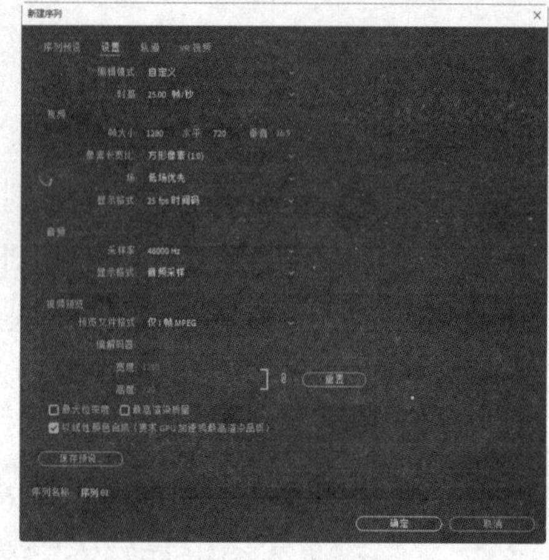

图6-3

（2）选择“文件 > 导入”命令，弹出“导入”对话框，选择本书云盘中的“Ch06/音乐节宣传广告/素材/01~05”文件，如图6-4所示。单击“打开”按钮，将素材文件导入“项目”面板中，如图6-5所示。

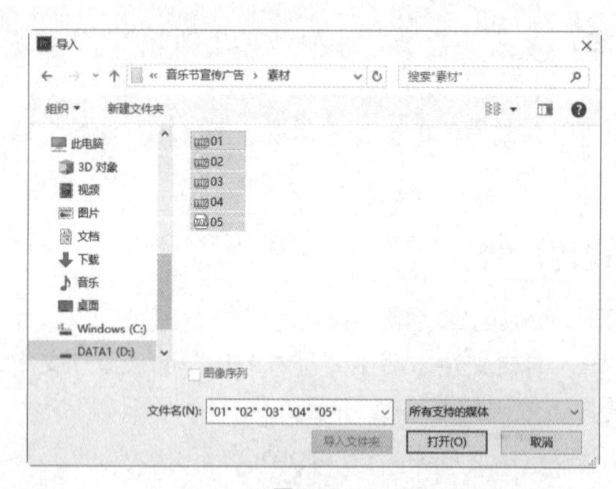

图6-4

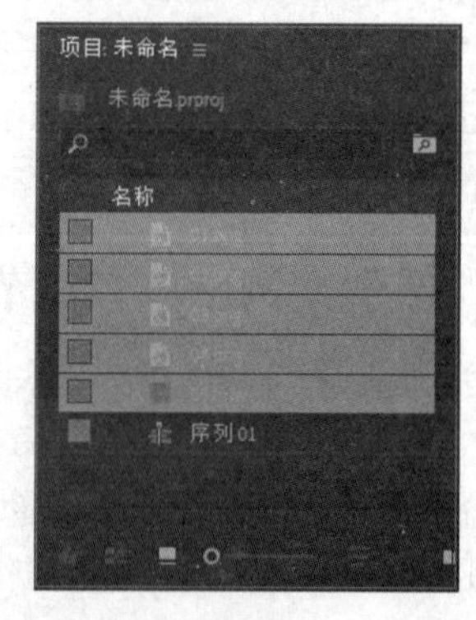

图6-5

（3）在“项目”面板中选中“05”文件并将其拖曳到“时间轴”面板的“视频1”轨道中，弹出“剪辑不匹配警告”对话框，如图6-6所示；单击“保持现有设置”按钮，在保持现有序列设置的情况下将“05”文件放置在“视频1”轨道中，如图6-7所示。

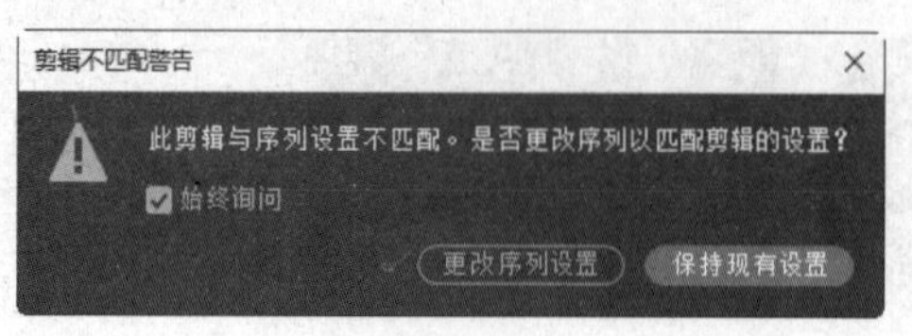

图6-6

图6-7

（4）选择“剪辑 > 速度/持续时间”命令，在弹出的对话框中进行设置，如图 6-8 所示。单击“确定”按钮，效果如图 6-9 所示。

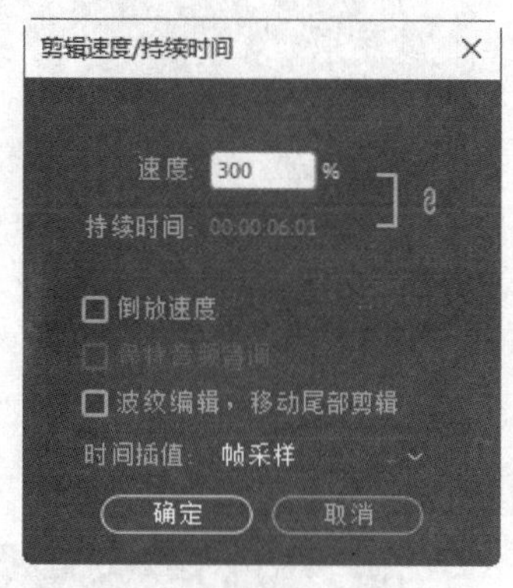

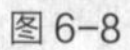
图 6-8

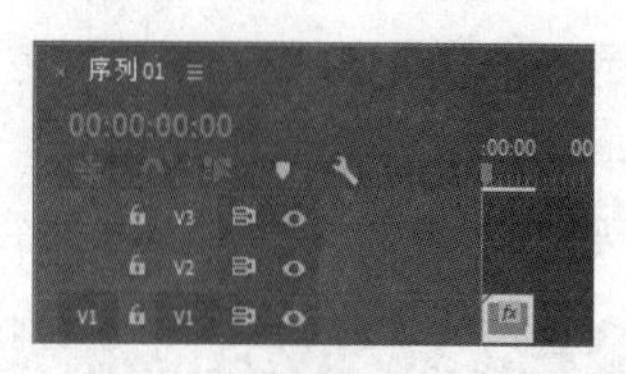

图 6-9

（5）在“项目”面板中选中“01”文件并将其拖曳到“时间轴”面板的“视频 2”轨道中，如图 6-10 所示。将鼠标指针放在“01”文件的结束位置，当鼠标指针呈形状时，向右拖曳直到“05”文件的结束位置，如图 6-11 所示。

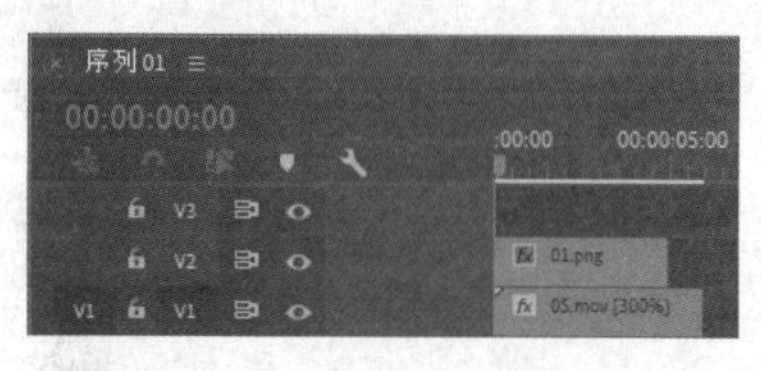

图 6-10

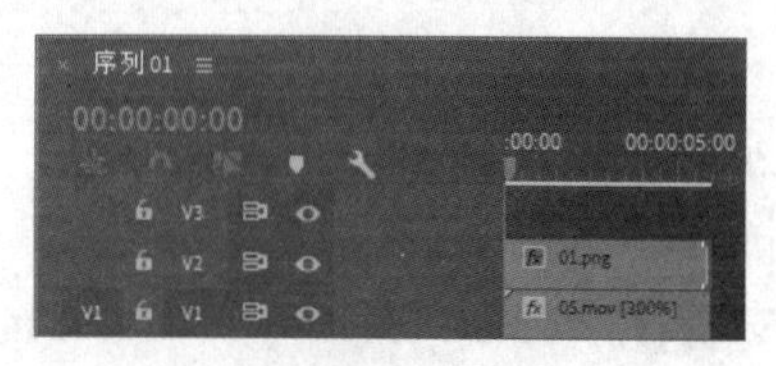

图 6-11

（6）将时间指示器移动到 01:00s 的位置。在“项目”面板中选中“02”文件并将其拖曳到“时间轴”面板的“视频 3”轨道中，如图 6-12 所示。选择“序列 > 添加轨道”命令，在弹出的对话框中进行设置，如图 6-13 所示。单击“确定”按钮，在“时间轴”面板中添加 5 个视频轨道。

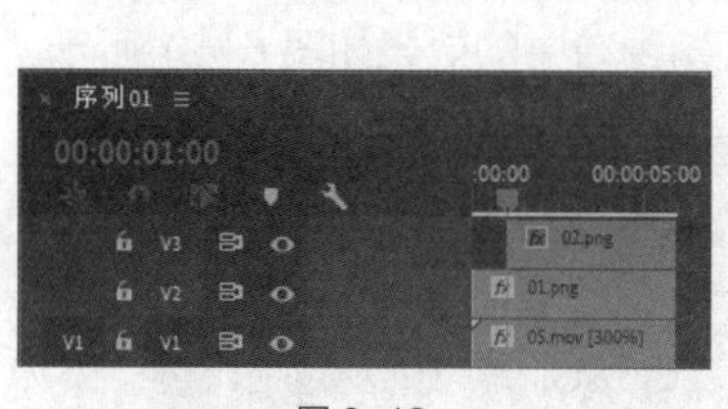

图 6-12

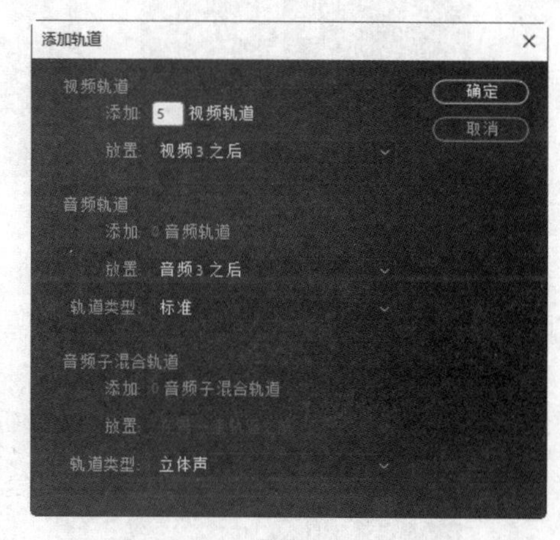

图 6-13

（7）将时间指示器移动到 01:16s 的位置。在“项目”面板中选中“03”文件并将其拖曳到“时间轴”面板的“视频 4”轨道中，如图 6-14 所示。将鼠标指针放在“03”文件的结束位置，当鼠标指针呈形状时，向左拖曳直到“02”文件的结束位置，如图 6-15 所示。

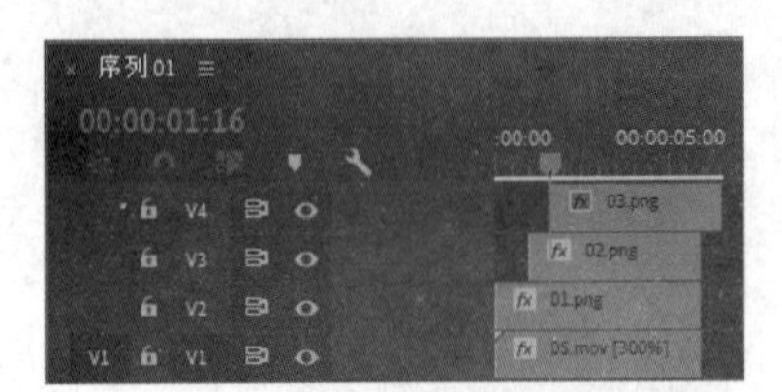

图 6-14

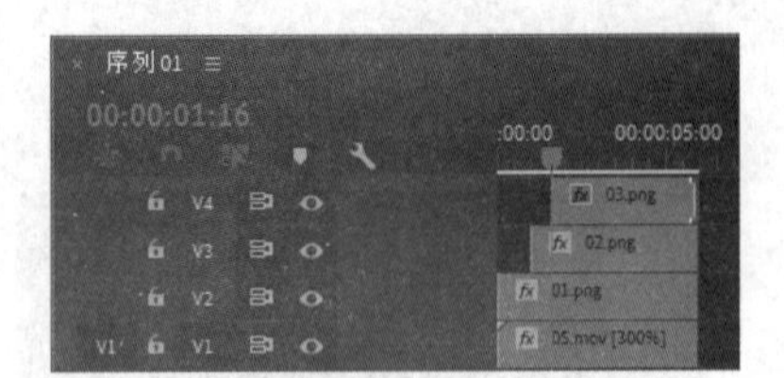

图 6-15

（8）将时间指示器移动到 02:07s 的位置。在“项目”面板中选中“04”文件并将其拖曳到“时间轴”面板的“视频 5”轨道中，如图 6-16 所示。将鼠标指针放在“04”文件的结束位置，当鼠标指针呈形状时，向左拖曳直到“03”文件的结束位置，如图 6-17 所示。

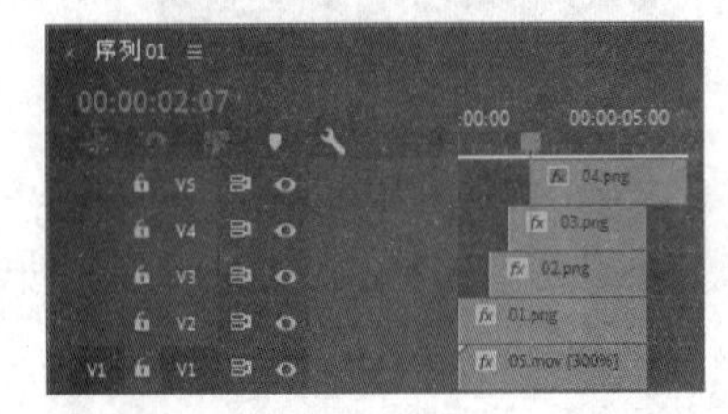

图 6-16

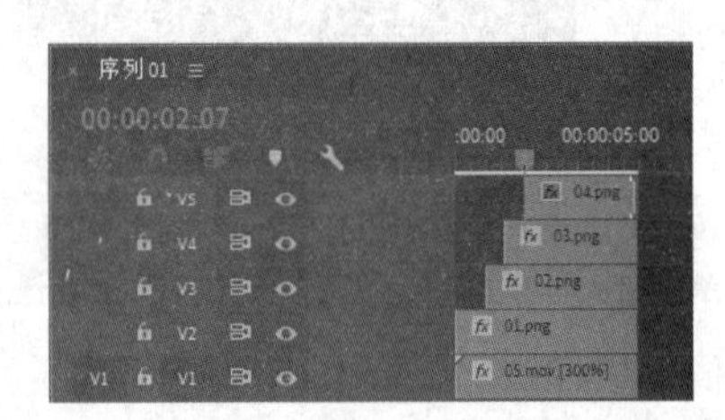

图 6-17

2. 添加图形并制作动画

（1）将时间指示器移动到 03:07s 的位置。选择“基本图形”面板，单击“编辑”选项卡，单击“新建图层”按钮，在弹出的列表中选择“直排文本”命令，如图 6-18 所示。在“时间轴”面板的“视频 6”轨道中生成“新建文本图层”文件，如图 6-19 所示。

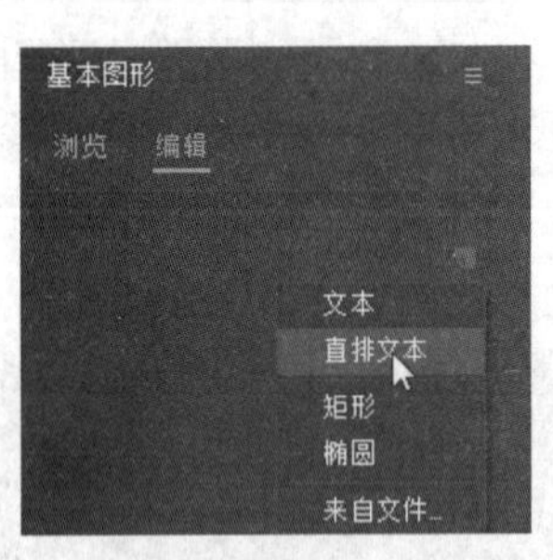

图 6-18

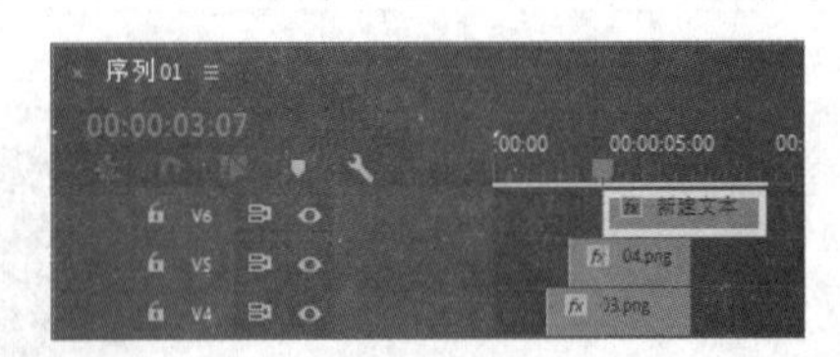

图 6-19

（2）将鼠标指针放在“新建文本图层”文件的结束位置，当鼠标指针呈形状时，向左拖曳直到“04”文件的结束位置，如图 6-20 所示。“节目”监视器窗口中的效果如图 6-21 所示。

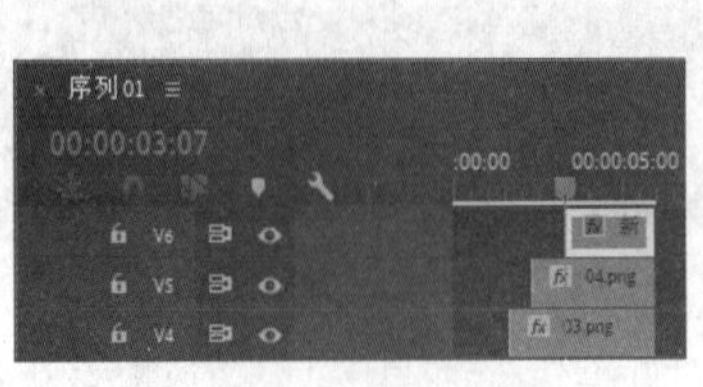

图 6-20

图 6-21

（3）在“节目”监视器窗口中修改文字，效果如图 6-22 所示。在“基本图形”面板中选择“只有音乐”图层，“对齐并变换”选项组中的设置如图 6-23 所示。

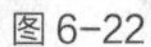
图 6-22

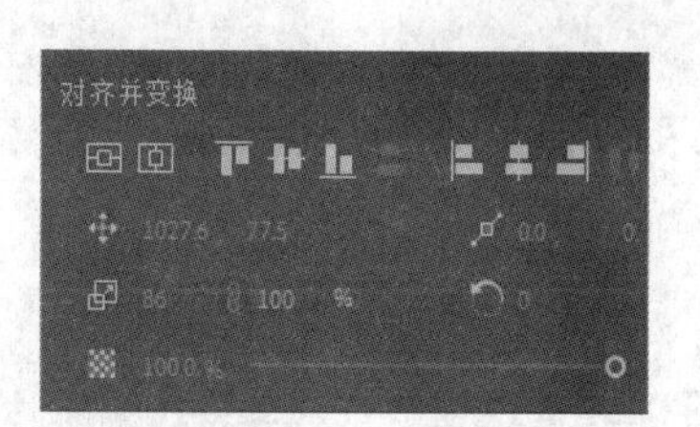

图 6-23

（4）选中“节目”监视器窗口中的文字“只有”，“基本图形”面板的“文本”和“外观”选项组中的设置如图 6-24 所示。选中“节目”监视器窗口中的文字“音乐”，在“基本图形”面板的“外观”选项组中将“填充”选项设置为暗红色（187，1，16），其他选项的设置如图 6-25 所示。“节目”监视器窗口中的效果如图 6-26 所示。

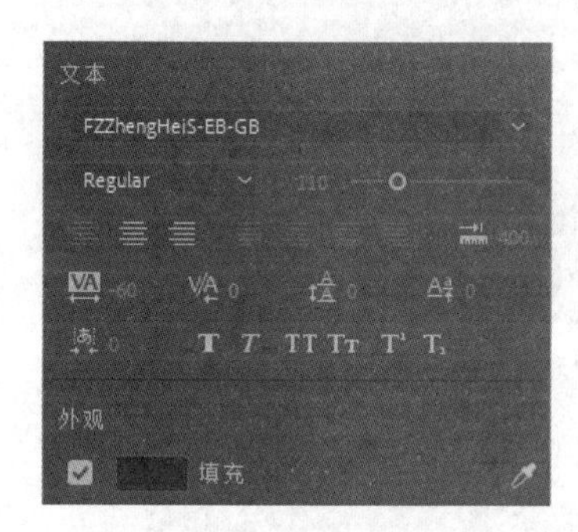

图 6-24

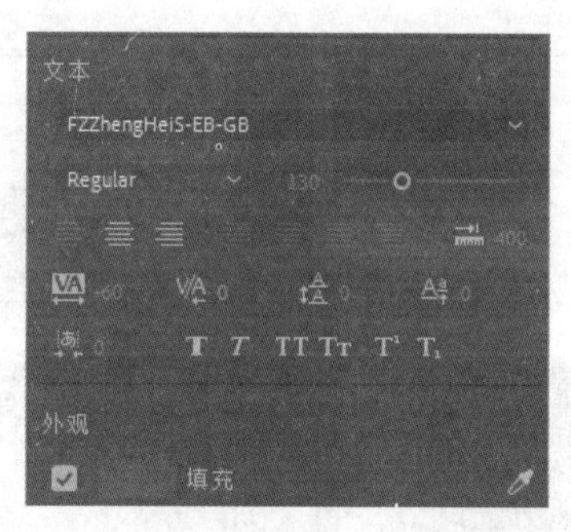

图 6-25

图 6-26

（5）选择“效果控件”面板，展开“运动”选项，将“缩放”选项设置为 20.0，单击选项左侧的“切换动画”按钮，如图 6-27 所示，记录第 1 个动画关键帧。将时间指示器移动到 04:00s 的位置，在“效果控件”面板中将“缩放”选项设置为 100.0，如图 6-28 所示，记录第 2 个动画关键帧。

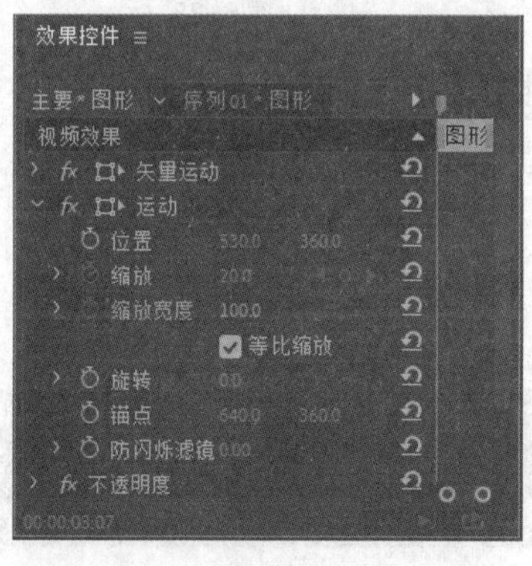

图 6-27

图 6-28

（6）将时间指示器移动到 03:07s 的位置。选择“效果控件”面板，展开“不透明度”选项，将“不透明度”选项设置为 0%，如图 6-29 所示，记录第 1 个动画关键帧。将时间指示器移动到 04:00s 的位置，将“不透明度”选项设置为 100.0%，如图 6-30 所示，记录第 2 个动画关键帧。用相同的方法添加其他文本，效果如图 6-31 所示。音乐节宣传广告制作完成。

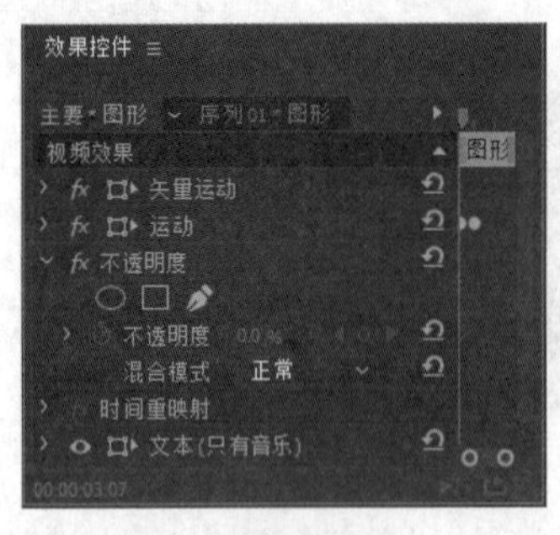

图 6-29

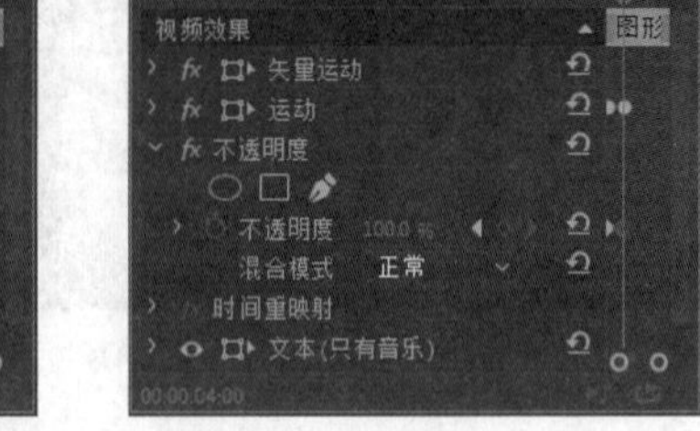

图 6-30

图 6-31

6.1.2 创建传统字幕

创建水平或垂直传统字幕的具体操作步骤如下。

（1）选择“文件 > 新建 > 旧版标题”命令，弹出“新建字幕”对话框，如图 6-32 所示；单击“确定”按钮，弹出“字幕”面板，如图 6-33 所示。

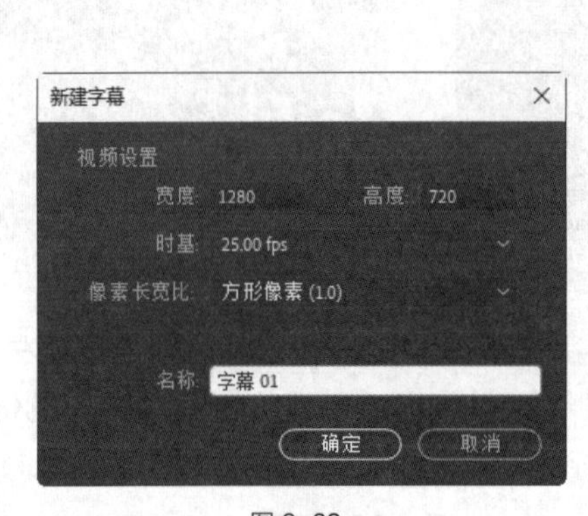

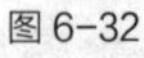

图 6-32

图 6-33

（2）单击面板左上角的☰按钮，在弹出的菜单中选择“工具”命令，如图 6-34 所示；弹出“旧版标题工具”面板，如图 6-35 所示。

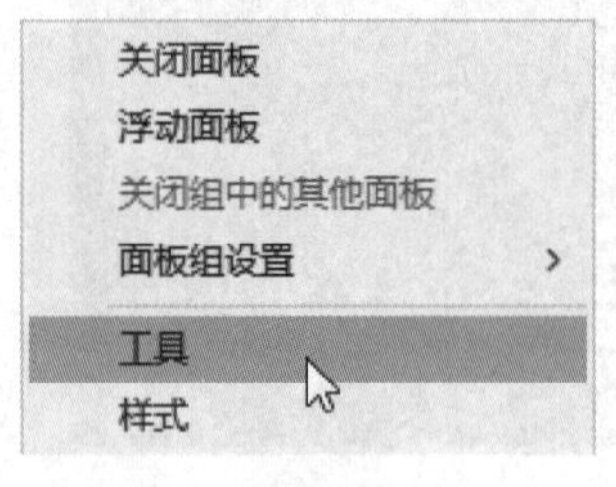

图 6-34

图 6-35

（3）选择“旧版标题工具”面板中的“文字”工具T，在“字幕”面板中单击并输入需要的文字，如图 6-36 所示。单击面板左上角的☰按钮，在弹出的菜单中选择“样式”命令，弹出“旧版标题样式”面板，如图 6-37 所示。

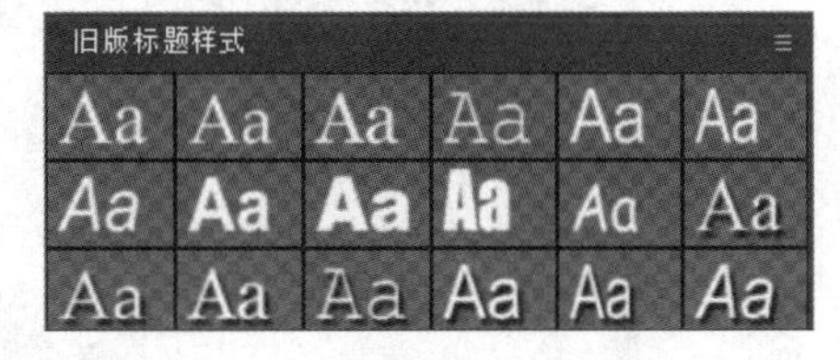

图 6-36　　图 6-37

（4）在“旧版标题样式”面板中选择需要的字幕样式，如图 6-38 所示；“字幕”面板中的文字如图 6-39 所示。

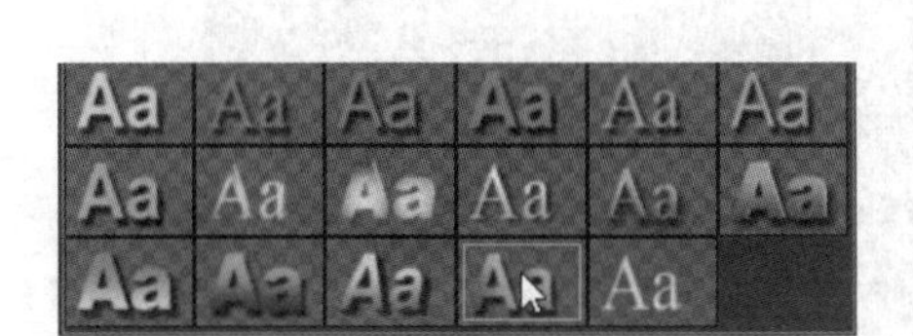

图 6-38　　图 6-39

（5）在“字幕”面板上方的属性设置栏中设置字体、字体大小和字符间距，“字幕”面板中的文字如图 6-40 所示。选择“旧版标题工具”面板中的“垂直文字”工具，在“字幕”面板中单击并输入需要的文字，并设置字幕样式和文字属性，效果如图 6-41 所示。

图 6-40　　图 6-41

6.1.3 创建图形字幕

创建水平或垂直图形字幕的具体操作步骤如下。

（1）选择“工具”面板中的“文字”工具T，在“节目”监视器窗口中单击并输入需要的文字，如图6-42所示。将在“时间轴”面板的“视频2”轨道中生成“花艺制作”图形文件，如图6-43所示。

图6-42

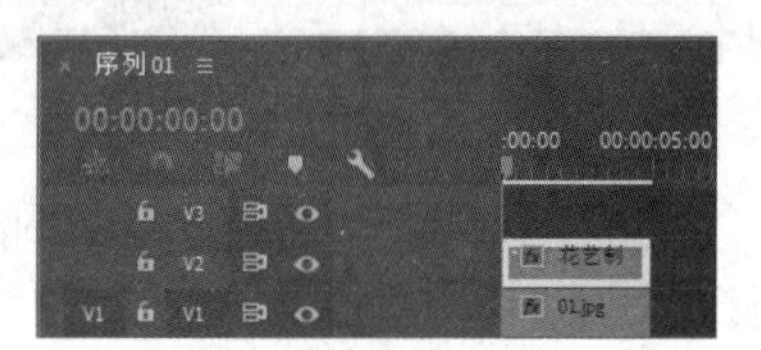

图6-43

（2）选中“节目”监视器窗口中输入的文字，如图6-44所示。选择“窗口 > 基本图形”命令，弹出“基本图形”面板，在“外观”选项组中将“填充”选项设置为暗红色（171，31，56），“文本”选项组中的设置如图6-45所示。

图6-44

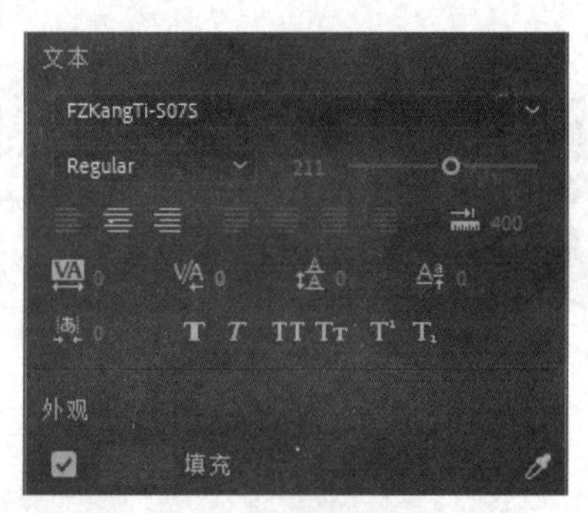

图6-45

（3）“基本图形”面板的“对齐并变换”选项组中的设置如图6-46所示，“节目”监视器窗口中的效果如图6-47所示。

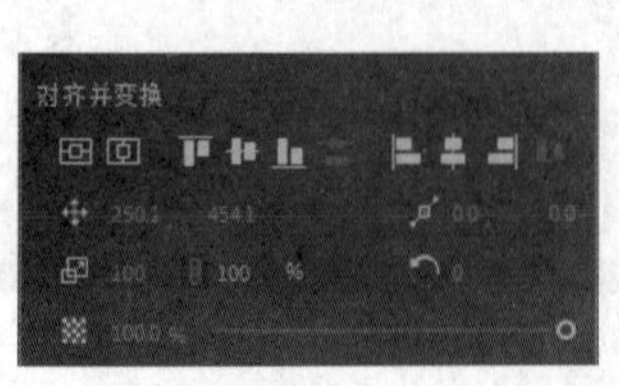

图6-46

图6-47

（4）选择“工具”面板中的“垂直文字”工具IT，在“节目”监视器窗口中输入文字，并在“基本图形”面板中设置其属性，效果如图 6-48 所示，“时间轴”面板如图 6-49 所示。

图 6-48

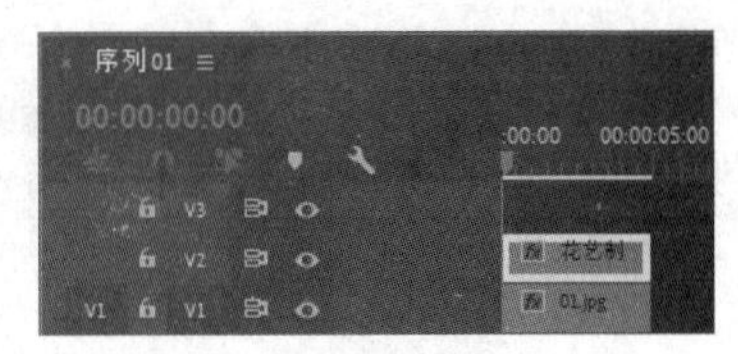

图 6-49

6.1.4 创建开放式字幕

创建开放式字幕的具体操作步骤如下。

（1）选择“文件 > 新建 > 字幕”命令，弹出“新建字幕”对话框，具体参数设置如图 6-50 所示。单击“确定”按钮，将在“项目”面板中生成“开放式字幕”文件，如图 6-51 所示。

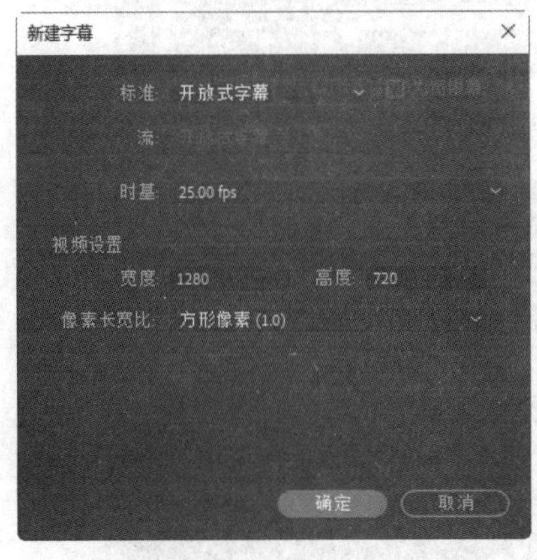

图 6-50

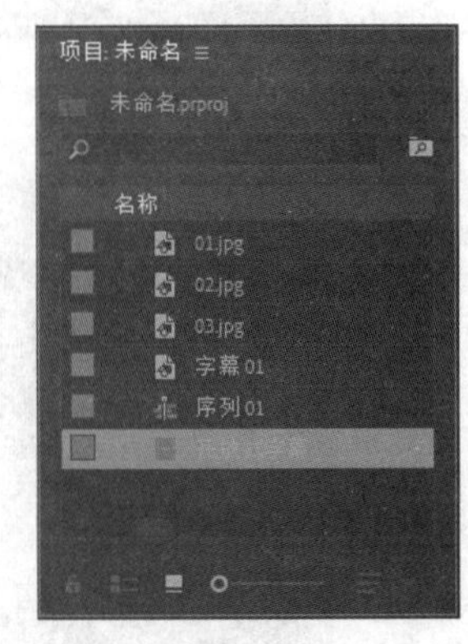

图 6-51

（2）双击“项目”面板中的“开放式字幕”文件，弹出“字幕”面板，如图 6-52 所示。在面板右下角输入需要的文字，并在上方的属性设置栏中设置文字字体、大小、文本颜色、背景不透明度和字幕位置，如图 6-53 所示。

图 6-52

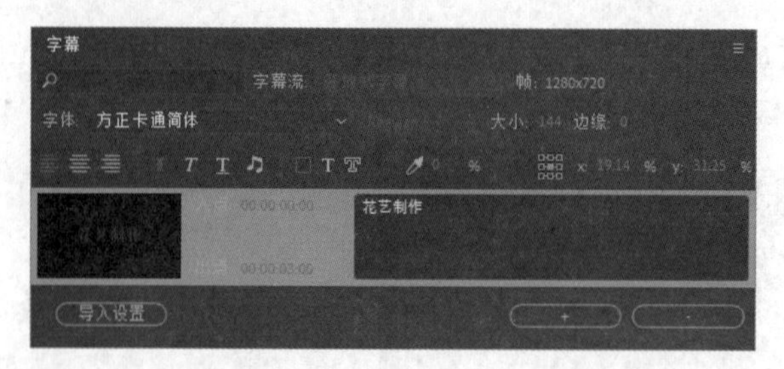

图 6-53

（3）在“字幕”面板下方单击 + 按钮，添加字幕，如图 6-54 所示。在面板右下角输入需要的文字，并在上方的属性设置栏中设置文字大小、文本颜色、背景不透明度和字幕位置，如图 6-55 所示。

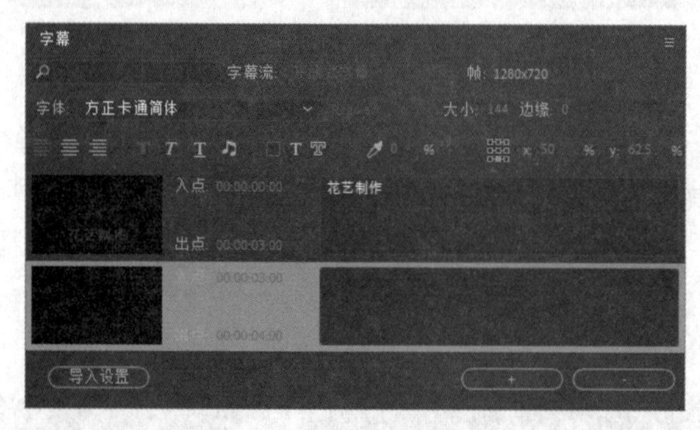

图 6-54

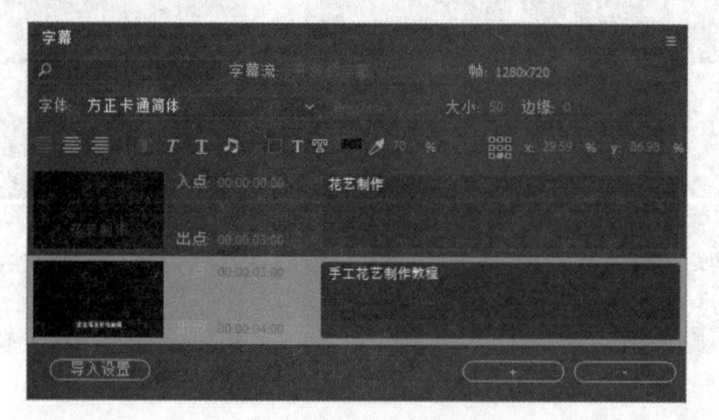

图 6-55

（4）在“项目”面板中选中“开放式字幕”文件并将其拖曳到“时间轴”面板的“视频 2”轨道中，如图 6-56 所示。将鼠标指针放在“开放式字幕”文件的结束位置，当鼠标指针呈形状时，向右拖曳直到“01”文件的结束位置，如图 6-57 所示，“节目”监视器窗口中的效果如图 6-58 所示。将时间指示器移动到 03:00s 的位置，“节目”监视器窗口中的效果如图 6-59 所示。

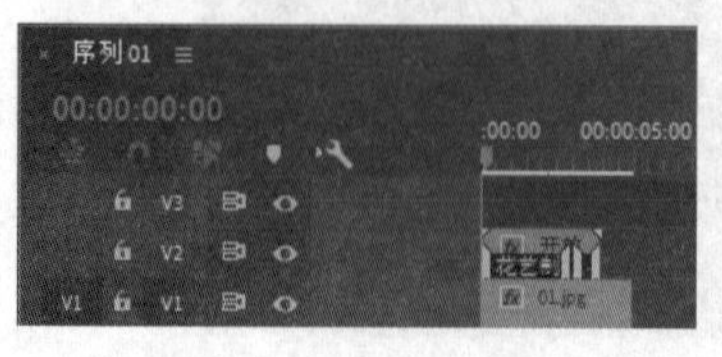

图 6-56

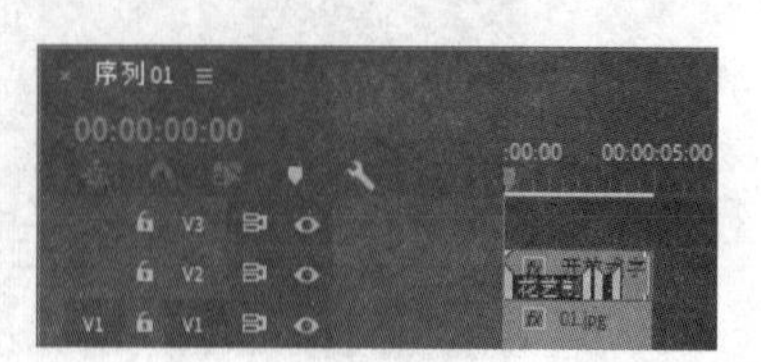

图 6-57

图 6-58

图 6-59

6.1.5 创建路径字幕

创建水平或垂直路径字幕的具体操作步骤如下。

（1）选择“文件 > 新建 > 旧版标题”命令，弹出“新建字幕”对话框，如图 6-60 所示。单击“确定”按钮，弹出“字幕”面板，如图 6-61 所示。

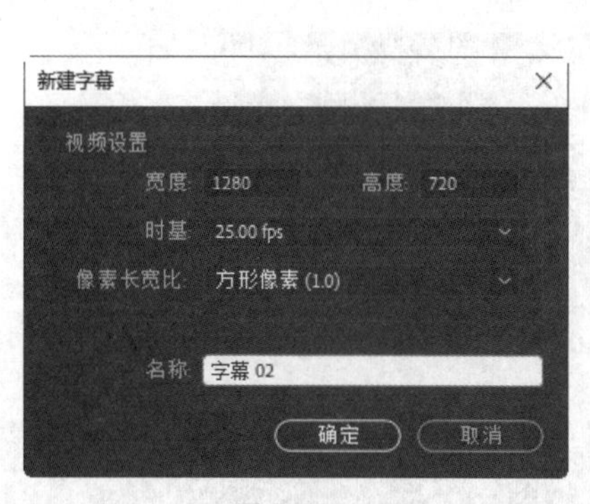

图 6-60

图 6-61

（2）单击面板左上角的按钮，在弹出的菜单中选择“工具”命令，如图 6-62 所示，弹出“旧版标题工具”面板，如图 6-63 所示。

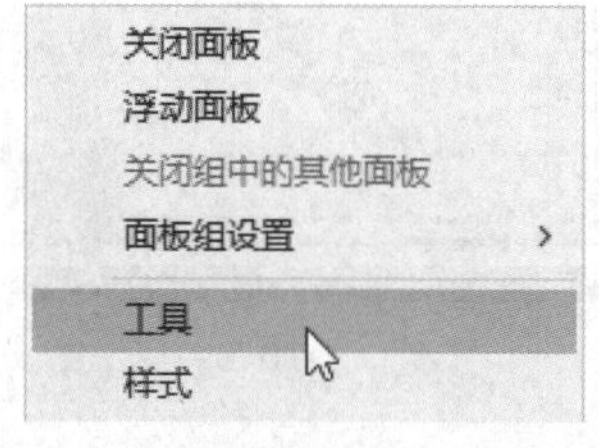

图 6-62

图 6-63

（3）选择“旧版标题工具”面板中的“路径文字”工具，在“字幕”面板中拖曳鼠标指针绘制路径，如图 6-64 所示。选择“路径文字”工具，在路径上单击插入鼠标光标，输入需要的文字，如图 6-65 所示。

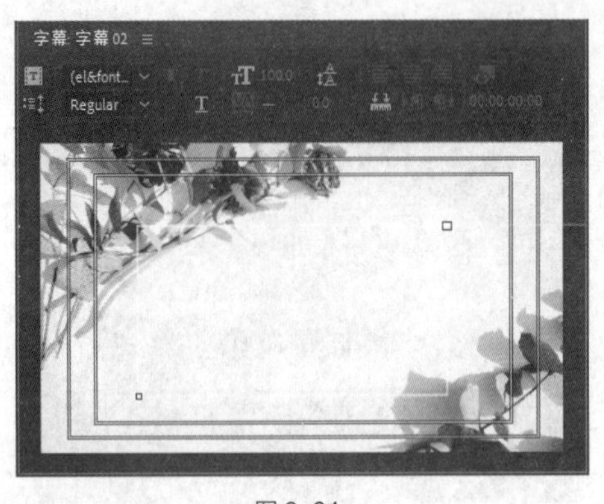
图 6-64

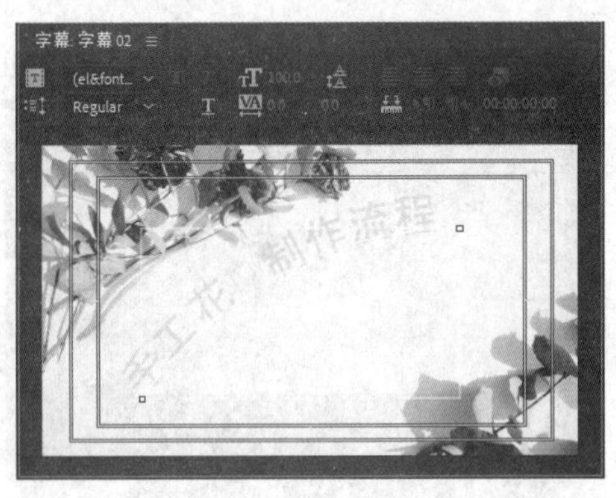
图 6-65

（4）单击面板左上角的☰按钮，在弹出的菜单中选择“属性”命令，如图 6-66 所示。弹出“旧版标题属性”面板，展开“填充”选项组，将“颜色”选项设置为暗红色（171，31，56）；展开“属性”选项组，各选项的设置如图 6-67 所示。“字幕”面板中的效果如图 6-68 所示。用相同的方法输入垂直路径文字，“字幕”面板中的效果如图 6-69 所示。

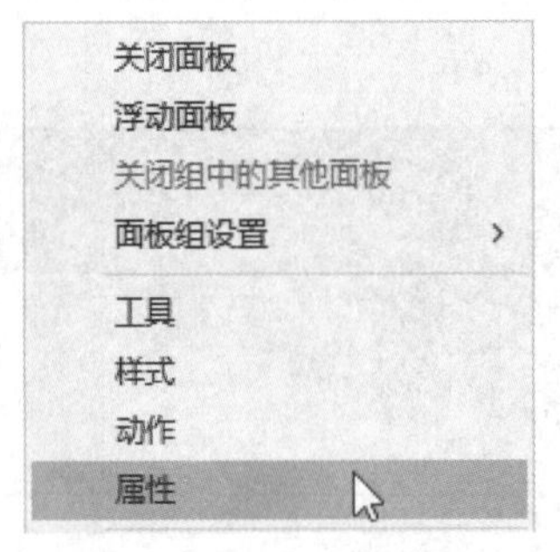

图 6-66

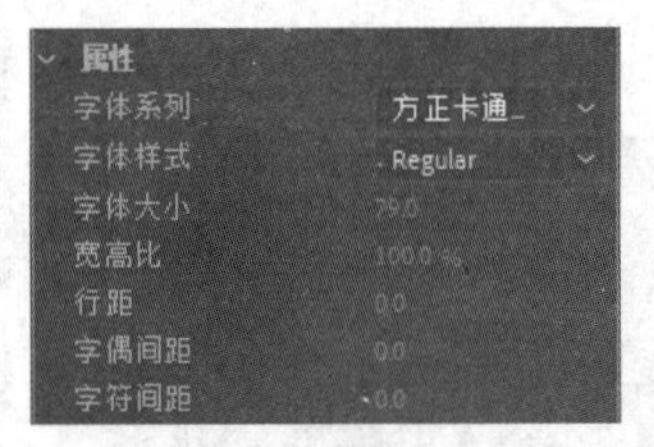

图 6-67

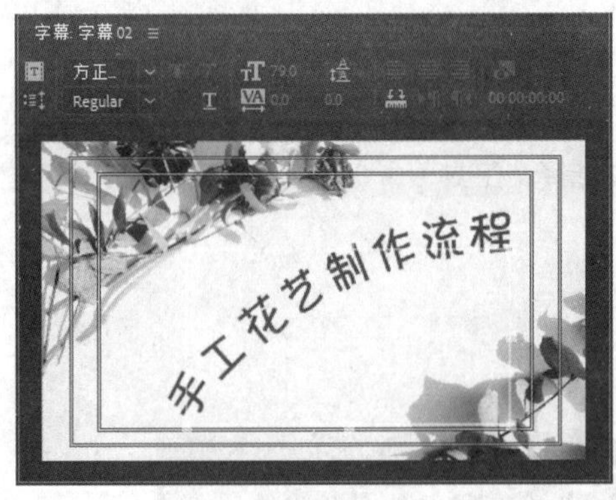

图 6-68

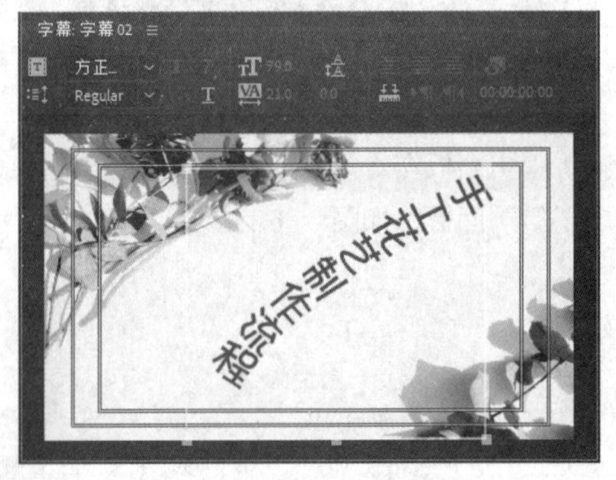

图 6-69

6.1.6 创建段落字幕

（1）选择“文件 > 新建 > 旧版标题”命令，弹出“新建字幕”对话框，如图 6-70 所示，单击“确定”按钮，弹出“字幕”面板。选择“旧版标题工具”面板中的“文字”工具T，在“字幕”面板中拖曳出文本框，如图 6-71 所示。

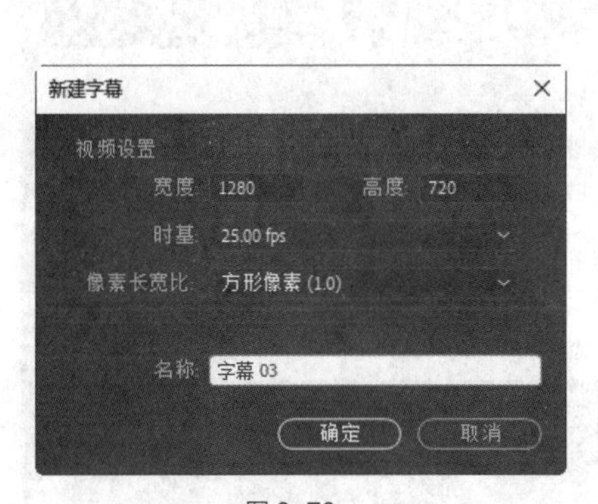

图6-70

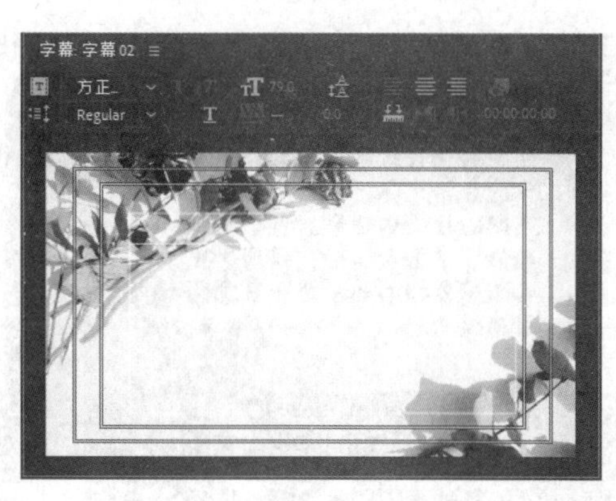

图6-71

（2）在“字幕”面板中输入需要的段落文字，如图6-72所示。在“旧版标题属性”面板中展开“填充”选项组，将“颜色”选项设置为暗红色（171，31，56）；展开“属性”选项组，各选项的设置如图6-73所示。“字幕”面板中的效果如图6-74所示。用相同的方法输入垂直段落文字，“字幕”面板中的效果如图6-75所示。

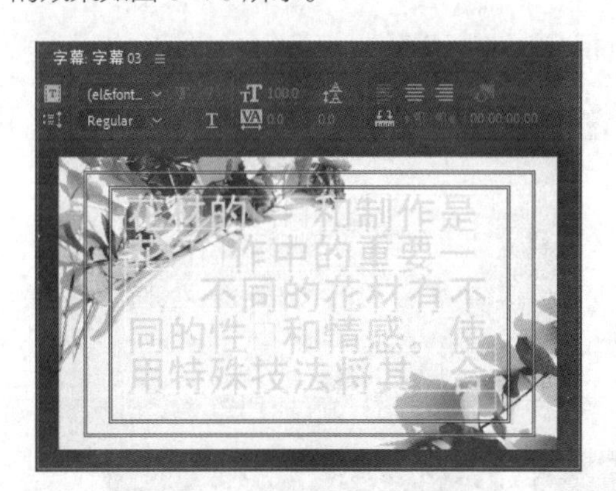

图6-72

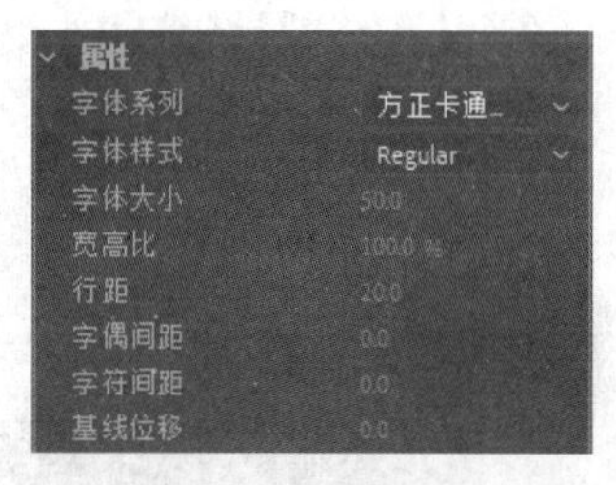

图6-73

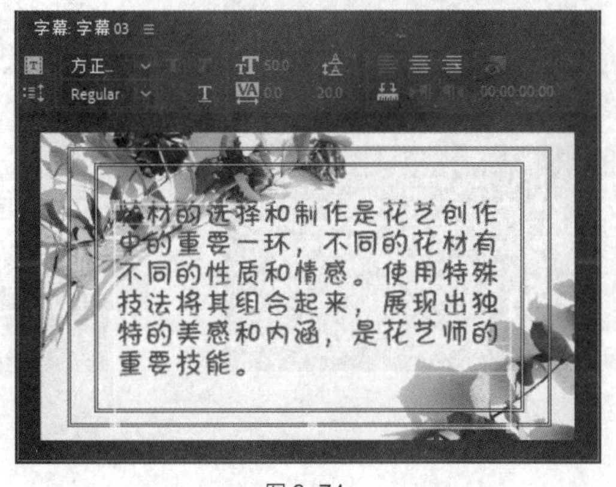

图6-74

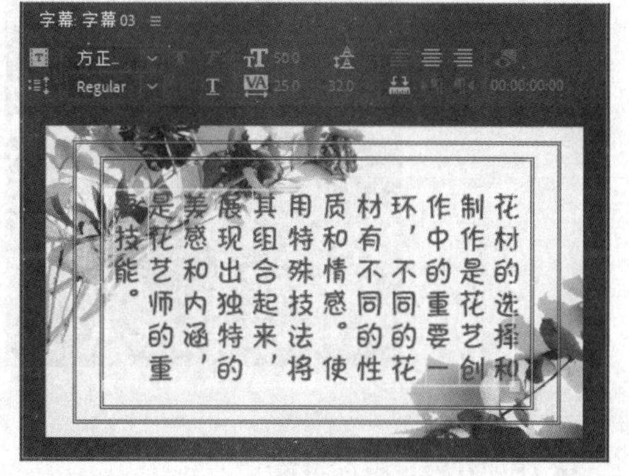

图6-75

（3）选择“旧版标题工具”面板中的“文字”工具**T**，直接在“节目”监视器窗口中拖曳出文本框并输入文字，在“基本图形”面板中编辑文字，效果如图6-76所示。用相同的方法输入垂直段落文字，效果如图6-77所示。

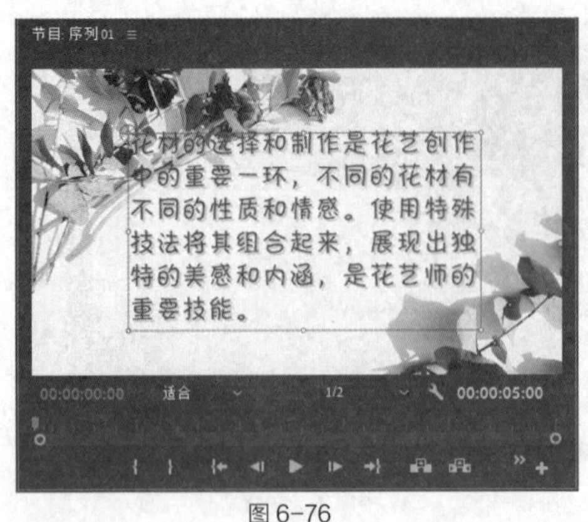

图 6-76

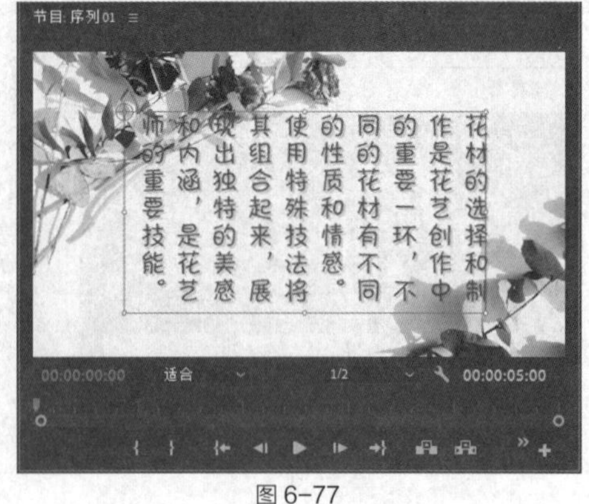

图 6-77

6.2 编辑与修饰字幕文字

字幕创建完成以后，还需要对字幕进行相应的编辑和修饰，下面进行详细介绍。

6.2.1 课堂案例——海鲜火锅宣传广告

【案例学习目标】学习创建并编辑字幕。

【案例知识要点】使用“导入”命令导入素材文件，使用“旧版标题”命令创建字幕，使用“字幕”面板添加文字，使用“旧版标题属性”面板编辑字幕，使用“效果控件”面板调整影视素材的位置、缩放和不透明度。海鲜火锅宣传广告效果如图 6-78 所示。

【效果所在位置】Ch06/海鲜火锅宣传广告/海鲜火锅宣传广告. prproj。

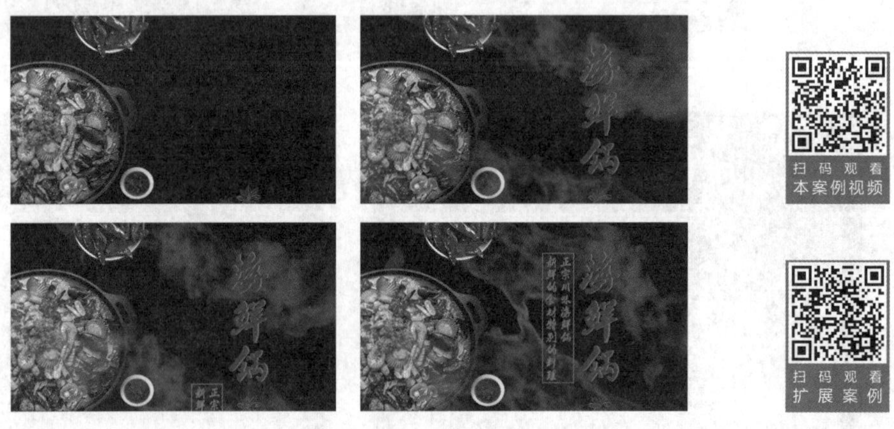

图 6-78

1. 添加并剪辑影视素材

（1）启动 Premiere Pro CC 2019，选择“文件 > 新建 > 项目”命令，弹出“新建项目”对话框，如图 6-79 所示，单击“确定”按钮，新建项目。选择“文件 > 新建 > 序列”命令，弹出“新建序列”对话框，单击“设置”选项卡，具体参数设置如图 6-80 所示，单击“确定”按钮，新建序列。

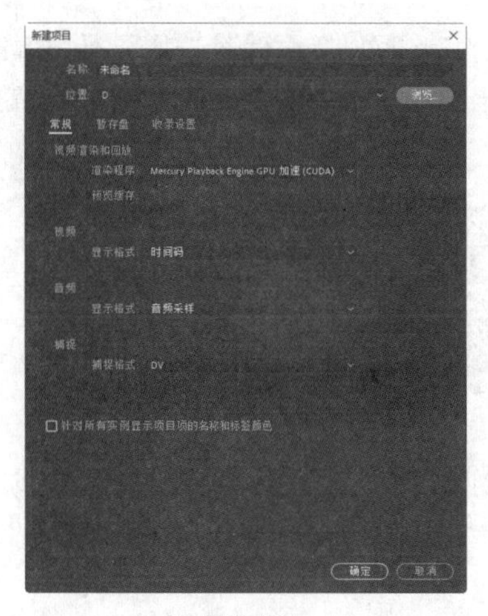
图 6-79

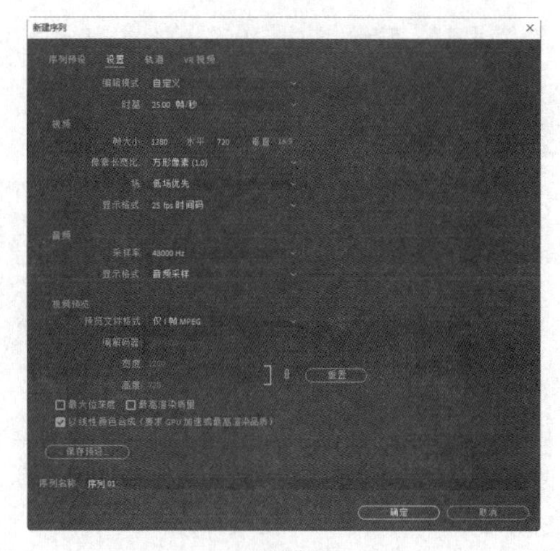
图 6-80

（2）选择“文件 > 导入”命令，弹出“导入”对话框，选择本书云盘中的“Ch06/海鲜火锅宣传广告/素材/01 和 02”文件，如图 6-81 所示。单击“打开”按钮，将素材文件导入“项目”面板中，如图 6-82 所示。

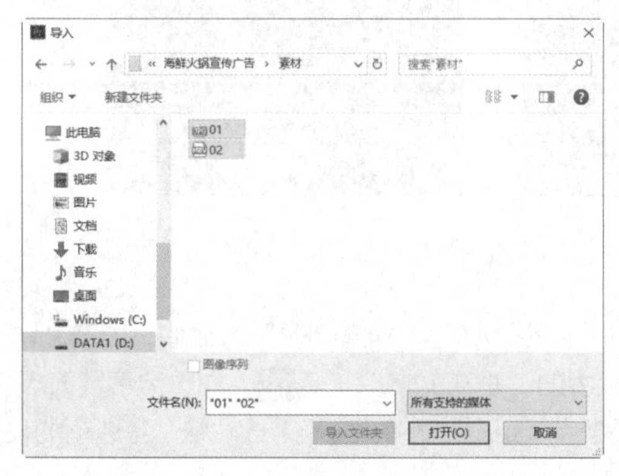
图 6-81

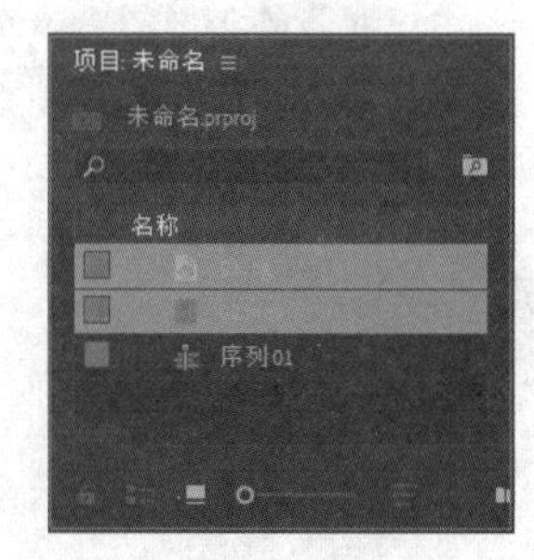
图 6-82

（3）在“项目”面板中选中“01”文件并将其拖曳到“时间轴”面板的“视频 1”轨道中，如图 6-83 所示。选中“时间轴”面板中的“01”文件。选择“效果控件”面板，展开“运动”选项，将“位置”选项设置为 492.0 和 360.0、“缩放”选项设置为 125.0，如图 6-84 所示。

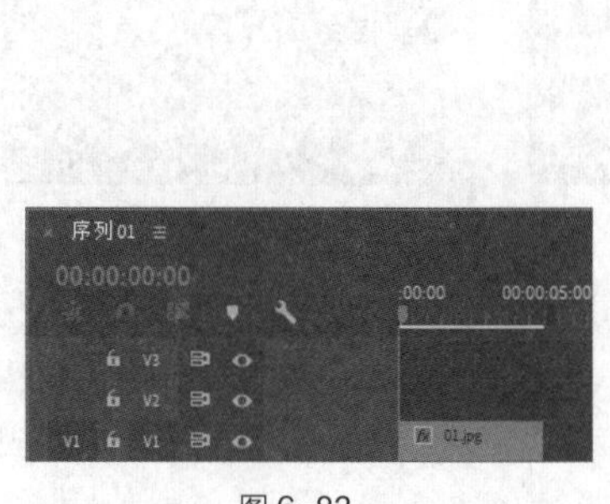
图 6-83

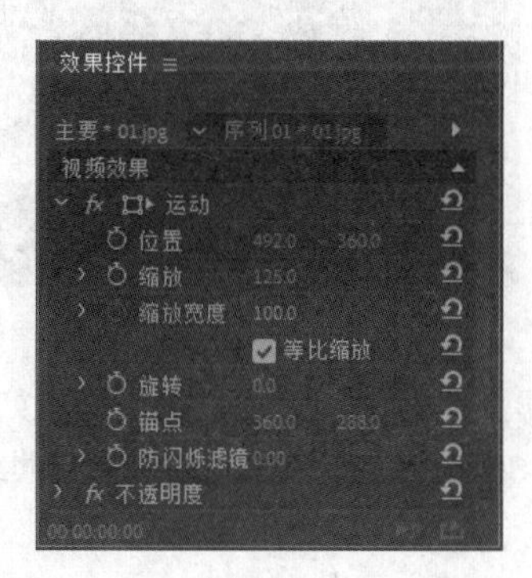
图 6-84

（4）在“项目”面板中选中“02”文件并将其拖曳到“时间轴”面板的“视频 2”轨道中，如图 6-85 所示。将鼠标指针放在“02”文件的结束位置，当鼠标指针呈形状时，向左拖曳直到“01”文件的结束位置，如图 6-86 所示。

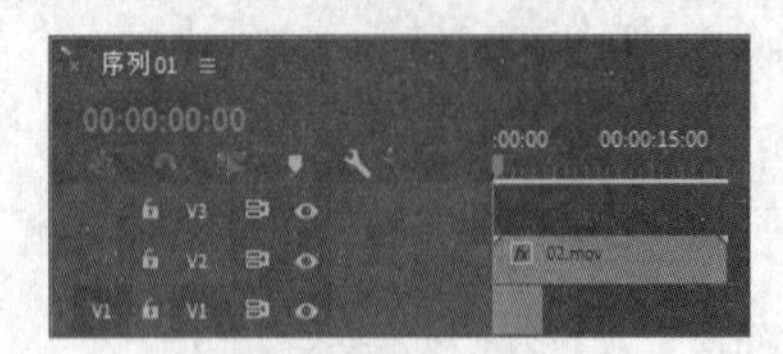

图 6-85

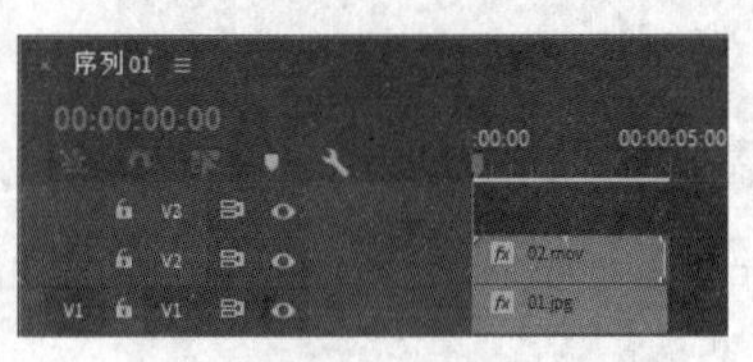

图 6-86

（5）选中“时间轴”面板中的“02”文件。选择“效果控件”面板，展开“运动”选项，将“缩放”选项设置为 70.0，如图 6-87 所示。展开“不透明度”选项，将“不透明度”选项设置为 80.0%，如图 6-88 所示。

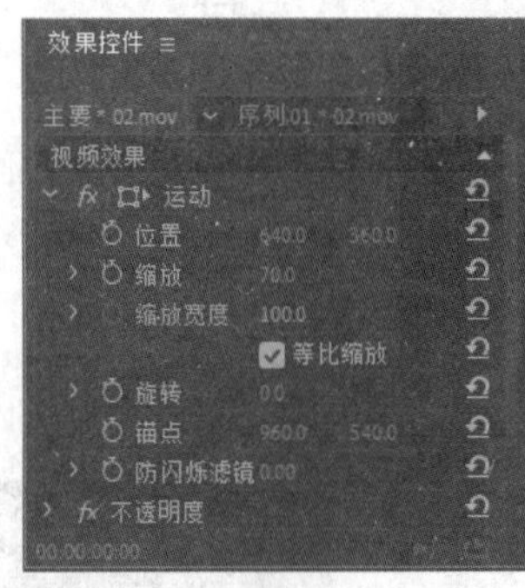

图 6-87

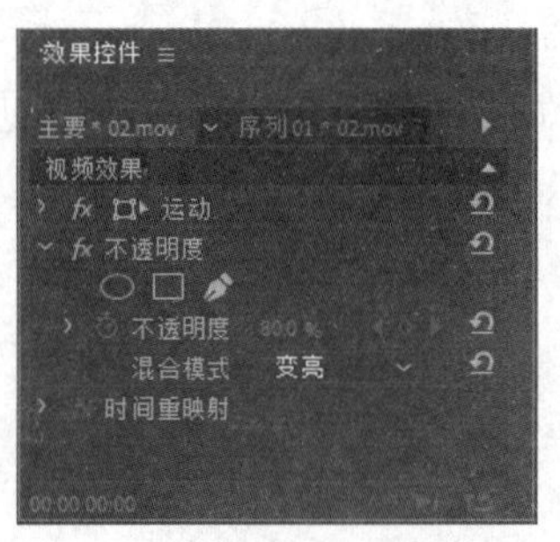

图 6-88

2. 制作字幕文字和图形

（1）选择“文件 > 新建 > 旧版标题”命令，弹出“新建字幕”对话框，如图 6-89 所示，单击“确定”按钮。选择“旧版标题工具”面板中的“垂直文字”工具，在“字幕”面板中单击插入鼠标光标，输入需要的文字。在“旧版标题属性”面板中展开“变换”选项组，各选项的设置如图 6-90 所示。

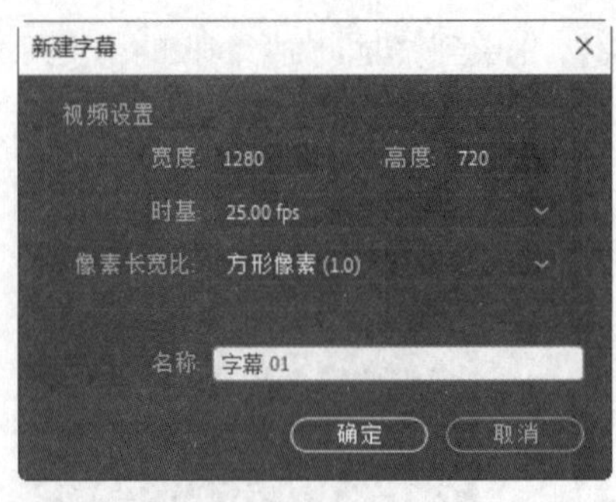

图 6-89

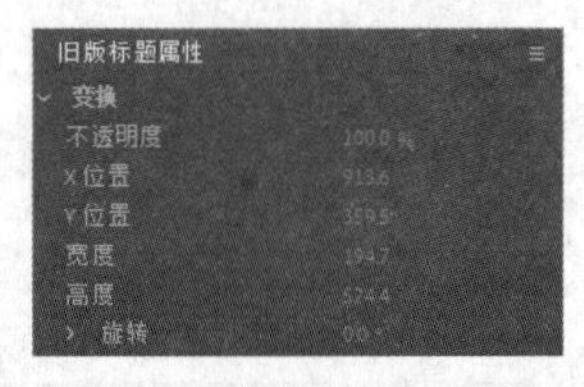

图 6-90

（2）展开“属性”选项组，各选项的设置如图 6-91 所示。展开“填充”选项组，将“颜色”选项设置为红色（186，0，0）。展开“描边”选项组，添加外描边，将“颜色”选项设置为土黄色（195，133，89），其他选项的设置如图 6-92 所示。“字幕”面板如图 6-93 所示，新建的字幕文件将自动保存到“项目”面板中。

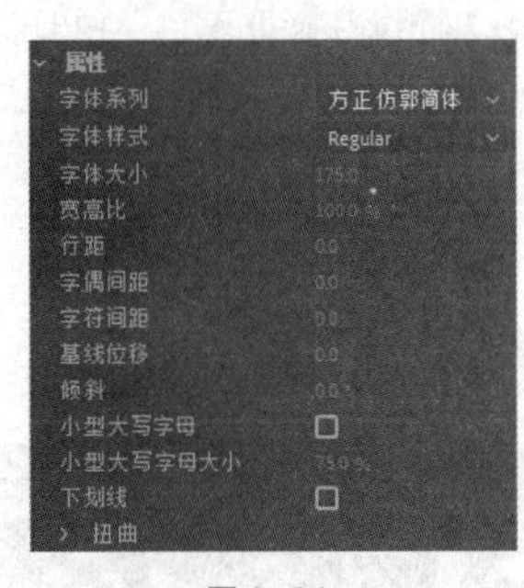

图 6-91

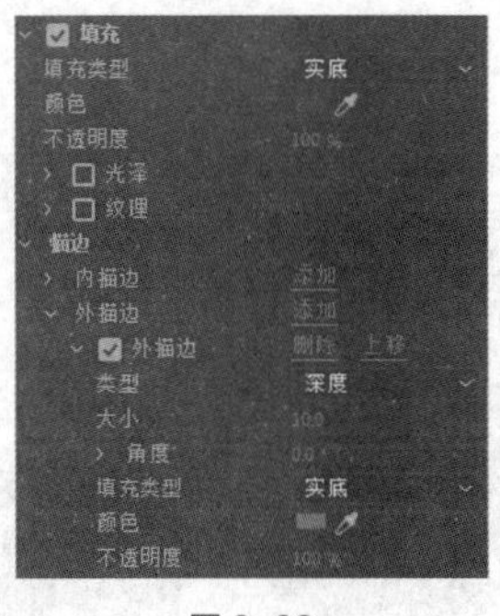

图 6-92

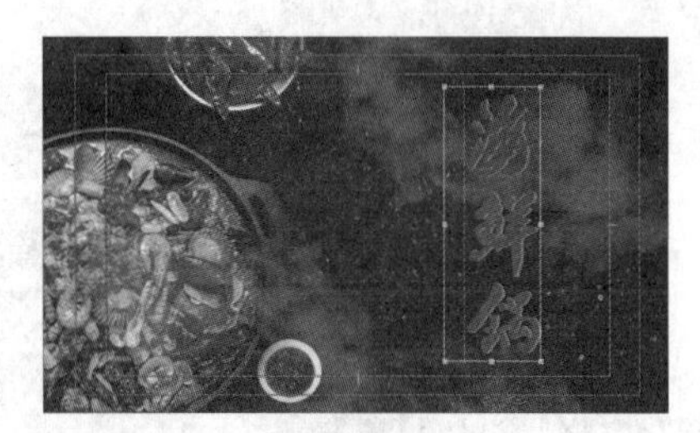
图 6-93

（3）在“字幕”面板中单击“滚动/游动选项”按钮，在弹出的对话框中选中“向左游动”单选项，在“定时（帧）”选项组中勾选“开始于屏幕外”复选框，其他选项的设置如图 6-94 所示，单击“确定”按钮。在“项目”面板中选中“字幕 01”文件并将其拖曳到“时间轴”面板的“视频 3”轨道中，如图 6-95 所示。

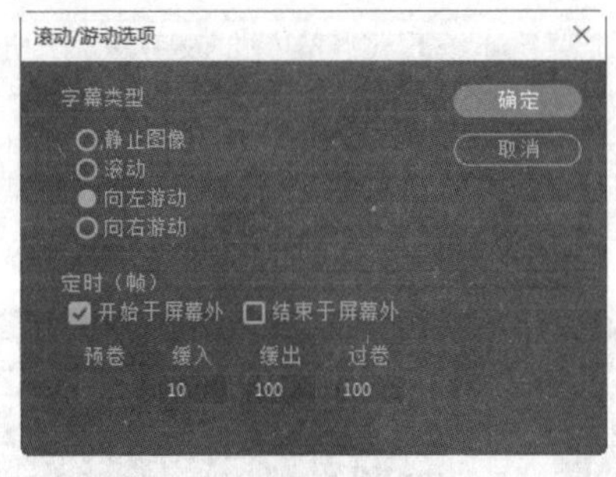

图 6-94

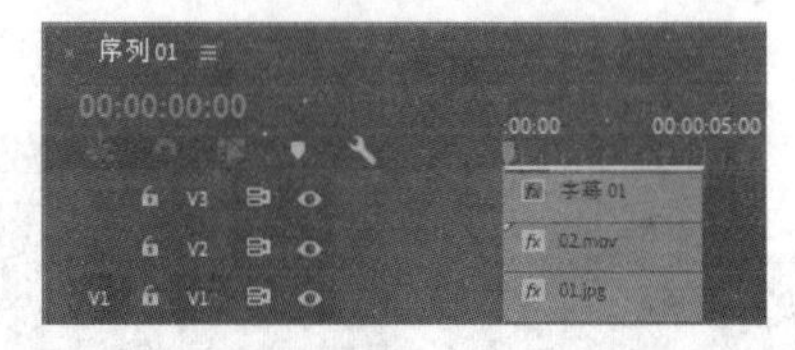

图 6-95

（4）选择“序列 > 添加轨道”命令，在弹出的对话框中进行设置，如图 6-96 所示。单击“确定”按钮，效果如图 6-97 所示，在“时间轴”面板中添加了 1 个视频轨道。

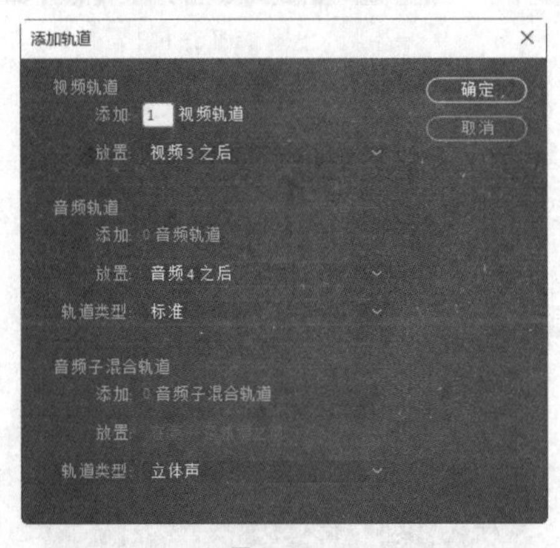

图 6-96

图 6-97

（5）选择“文件 > 新建 > 旧版标题”命令，弹出“新建字幕”对话框，单击“确定”按钮。选择“旧版标题工具”栏中的“垂直文字”工具，在“字幕”面板中拖曳出文本框并输入需要的文字。在“旧版标题属性”面板中展开“变换”选项组，各选项的设置如图 6-98 所示。展开“属性”

和“填充”选项组，将“颜色”选项设为土黄色（195，133，88），其他选项的设置如图 6-99 所示，“字幕”面板中的效果如图 6-100 所示。

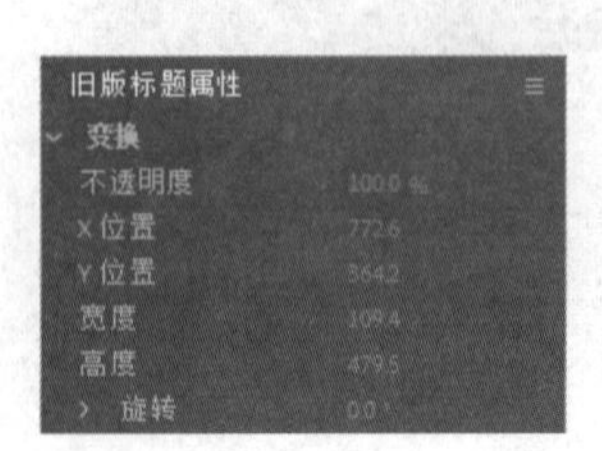

图 6-98

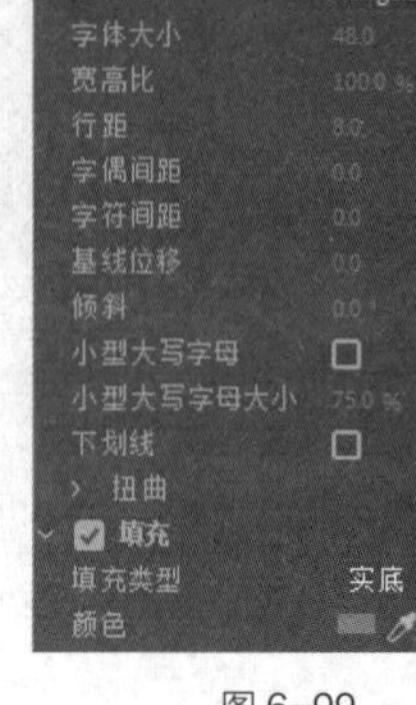

图 6-99

图 6-100

（6）选择“旧版标题工具”面板中的“矩形”工具，在“字幕”面板中绘制矩形。在“旧版标题属性”面板中展开“变换”选项组，各选项的设置如图 6-101 所示。展开“描边”选项组，添加“内描边”，将“颜色”选项设置为土黄色（195，133，88），其他选项的设置如图 6-102 所示，“字幕”面板中的效果如图 6-103 所示。

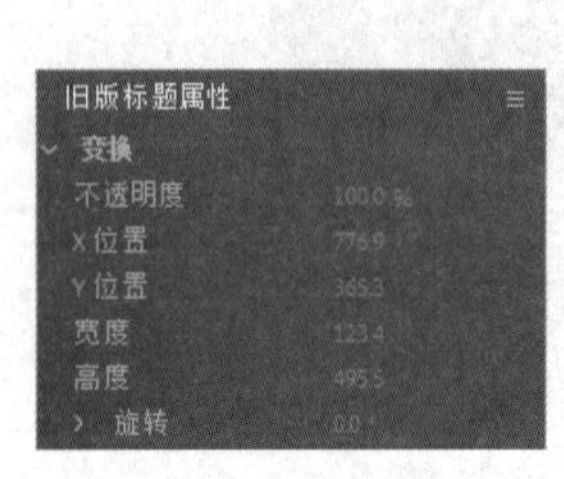

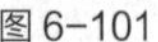

图 6-101

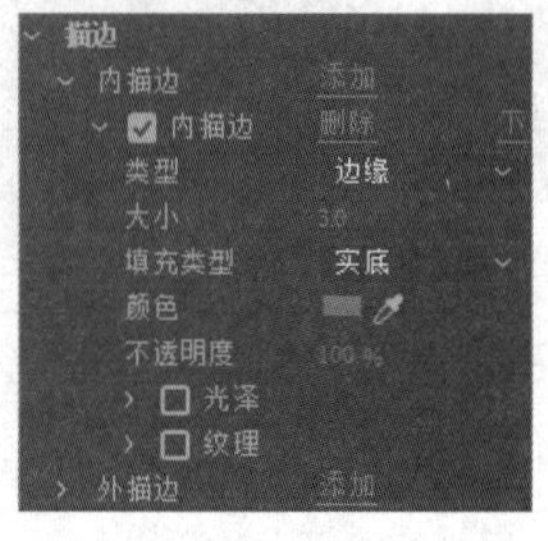

图 6-102

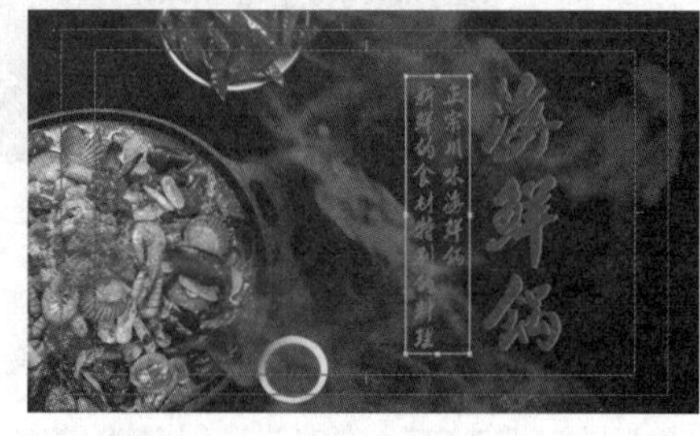

图 6-103

（7）在“字幕”面板中单击“滚动/游动选项”按钮，在弹出的对话框中选中“滚动”单选项，在“定时（帧）”选项组中勾选“开始于屏幕外”复选框，其他选项的设置如图 6-104 所示，单击“确定”按钮。在“项目”面板中选中“字幕 02”文件并将其拖曳到“时间轴”面板的“视频 4”轨道中，如图 6-105 所示。

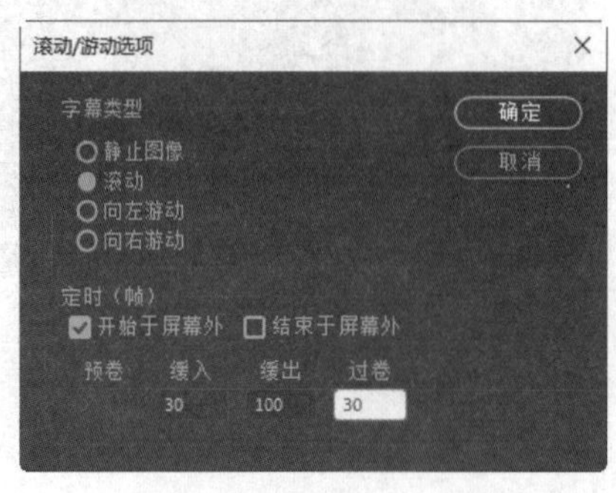

图 6-104

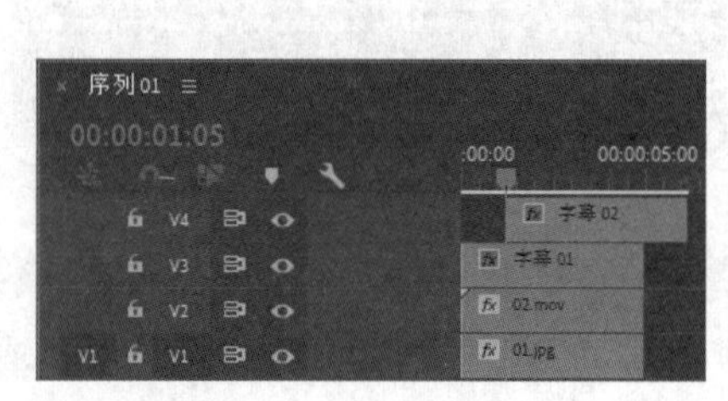

图 6-105

（8）将鼠标指针放在“字幕 02”文件的结束位置，当鼠标指针呈形状时，向左拖曳直到“字幕 01”文件的结束位置，如图 6-106 所示。海鲜火锅宣传广告制作完成，效果如图 6-107 所示。

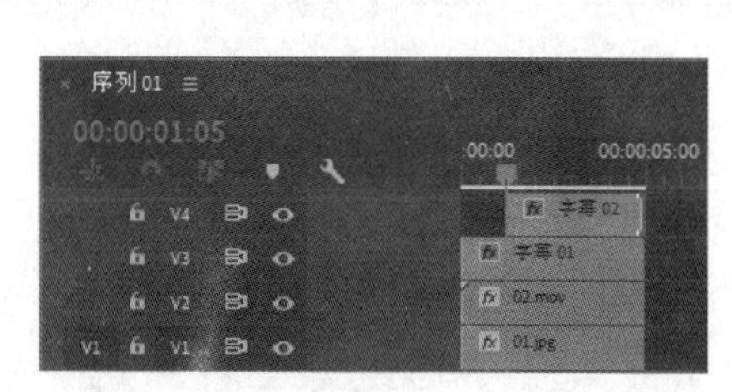

图 6-106

图 6-107

6.2.2 编辑字幕文字

1. 编辑传统字幕

（1）在“字幕”编辑面板中输入文字并设置文字属性，如图 6-108 所示。选择“选择”工具，选中文字，将鼠标指针移动至矩形框内，单击并按住鼠标左键不放进行拖曳，可移动文字对象，效果如图 6-109 所示。

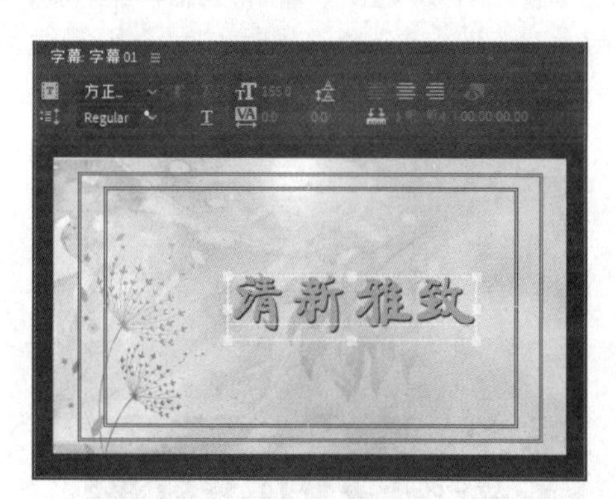

图 6-108

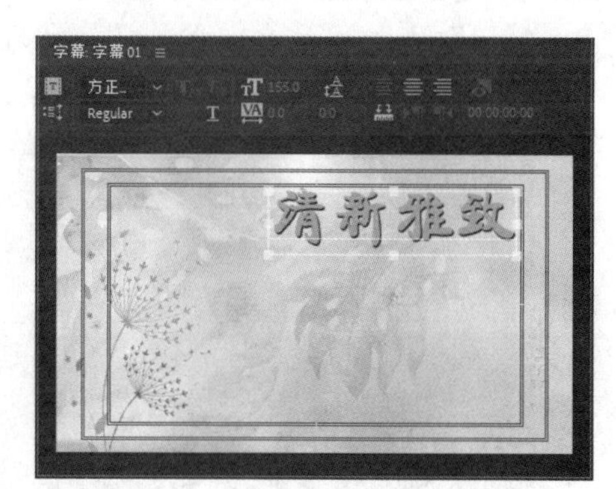

图 6-109

（2）将鼠标指针移至矩形框的任意一个点，当鼠标指针呈、或形状时，单击并按住鼠标左键拖曳，可缩放文字对象，效果如图 6-110 所示。将鼠标指针移至矩形框的任意一点外侧，当鼠标指针呈、或形状时，单击并按住鼠标左键拖曳，可旋转文字对象，效果如图 6-111 所示。

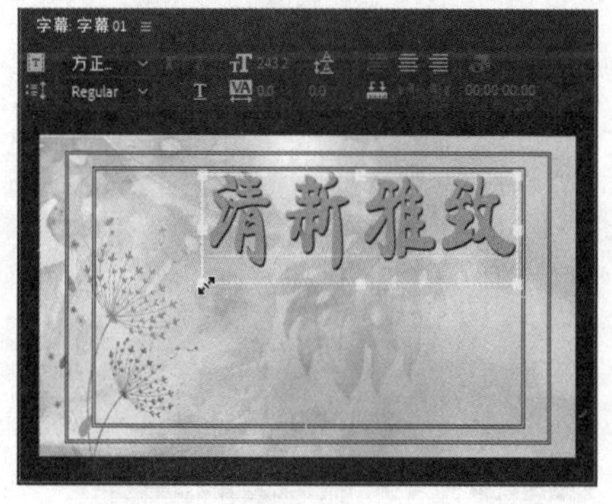

图 6-110

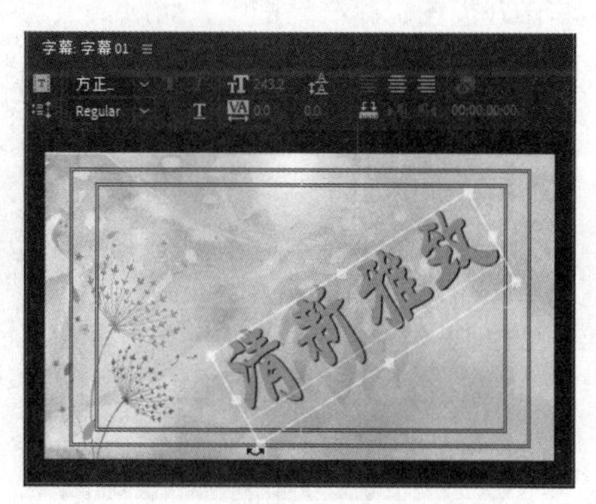

图 6-111

2. 编辑图形字幕

（1）在“节目”监视器窗口中输入文字，设置其属性后，如图 6-112 所示。选择“选择”工具▶，选中文字，将鼠标指针移动至矩形框内，单击并按住鼠标左键不放进行拖曳，可移动文字对象，效果如图 6-113 所示。

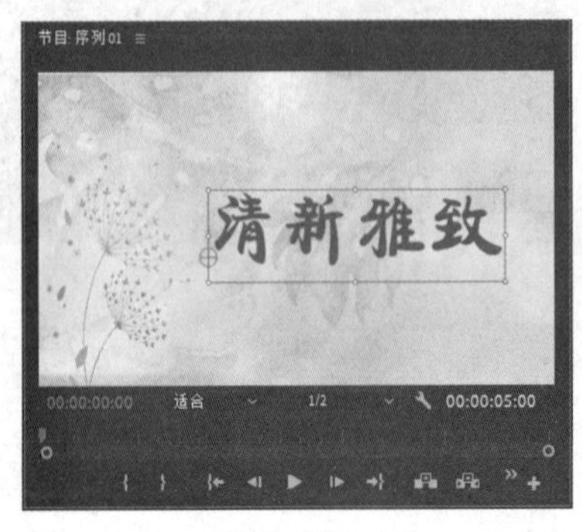

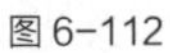
图 6-112

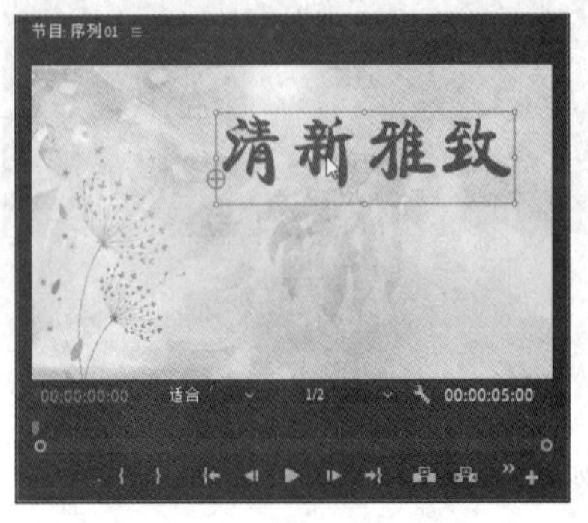

图 6-113

（2）将鼠标指针移至矩形框的任意一个点，当鼠标指针呈⤢、↔或⤡形状时，单击并按住鼠标左键拖曳，可缩放文字对象，效果如图 6-114 所示。将鼠标指针移至矩形框的任意一点外侧，当鼠标指针呈↷、↳或⟳形状时，单击并按住鼠标左键拖曳，可旋转文字对象，效果如图 6-115 所示。

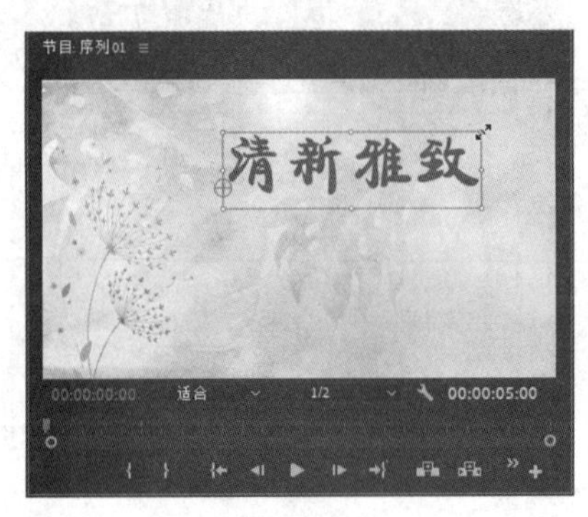

图 6-114

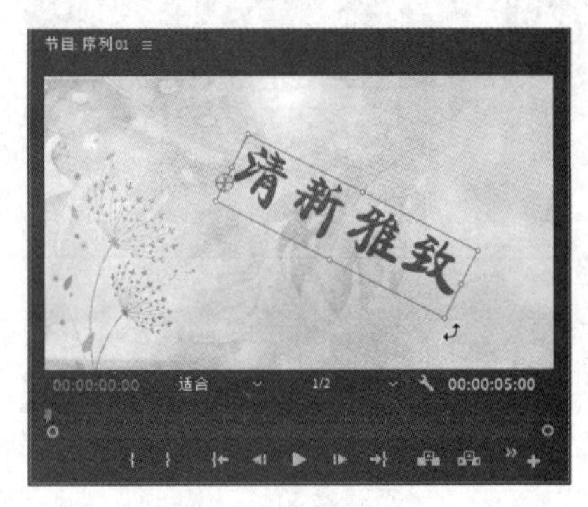

图 6-115

（3）将鼠标指针移至矩形框的锚点⊕处，当鼠标指针呈▶形状时，单击并按住鼠标左键将其拖曳到适当的位置，如图 6-116 所示。将鼠标指针移至矩形框的任意一点外侧，当鼠标指针呈↷、↳或⟳形状时，单击并按住鼠标左键拖曳，可以锚点为中心旋转文字对象，效果如图 6-117 所示。

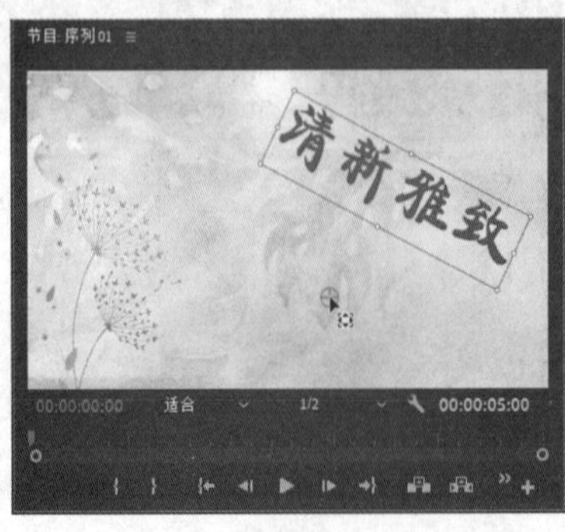

图 6-116

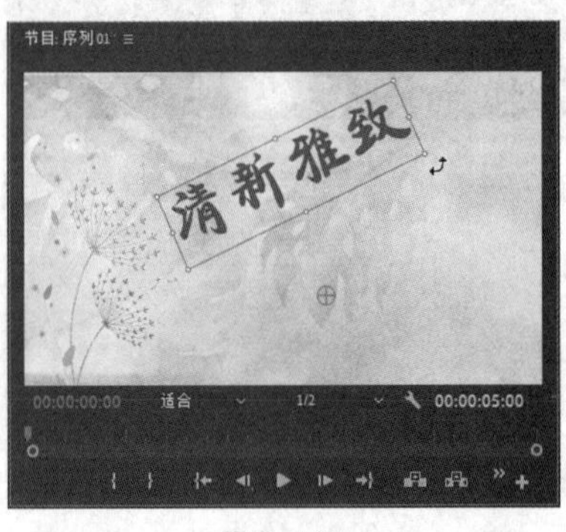

图 6-117

3. 编辑开放式字幕

（1）在“节目”监视器窗口中预览开放式字幕，如图 6-118 所示。在“项目”面板中双击“开放式字幕”文件，打开“字幕”面板，设置字幕的位置为上方居中，如图 6-119 所示。

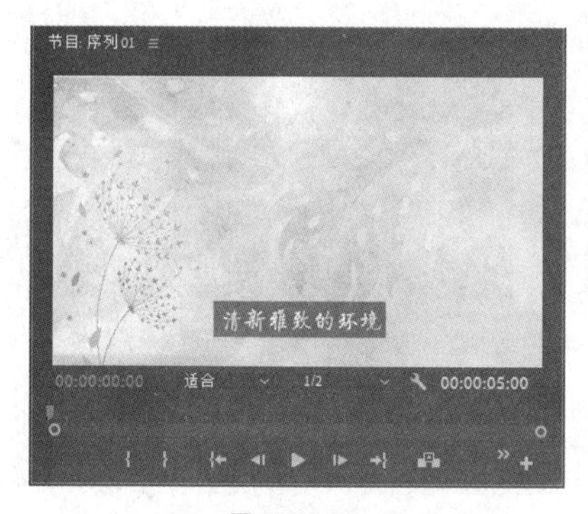

图 6-118

图 6-119

（2）在“节目”监视器窗口中预览效果，如图 6-120 所示。在“字幕”面板右侧设置水平和垂直位置，在“节目”监视器窗口中预览效果，如图 6-121 所示。

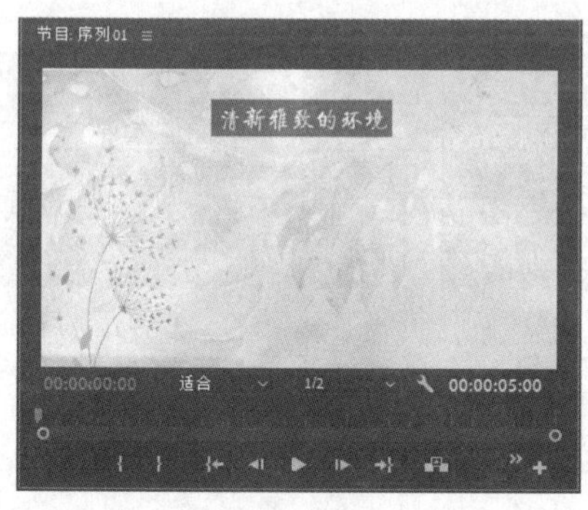

图 6-120

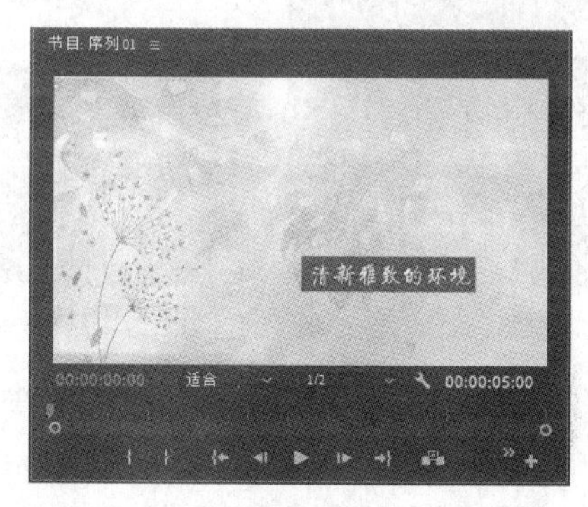

图 6-121

6.2.3 设置字幕属性

在 Premiere Pro CC 2019 中，用户可以非常方便地对字幕文字进行设置，包括调整其位置、不透明度、字体、字体大小、颜色和为文字添加阴影等。

1. 在“旧版标题属性”面板中编辑传统字幕属性

在“旧版标题属性”面板的“变换”选项组中可以对字幕文字或图形的不透明度、位置、高度、宽度以及旋转等属性进行设置，如图 6-122 所示。在“属性”选项组中可以对字幕文字的字体、字体大小、外观以及字距、扭曲等一些基本属性进行设置，如图 6-123 所示。“填充”选项组主要用于设置字幕文字或者图形的填充类型、颜色和不透明度等属性，如图 6-124 所示。

“描边”选项组主要用于设置文字或者图形的描边效果，可以设置内描边和外描边，如图 6-125 所示。“阴影”选项组用于添加阴影效果，如图 6-126 所示。“背景”选项组用于设置字幕背景的填充类型、颜色和不透明度等属性，如图 6-127 所示。

图 6-122

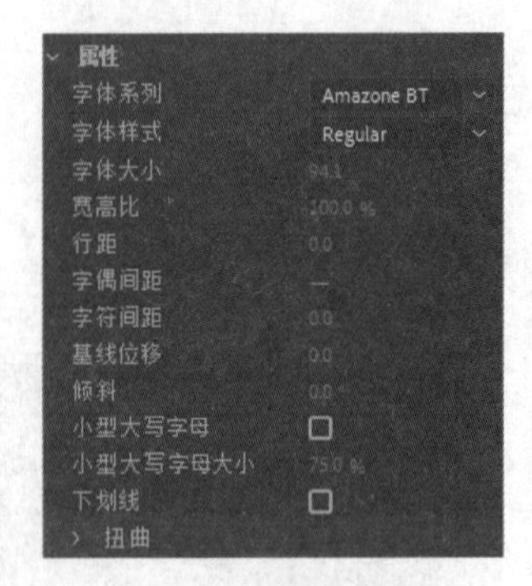

图 6-123

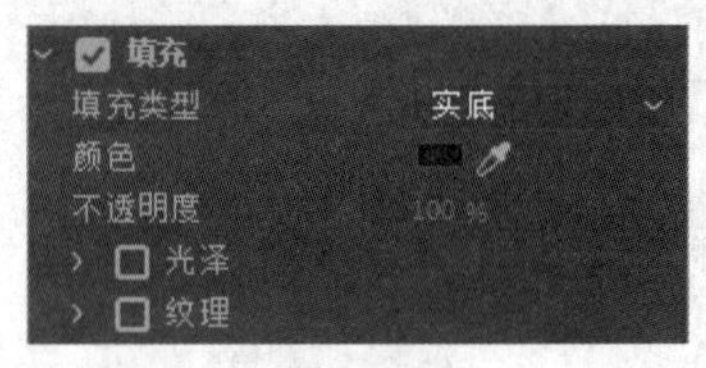

图 6-124

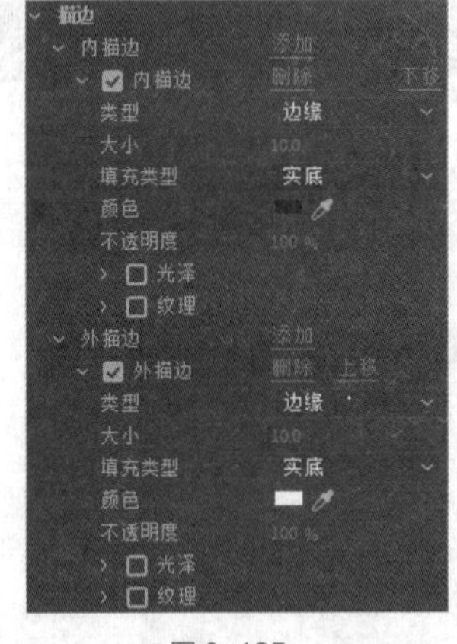

图 6-125

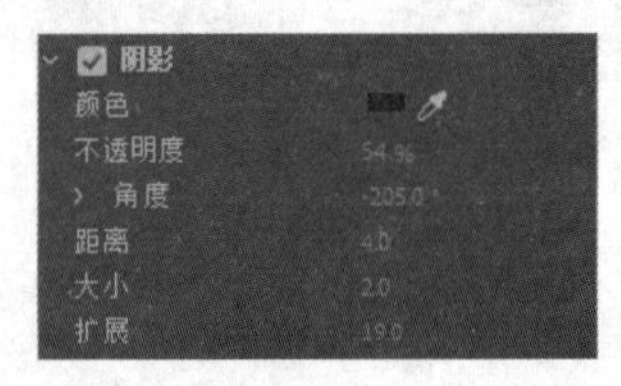

图 6-126

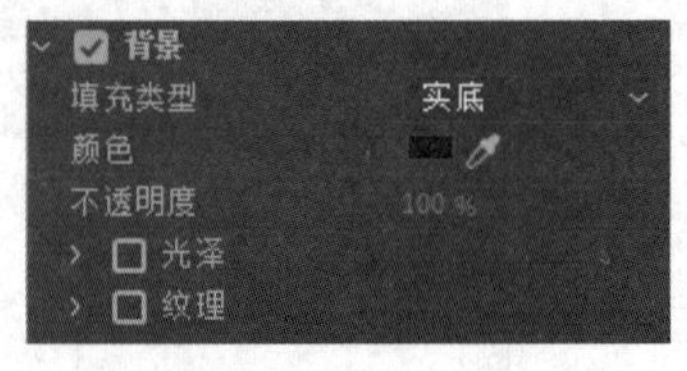

图 6-127

2. 在“效果控件”面板中编辑图形字幕属性

在“效果控件”面板中展开“文本”选项，展开“源文本”选项可以设置文字的字体、字体样式、字体大小、字距和行距等选项。“外观”选项组用于设置填充、描边及阴影等选项，如图 6-128 所示。“变换”选项组用于设置位置、缩放、旋转、不透明度、锚点等选项，如图 6-129 所示。

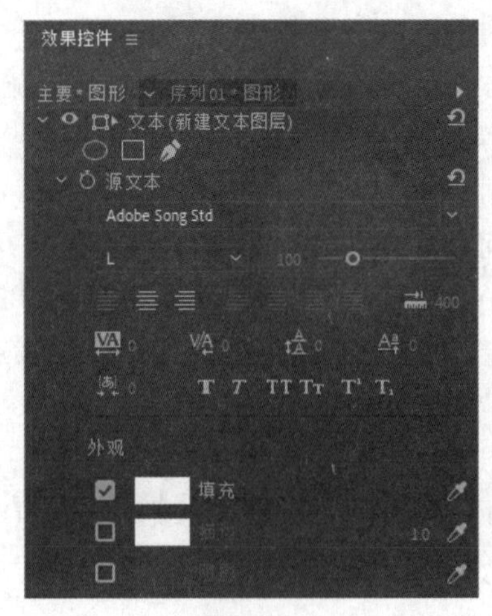

图 6-128

图 6-129

3. 在“基本图形”面板中编辑图形字幕属性

在“基本图形”面板的最上方为文字图层和响应设置，如图 6-130 所示。“对齐并变换”选项组用于设置图形的对齐、位置、旋转及比例等选项。“主样式”选项组用于设置图形对象的主样式，如图 6-131 所示。“文本”选项组用于设置文字的字体、字体样式、字体大小、字距和行距等选项。“外观”选项组用于设置填充、描边及阴影等选项，如图 6-132 所示。

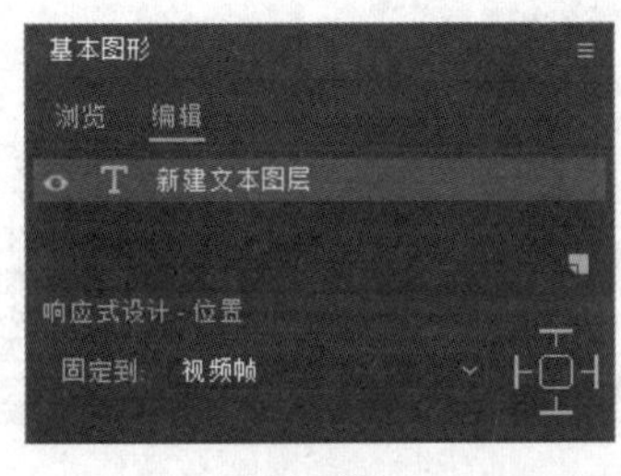

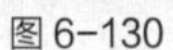
图 6-130

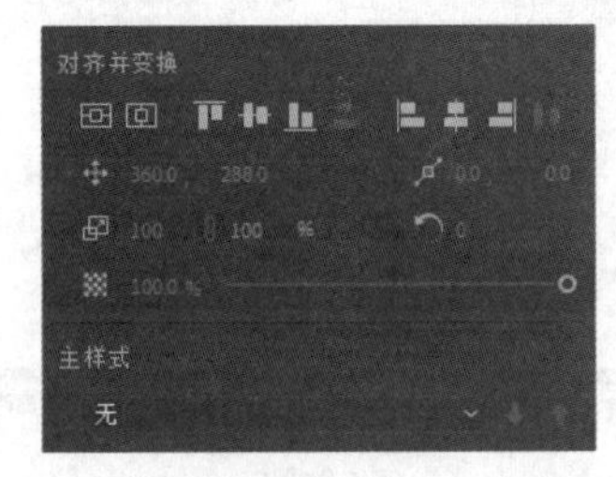

图 6-131

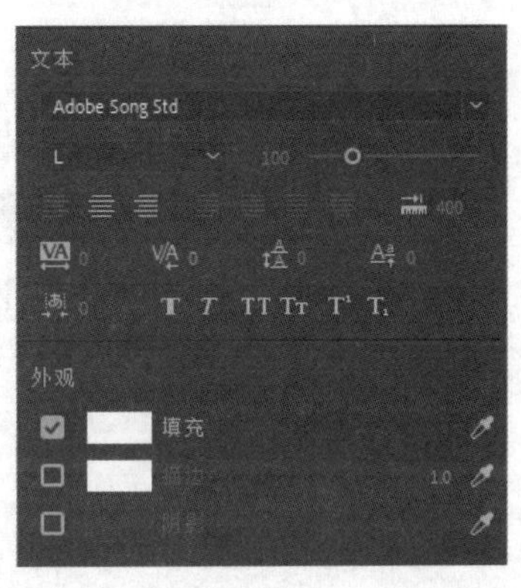

图 6-132

4. 在“字幕”面板中编辑开放式字幕属性

在“字幕”面板最上方包含筛选字幕内容、选择字幕流及帧数显示选项。中间部分为字幕属性设置区，可以设置字体、大小、边缘、对齐、颜色和字幕位置等选项。下方为显示字幕、设置入点和出点及输入字幕文本等选项。最下方为导入设置、添加字幕及删除字幕按钮，如图 6-133 所示。

图 6-133

6.3 创建运动字幕

在观看电影时，经常会看到影片的开头和结尾都有滚动文字，用于显示导演与演员的姓名等，或是影片中出现人物对白文字，这些文字可以使用视频编辑软件添加到视频画面中。Premiere Pro CC 2019 支持制作垂直滚动和水平滚动字幕效果。

6.3.1 课堂案例——夏季女装上新广告

【案例学习目标】学习输入并编辑水平文字，创建运动字幕。

【案例知识要点】使用“导入”命令导入素材图片，使用“旧版标题”命令创建字幕，使用“字幕”面板添加文字并制作运动字幕，使用“旧版标题属性”面板编辑字幕，使用“效果控件”面板调整素材文件的位置和缩放。夏季女装上新广告效果如图 6-134 所示。

【效果所在位置】Ch06/夏季女装上新广告/夏季女装上新广告. prproj。

图 6-134

（1）启动 Premiere Pro CC 2019，选择“文件 > 新建 > 项目”命令，弹出“新建项目”对话框，如图 6-135 所示，单击“确定”按钮，新建项目。选择“文件 > 新建 > 序列”命令，弹出“新建序列”对话框，单击“设置”选项卡，具体参数设置如图 6-136 所示，单击“确定”按钮，新建序列。

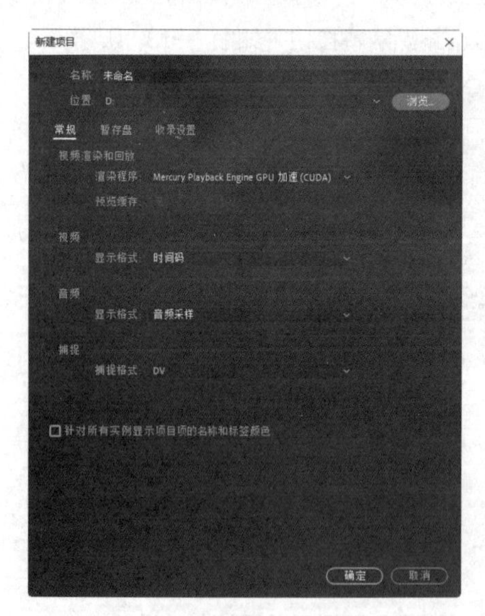

图 6-135

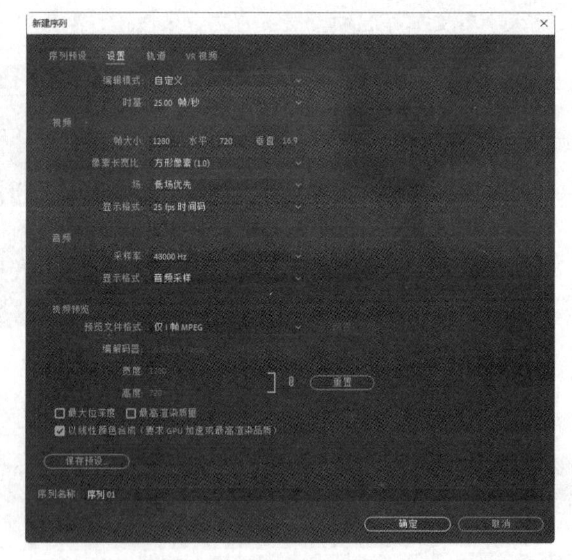

图 6-136

（2）选择“文件 > 导入”命令，弹出“导入”对话框，选择本书云盘中的“Ch06/夏季女装上新广告/素材/01~03”文件，如图 6-137 所示。单击“打开”按钮，将素材文件导入“项目”面板中，如图 6-138 所示。

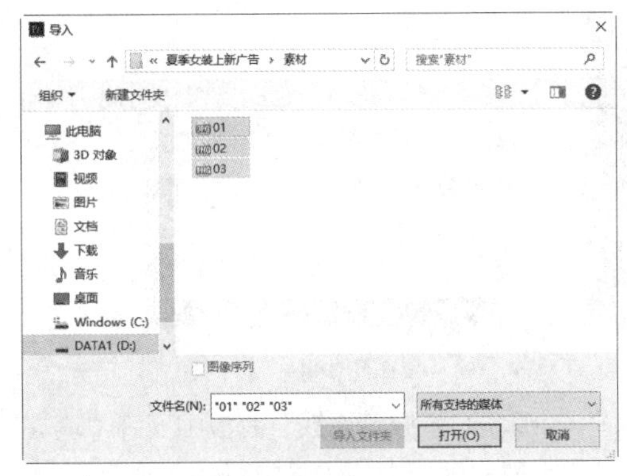

图 6-137

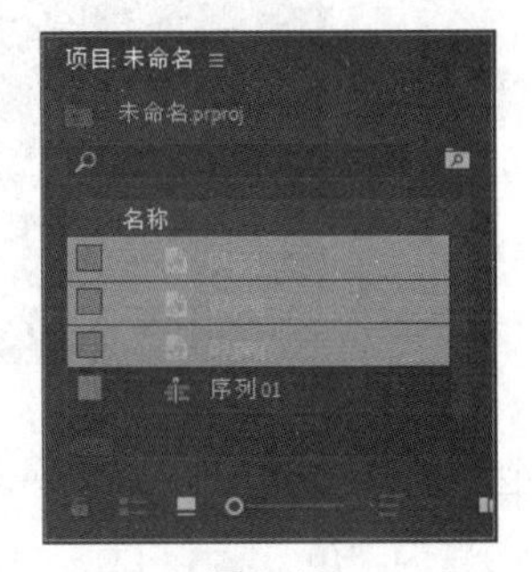

图 6-138

（3）在“项目”面板中选中“01”文件并将其拖曳到“时间轴”面板的“视频 1”轨道中，如图 6-139 所示。将时间指示器移动到 00:10s 的位置。选中“02”文件并将其拖曳到“时间轴”面板的“视频 2”轨道中，如图 6-140 所示。

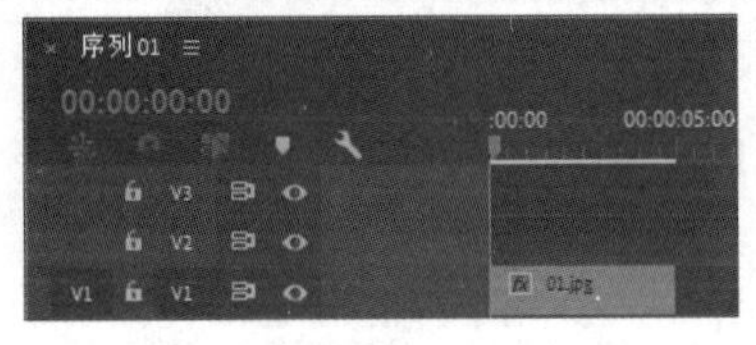

图 6-139

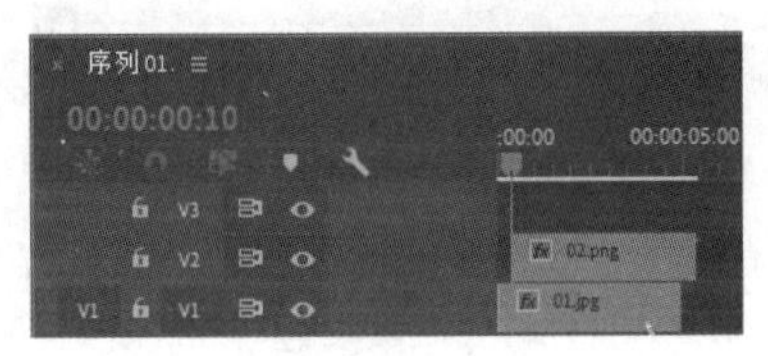

图 6-140

（4）将鼠标指针放在“02”文件的结束位置，当鼠标指针呈形状时，向左拖曳直到“01”文件的结束位置，如图 6-141 所示。选中“时间轴”面板中的“02”文件。选择“效果控件”面板，展开“运动”选项，将“位置”选项设置为 985.0 和 740.0、“缩放”选项设置为 159.0，如图 6-142 所示。

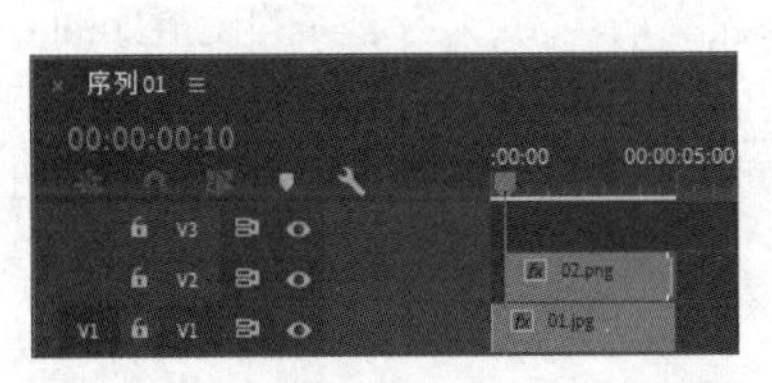

图 6-141

图 6-142

（5）选择“文件 > 新建 > 旧版标题”命令，弹出“新建字幕”对话框，单击“确定”按钮。选择“旧版标题工具”面板中的“文字”工具T，在“字幕”面板中单击插入鼠标光标，分别输入需要的文字。在“旧版标题属性”面板中展开“属性”选项组，各选项的设置如图 6-143 所示。展开“填充”选项组，将“颜色”选项设置为蓝色（62，64，152）。“字幕”面板中的效果如图 6-144 所示，新建的字幕文件自动保存到“项目”面板中。

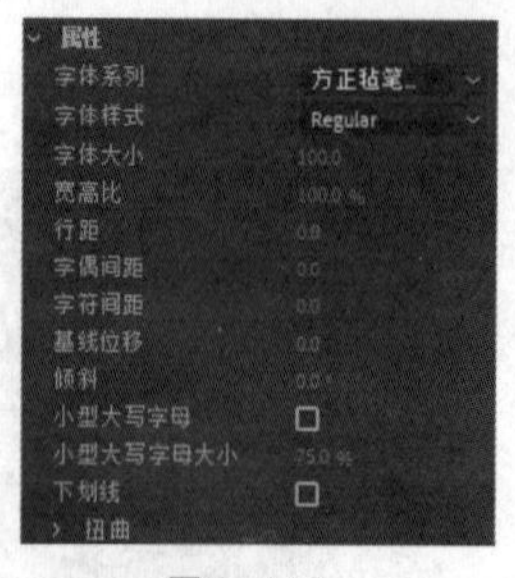

图6-143

图6-144

（6）选中“字幕”面板中的文字“夏季”。在“旧版标题属性”面板中展开“填充”选项组，将“颜色”选项设置为红色（246，69，68），“字幕”面板中的效果如图6-145所示。

（7）选择“旧版标题工具”面板中的“椭圆”工具，按住Shift键的同时，在“字幕”面板中绘制一个圆形。在“旧版标题属性”面板中展开“填充”选项组，将“颜色”选项设置为红色（246，69，68），“字幕”面板中的效果如图6-146所示。

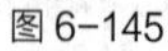
图6-145

图6-146

（8）选择“旧版标题工具”面板中的“选择”工具，按住Alt+Shift组合键的同时，在“字幕”面板中拖曳复制圆形，效果如图6-147所示。用相同的方法再复制出两个圆形，效果如图6-148所示。

图6-147

图6-148

（9）选择“旧版标题工具”面板中的“文字”工具，在“字幕”面板中单击插入鼠标光标，输入需要的文字。在“旧版标题属性”面板中展开“属性”选项组，各选项的设置如图6-149所示。展开“填充”选项组，将“颜色”选项设置为白色，“字幕”面板中的效果如图6-150所示。分别将鼠标光标放置到文字“场”“8”和“折”的前方，调整“字偶间距”值，效果如图6-151所示。

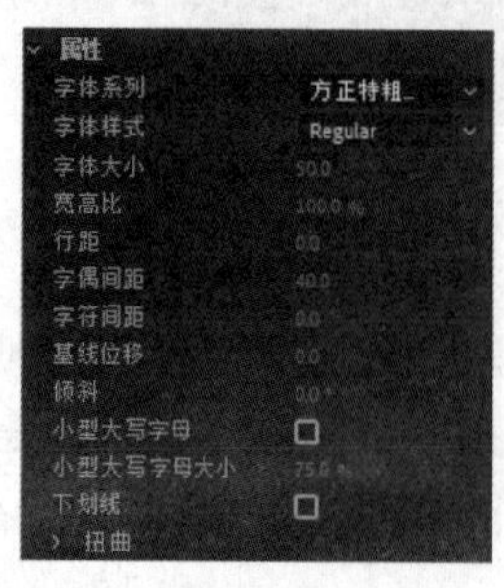

图6-149

图6-150

图6-151

（10）在“字幕”面板中单击“滚动/游动选项”按钮，在弹出的对话框中选中“滚动”单选项，在“定时（帧）”选项组中勾选“开始于屏幕外”复选框，如图6-152所示，单击“确定”按钮。在“项目”面板中选中“字幕01”文件并将其拖曳到“时间轴”面板的“视频3”轨道中，如图6-153所示。

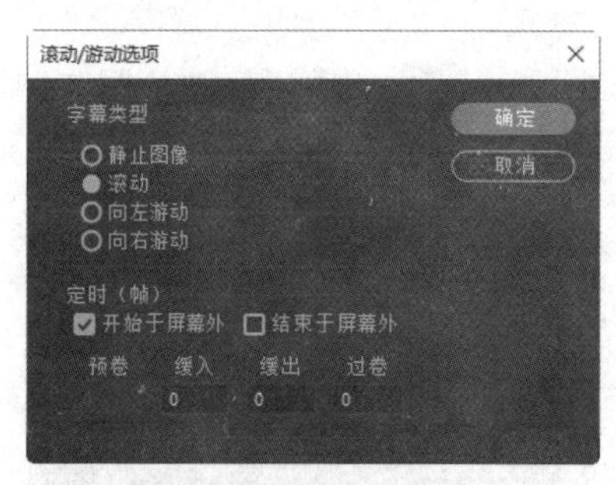

图6-152

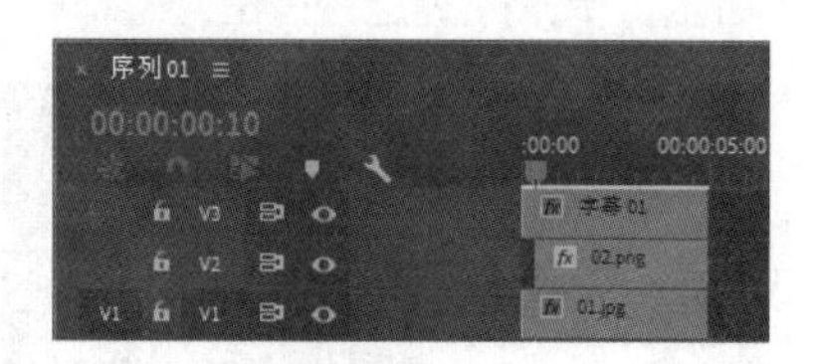

图6-153

（11）选择“序列 > 添加轨道”命令，在弹出的对话框中进行设置，如图6-154所示；单击“确定”按钮，在“时间轴”面板中添加1个视频轨道，如图6-155所示。

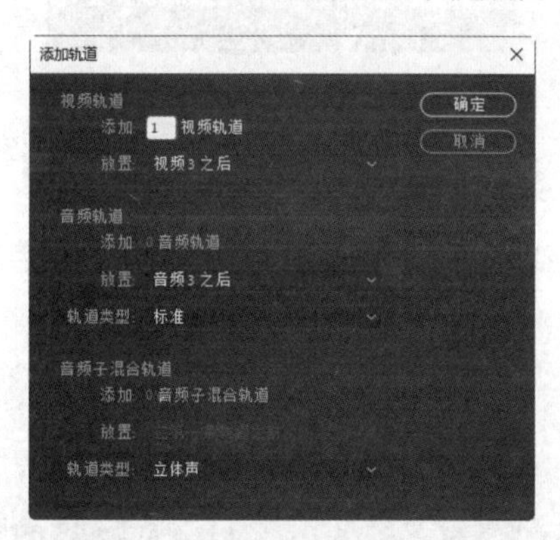

图6-154

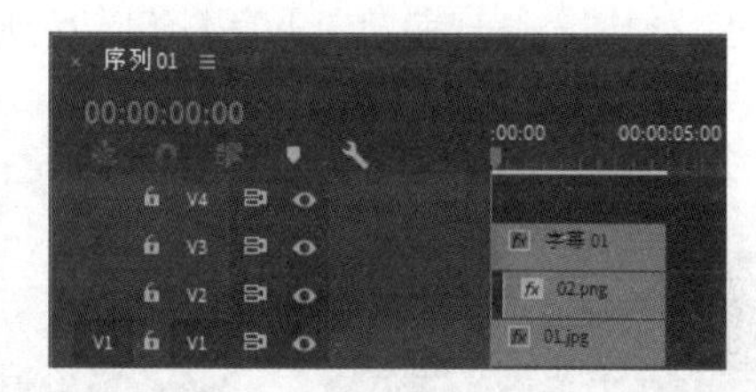

图6-155

（12）将时间指示器移动到00:20s的位置。在“项目”面板中选中“03”文件并将其拖曳到“时间轴”面板的“视频4”轨道中，如图6-156所示。将鼠标指针放在“03”文件的结束位置，当鼠标指针呈形状时，向左拖曳直到“字幕01”文件的结束位置，如图6-157所示。夏季女装上新广告制作完成。

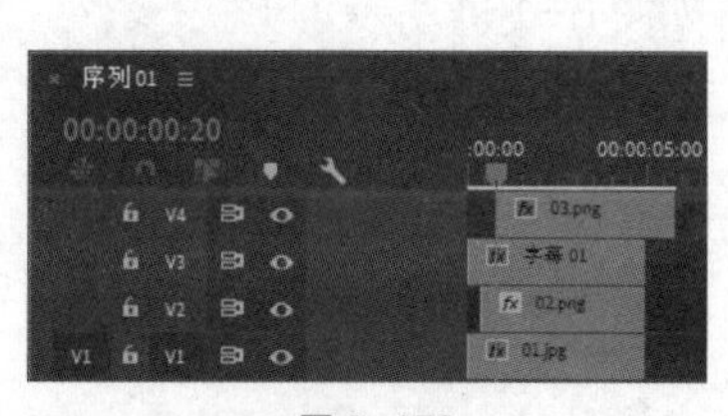

图6-156

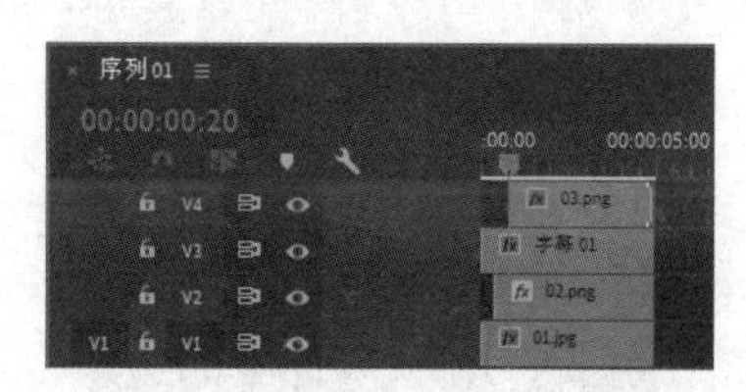

图6-157

6.3.2 制作垂直滚动字幕

制作垂直滚动字幕的具体操作步骤如下。

1. 在“字幕”编辑面板中制作垂直滚动字幕

（1）启动Premiere Pro CC 2019，在“项目”面板中导入素材并将其添加到“时间轴”面板中的视频轨道上。

（2）选择“文件 > 新建 > 旧版标题”命令，弹出“新建字幕”对话框，单击“确定”按钮。

（3）选择“旧版标题工具”面板中的“文字”工具，在“字幕”编辑面板中拖曳文本框，输入需要的文字并对其属性进行相应的设置，如图 6-158 所示。

（4）在“字幕”编辑面板中单击“滚动/游动选项”按钮，在弹出的对话框中选中“滚动”单选项，在“定时（帧）”选项组中勾选“开始于屏幕外”和“结束于屏幕外”复选框，其他选项的设置如图 6-159 所示，单击“确定”按钮。

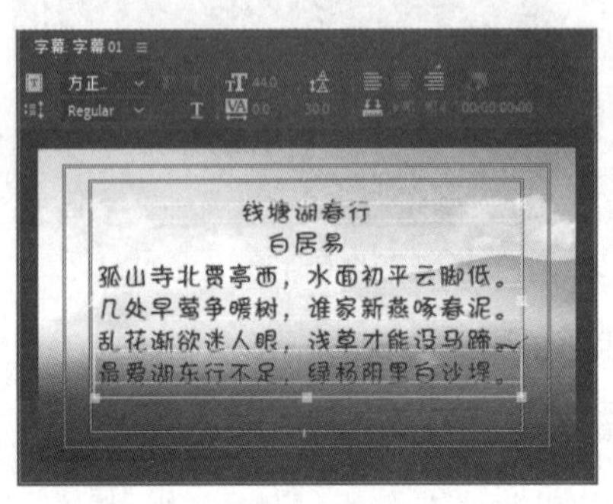

图 6-158

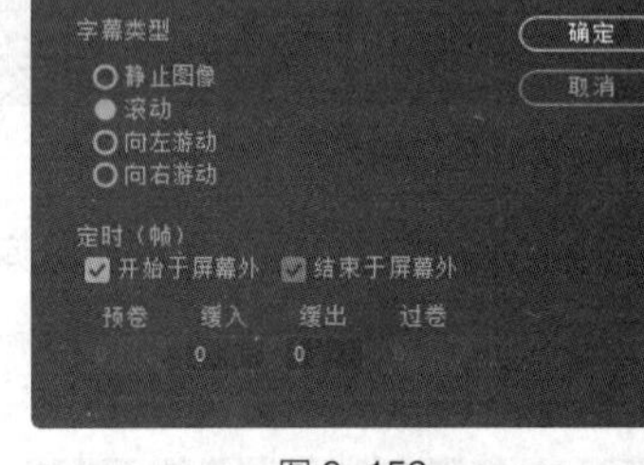

图 6-159

（5）制作的字幕会自动保存在“项目”面板中。从“项目”面板中将新建的字幕添加到“时间轴”面板的“视频 2”轨道上，并将其调整到与“轨道 1”中的素材等长，如图 6-160 所示。

（6）单击“节目”监视器窗口下方的“播放-停止切换”按钮 / ，即可预览字幕的垂直滚动效果，如图 6-161 和图 6-162 所示。

图 6-160

图 6-161

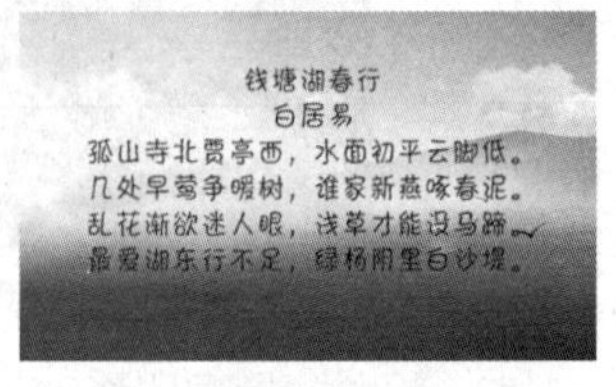

图 6-162

2. 在“基本图形”面板中制作垂直滚动字幕

在“基本图形”面板中取消文字图层的选中状态，如图 6-163 所示。勾选“滚动”复选框，在弹出的选项中设置滚动效果，可以制作垂直滚动字幕，如图 6-164 所示。

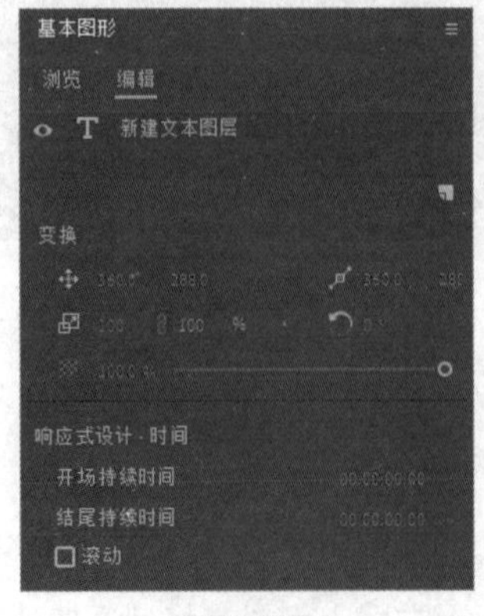

图 6-163

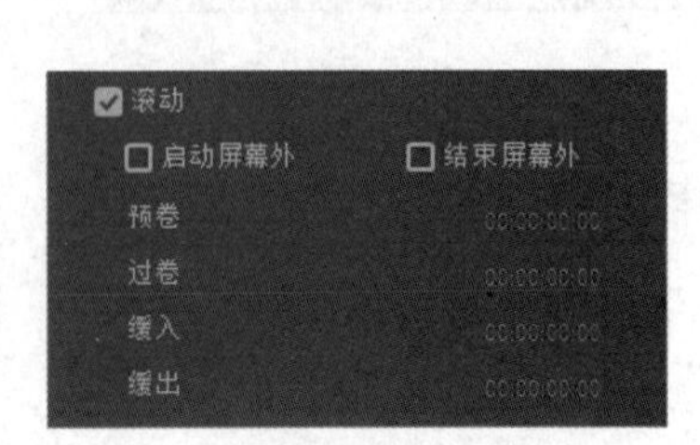

图 6-164

6.3.3 制作横向游动字幕

制作横向游动字幕与制作垂直滚动字幕的操作基本相同，具体操作步骤如下。

（1）启动 Premiere Pro CC 2019，在“项目”面板中导入素材并将其添加到“时间轴”面板中的视频轨道上。

（2）选择“文件 > 新建 > 旧版标题”命令，弹出“新建字幕”对话框，单击“确定”按钮。

（3）选择“旧版标题工具”中的“文字”工具，在“字幕”面板中单击并输入需要的文字，并设置其字幕样式和属性，如图 6-165 所示。

（4）单击“字幕”面板左上方的“滚动/游动选项”按钮，在弹出的对话框中选中“向左游动”单选项，设置如图 6-166 所示，单击“确定”按钮。

图 6-165

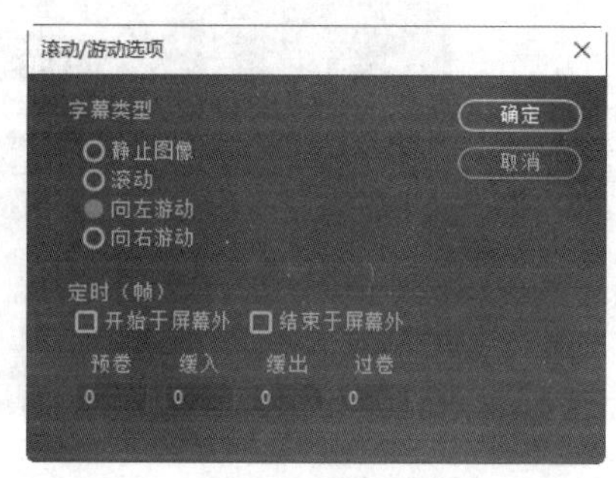

图 6-166

（5）制作的字幕会自动保存在“项目”面板中。从“项目”面板中将新建的字幕添加到“时间轴”面板的“视频 2”轨道上，如图 6-167 所示。选择“效果”面板，展开“视频效果”特效分类选项，单击“键控”文件夹左侧的三角形按钮将其展开，选中“轨道遮罩键”特效，如图 6-168 所示。

（6）将“轨道遮罩键”特效拖曳到“时间轴”面板“视频 1”轨道中的“03”文件上。选择“效果控件”面板，展开“轨道遮罩键”选项，各选项的设置如图 6-169 所示。

图 6-167

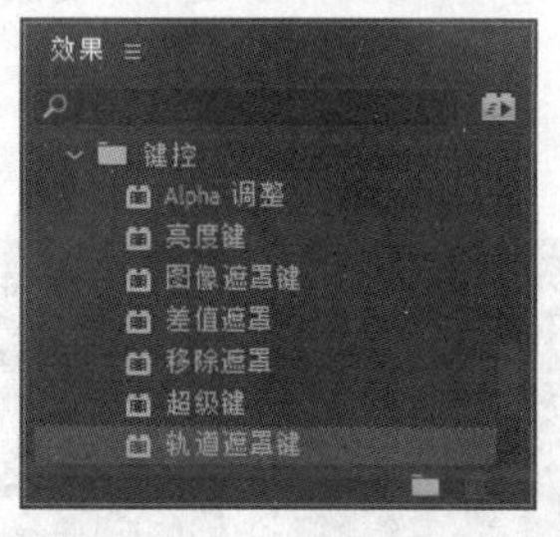

图 6-168

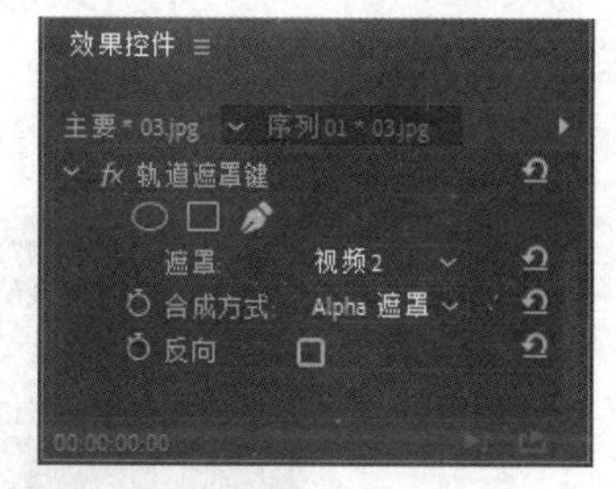

图 6-169

（7）单击“节目”监视器窗口下方的“播放-停止切换”按钮 / ，即可预览字幕的横向游动效果，如图 6-170 和图 6-171 所示。

图 6-170

图 6-171

课堂练习——化妆品广告

【练习知识要点】使用“导入”命令导入素材文件，使用“旧版标题”命令创建字幕，使用“字幕”面板添加文字，使用“旧版标题属性”面板编辑字幕，使用“球面化”特效制作文字动画效果。化妆品广告效果如图 6-172 所示。

【效果所在位置】Ch06/化妆品广告/化妆品广告. prproj。

图 6-172

课后习题——节目预告片

【习题知识要点】使用“导入”命令导入素材文件，使用“旧版标题”命令创建字幕，使用“字幕”面板添加文字并制作滚动字幕，使用“旧版标题属性”面板编辑字幕。节目预告片效果如图 6-173 所示。

【效果所在位置】Ch06/节目预告片/节目预告片. prproj。

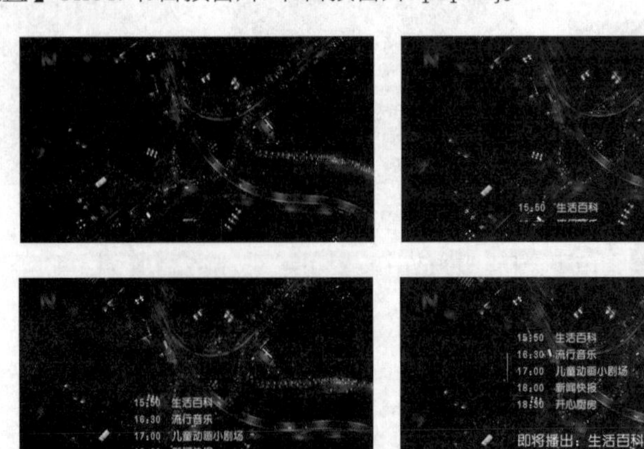

图 6-173

第 7 章 加入音频效果

本章对音频及音频特效的应用与编辑进行讲解，重点讲解设置“音轨混合器”面板、制作录音效果及添加音频特效等操作。通过对本章内容的学习，读者可以完全掌握 Premiere Pro CC 2019 的音频特效制作。

课堂学习目标

- ✔ 了解音频效果
- ✔ 了解使用音轨混合器调节音频的方法
- ✔ 熟练掌握调节音频的方法
- ✔ 掌握使用“时间轴”面板合成音频的方法
- ✔ 了解分离和链接视频和音频
- ✔ 掌握添加音频效果的方法

7.1 关于音频效果

Premiere Pro CC 2019 的功能十分强大，不仅可以编辑音频素材、添加音效、进行单声道混音、制作立体声和 5.1 环绕声，还可以使用“时间轴”面板进行音频的合成工作。

用户在 Premiere Pro CC 2019 中可以很方便地处理音频，同时软件中还提供了一些处理方法，如声音的摇摆和渐变等。

在 Premiere Pro CC 2019 中对音频素材进行处理主要有以下 3 种方式。

（1）在“时间轴”面板的音频轨道上通过修改关键帧的方式对音频素材进行操作，如图 7-1 所示。

（2）使用菜单中相应的命令来编辑所选的音频素材，如图 7-2 所示。

图 7-1

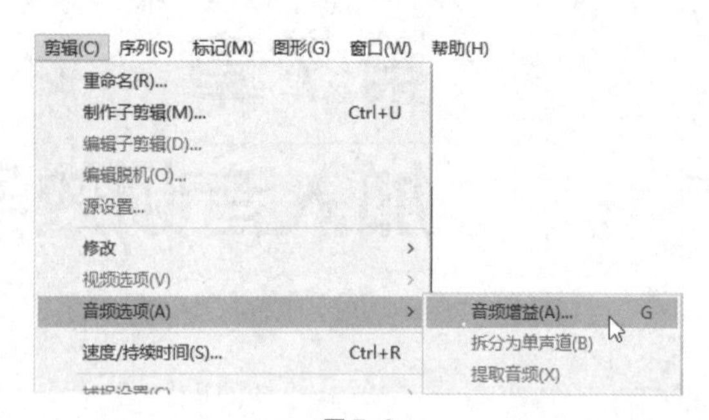

图 7-2

（3）在“效果”面板中为音频素材添加“音频效果”来改变音频素材的效果，如图 7-3 所示。

选择“编辑 > 首选项 > 音频”命令，弹出“首选项”对话框，在该对话框中可以对音频素材的属性进行初始设置，如图 7-4 所示。

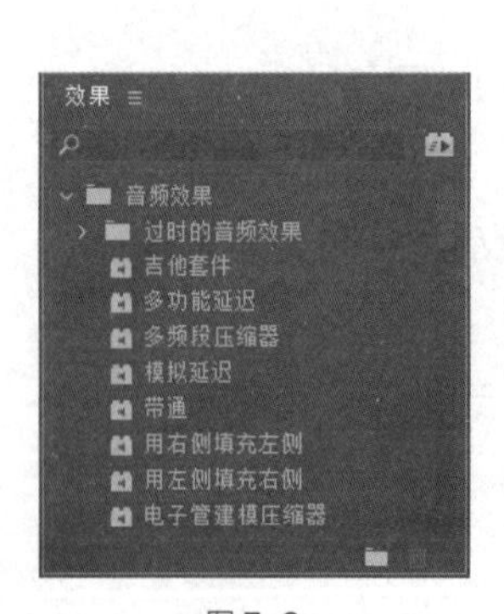

图 7-3

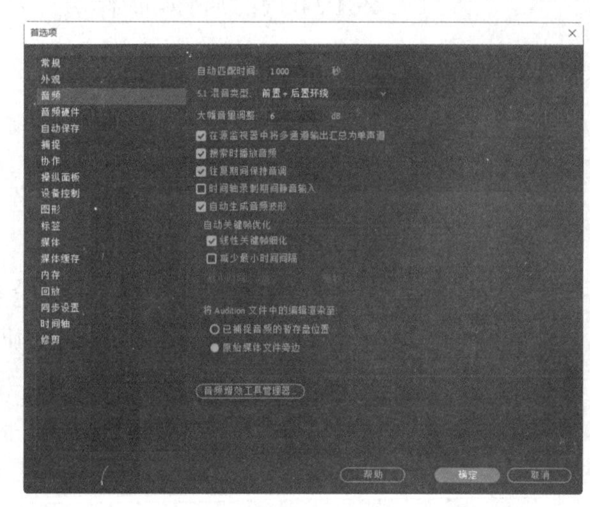

图 7-4

7.2 使用音轨混合器调节音频

Premiere Pro CC 2019 大大提高了其处理音频的能力，相关功能更加专业化。“音轨混合器”面板可以更加有效地调节项目的音频，如图 7-5 所示。

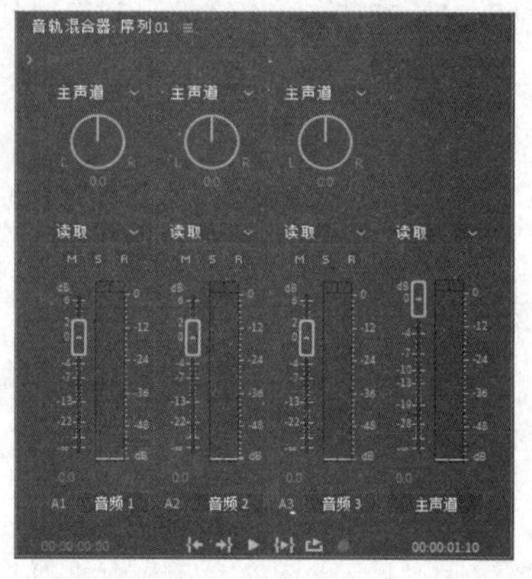

图 7-5

“音轨混合器”面板可以实时混合“时间轴”面板中各轨道上的音频对象。用户可以在“音轨混合器”面板中选择相应的音频控制器进行调节，该控制器将调节其在“时间轴”面板中对应的音频对象。

7.2.1 认识“音轨混合器”面板

“音轨混合器”面板由若干个轨道音频控制器、主音频控制器和播放控制器组成，每个控制器都通过控制按钮和调节滑杆调节音频。

1. 轨道音频控制器

“音轨混合器”面板中的轨道音频控制器用于调节其对应轨道上的音频对象，控制器 1 对应“音频 1”、控制器 2 对应“音频 2”，依此类推。轨道音频控制器的数目由“时间轴”面板中的音频轨道数目决定，当在“时间轴”面板中添加音频轨道时，“音轨混合器”面板中将自动添加一个轨道音频控制器与其对应。

轨道音频控制器由控制按钮、调节滑轮及调节滑杆组成。

（1）控制按钮。轨道音频控制器中的控制按钮可以设置音频调节时的调节状态，如图 7-6 所示。

单击“静音轨道”按钮 M，该轨道音频被设置为静音状态。

单击“独奏轨道”按钮 S，其他未选中独奏按钮的轨道音频会被自动设置为静音状态。

单击“启用轨道以进行录制”按钮 S，可以利用输入设备将声音录制到目标轨道上。

（2）声道调节滑轮。如果对象为双声道音频，可以使用声道调节滑轮调节播放声道。向左拖曳滑轮输出到左声道（L），可以增加音量；向右拖曳滑轮输出到右声道（R）并可使音量增大，声道调节滑轮如图 7-7 所示。

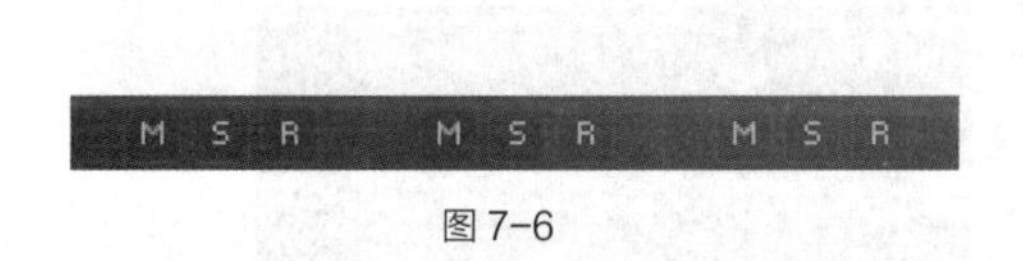

图 7-6

图 7-7

（3）音量调节滑杆。通过音量调节滑杆可以控制当前轨道音频对象的音量，Premiere Pro CC 2019 以分贝数表示音量。向上拖曳滑杆，可以增加音量；向下拖曳滑杆，可以减小音量。下方数值栏中显示了当前音量，用户也可直接在数值栏中输入声音分贝数。播放音频时，面板左侧为音量表，显示音频播放时的音量大小；音量表顶部的小方块显示系统所能处理的音量极限，当方块显示为红色时，表示该音量超过极限，音量过大。音量调节滑杆如图 7-8 所示。

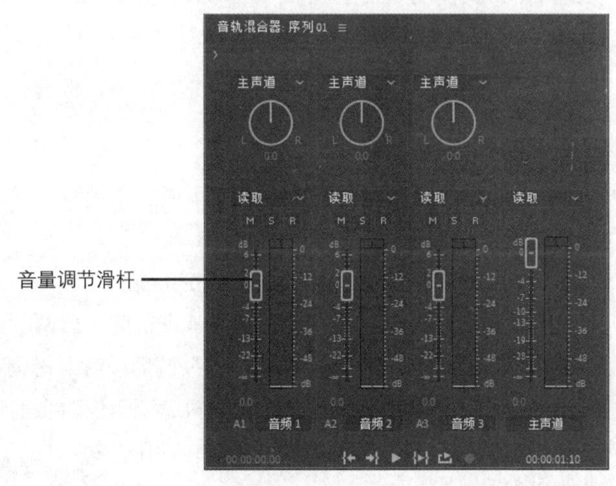

图 7-8

使用主音频控制器可以调节“时间轴”面板中所有轨道上的音频对象。主音频控制器的使用方法与轨道音频控制器相同。

2. 播放控制器

播放控制器用于控制音频播放，使用方法与监视器窗口中的播放控制工具栏相同，如图 7-9 所示。

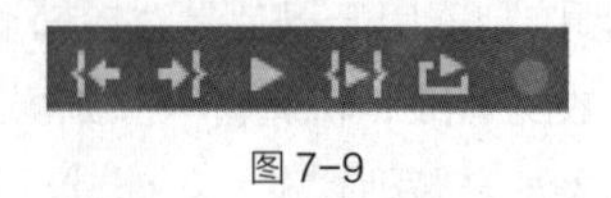

图 7-9

7.2.2 设置“音轨混合器”面板

单击“音轨混合器”面板左上方的☰按钮，在弹出的快捷菜单中可对面板进行相关设置，如图 7-10 所示。

（1）“显示/隐藏轨道”。该命令可以对“音轨混合器”面板中的轨道进行隐藏或显示设置。选择该命令，在弹出的图 7-11 所示的对话框中会显示左侧的带✔图标的轨道。

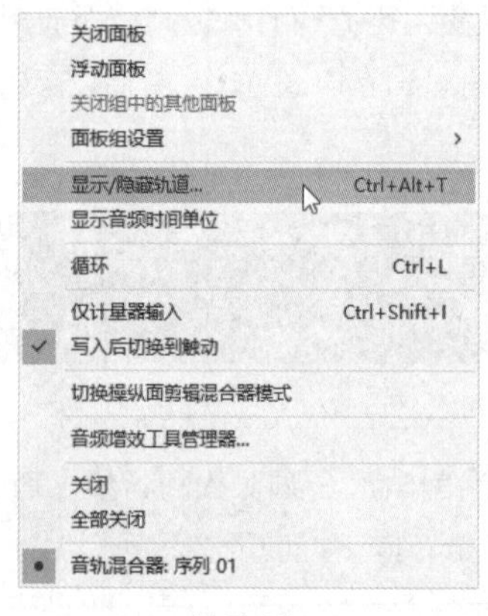

图 7-10

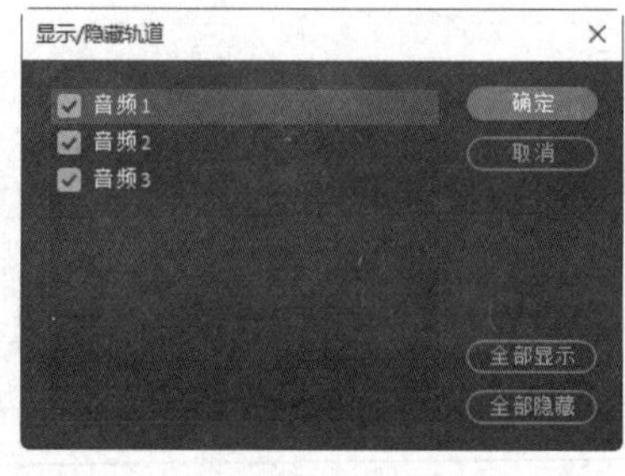

图 7-11

（2）“显示音频时间单位”。该命令可以在时间标尺上以音频单位进行显示。

（3）“循环”。该命令在被选择的情况下，系统会循环播放音频。

7.3 调节音频

“时间轴”面板的每个音频轨道上都能进行音频淡化控制，用户可通过音频淡化器调节音频素材的电平。音频淡化器初始状态为中低音量，相当于录音机表中的 0 dB。

用户可以调节整个音频素材增益，同时保持为素材调制的电平稳定不变。

在 Premiere Pro CC 2019 中，用户可以通过淡化器调节工具或者音轨混合器调制音频电平。在 Premiere Pro CC 2019 中，对音频的调节分为“素材”调节和“轨道”调节。对素材调节时，音频的改变仅对当前的音频素材有效，删除素材后，调节效果就消失了；而轨道调节仅对当前音频轨道进行调节，所有在当前音频轨道上的音频素材都会在调节范围内受到影响；使用实时记录的时候，则只能对音频轨道进行调节。

在音频轨道控制面板左侧单击◎按钮，在弹出的列表中选择音频轨道上的显示内容，如图 7-12 所示。

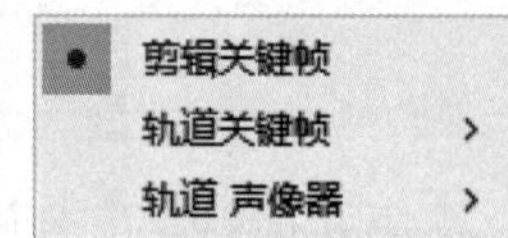

图 7-12

7.3.1 课堂案例——影视创意混剪

【案例学习目标】学习编辑音频及制作淡入淡出效果的方法。

【案例知识要点】使用“导入”命令导入素材文件，使用“效果控件”面板调整音频的淡入淡出效果。影视创意混剪效果如图 7-13 所示。

【效果所在位置】Ch07/影视创意混剪/影视创意混剪. prproj。

图 7-13

（1）启动 Premiere Pro CC 2019，选择“文件 > 新建 > 项目”命令，弹出“新建项目”对话框，如图 7-14 所示，单击“确定”按钮，新建项目。选择“文件 > 新建 > 序列”命令，弹出“新建序列”对话框，单击“设置”选项卡，具体参数设置如图 7-15 所示，单击“确定”按钮，新建序列。

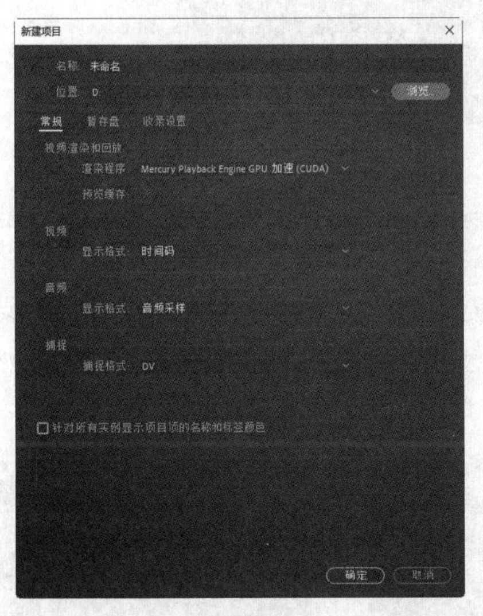

图 7-14

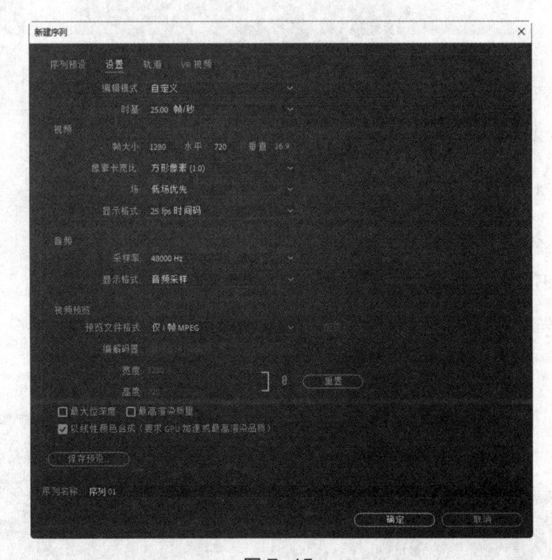

图 7-15

（2）选择“文件 > 导入”命令，弹出“导入”对话框，选择本书云盘中的“Ch07/影视创意混剪/素材/01 和 02”文件，如图 7-16 所示。单击“打开”按钮，将素材文件导入“项目”面板中，如图 7-17 所示。

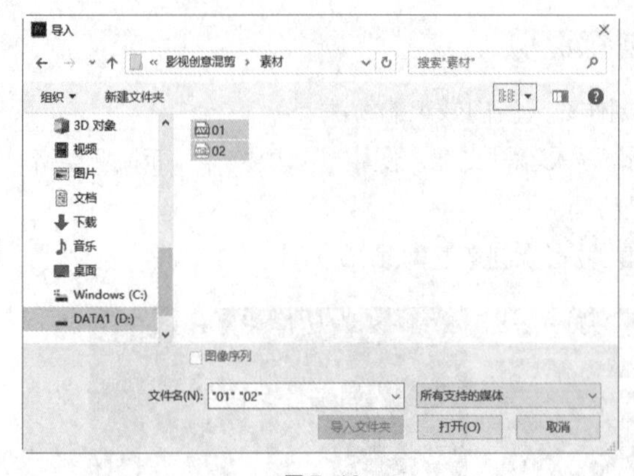

图 7-16

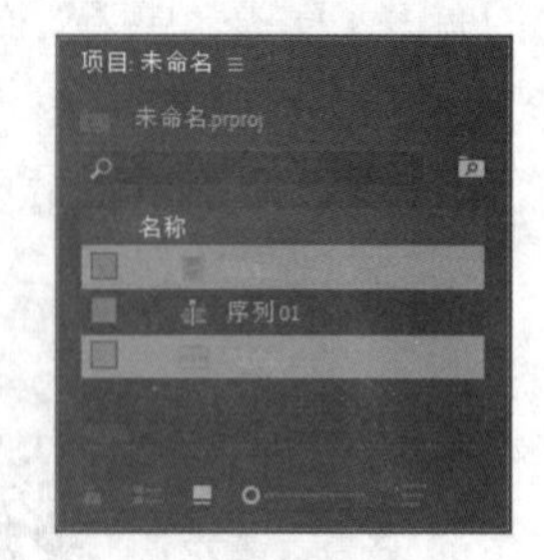

图 7-17

（3）在“项目”面板中选中“01”文件并将其拖曳到“时间轴”面板中的“视频 1”轨道中。弹出“剪辑不匹配警告”对话框，单击“保持现有设置”按钮，在保持现有序列设置的情况下将“01”文件放置在“视频 1”轨道中，如图 7-18 所示。选中“时间轴”面板中的“01”文件。选择“效果控件”面板，展开“运动”选项，将“缩放”选项设置为 162.0，如图 7-19 所示。

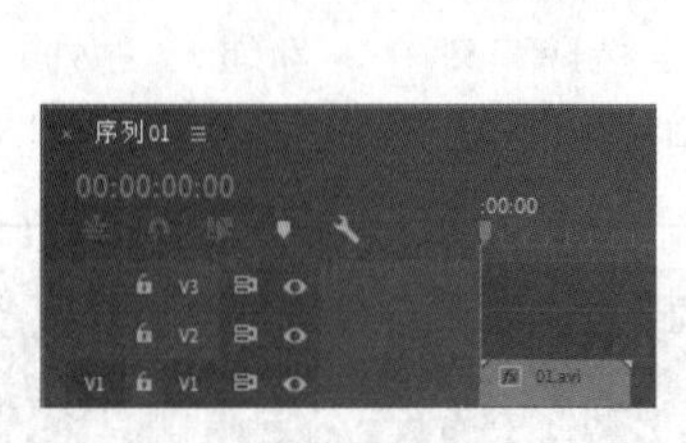

图 7-18

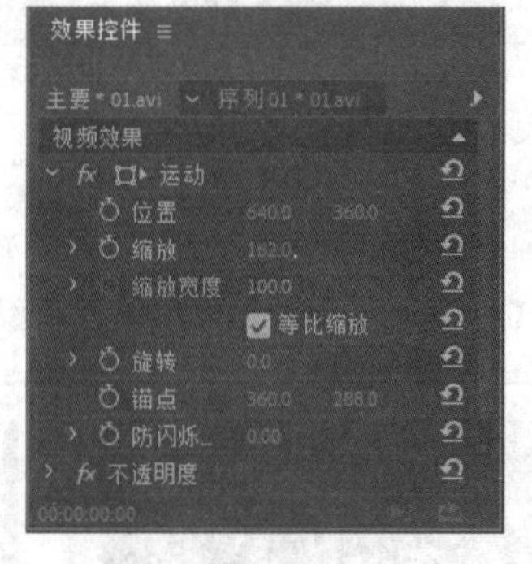

图 7-19

（4）在“项目”面板中选中“02”文件并将其拖曳到“时间轴”面板中的“音频 1”轨道中，如图 7-20 所示。

（5）选中“时间轴”面板中的“02”文件。选择“效果控件”面板，展开“音量”选项，将“级别”选项设置为-999.0，如图 7-21 所示，记录第 1 个动画关键帧。将时间指示器移动到 00:21s 的位置，将“级别”选项设置为 0.0dB，如图 7-22 所示，记录第 2 个动画关键帧。

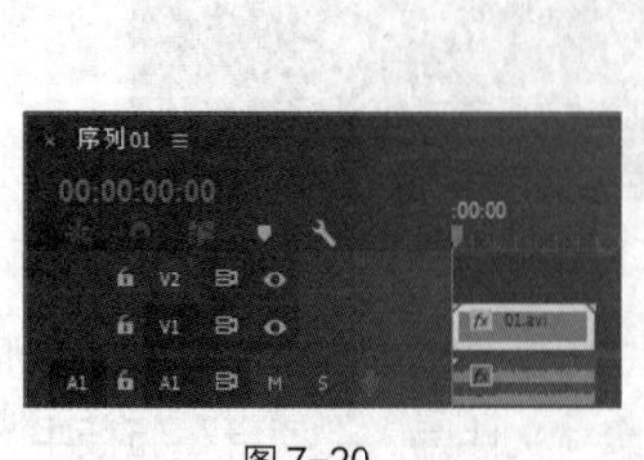

图 7-20

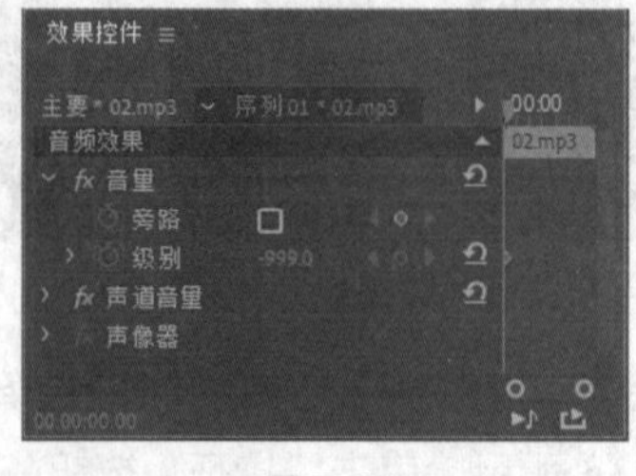

图 7-21

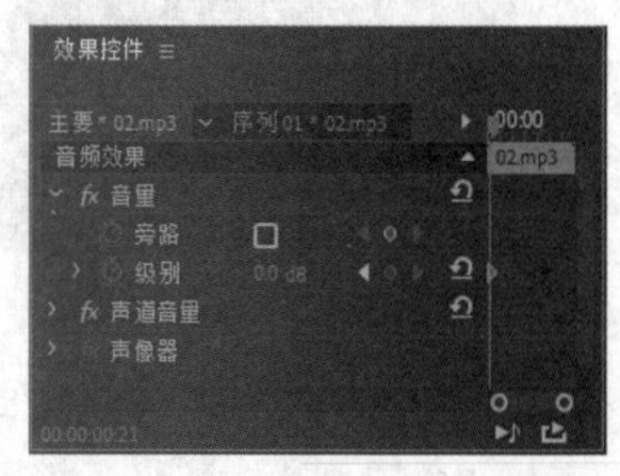

图 7-22

（6）将时间指示器移动到 06:22s 的位置，将“级别”选项设置为 6.0dB，如图 7-23 所示，记录第 3 个动画关键帧。将时间指示器移动到 26:10s 的位置，将“级别”选项设置为 0.0dB，如图 7-24 所示，记录第 4 个动画关键帧。

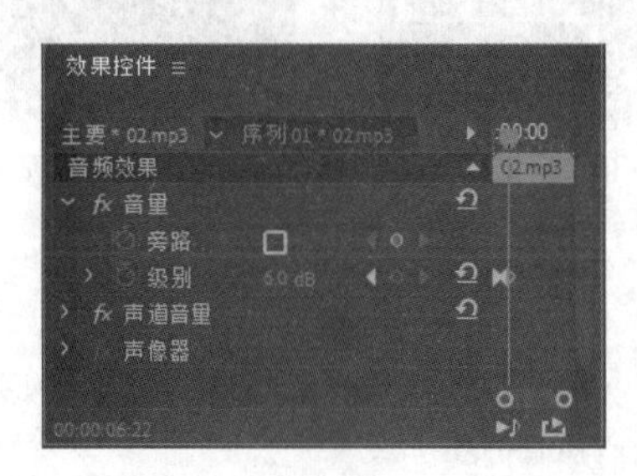

图 7-23

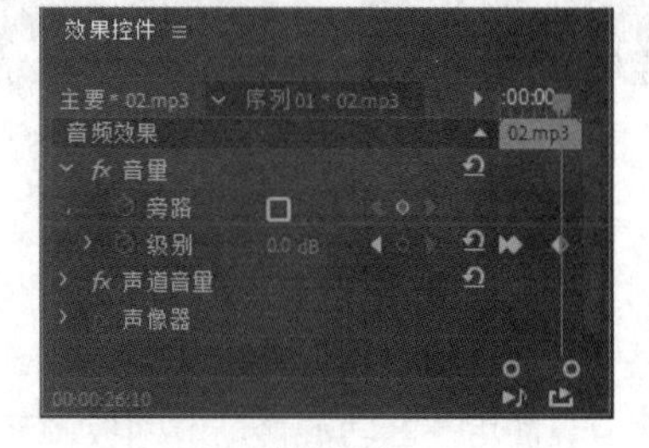

图 7-24

（7）将时间指示器移动到 32:12s 的位置，将“级别”选项设置为 5.7dB，如图 7-25 所示，记录第 5 个动画关键帧。将时间指示器移动到 34:21s 的位置，将“级别”选项设置为-999.0，如图 7-26 所示，记录第 6 个动画关键帧。影视创意混剪制作完成。

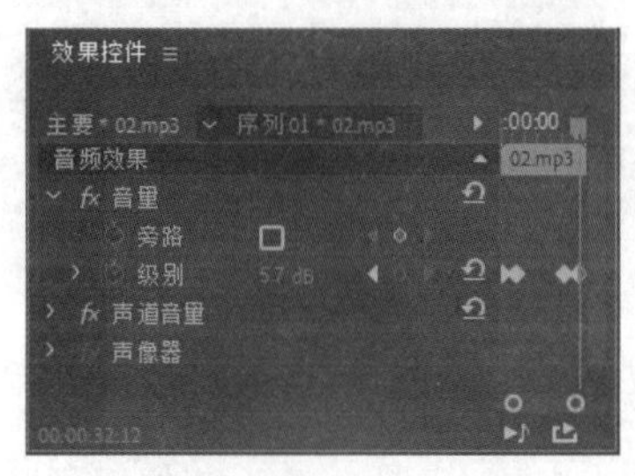

图 7-25

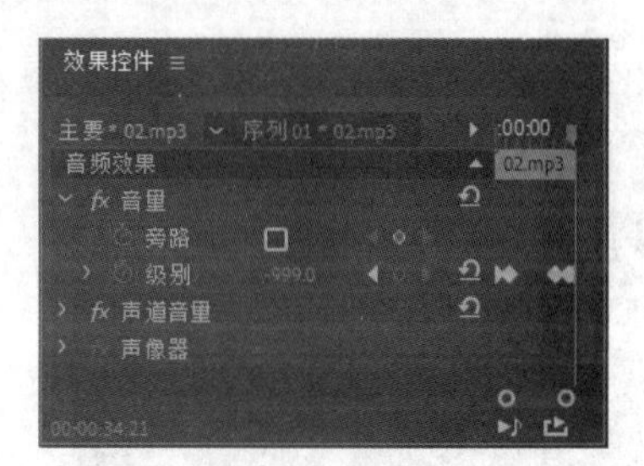

图 7-26

7.3.2 使用淡化器调节音频

（1）在默认情况下，音频轨道面板卷展栏关闭，如图 7-27 所示。双击轨道左侧的空白处，展开轨道，如图 7-28 所示。

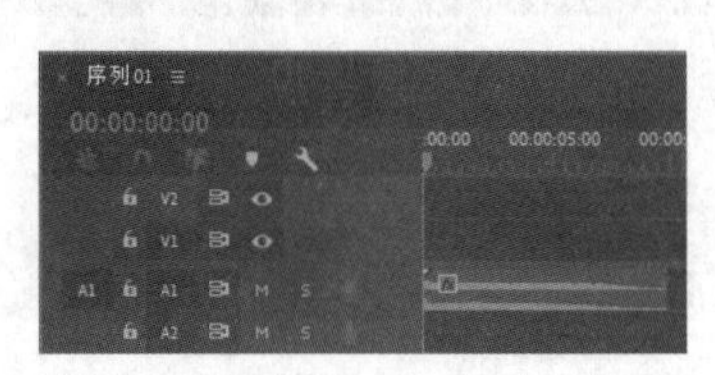

图 7-27

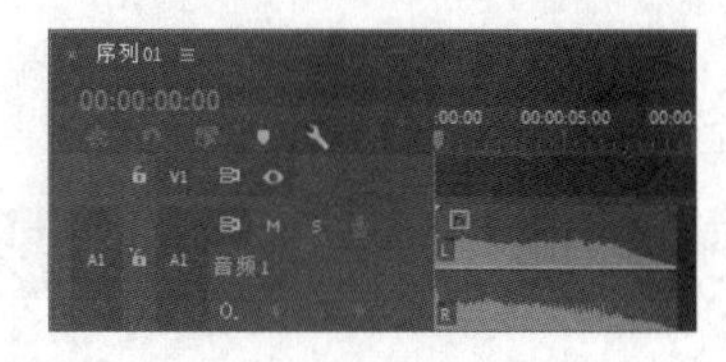

图 7-28

（2）选择“钢笔”工具或“选择”工具，拖曳音频素材（或轨道）上的白线即可调整音量，如图 7-29 所示。

（3）按住 Ctrl 键的同时，将鼠标指针移动到音频淡化器上，鼠标指针将变为带有加号的箭头，单击添加关键帧，如图 7-30 所示。

（4）用户也可以根据需要添加多个关键帧。单击并按住鼠标左键上下拖曳关键帧，关键帧之间的直线指示音频素材是淡入还是淡出：一条递增的直线表示音频淡入，另一条递减的直线表示音频淡出，如图 7-31 所示。

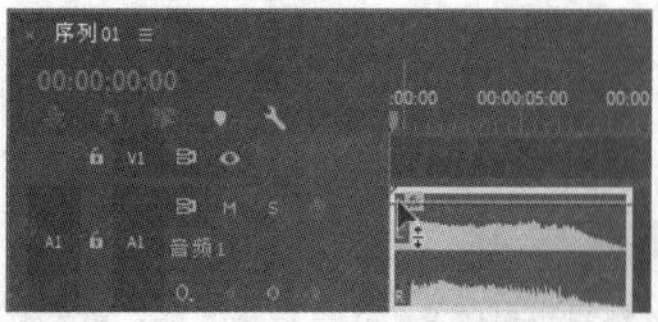

图7-29

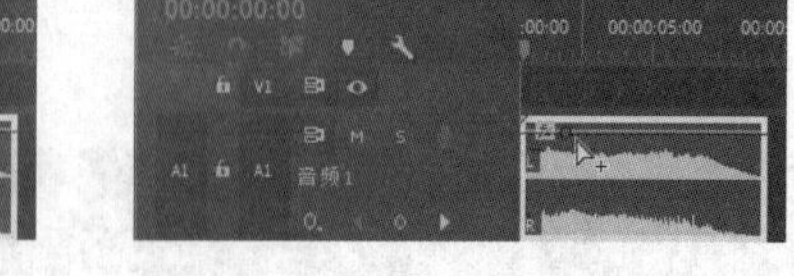

图7-30

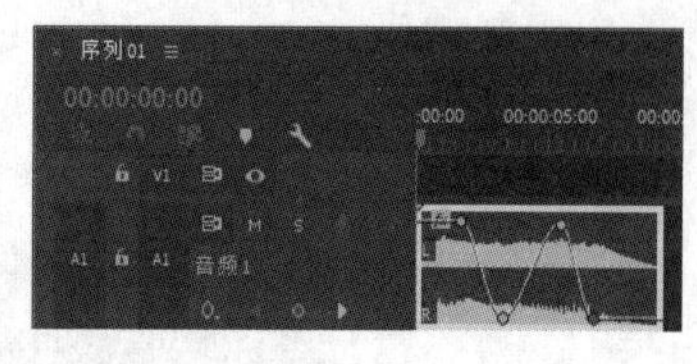

图7-31

7.3.3　实时调节音频

使用Premiere Pro CC 2019的“音轨混合器”面板调节音量非常方便，用户可以在播放音频时实时进行音量调节。使用“音轨混合器”面板调节音频的方法如下。

（1）在“时间轴”面板中的轨道控制面板左侧单击按钮，在弹出的列表中选择“轨道关键帧 > 音量”选项。

（2）在“音轨混合器”面板上方需要进行调节的轨道上打开“读取”下拉列表，如图7-32所示。

（3）单击“播放-停止切换”按钮，“时间轴”面板中的音频素材开始播放。拖曳音量控制滑块进行调节，调节完成后，系统自动记录结果，如图7-33所示。

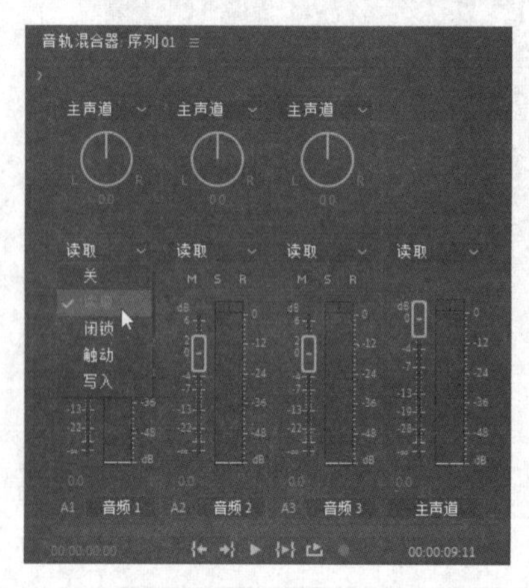

图7-32

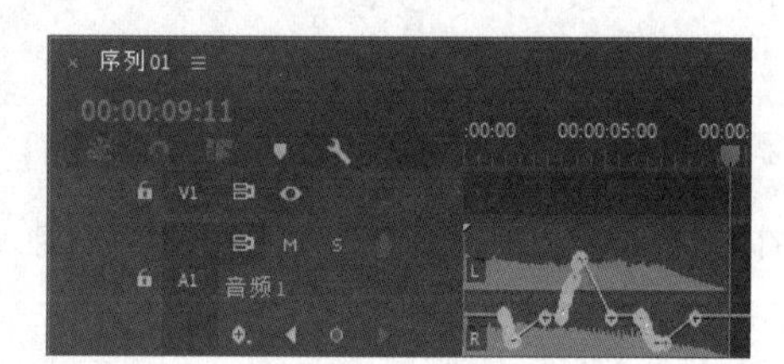

图7-33

7.4 使用“时间轴”面板合成音频

将需要的音频导入“项目”面板后，接下来就可以对音频素材进行编辑，本节讲解对音频素材的编辑处理和各种操作方法。

7.4.1　课堂案例——时尚音乐宣传片

【案例学习目标】学习编辑音频，调整声道、速度与音调的方法。

【案例知识要点】使用“导入”命令导入素材文件，使用“效果控件”面板调整素材的缩放，使用“速度/持续时间”命令调整音频，使用“平衡”特效调整音频的左、右声道。时尚音乐宣传片效果如图7-34所示。

【效果所在位置】Ch07/时尚音乐宣传片/时尚音乐宣传片. prproj。

扫码观看
本案例视频

扫码观看
扩展案例

图 7-34

（1）启动 Premiere Pro CC 2019，选择“文件 > 新建 > 项目”命令，弹出“新建项目”对话框，如图 7-35 所示，单击“确定”按钮，新建项目。选择“文件 > 新建 > 序列”命令，弹出“新建序列”对话框，单击“设置”选项卡，具体参数设置如图 7-36 所示，单击“确定”按钮，新建序列。

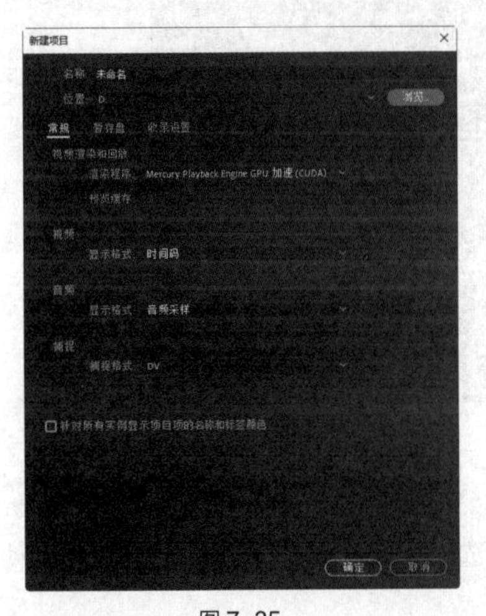

图 7-35

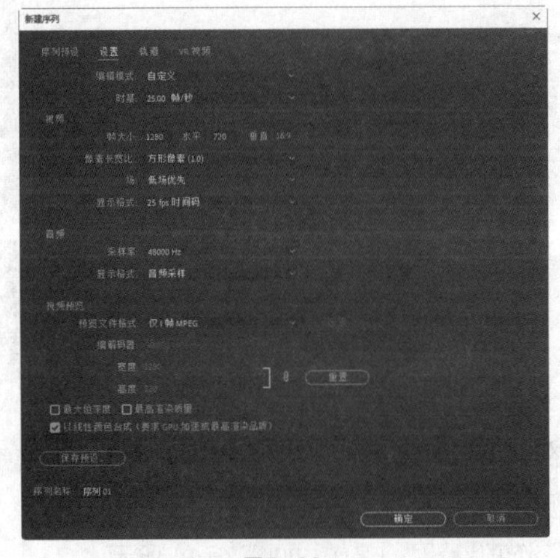

图 7-36

（2）选择“文件 > 导入”命令，弹出“导入”对话框，选择本书云盘中的“Ch07/时尚音乐宣传片/素材/01~04”文件，如图 7-37 所示。单击“打开”按钮，将素材文件导入“项目”面板中，如图 7-38 所示。

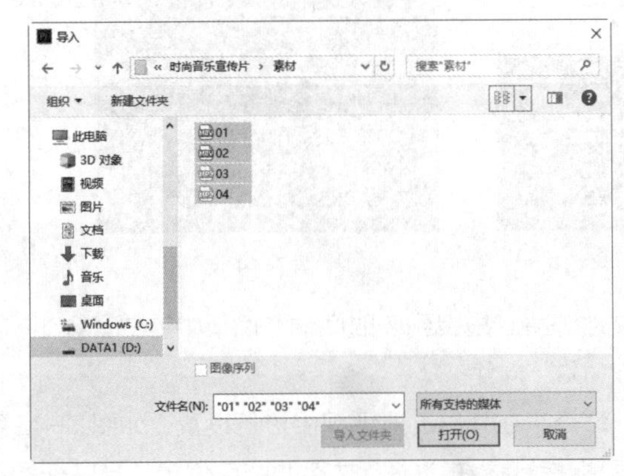

图 7-37

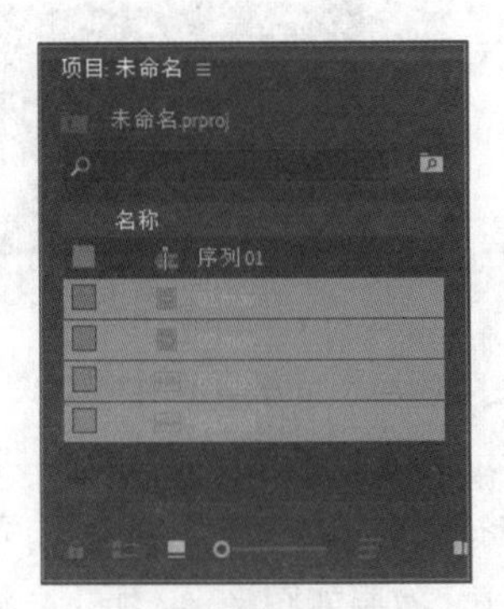

图 7-38

（3）在“项目”面板中选中“01”文件并将其拖曳到“时间轴”面板中的“视频1”轨道中。弹出“剪辑不匹配警告”对话框，单击“保持现有设置”按钮，在保持现有序列设置的情况下将“01”文件放置在“视频1”轨道中，如图7-39所示。将时间指示器移动到15:00s的位置，将鼠标指针放在“01”文件的结束位置，当鼠标指针呈形状时，向左拖曳直到15:00s的位置，如图7-40所示。

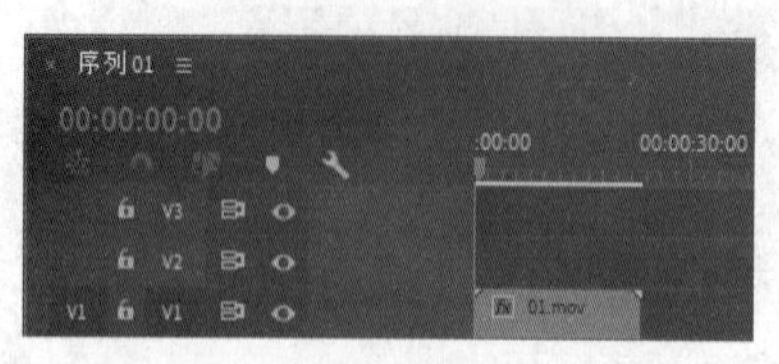

图7-39

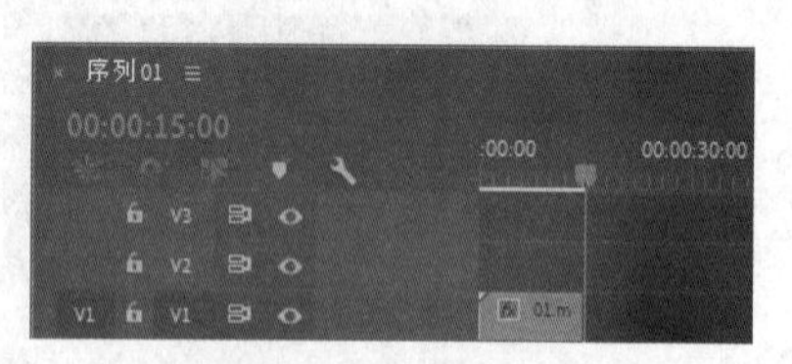

图7-40

（4）选中“时间轴”面板中的“01”文件，如图7-41所示。选择“效果控件”面板，展开“运动”选项，将“缩放”选项设置为67.0，如图7-42所示。

图7-41

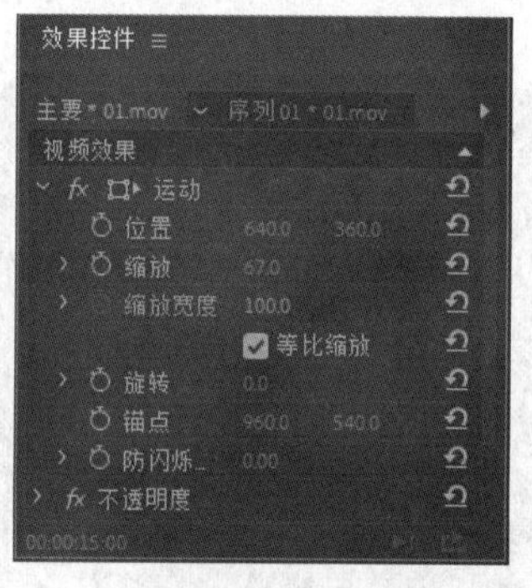

图7-42

（5）在“项目”面板中选中“02”文件并将其拖曳到“时间轴”面板中的“视频1”轨道中，如图7-43所示。选中“时间轴”面板中的“02”文件。选择“效果控件”面板，展开“运动”选项，将“缩放”选项设置为67.0，如图7-44所示。

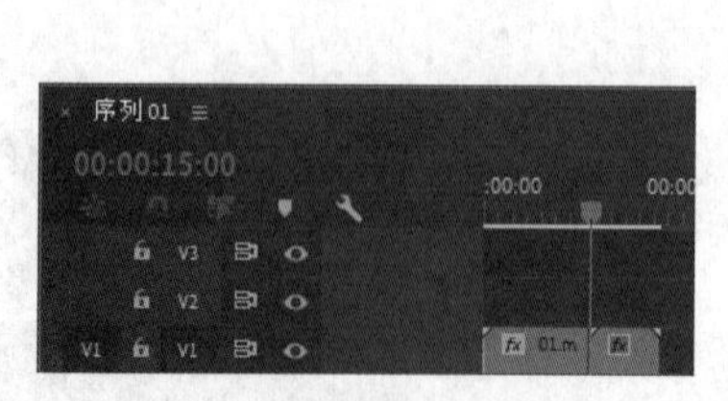

图7-43

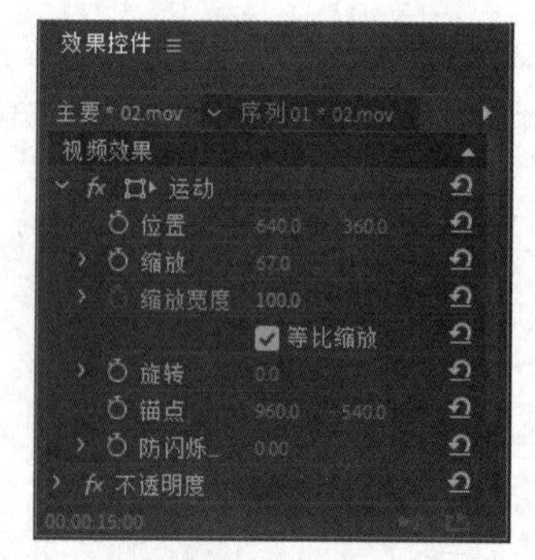

图7-44

（6）在“项目”面板中选中“03”文件并将其拖曳到“时间轴”面板中的“音频1”轨道中，如图7-45所示。选中“时间轴”面板中的“03”文件。

（7）选择“剪辑 > 速度/持续时间”命令，在弹出的对话框中进行设置，如图7-46所示，单击“确定”按钮，效果如图7-47所示。将鼠标指针放在“03”文件的结束位置，当鼠标指针呈形状时，向左拖曳直到“02”文件的结束位置，如图 7-48 所示。

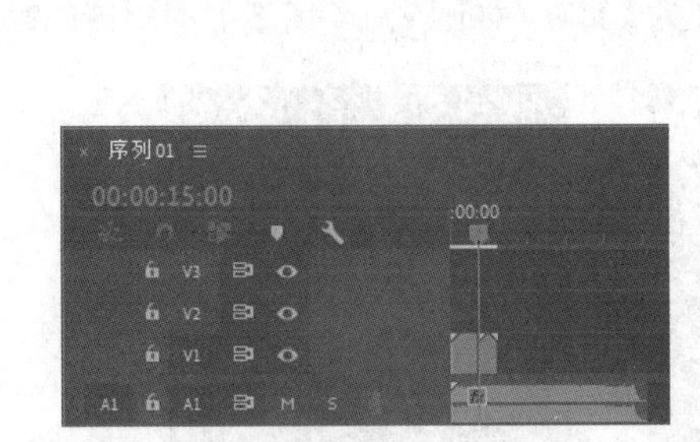

图 7-45

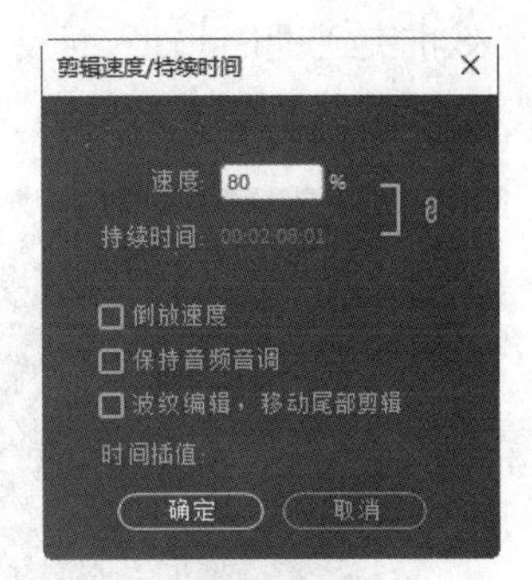

图 7-46

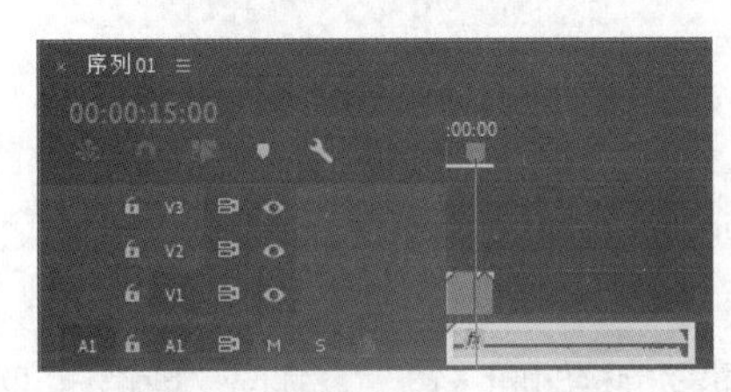

图 7-47

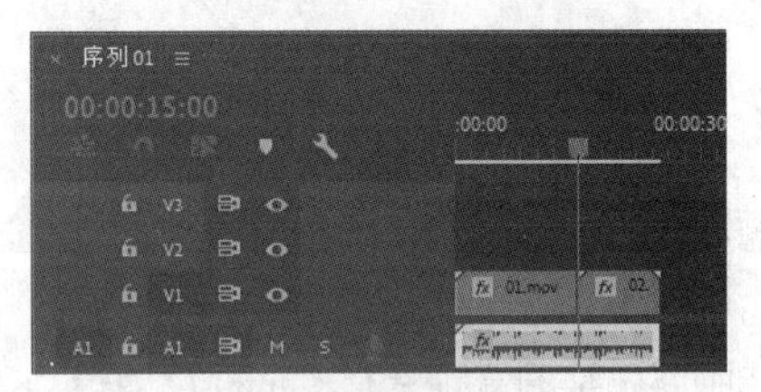

图 7-48

（8）在“项目”面板中选中“04”文件并将其拖曳到“时间轴”面板中的“音频 2”轨道中，如图 7-49 所示。将鼠标指针放在“04”文件的结束位置，当鼠标指针呈形状时，向左拖曳直到“03”文件的结束位置，如图 7-50 所示。

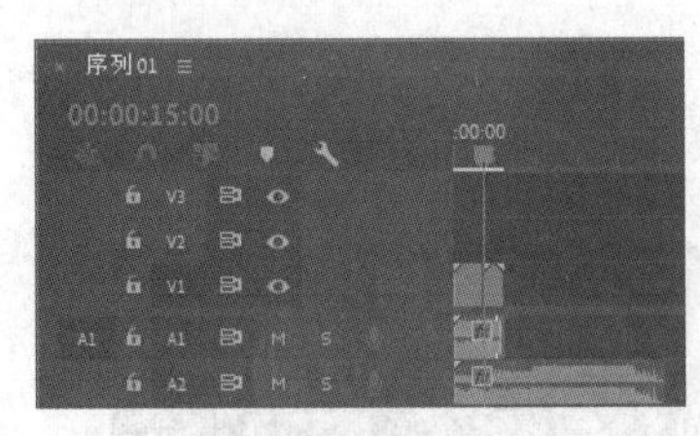

图 7-49

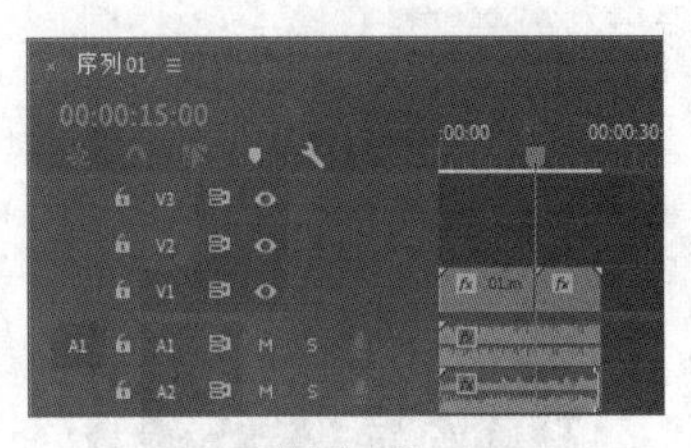

图 7-50

（9）选择“效果”面板，展开“音频效果”特效组，选中“平衡”特效，如图 7-51 所示。将“平衡”特效拖曳到“时间轴”面板“音频 1”轨道中的“03”文件上，如图 7-52 所示。

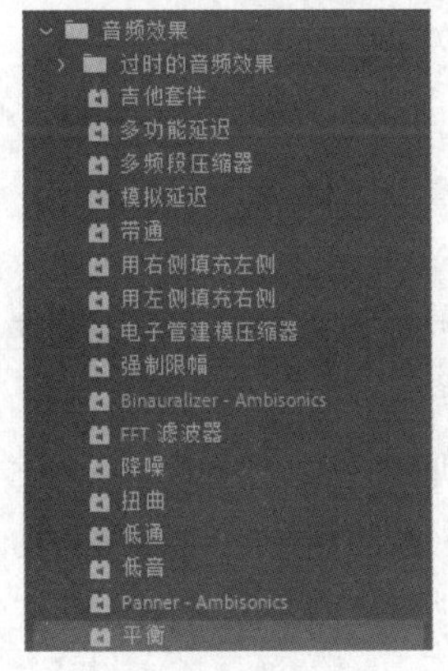

图 7-51

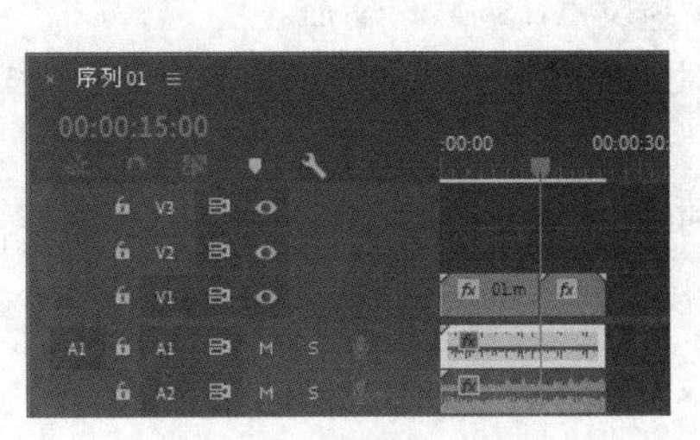

图 7-52

（10）选择“效果控件”面板，展开“平衡”选项，将“平衡”选项设置为 50.0，如图 7-53 所示。将“平衡”特效拖曳到“时间轴”面板“音频 2”轨道中的“04”文件上。选择“效果控件”面板，展开“平衡”选项，将“平衡”选项设置为-30.0，如图 7-54 所示。时尚音乐宣传片制作完成。

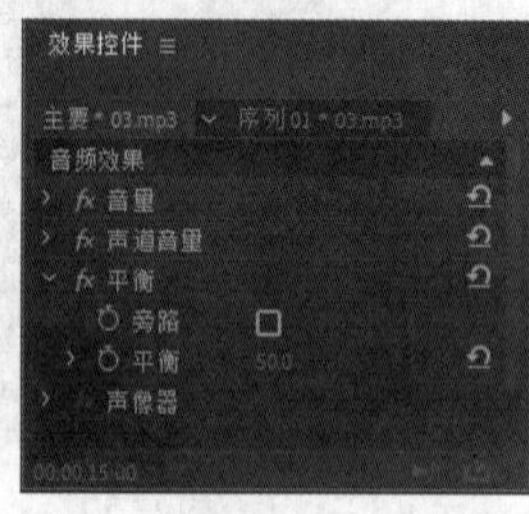

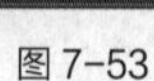
图 7-53

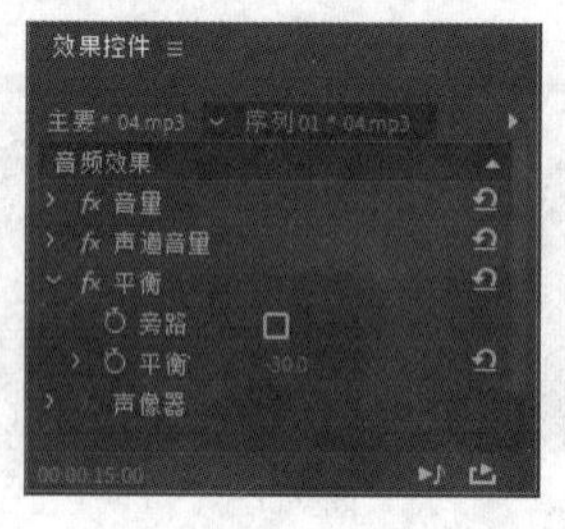

图 7-54

7.4.2 调整音频持续时间和速度

与视频素材的编辑一样，在应用音频素材时，可以对其播放速度和持续时间进行修改，具体操作步骤如下。

（1）选中要调整的音频素材，选择“剪辑 > 速度/持续时间”命令，弹出“剪辑速度/持续时间”对话框，在“持续时间”文本框中可以对音频素材的持续时间进行调整，如图 7-55 所示。

（2）在“时间轴”面板中直接拖曳音频的边缘，可改变音频轨道上音频素材的长度。也可选择“剃刀”工具，将音频素材多余的部分切除掉，如图 7-56 所示。

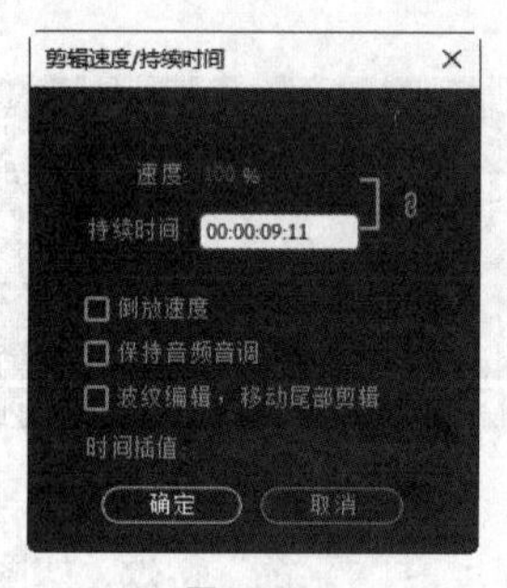

图 7-55

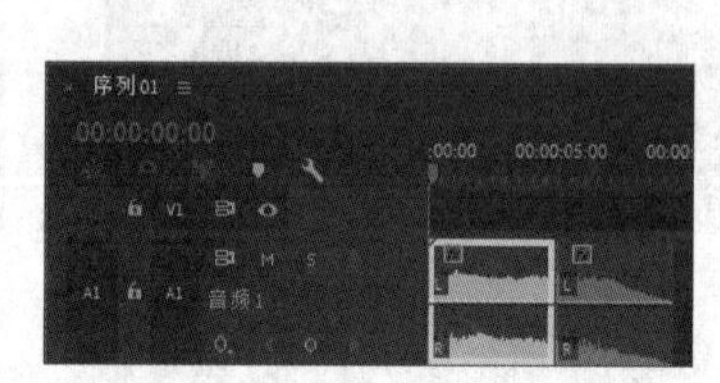

图 7-56

7.4.3 音频增益

音频增益指的是音频信号的声调高低。当一个视频片段同时拥有几个音频素材时，需要平衡这几个音频素材的增益。因为如果一个音频素材的音频信号太高或太低，就会严重影响播放时的音频效果。用户可通过以下步骤设置音频素材增益。

（1）选中“时间轴”面板中需要调整的素材，被选中的素材周围会出现灰色实线，如图 7-57 所示。

（2）选择“剪辑 > 音频选项 > 音频增益”命令，弹出“音频增益”对话框，将鼠标指针移动到对话框中的数值上，当鼠标指针变为手形图标时，单击并按住鼠标左键左右拖曳，增益值将被改变，如图 7-58 所示。

（3）完成设置后，可以通过“源”监视器窗口查看处理后的音频波形变化，播放修改后的音频素材，试听音频效果。

图 7-57

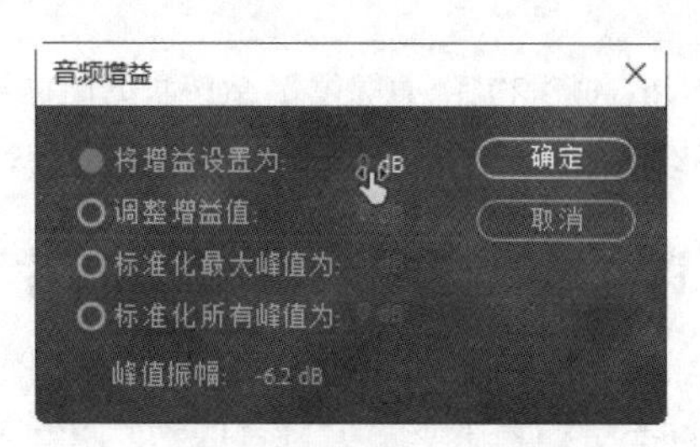

图 7-58

7.5 分离和链接视频和音频

在编辑工作中，经常需要将“时间轴”面板中的视频和音频链接素材的视频和音频部分分离。用户可以完全打断或者暂时释放链接素材的链接关系并重新设置各部分。

Premiere Pro CC 2019 中音频素材和视频素材有两种链接关系：硬链接和软链接。如果链接的视频和音频来自一个影片文件，则它们是硬链接，“项目”面板中只显示一个素材，硬链接是在素材输入 Premiere Pro CC 2019 之前就建立的，在“时间轴”面板中显示为相同的颜色，如图 7-59 所示。软链接是在“时间轴”面板中建立的链接，用户可以在“时间轴”面板中为音频素材和视频素材建立软链接，软链接类似于硬链接，但链接的素材在“项目”面板中保持着各自的完整性，在序列中显示为不同的颜色，如图 7-60 所示。

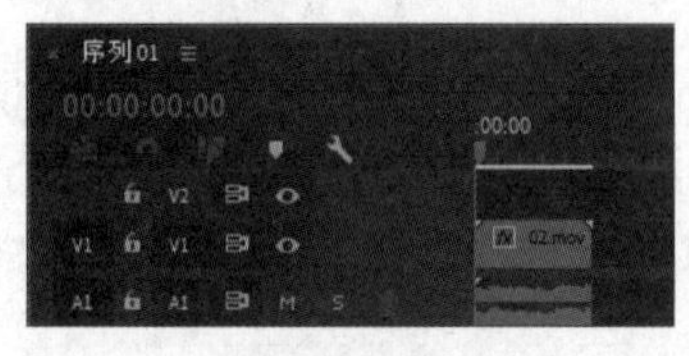

图 7-59

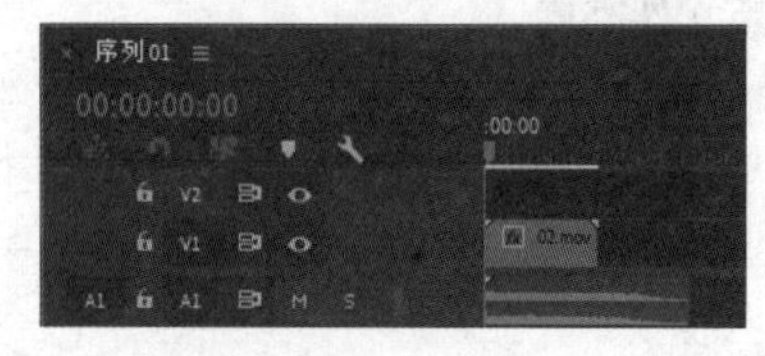

图 7-60

如果要打断链接在一起的视频和音频，可在轨道上选择对象，单击鼠标右键，在弹出的快捷菜单中选择“取消链接”命令，如图 7-61 所示。被打断的视频和音频素材可以单独进行操作。

如果要把分离的视频和音频素材链接在一起作为一个整体进行操作，则只需要框选需要链接的视频和音频，单击鼠标右键，在弹出的快捷菜单中选择“链接”命令即可，如图 7-62 所示。

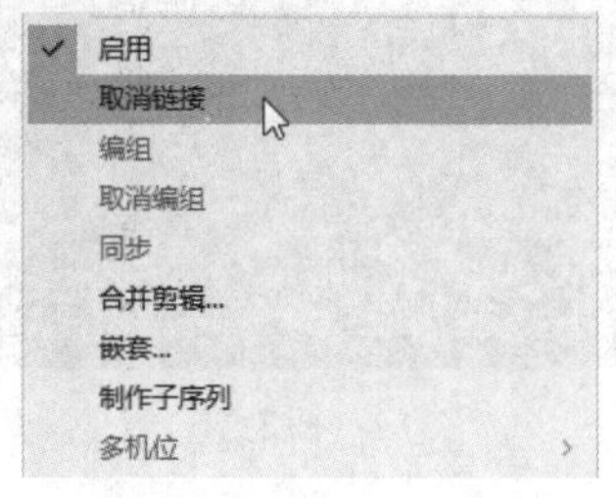

图 7-61

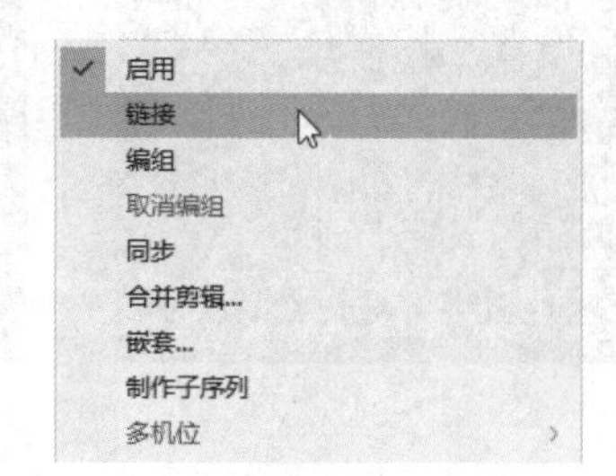

图 7-62

7.6 添加音频效果

Premiere Pro CC 2019 中提供了 20 种以上的音频效果，可以通过音频效果产生回声、合声及去除噪声，还可以使用扩展的插件得到更多的音频效果。

7.6.1 课堂案例——动物世界宣传片

【案例学习目标】编辑音频的重、低音。

【案例知识要点】使用“缩放”选项改变文件大小，使用“色阶”特效调整图像亮度，使用“显示轨道关键帧”选项制作音频的淡出与淡入效果，使用“低通”特效制作音频低音效果。动物世界宣传片效果如图 7-63 所示。

【效果所在位置】Ch07/动物世界宣传片/动物世界宣传片.prproj。

扫码观看本案例视频

扫码观看扩展案例

图 7-63

1. 调整视频文件亮度

（1）启动 Premiere Pro CC 2019，选择“文件 > 新建 > 项目”命令，弹出“新建项目”对话框，如图 7-64 所示，单击“确定”按钮，新建项目。选择“文件 > 新建 > 序列”命令，弹出“新建序列”对话框，单击“设置”选项卡，具体参数设置如图 7-65 所示，单击“确定”按钮，新建序列。

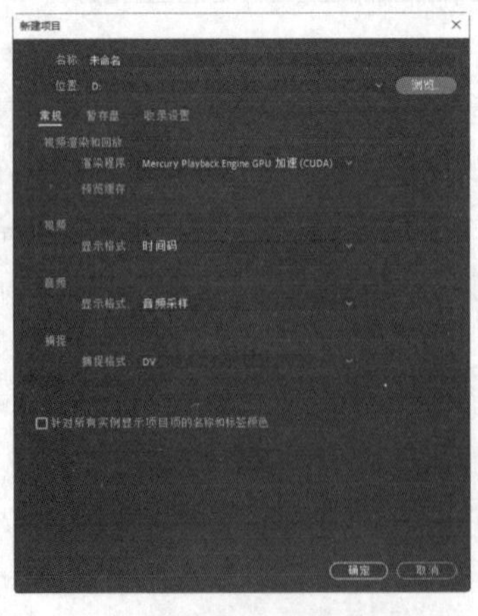

图 7-64

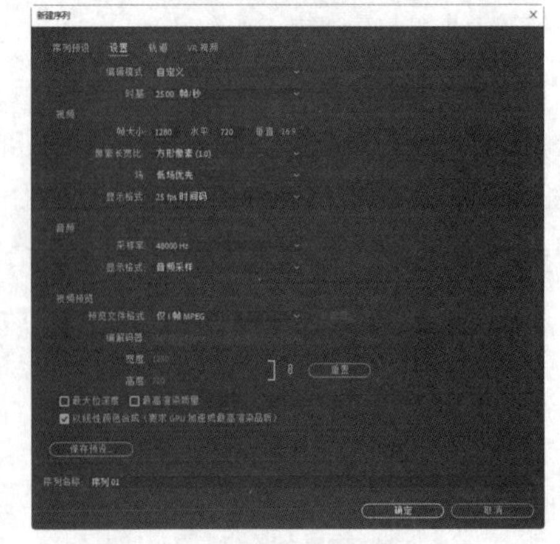

图 7-65

（2）选择“文件 > 导入”命令，弹出“导入”对话框，选择本书云盘中的“Ch07/动物世界宣传片/素材/01~03”文件，如图 7-66 所示。单击“打开”按钮，将素材文件导入“项目”面板中，如图 7-67 所示。

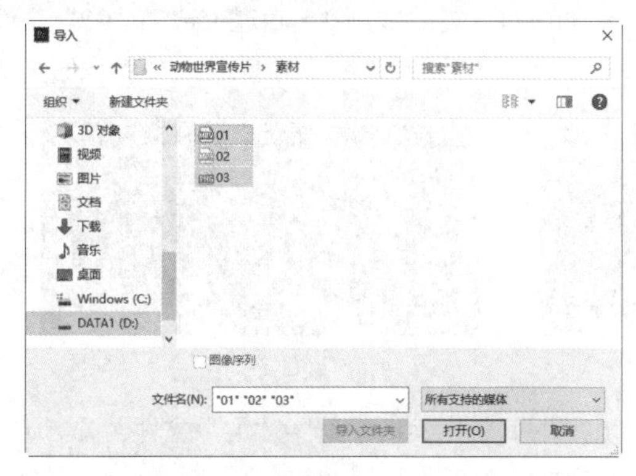

图 7-66

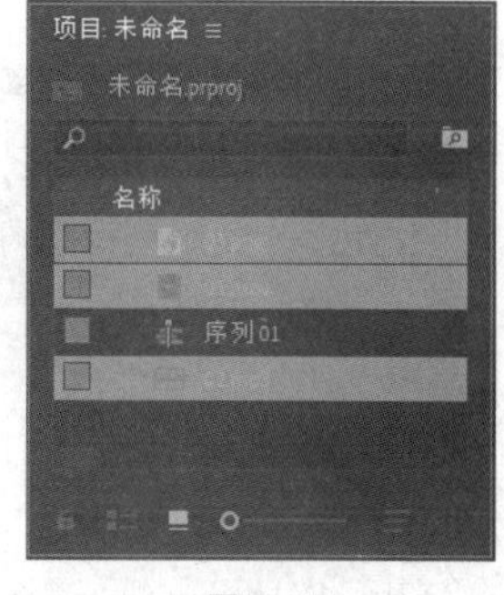

图 7-67

（3）在“项目”面板中选中“01”文件并将其拖曳到“时间轴”面板中的“视频 1”轨道中。弹出“剪辑不匹配警告”对话框，单击“保持现有设置”按钮，在保持现有序列设置的情况下将“01”文件放置在“视频 1”轨道中，如图 7-68 所示。选中“时间轴”面板中的“01”文件。选择“效果控件”面板，展开“运动”选项，将“位置”选项设置为 640.0 和 438.0、“缩放”选项设置为 163.0，如图 7-69 所示。

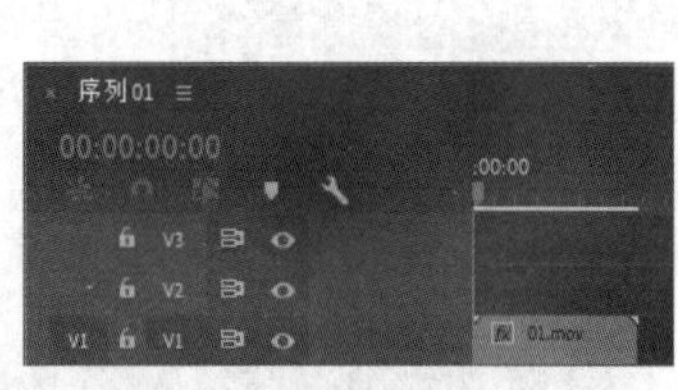

图 7-68

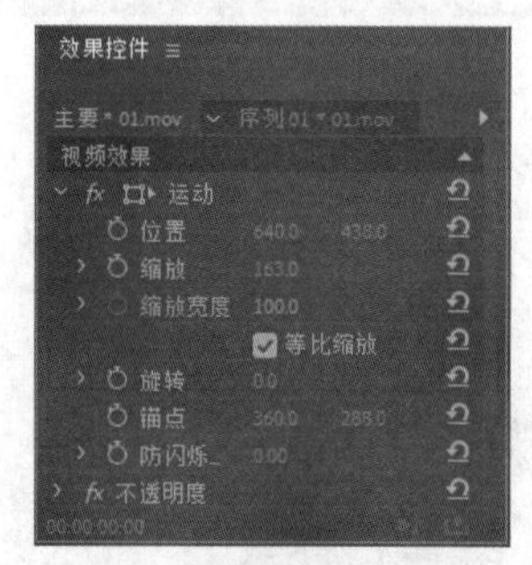

图 7-69

（4）选择“效果”面板，展开“视频效果”特效组，单击“调整”文件夹左侧的三角形按钮将其展开，选中“色阶”特效，如图 7-70 所示，将其拖曳到“时间轴”面板中的“01”文件上。选择“效果控件”面板，展开“色阶”特效，将“（RGB）输入黑色阶”选项设置为 50、“（RGB）输入白色阶”选项设置为 196，其他选项设置如图 7-71 所示。

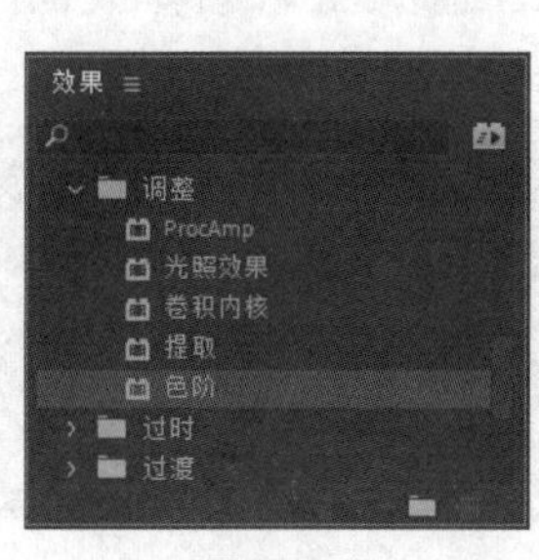

图 7-70

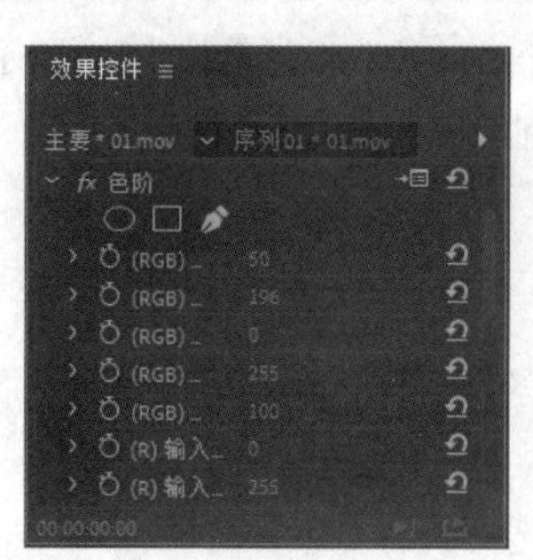

图 7-71

2. 制作音频超低音

（1）在“项目”面板中选中“02”文件，将其拖曳到“时间轴”面板中的“音频1”轨道中，如图7–72所示。将时间指示器移动到07:19s的位置，在“音频1”轨道上选中“02”文件，将鼠标指针放在“02”文件的尾部，当鼠标指针呈形状时，向左拖曳直到07:19s的位置，如图7–73所示。

图7–72

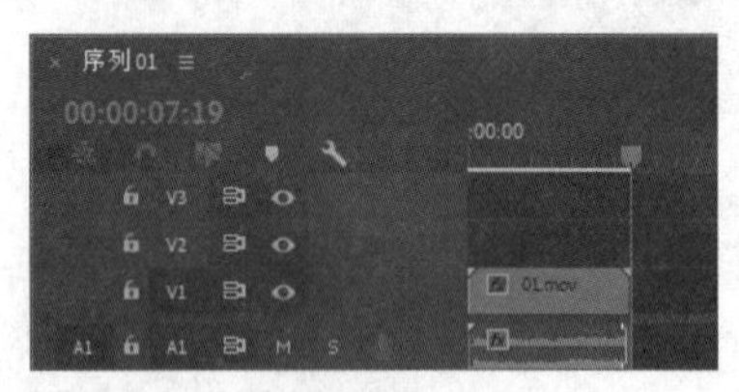
图7–73

（2）将时间指示器移动到0s的位置，在“时间轴”面板中选中“02”文件，按Ctrl+C组合键复制文件。单击“音频1”轨道的轨道标签，取消其选中状态，如图7–74所示。按Ctrl+V组合键，将“02”文件粘贴到“视频2”轨道中，如图7–75所示。

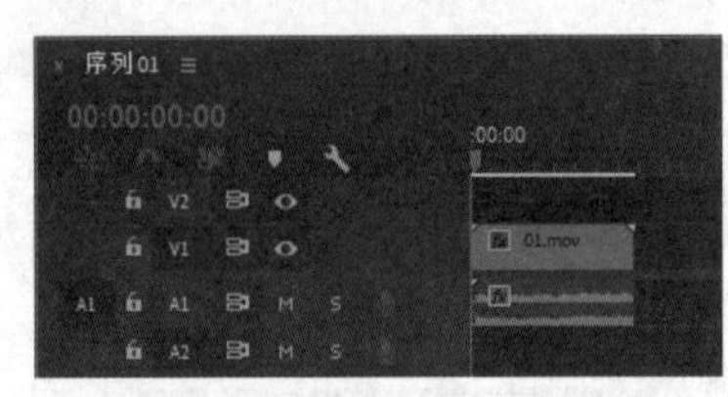
图7–74

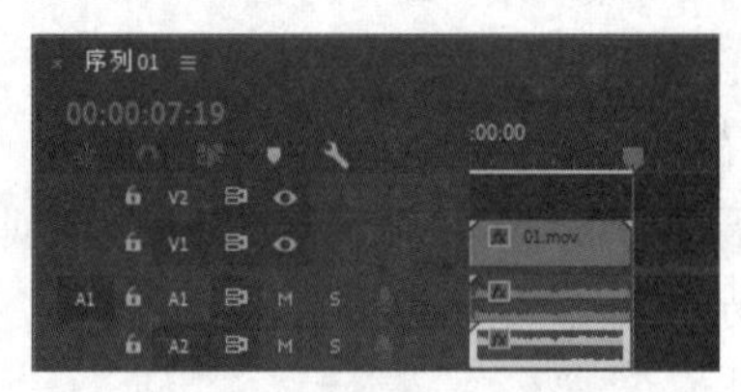
图7–75

（3）在“音频2”轨道上的“02”文件上单击鼠标右键，在弹出的快捷菜单中选择“重命名”命令，如图7–76所示。在弹出的“重命名剪辑”对话框中输入“低音效果”，单击“确定”按钮，如图7–77所示。

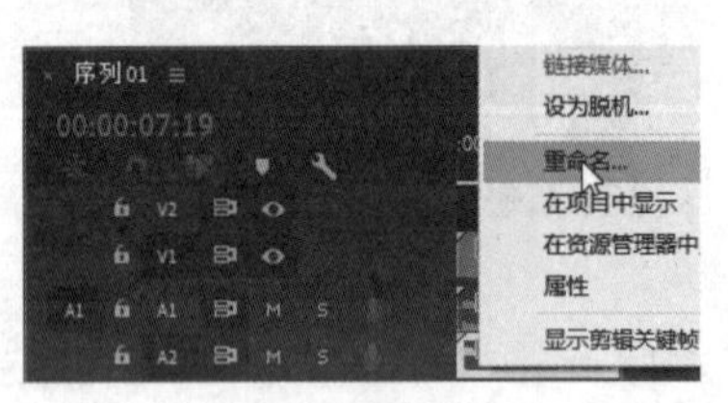

图7–76

图7–77

（4）将时间指示器移动到0s的位置，在“音频1”轨道中的“02”文件左侧的“显示关键帧”按钮上单击，在弹出的列表中选择“轨道关键帧 > 音量”选项，如图7–78所示。单击“02”文件左侧的“添加–移除关键帧”按钮，添加第1个关键帧，在“时间轴”面板中将“02”文件中的关键帧移至最低层，如图7–79所示。

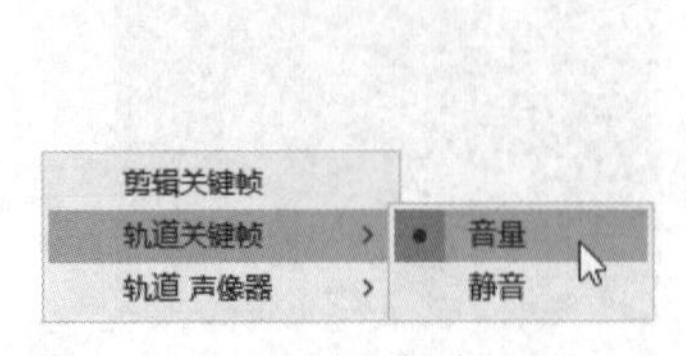

图7–78

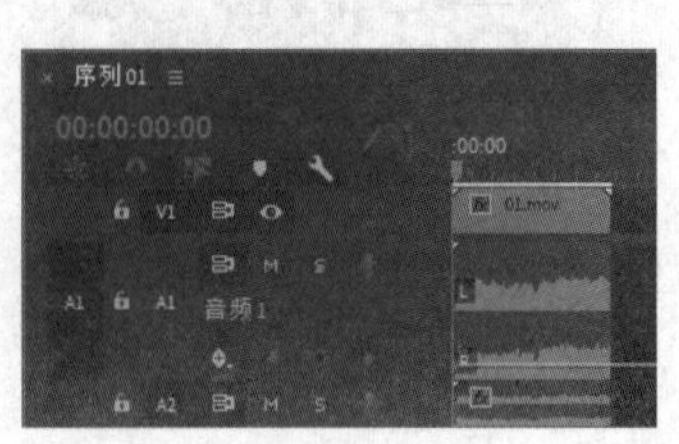
图7–79

（5）将时间指示器移动到 01:24s 的位置，单击“音频 1”轨道中的“02”文件左侧的“添加-移除关键帧”按钮，如图 7-80 所示，添加第 2 个关键帧。拖曳“02”文件中的关键帧至顶层，如图 7-81 所示。

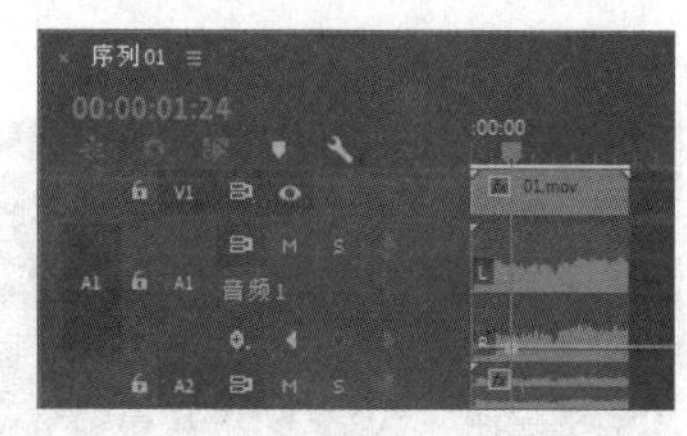

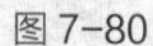
图 7-80

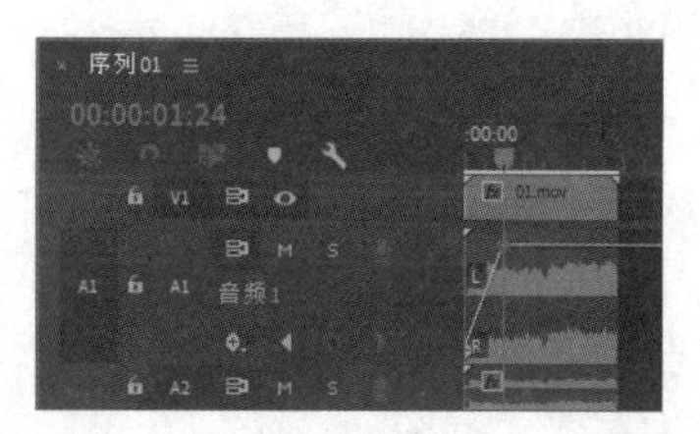

图 7-81

（6）将时间指示器移动到 05:24s 的位置，单击“音频 1”轨道中的“02”文件左侧的“添加-移除关键帧”按钮，如图 7-82 所示，添加第 3 个关键帧。将时间指示器移动到 07:13s 的位置，单击“音频 1”轨道中的“02”文件左侧的“添加-移除关键帧”按钮，将“02”文件中的关键帧移至最低层，如图 7-83 所示，添加第 4 个关键帧。

（7）选择“效果”面板，展开“音频效果”选项，单击“音频效果”文件夹左侧的三角形按钮将其展开，选中“低通”特效，如图 7-84 所示。

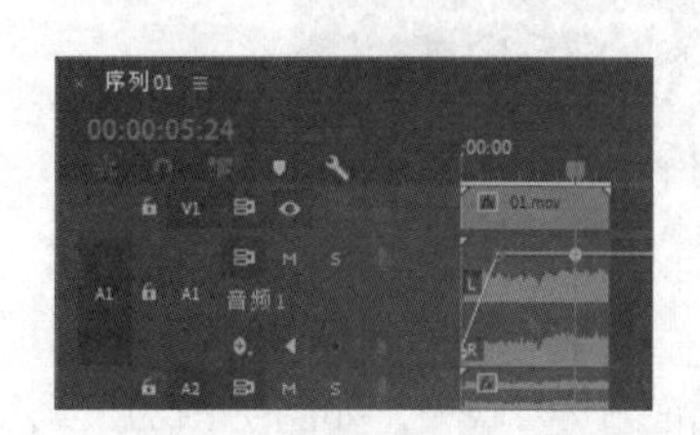

图 7-82

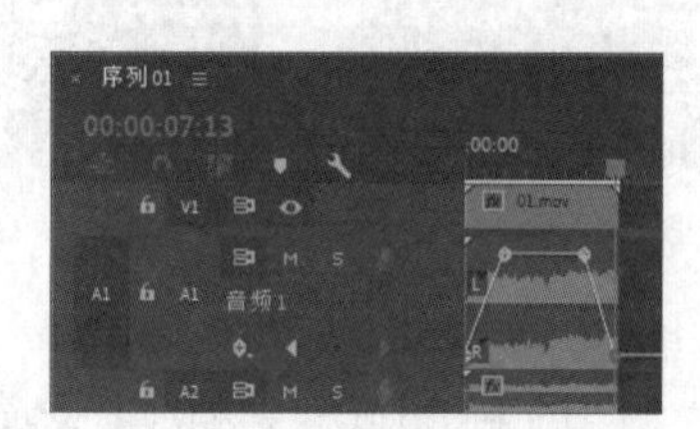

图 7-83

图 7-84

（8）将“低通”特效拖曳到“时间轴”面板中的“低音效果”文件上，如图 7-85 所示。选择“效果控件”面板，展开“低通”特效，将“屏蔽度”选项设置为 400.0Hz，如图 7-86 所示。

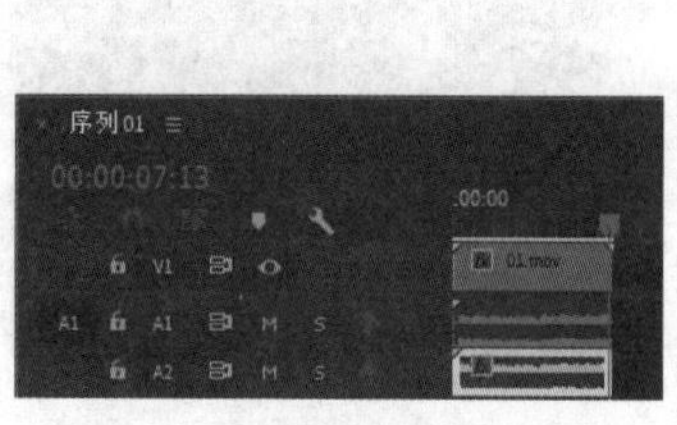

图 7-85

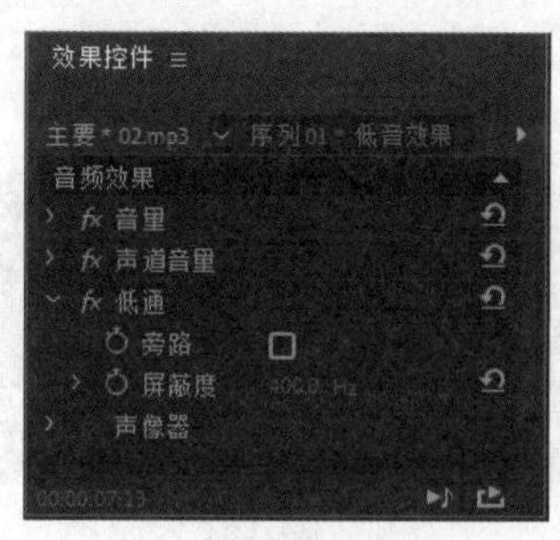

图 7-86

（9）选择“剪辑 > 音频选项 > 音频增益”命令，弹出“音频增益”对话框，将“将增益设置为”选项设置为“15dB”，单击“确定”按钮，如图 7-87 所示。选择“音轨混合器”面板，播放最终音频效果时会看到“音频 2”轨道的电平显示，这个声道是低音频，可以看到其低音的电平很强，且实际听到的低音效果也非常明显，如图 7-88 所示。

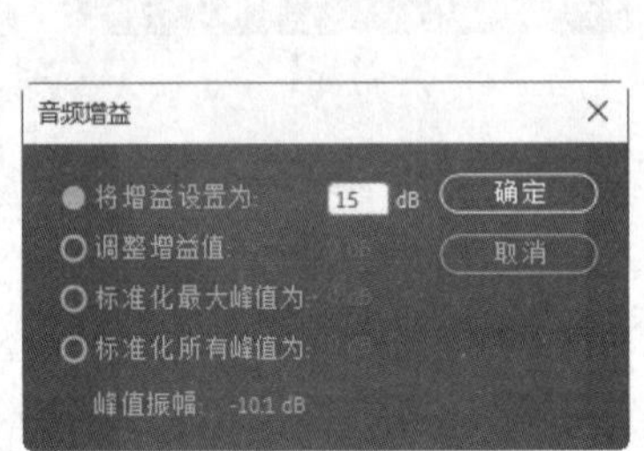

图 7-87

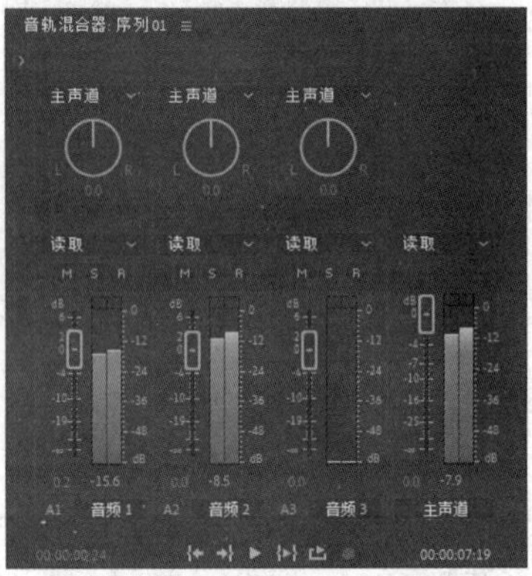

图 7-88

（10）在“项目”面板中选中“03”文件，将其拖曳到“时间轴”面板中的“视频 2”轨道中，如图 7-89 所示。将鼠标指针放在“03”文件的尾部，当鼠标指针呈形状时，向右拖曳直到“01”文件的结束位置，如图 7-90 所示。

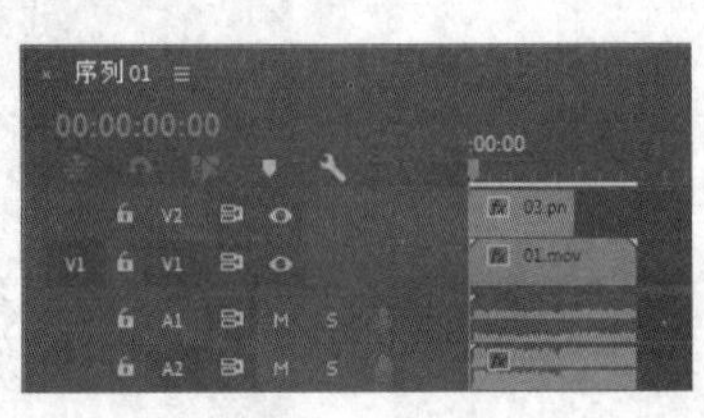

图 7-89

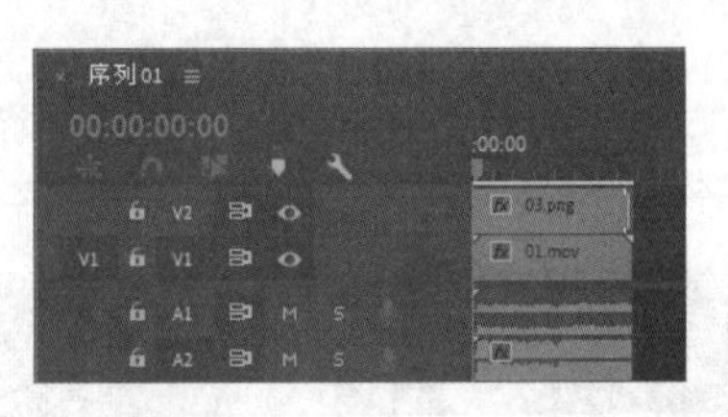

图 7-90

（11）选中“时间轴”面板中的“03”文件，如图 7-91 所示。选择“效果控件”面板，展开“运动”选项，将“位置”选项设置为 640.0 和 650.0、“缩放”选项设置为 188.0，如图 7-92 所示。动物世界宣传片制作完成。

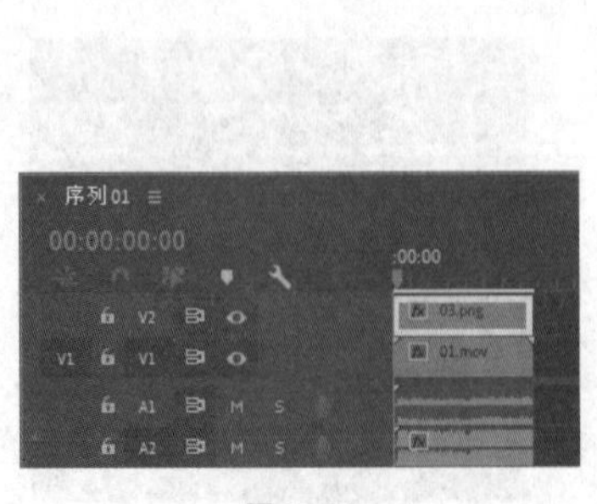

图 7-91

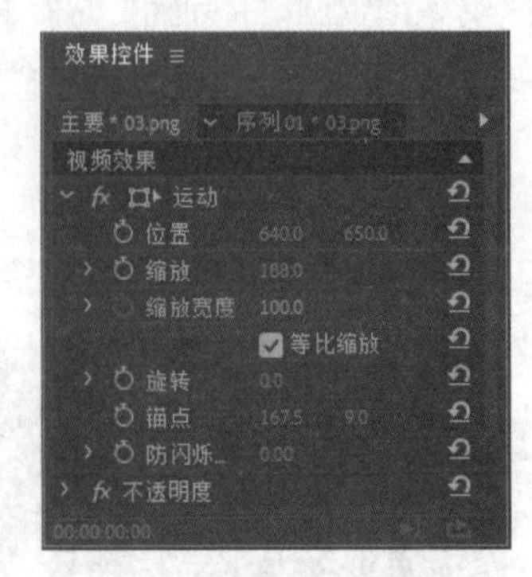

图 7-92

7.6.2 为音频素材添加效果

音频素材的特效添加方法与视频素材的特效添加方法相同，这里不赘述。可以在“效果”面板中展开“音频效果”特效组，分别在不同的音频模式文件夹中选择音频特效进行添加，如图 7–93 所示。

在“音频过渡”特效组下，Premiere Pro CC 2019 还为音频素材提供了简单的切换方式，如图 7–94 所示。为音频素材添加切换的方法与视频素材相同。

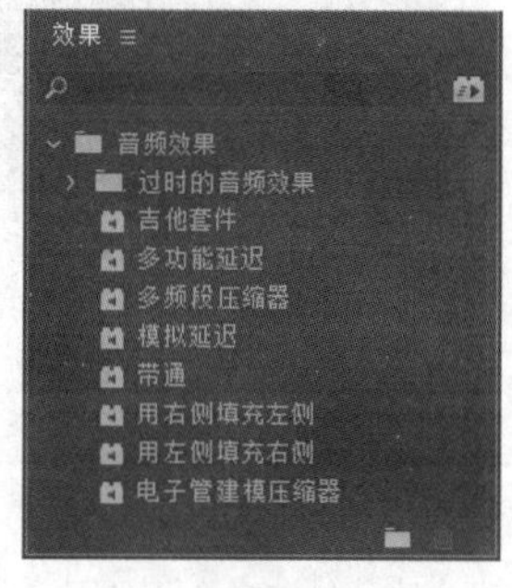

图 7–93

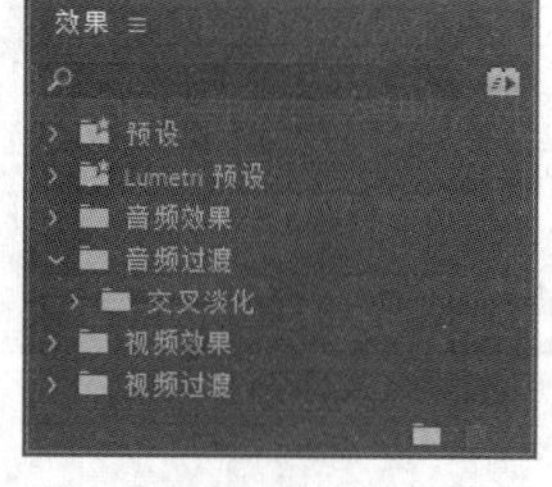

图 7–94

7.6.3 设置轨道效果

除了可以对轨道上的音频素材进行设置外，还可以直接为音频轨道添加特效。首先在“音轨混合器”面板中单击左上方的“显示/隐藏效果和发送”按钮，展开目标轨道的效果设置区域，单击效果设置右侧的小三角形，弹出“音频效果”下拉列表，如图 7–95 所示，选择需要使用的音频效果。可以在同一个音频轨道上添加多个效果并分别控制，如图 7–96 所示。

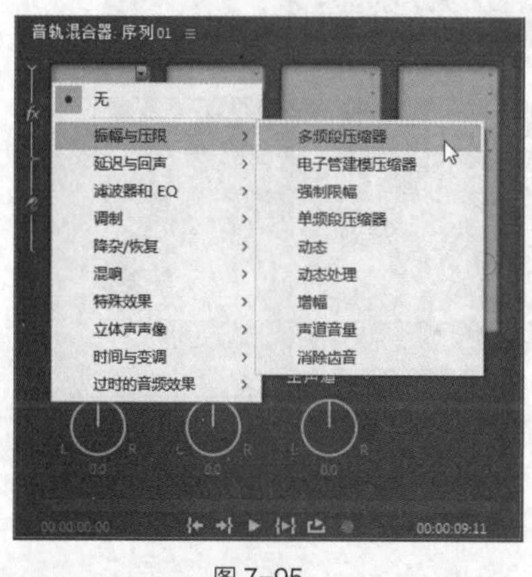

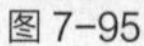

图 7–95

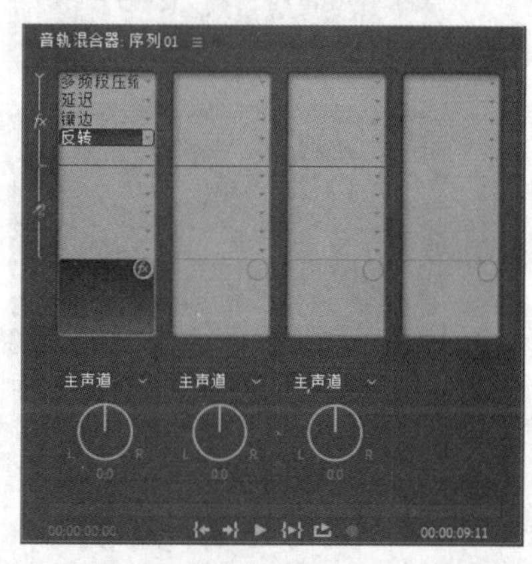

图 7–96

如果要调节轨道上的音频特效，可以单击鼠标右键，在弹出的快捷菜单中选择相应命令。在快捷菜单中选择“编辑”命令，如图 7–97 所示，可以在弹出的特效设置对话框中进行更加详细的设置。图 7–98 所示为“镶边”的详细调整对话框。

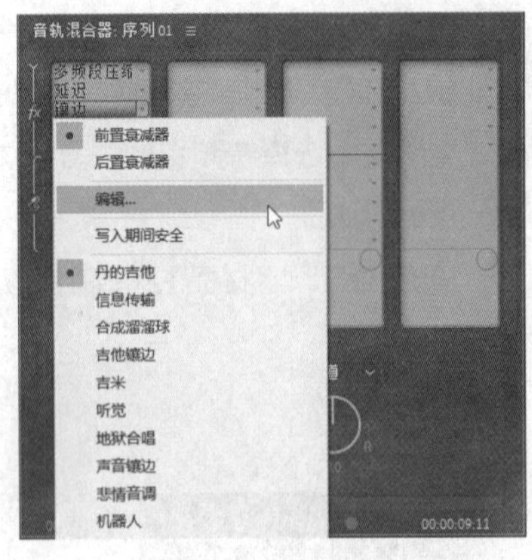

图 7-97

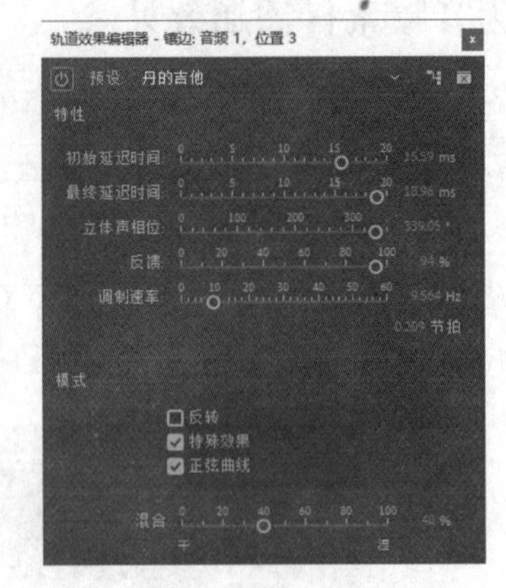

图 7-98

课堂练习——自然美景赏析

【练习知识要点】使用“导入”命令导入素材文件，使用“效果控件”面板调整素材的缩放和淡入淡出效果，使用“阴影/高光”特效调整图像颜色，使用“低通”特效制作音频的低音效果。自然美景赏析效果如图 7-99 所示。

【效果所在位置】Ch07/自然美景赏析/自然美景赏析. prproj。

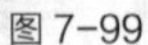

图 7-99

课后习题——休闲生活赏析

【习题知识要点】使用“导入”命令导入素材文件，使用“效果控件”面板调整音频的淡入淡出效果。休闲生活赏析效果如图 7-100 所示。

【效果所在位置】Ch07/休闲生活赏析/休闲生活赏析. prproj。

图 7-100

第8章 文件输出

本章主要讲解Premiere Pro CC 2019与项目最终输出有关的编码器、输出的项目类型与格式及相关的参数设置。读者通过对本章的学习，可以掌握渲染输出的方法和技巧。

课堂学习目标

- 掌握可输出的文件格式
- 了解影片项目的预演
- 掌握输出参数的设置
- 熟练掌握渲染输出各种格式文件的方法

8.1 可输出的文件格式

在 Premiere Pro CC 2019 中，用户可以输出多种文件格式，包括视频格式、音频格式、静态图像和序列图像格式等，下面进行详细讲解。

8.1.1 可输出的视频格式

在 Premiere Pro CC 2019 中可以输出多种视频格式，常用的有以下几种。

（1）AVI：Audio Video Interleaved 的缩写，是 Windows 操作系统中使用的视频文件格式；它的优点是兼容性好、图像质量好、调用方便，缺点是文件尺寸较大。

（2）动画 GIF：GIF 是动画格式的文件，可以显示视频运动画面，但不包含音频部分。

（3）QuickTime：用于 Windows 操作系统和 Mac OS 上的视频文件，适用于网上下载；该文件格式是由 Apple 公司开发的。

（4）DVD：使用 DVD 刻录机及 DVD 空白光盘刻录而成。

（5）DV：全称是 Digital Video，是新一代数字录像带的格式，它具有体积小、录制时间长的优点。

8.1.2 可输出的音频格式

在 Premiere Pro CC 2019 中可以输出多种音频格式，其中主要输出的音频格式有以下几种。

（1）WMA：全称是 Windows Media Audio，WMA 音频文件是一种压缩的离散文件或流式文件；它采用的压缩技术与 MP3 压缩原理近似，但它并不削减大量的编码；WMA 最主要的优点是可以在较低的采样率下压缩出接近 CD 音质的音乐。

（2）MPEG：创建于 1988 年，专门负责为 CD 建立视频和音频等相关标准。

（3）MP3：MPEG Audio Layer 3 的简称，它能够以高音质、低采样率的方式对数字音频文件进行压缩。

此外，Premiere Pro CC 2019 还可以输出 DV AVI、Real Media 和 QuickTime 格式的音频。

8.1.3　可输出的图像格式

在 Premiere Pro CC 2019 中可以输出多种图像格式，其中主要输出的图像格式有以下几种。

（1）静态图像格式：Targa、TIFF 和 BMP。

（2）序列图像格式：GIF、Targa 和波形音频。

8.2　影片项目的预演

影片预演是视频编辑过程中对编辑效果进行检查的重要手段，它实际上也属于编辑工作的一部分。影片预演分为两种，一种是实时预演，另一种是生成预演，下面分别进行讲解。

8.2.1　影片实时预演

实时预演也称实时预览，即人们平时所说的预览。进行影片实时预演的具体操作步骤如下。

（1）影片编辑制作完成后，在“时间轴”面板中将时间指示器移动到需要预演的片段开始位置，如图 8–1 所示。

（2）在“节目”监视器窗口中单击“播放–停止切换（Space）”按钮▶，系统开始播放影片，在“节目”监视器窗口中预览影片的最终效果，如图 8–2 所示。

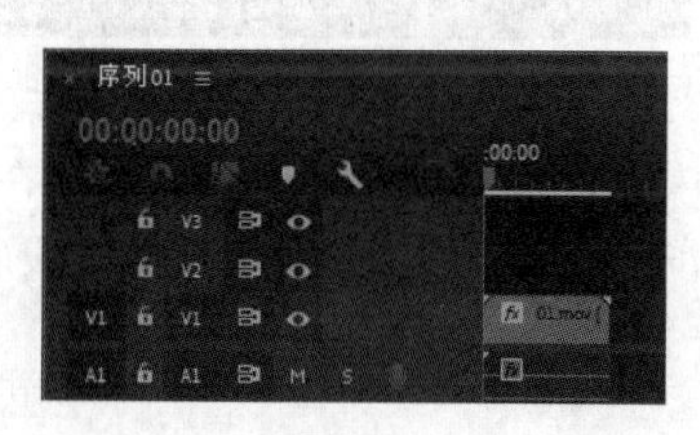

图 8–1

图 8–2

8.2.2　影片生成预演

与实时预演不同的是，生成预演不是使用显卡对画面进行实时预演，而是使用计算机的 CPU 对画面进行运算，先生成预演文件，然后播放。因此，影片生成预演的效果取决于计算机 CPU 的运算能力。生成预演播放的画面是平滑的，不会产生停顿或跳跃，所表现出来的画面效果和渲染输出的效果是完全一致的。生成影片预演的具体操作步骤如下。

（1）影片编辑制作完成以后，在适当的位置标记入点和出点，以确定要生成影片预演的范围，如图 8-3 所示。

（2）选择“序列 > 渲染入点到出点”命令，系统将开始进行渲染，并弹出“渲染”对话框显示渲染进度，如图 8-4 所示。

（3）在“渲染”对话框中单击“渲染详细信息”选项左侧的按钮，展开此选项组，可以查看渲染的开始时间、已用时间和可用磁盘空间等信息。

（4）渲染结束后，系统会自动播放该片段，在“时间轴”面板中，预演部分将会显示为绿色线条，其他部分则保持为黄色线条，如图 8-5 所示。

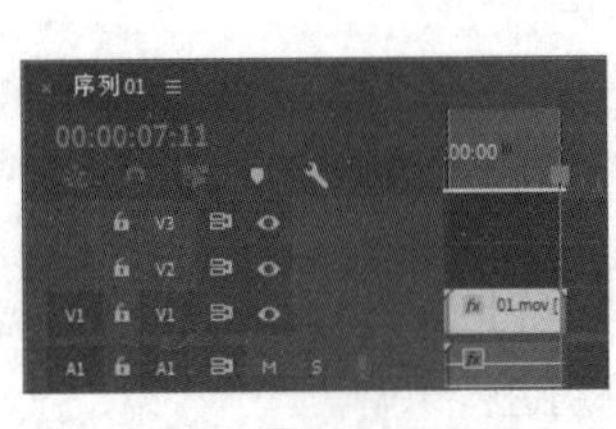

图 8-3

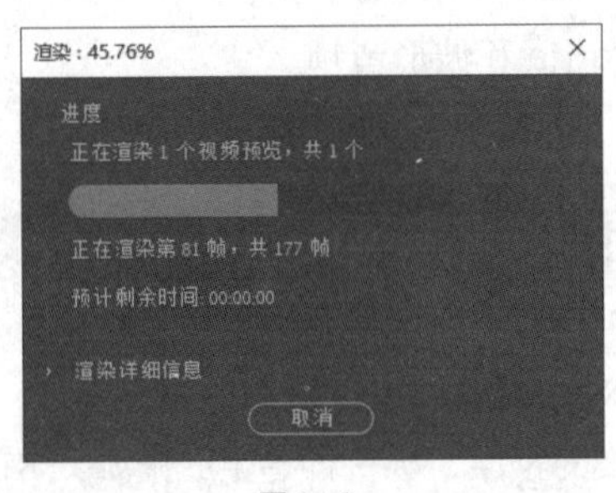

图 8-4

图 8-5

（5）如果用户先设置了预演文件的保存路径，就可以在计算机的硬盘中找到预演生成的临时文件，如图 8-6 所示。双击该文件，则可以脱离 Premiere Pro CC 2019 进行播放，如图 8-7 所示。

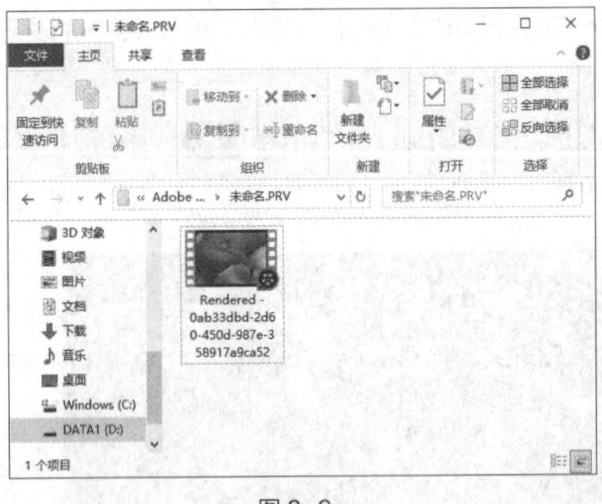

图 8-6

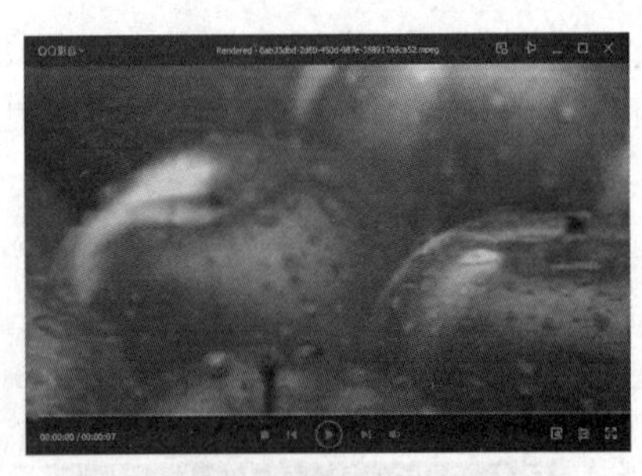

图 8-7

生成的预演文件可以重复使用，用户下一次预演该片段时会自动使用该预演文件。在关闭该项目文件时，如果不进行保存，预演生成的临时文件就会自动删除；如果用户在修改预演片段后再次预演，就会重新渲染并生成新的预演临时文件。

8.3 渲染输出参数设置

在 Premiere Pro CC 2019 中，用户既可以将影片输出为用于电影或电视中播放的录像带，也可以输出为通过网络传输的网络流媒体格式，还可以输出为可以制作 VCD 或 DVD 光盘的 AVI 文件等。但无论输出的是何种类型，在输出文件之前，都必须合理地设置相关的输出参数，使输出的影片达到理想的效果。

8.3.1 输出选项

影片制作完成后即可输出，在输出影片之前，可以设置一些基本参数，具体操作步骤如下。

（1）在“时间轴”面板中选中需要输出的视频序列，选择“文件 > 导出 > 媒体”命令，在弹出的对话框中进行设置，如图 8-8 所示。

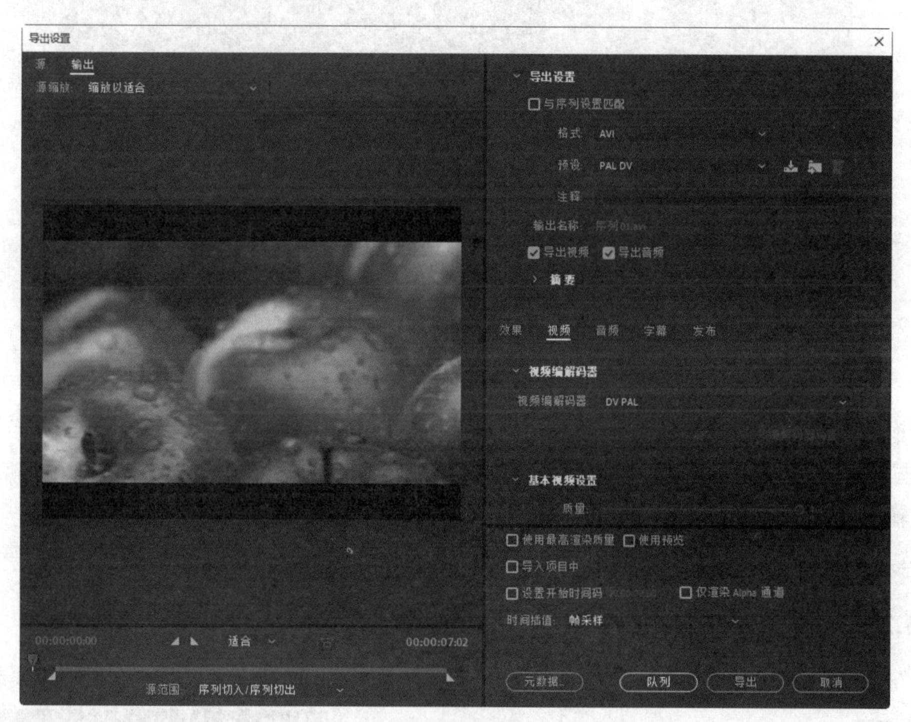

图 8-8

（2）在对话框右侧的选项区域中设置文件的格式及输出名称等选项。

1. 文件类型

用户可以将输出的数字影片设置为不同的格式，以便满足不同的需求。在“格式”下拉列表中，可以选择的媒体格式如图 8-9 所示。

在 Premiere Pro CC 2019 中默认的输出文件类型或格式主要有以下几种。

（1）如果要输出为基于 Windows 操作系统的数字影片，则选择“AVI”（Windows 操作系统的视频格式）选项。

（2）如果要输出为基于 Mac OS 的数字影片，则选择“QuickTime”（Mac OS 视频格式）选项。

（3）如果要输出 GIF 动画，则选择“动画 GIF”选项，即输出的文件连续存储了视频的每一帧，这种格式支持在网页上以动画形式显示，但不支持声音播放。若选择“动画 GIF”选项，则只能将项目输出为单帧的静态图像序列。

（4）如果只需输出为 WMA 格式的影片声音文件，则选择“Windows Media”选项。

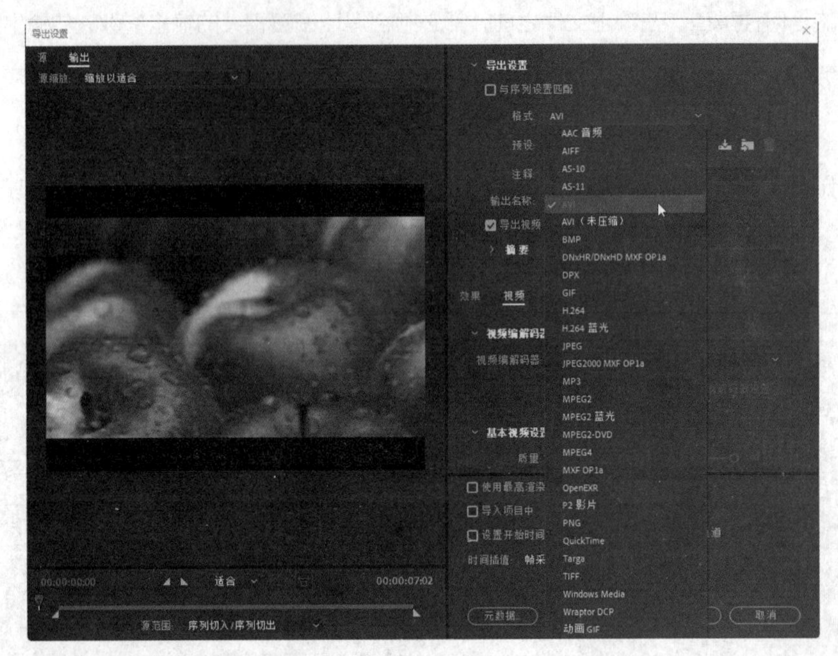

图 8-9

2. 输出视频

勾选“导出视频”复选框，可输出整个剪辑项目的视频部分；若取消勾选，则不能输出视频部分。

3. 输出音频

勾选“导出音频”复选框，可输出整个剪辑项目的音频部分；若取消勾选，则不能输出音频部分。

8.3.2 “视频”面板

在“视频”面板中，可以为输出的视频指定使用的格式、品质及影片尺寸等相关的选项参数，如图 8-10 所示。

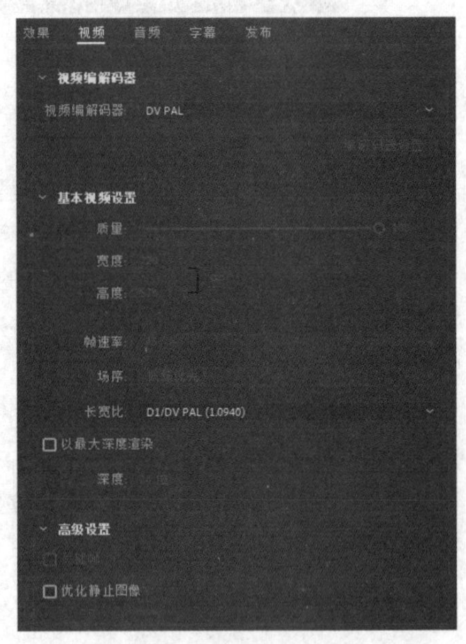

图 8-10

“视频”面板中各主要选项含义如下。

“视频编解码器”：通常视频文件的数据量很大，为了减少其所占的磁盘空间，在输出时可以对文件进行压缩；在该选项的下拉列表中选择需要的压缩方式，如图 8-11 所示。

“质量”：用于设置影片的压缩品质，通过拖曳滑块来设置。

“宽度”/“高度”：用于设置影片的尺寸；我国使用 PAL 制式，选择 720×576。

“帧速率”：用于设置每秒播放画面的帧数，提高帧速率会使画面播放得更流畅；如果将文件类型设置为 Microsoft Video 1，那么 DV PAL 对应的帧速率是固定的 29.97 和 25；如果将文件类型设置为 AVI，那么帧速率可以选择 1 ~ 60 的数值。

“场序”：用于设置影片的场扫描方式，有上场、下场和无场 3 种方式。

“长宽比”：用于设置视频制式的画面比；单击该选项右侧的按钮，在弹出的下拉列表中选择需要的选项，如图 8-12 所示。

“以最大深度渲染”：勾选此复选框，可以提高视频质量，但会增加编码时间。

“关键帧”：勾选此复选框，可以指定在导出视频中插入关键帧的频率。

“优化静止图像”：勾选此复选框，可以将序列中的静止图像渲染为单个帧，有助于减小导出的视频文件。

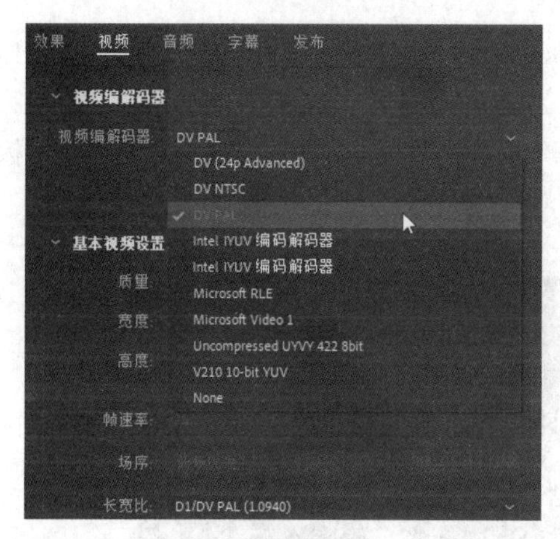

图 8-11

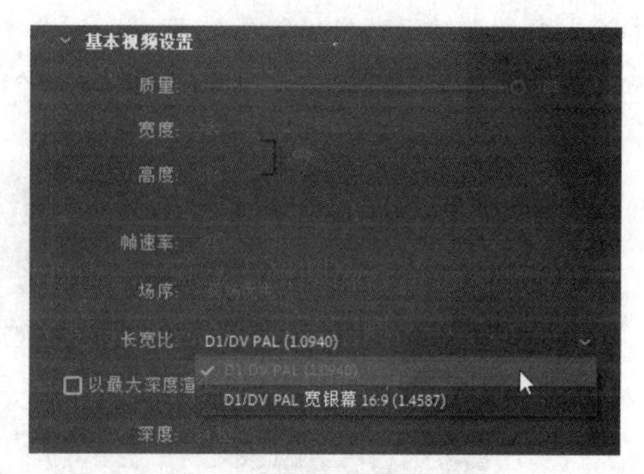

图 8-12

8.3.3 “音频”面板

在“音频”面板中，可以为输出的音频指定使用的压缩方式、采样速率及量化指标等相关的选项参数，如图 8-13 所示。

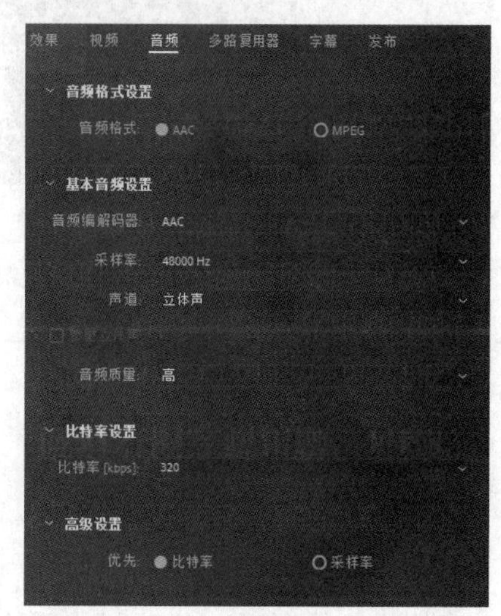

图 8-13

“音频”面板中各主要选项含义如下。

“音频格式”：用于选择音频导出的格式。

“音频编解码器”：为输出的音频选择合适的压缩方式进行压缩，Premiere Pro CC 2019 默认的选项是“无压缩”。

“采样率”：用于设置输出音频时所使用的采样速率；采样速率越高，播放质量越好，但所需的磁盘空间越大，占用的处理时间越长。

“声道”：在该选项的下拉列表中可以为音频选择单声道或立体声。

“音频质量”：用于设置输出音频的质量。

“比特率”：用于选择音频编码所用的比特率，比特率越高，质量越好。

“优先”：选中“比特率”单选项，将基于所选的比特率限制采样率；选中“采样率”单选项，将限制指定采样率的比特率值。

8.4 渲染输出各种格式的文件

Premiere Pro CC 2019 可以渲染输出多种格式文件，从而使视频编辑更加方便灵活。本节重点介绍各种常用格式文件渲染输出的方法。

8.4.1 输出单帧图像

在视频编辑中，可以将画面的某一帧输出，以便给视频动画制作定格效果。Premiere Pro CC 2019 中输出单帧图像的具体操作步骤如下。

（1）在 Premiere Pro CC 2019 的“时间轴”面板上添加一个视频文件，选择“文件 > 导出 > 媒体”命令，弹出“导出设置”对话框，在“格式”下拉列表中选择“TIFF”选项，在“输出名称”文本框中输入文件名并设置文件的保存路径，勾选“导出视频”复选框；在“视频”扩展参数面板中取消勾选“导出为序列”复选框，其他参数保持默认状态，如图 8-14 所示。

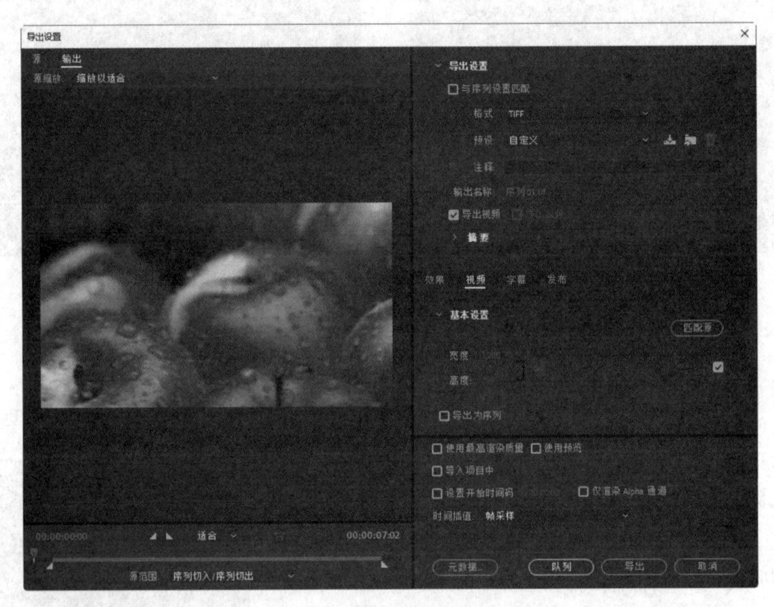

图 8-14

（2）单击“导出”按钮，导出时间指示器所在位置的单帧图像。

8.4.2 输出音频文件

Premiere Pro CC 2019 可以将影片中的一段声音或影片中的歌曲制作成音乐光盘等文件。输出音频文件的具体操作步骤如下。

（1）在 Premiere Pro CC 2019 的“时间轴”面板上添加一个有声音的视频文件或打开一个有声音的项目文件，选择“文件 > 导出 > 媒体”命令，弹出“导出设置”对话框，在“格式”下拉列表中选择“MP3”选项，在“预设”下拉列表中选择“MP3 128kbps”选项，在“输出名称”文本框中输入文件名并设置文件的保存路径，勾选“导出音频”复选框，其他参数保持默认状态，如图 8-15 所示。

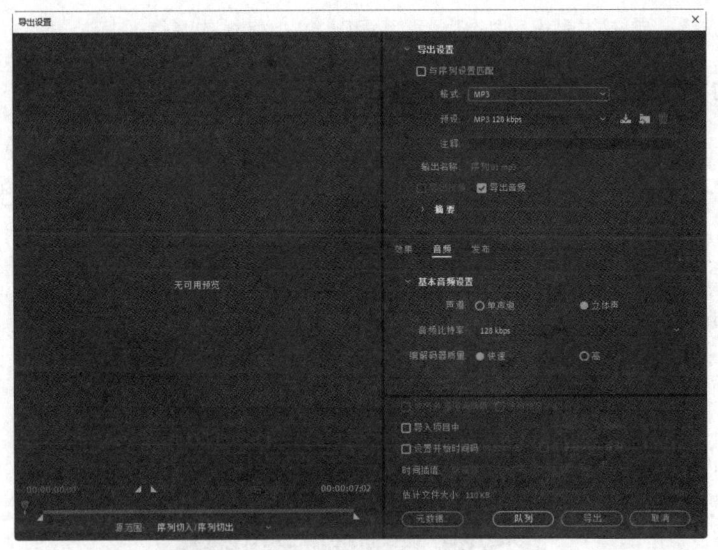

图 8-15

（2）单击“导出”按钮，导出音频。

8.4.3　输出整个影片

输出整个影片是最常用的输出方式。将编辑完成的项目文件以视频格式输出，可以输出编辑内容的全部或者某一部分，也可以只输出视频内容或者只输出音频内容，一般将视频和音频一起输出。

下面以 AVI 格式为例，介绍输出影片的方法，具体操作步骤如下。

（1）选择“文件 > 导出 > 媒体”命令，弹出“导出设置”对话框。

（2）在“格式”下拉列表中选择“AVI”选项。在“预设”下拉列表中选择“PAL DV”选项，如图 8-16 所示。

（3）在“输出名称”文本框中输入文件名并设置文件的保存路径，勾选“导出视频”复选框和“导出音频”复选框。

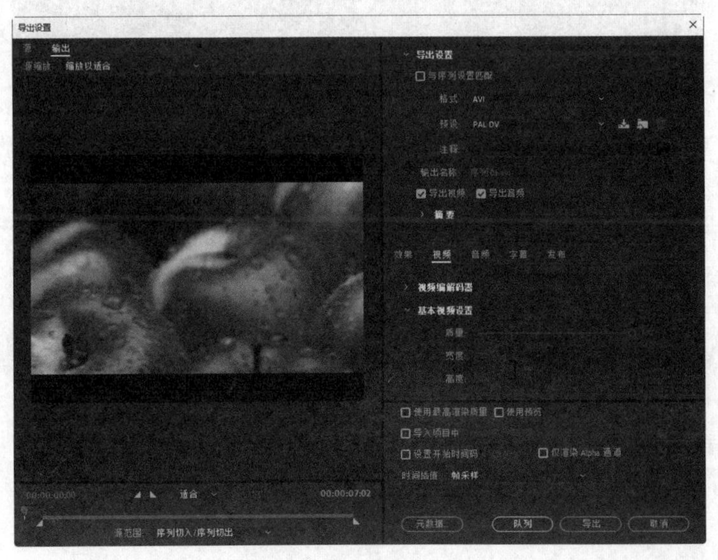

图 8-16

（4）设置完成后，单击“导出”按钮，即可导出 AVI 格式的影片。

8.4.4 输出静态图片序列

在 Premiere Pro CC 2019 中，可以将视频输出为静态图片序列，也就是说，可以将视频画面的每一帧都输出为一张静态图片，这一系列图片中每张都自动具有一个编号。这些输出的序列图片可用作 3D 软件中的动态贴图，并且可以移动和存储。

输出图片序列的具体操作步骤如下。

（1）在 Premiere Pro CC 2019 的“时间轴”面板上添加一个视频文件，设定只输出视频的一部分内容，如图 8-17 所示。

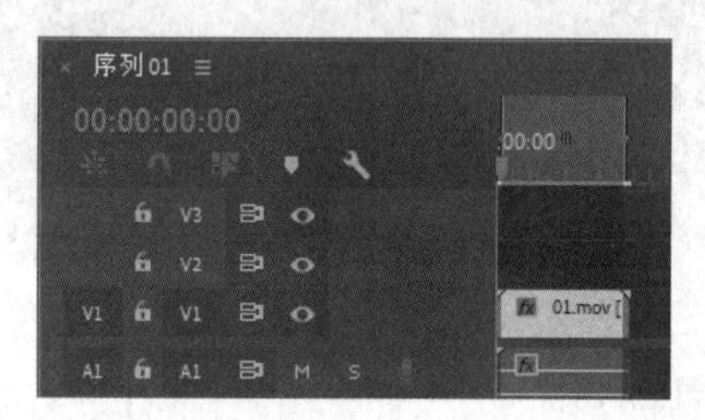

图 8-17

（2）选择“文件 > 导出 > 媒体”命令，弹出“导出设置”对话框，在“格式”下拉列表中选择“TIFF”选项，在“输出名称”文本框中输入文件名并设置文件的保存路径，勾选“导出视频”复选框；在“视频”扩展参数面板中勾选“导出为序列”复选框，其他参数保持默认状态，如图 8-18 所示。

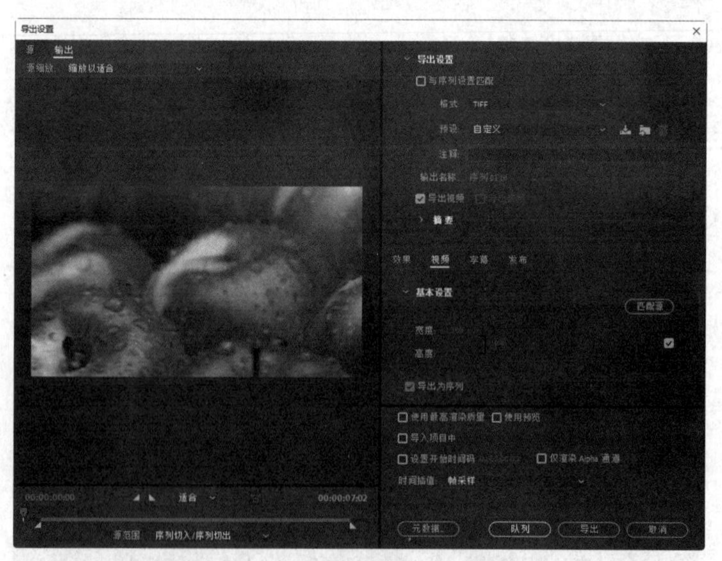

图 8-18

（3）单击“导出”按钮，导出静态序列图片文件。

第9章 综合设计实训

本章通过几个影视制作案例，进一步讲解 Premiere Pro CC 2019 的特色功能和使用技巧。通过本章的学习，读者能够快速地掌握软件功能和知识要点，制作出变化丰富的多媒体效果。

课堂学习目标

- 掌握软件基础知识及使用方法
- 了解 Premiere Pro CC 2019 的常用设计领域
- 掌握 Premiere Pro CC 2019 在不同设计领域的使用技巧

9.1 花卉节目赏析

9.1.1 项目背景及要求

1. 客户名称

盘水电视台。

2. 客户需求

盘水电视台是一家介绍最新的新闻资讯、影视娱乐、社科动漫、时尚信息、生活服务等信息的综合性电视台。本例是为该电视台制作的花卉赏析节目，要求符合宣传主题，体现出丰富多样的花卉和优美的环境。

3. 设计要求

（1）设计要以花卉视频为主导。

（2）设计形式要明快醒目，能表现节目特色。

（3）画面色彩要丰富多样，同时要形成和谐自然的画面。

（4）设计风格要具有特色，能够让人一目了然、印象深刻。

（5）设计规格为 1280h × 720V（1.0940），25.00 帧/秒，方形像素（1.0）。

9.1.2 项目创意及制作

1. 设计素材

图片素材所在位置：本书云盘中的“Ch09/花卉节目赏析/素材/01~07”。

2. 效果展示

设计作品所在位置：本书云盘中的“Ch09/花卉节目赏析/花卉节目赏析.prproj”，如图 9-1 所示。

扫码观看
本案例视频

图 9-1

3. 技术要点

使用“导入”命令导入视频文件，使用“效果控件”面板编辑视频文件的大小，使用“交叉溶解”特效、“随机块”特效和“交叉缩放”特效制作视频之间的过渡效果。

9.2 烹饪节目

9.2.1 项目背景及要求

1. 客户名称

大山美食生活网。

2. 客户需求

大山美食生活网是一个以丰富的美食内容与大量的饮食资讯为主，深受广大网民喜爱的个人网站。本例是为该网站制作的烹饪节目，要求以动画的方式展现出广式爆炒大虾的制作方法，给人健康、美味和幸福感。

3. 设计要求

（1）以烹饪食材的方式为主要内容。

（2）使用简洁干净的颜色为背景以体现出洁净、健康的主题。

（3）表现出简单、便捷的制作方法。

（4）整个设计充满特色，让人印象深刻。

（5）设计规格为 1280h×720V（1.0940），25.00 帧/秒，方形像素（1.0）。

9.2.2 项目创意及制作

1. 设计素材

图片素材所在位置：本书云盘中的“Ch09/烹饪节目/素材/01～16”。

2. 效果展示

设计作品所在位置：本书云盘中的“Ch09/烹饪节目/烹饪节目.prproj”，如图 9-2 所示。

图 9-2

3. 技术要点

使用“导入”命令导入视频文件，使用“效果控件”面板编辑视频文件的大小并制作动画，使用“速度/持续时间”命令调整视频的速度和持续时间，使用“基本图形”面板添加图形文本。

9.3 牛奶广告

9.3.1 项目背景及要求

1. 客户名称

悠品乳业有限公司。

2. 客户需求

悠品乳业有限公司是一家生产和加工乳制品的公司。该公司最近推出了一款新的鲜奶产品，现进行促销活动，需要制作一个针对此次活动的促销广告，要求能够体现该产品的特色。

3. 设计要求

（1）设计要以奶产品为主导。

（2）设计形式要简洁明晰，能表现产品的特色。

（3）画面色彩要生动形象、直观自然，让人一目了然。

（4）设计要能够让人有健康、新鲜、安全的感觉。

（5）设计规格为 1280h × 720V（1.0940），25.00 帧/秒，方形像素（1.0）。

9.3.2 项目创意及制作

1. 素材资源

图片素材所在位置：本书云盘中的“Ch09/牛奶广告/素材/01~07”。

2. 作品参考

设计作品参考效果所在位置：本书云盘中的“Ch09/牛奶广告/牛奶广告.prproj”，效果如图 9-3 所示。

扫码观看本案例视频

图9-3

3. 制作要点

使用“位置”选项改变图像的位置，使用“缩放”选项改变图像的大小，使用“不透明度”选项编辑图片的不透明度并制作动画，使用“添加轨道”命令添加视频轨道。

9.4 环保宣传片

9.4.1 项目背景及要求

1. 客户名称

星旅电视台。

2. 客户需求

星旅电视台是一个旅游电视台，强调宏观上专业旅游频道的特征与微观上综合满足观众娱乐需要的节目特征之间的高度统一性，以旅游资讯为主线，时尚、娱乐并重。为了配合电视台宣传环保的大力行动，该电视台需要制作环保宣传片，要求符合环保主题，体现出低碳、节能的绿色生活态度。

3. 设计要求

（1）设计风格直观醒目、引人深省。

（2）设计形式独特且充满创意感。

（3）表现形式层次分明，具有吸引力。

（4）设计具有发动性，能够让人们产生保护环境的共鸣。

（5）设计规格为1280h×720V（1.0940），25.00帧/秒，方形像素（1.0）。

9.4.2 项目创意及制作

1. 设计素材

图片素材所在位置：本书云盘中的“Ch09/环保宣传片/素材/01～10”。

2. 效果展示

设计作品所在位置：本书云盘中的“Ch09/环保宣传片/环保宣传片.prproj”，如图9-4所示。

图 9-4

3. 技术要点

使用“导入”命令导入素材文件，使用“速度/持续时间”命令调整素材文件的速度和持续时间，使用“效果控件”面板编辑素材文件并制作动画，使用“效果”面板添加素材文件之间的过渡特效。

9.5 音乐歌曲 MV

9.5.1 项目背景及要求

1. 客户名称

儿童教育网站。

2. 客户需求

该儿童教育网站是一个以儿童教学为主的网站，网站中的内容充满知识性和趣味性，使孩子在玩耍中学习知识。该网站要求进行歌曲 MV 的制作，设计要符合儿童的喜好，避免出现成人化现象，展示出歌曲的主题。

3. 设计要求

（1）设计要以歌曲主题照片为主导。

（2）设计形式要明快醒目，能表现歌曲特色。

（3）画面色彩要对比强烈，同时要形成具有冲击力的画面。

（4）设计风格要具有特色，能够让人一目了然、印象深刻。

（5）设计规格为 1280h × 720V（1.0940），25.00 帧/秒，方形像素（1.0）。

9.5.2 项目创意及制作

1. 设计素材

图片素材所在位置：本书云盘中的“Ch09/音乐歌曲 MV/素材/01~08”。

2. 设计作品

设计作品效果所在位置：本书云盘中的“Ch09/音乐歌曲 MV/音乐歌曲 MV.prproj”，如图 9-5 所示。

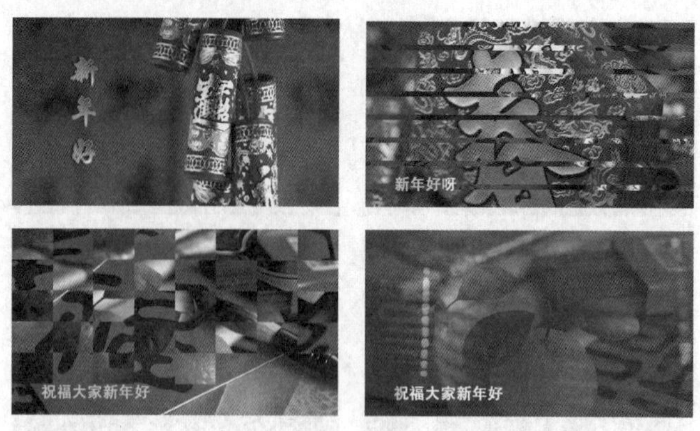

扫码观看
扩展案例

图 9-5

3. 制作要点

使用“导入”命令导入素材图片，使用“效果控件”面板制作图片的位置、缩放比例和透明度动画，使用“效果”面板添加视频特效。

9.6 课堂练习 1——设计玩具城纪录片

9.6.1 项目背景及要求

1. 客户名称

趣味玩具城。

2. 客户需求

趣味玩具城是一家玩具制造厂，玩具种类多样且追求卓越的品质，坚持为顾客持续提供新颖优质的智能、娱乐产品。本例是为玩具城宣传做纪录片，要求以动画的方式展现出玩具城带给游客的欢乐、放松感。

3. 设计要求

（1）以动画的形式进行表述。

（2）以玩具城的各类产品为主要内容。

（3）使用暖色的片头烘托出明亮、健康、温暖的氛围。

（4）整个设计要充满特色，让人印象深刻。

（5）设计规格为 1280h × 720V（1.0940），25.00 帧/秒，方形像素（1.0）。

9.6.2 项目创意及制作

1. 设计素材

图片素材所在位置：本书云盘中的“Ch09/玩具城纪录片/素材/01~07”。

2. 效果展示

设计作品所在位置：本书云盘中的“Ch09/玩具城纪录片/玩具城纪录片.prproj”，如图 9-6 所示。

图 9-6

3. 技术要点

使用“效果控件”面板编辑视频并制作动画效果，使用“速度/持续时间”调整视频素材的持续时间，使用“视频过渡”特效添加视频间的切换，使用“颜色键”特效抠出魔方。

9.7 课堂练习 2——设计儿童电子相册

9.7.1 项目背景及要求

1. 客户名称

儿童教育网站。

2. 客户需求

该儿童教育网站是一个以儿童教学为主的网站，网站中的内容充满知识性和趣味性，使孩子在玩耍中学习知识。本例要求进行儿童电子相册的制作，设计要符合儿童的喜好，避免出现成人化现象，保持童真和乐趣感。

3. 设计要求

（1）以儿童喜欢的元素为主导。

（2）使用不同文字和装饰图案来体现童趣感，表现出设计特色。

（3）画面色彩符合童真，使用大胆而丰富的色彩，丰富画面效果。

（4）营造出欢快愉悦的氛围，能够引起儿童的好奇及兴趣。

（5）设计规格为 1280h × 720V（1.0940），25.00 帧/秒，方形像素（1.0）。

9.7.2 项目创意及制作

1. 素材资源

图片素材所在位置：本书云盘中的“Ch09/儿童电子相册/素材/01 ~ 09”。

2. 作品参考

设计作品参考效果所在位置：本书云盘中的“Ch09/儿童电子相册/儿童电子相册.prproj”，效果如图 9-7 所示。

图 9–7

3. 制作要点

使用“导入”命令导入素材文件，使用“位置”选项确定图片的位置，使用“缩放”选项缩放图像的大小，使用“旋转”选项制作旋转动画效果。

9.8 课后习题 1——设计汽车宣传广告

9.8.1 项目背景及要求

1. 客户名称

安迪 4S 店。

2. 客户需求

安迪 4S 店是一家集汽车销售、零配件、维修养护与信息反馈为一体的汽车 4S 连锁店，以优质的汽车产品和严谨的服务态度闻名于世。该店目前要制作宣传广告，要求以简洁直观的表现手法体现出产品的技术与特色。

3. 设计要求

（1）使用深色的背景营造出静谧、宁静的氛围，起到衬托的作用。

（2）宣传主体醒目突出，能合理地融入设计，增加画面的整体感和空间感。

（3）文字设计醒目突出，能起到均衡画面的效果。

（4）整个设计简洁直观，同时体现出品质感。

（5）设计规格为 1280h × 720V（1.0940），25.00 帧/秒，方形像素（1.0）。

9.8.2 项目创意及制作

1. 设计素材

图片素材所在位置：本书云盘中的“Ch09/汽车宣传广告/素材/01~08”。

2. 效果展示

设计作品所在位置：本书云盘中的“Ch09/汽车宣传广告/汽车宣传广告.prproj”，如图 9–8 所示。

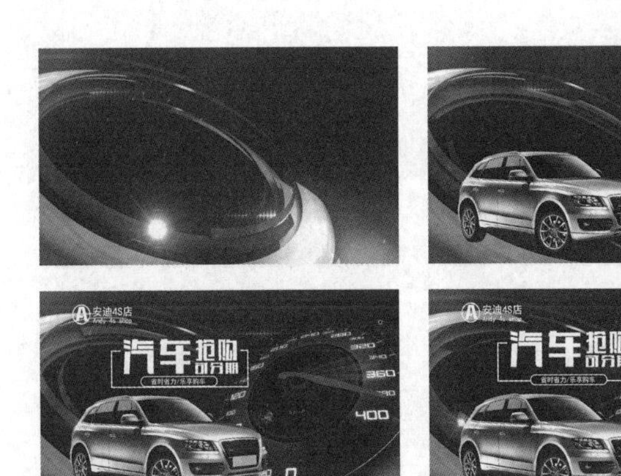

图9-8

3. 技术要点

使用“导入”命令导入素材文件，使用“效果控件”面板编辑素材文件并制作动画，使用“效果”面板添加素材文件之间的过渡特效，使用“添加轨道”命令添加新轨道。

9.9 课后习题2——设计环球博览节目

9.9.1 项目背景及要求

1. 客户名称

悦山旅游电视台。

2. 客户需求

悦山旅游电视台是一个旅游电视台，它介绍最新的时尚旅游资讯信息、提供最实用的旅行计划、展现时尚生活和潮流消费等信息。本例是为该电视台制作的环球名胜博览纪录片，要求符合纪录片主题，体现出丰富多样的旅游景色和舒适安全的旅游环境。

3. 设计要求

（1）以风景元素为主导。

（2）设计形式简洁明晰，能表现片头特色。

（3）画面色彩真实形象，给人自然舒适的印象。

（4）设计风格醒目直观，能够让人产生向往之情。

（5）设计规格为1280h×720V（1.0940），25.00帧/秒，方形像素（1.0）。

9.9.2 项目创意及制作

1. 素材资源

图片素材所在位置：本书云盘中的“Ch09/环球博览节目/素材/01~09”。

2. 作品参考

设计作品参考效果所在位置：本书云盘中的“Ch09/环球博览节目/环球博览节目.prproj”，效果如图9-9所示。

图 9-9

3. 制作要点

使用“字幕”命令添加并编辑文字，使用“效果控件”面板编辑视频的位置、缩放比例和透明度并制作动画效果，使用不同的转场特效制作视频之间的转场效果，使用“旋转扭曲”特效为“03”文件添加变形效果并制作旋转扭曲的动画效果，使用“RGB 曲线”特效调整“08”文件的色彩。